U0239033

水电水利工程
典型水文地质问题研究

张世殊　许模 等　著

·北京·

内 容 提 要

本书以西南地区数十个水电水利工程实践中的典型水文地质问题为基础，系统研究了水电水利工程水文地质基础理论和勘察试验方法，总结了水电水利工程库区和枢纽区典型水文地质问题和评价方法。本书既有研究方法的总结，又有相关问题的深入分析和工程实例的定性、定量评价，突出和体现了水电水利工程水文地质研究的最新成果。

本书可供水电、水利、岩土、交通、国防工程等领域的科研、勘察、设计、施工专业技术人员及有关院校相关专业的师生参考。

图书在版编目（CIP）数据

水电水利工程典型水文地质问题研究 / 张世殊等著
. -- 北京 : 中国水利水电出版社, 2018.4
ISBN 978-7-5170-6418-3

Ⅰ. ①水… Ⅱ. ①张… Ⅲ. ①水利水电工程—水文地质—研究 Ⅳ. ①TV51②P642

中国版本图书馆CIP数据核字(2018)第087056号

书　名	**水电水利工程典型水文地质问题研究** SHUIDIAN SHUILI GONGCHENG DIANXING SHUIWEN DIZHI WENTI YANJIU
作　者	张世殊　许模　等　著
出版发行	中国水利水电出版社 （北京市海淀区玉渊潭南路1号D座　100038） 网址：www.waterpub.com.cn E-mail：sales@waterpub.com.cn 电话：（010）68367658（营销中心）
经　售	北京科水图书销售中心（零售） 电话：（010）88383994、63202643、68545874 全国各地新华书店和相关出版物销售网点
排　版	中国水利水电出版社微机排版中心
印　刷	北京中科印刷有限公司
规　格	184mm×260mm　16开本　19.25印张　456千字
版　次	2018年4月第1版　2018年4月第1次印刷
印　数	0001—1500册
定　价	**120.00**元

工程水文地质问题是人类工程活动中最为常见、最为突出的工程技术问题之一。地下水及其渗流既是工程岩土的重要赋存环境，同时又是不可忽视的致灾因子，地下水活动常常引发各种地质灾害，例如滑坡、山崩、泥石流、地面沉降、岩溶塌陷等等，造成岩土及其相关结构的破坏，从而带来严重工程灾难事故。

水电水利工程本身是涉水工程，地下水对水电水利工程的影响比其他工程活动更为明显，地质体—地下水—工程结构的相互作用的范围更大、作用的强度更高、作用机理更复杂、致灾的危害更大，而目前工程水文地质领域研究相对比较薄弱，勘察评价方法不够成熟，工程灾害事件时有发生，例如法国马尔帕塞坝失事和意大利瓦伊昂坝水库滑坡破坏等，因此重视和加强工程的水文地质研究，具有重要理论和工程现实意义。

《水电水利工程典型水文地质问题研究》一书内容由理论研究和工程实践两大部分组成，前者侧重于工程水文地质学理论研究和勘察试验技术创新的最新成果的系统介绍；后者注重于基本理论和勘察方法在水电水利工程中的应用研究。毫无疑问，工程实践部分是本书的重点，在这部分内容中，作者按照工程区域特点分为水库区和枢纽建筑物区两个区域，结合大量的实际工程案例，分别详述了水电水利工程中由地下水引起的特定的水文地质问题，如水库区的水库渗漏、水库侵没、水库滑坡塌岸、水库诱发地震等问题和枢纽建筑物区坝基承压水、坝基渗漏、基坑涌水、隧洞涌水、泄水雾化边坡稳定等问题，并研究提出了对这些水文地质问题的勘察、分析和评价方法，以及相应的工程对策措施。

《水电水利工程典型水文地质问题研究》是在工程实践基础上系统总结形

成的一本研究专著，成果的取得，离不开编写者们不断的工程实践与总结，也离不开编写者们重视引进和发展先进的技术手段，如首次将环境同位素技术应用到水文地质调查中，为水电工程地下水径流调查分析提供了低成本、高效率的新手段，并首次从水文地质结构控制机理出发，提出水电工程的渗控措施，为水电工程的渗漏控制提高了可靠性。而诸如此类的创新性成果，本书中还有很多，并在许多正在建设的水电工程得到应用。

水文地质学是一门综合性、实践性很强的学科，本书中的水文地质问题也不仅仅适用于水电水利工程行业，同样也适用于交通、采矿等行业中遇到的各种水文地质问题。本书尽管以归纳总结为主，但仍能反映工程实践过程中遇到的主要水文地质问题，适合广大一线从事水文地质行业的调查、设计及科研人员借鉴和参考。

是为序。

宋胜武

2018年2月

我国水能资源丰富，其中50%以上水能资源集中于西南地区。随着国民经济持续快速发展及对清洁可再生能源的需求，西南地区水能资源开发步伐明显加快。近年来，西南地区相继建成了金沙江溪洛渡和向家坝，雅砻江锦屏和官地，大渡河瀑布沟、猴子岩、长河坝，澜沧江小湾和糯扎渡等巨型电站，正在建设白鹤滩、乌东德、两河口、双江口等一批巨型水电工程，工程建设技术处于世界领先水平。

西南地区地处青藏高原地带，其区域地形地质条件复杂，水电工程建设过程中，往往遭遇了大量的复杂工程水文地质问题，如锦屏二级引水隧洞岩溶水问题、大岗山水电站坝区异常承压水、长河坝水电站基坑降水、瀑布沟水电站库区浸没等。这些工程遭遇的水文地质问题均通过工程处理措施得以解决，但系统总结偏少，同时，从水文地质领域方面看，还存在众多关键技术问题值得研究和总结，如西南地区中高山区域复杂水文地质问题产生机理、多样化的水文地质条件调查方法、水电工程重大水文地质问题分析和评价方法等。

为系统总结和研究西南地区水电水利工程典型水文地质问题的勘察和评价，在各方支持下，中国电建集团成都勘测设计研究院有限公司特组织编撰《水电水利工程典型水文地质问题研究》一书。

本书以水电水利工程建设过程中遭遇的典型水文地质问题为出发点，并结合工程实例，对水文地质问题勘察、评价进行系统的总结和研究，内容共分6章。第1章概述，介绍了西南地区水电工程建设情况，并概括了水电工程中典型的水文地质问题；第2章工程水文地质基础理论，对工程中工程—水—地质体相互作用机理、工程水文地质问题关键控制因素等基础理论进行阐述；第3章工程水文地质勘察试验方法，从勘察内容、勘察手段和方法、各种试验内容等方面对水文地质勘察试验方法进行系统总结；第4章和第5章是对水电工程库区、枢纽区的水库渗漏、浸没、基坑降水、地下工程涌突水等典型水文地质问题的特点、评价方法进行系统研究和总结，提供了不同类型、不同地质背景条件和不同水文地质问题研究的典型案例；第6章对全书的主要内容进行了总结。

书中主要工程实例有金沙江溪洛渡水电站、鲁地拉水电站，雅砻江锦屏一级水电站、官地水电站、桐子林水电站，大渡河双江口水电站、长河坝水电站、瀑布沟水电站、泸定水电站、大岗山水电站、铜街子水电站，岷江紫坪铺水电站、福堂水电站，澜沧江古水水电站，湔江关口水库，青衣江雅安大兴河道及湿地综合整治，木里河卡基娃水电站，红水河岩滩水库、百龙滩水库。

编撰团队历时两年，全面总结，深入研究，精心编写。第1章由彭仕雄、张世殊编写；第2章由许模编写；第3章由许模、康小兵编写；第4章由张世殊、康小兵、夏强、郭健、杨艳娜、漆继红、王刚、赵小平、李青春编写；第5章由康小兵、张世殊、漆继红、夏强、张强、王在敏、冉从彦、李青春、袁国庆编写；第6章由彭仕雄、张世殊编写。全书由张世殊主持定稿。

本书在编写过程中，还得到了中国电建集团成都勘测设计研究院有限公司的领导和公司技术经济委员会、科技质量部、勘测设计管理部等职能部门以及地质处、勘察中心、监测与试验研究所等相关专业生产单位的大力支持和帮助。在本书付梓之际，对为本书提供指导和帮助的各位领导、专家表示衷心的感谢。

由于资料收集未能全面覆盖我国更多工程，加之作者水平有限，时间仓促，书中不足和错误之处在所难免，敬请读者批评和指正。

著　者

2018年2月

中国电建集团成都勘测设计研究院有限公司简介

中国电建集团成都勘测设计研究院有限公司（简称“成都院”），其历史可以追溯至1950年成立的燃料工业部西南水力发电工程处，正式建制于1955年，拥有成都与温江科研、办公场所22.9万多m^2，成都办公区位于风景秀丽的浣花溪畔，毗邻历史人文胜迹青羊宫、杜甫草堂。薪火相传的60多年里，始终秉承“贡献国家、服务业主、回报社会”的价值理念，致力于实现人与自然、社会的和谐发展，服务全球清洁能源与基础设施、环境工程建设。

成都院是中国电建集团直属的国家级大型综合勘测设计科研企业，业务覆盖能源、水利、水务、城建、市政、交通、环保等全基础设施领域，涵盖规划、勘察、设计、咨询、总承包、投融资、建设运营、技术服务等全产业链；持有工程设计综合甲级、工程勘察综合类甲级、工程造价咨询、工程监理、水土保持、水文水资源调查评价、建设项目环境影响评价、污染治理设施运行服务、地质灾害治理设计勘查与施工、环境污染防治工程、对外承包工程等34项资质证书及发电业务许可证。建立了质量、职业健康安全、环境管理体系。

成都院2014年成功跨入集团特级子企业行列，资产规模突破百亿元大关；2015年新签合同实现百亿元目标，各项经济指标保持稳健增长势头，营业收入、利润和经济增加值均创历史新高。

成都院高精尖人才众多，专家团队实力雄厚，包括中国工程院院士、全国勘察设计大师（3人）、新世纪百千万人才工程国家级人选、国家监理大师、国务院政府特殊津贴专家、全国优秀科技工作者、四川省学术和技术带头人、四川省工程勘察设计大师、四川省突出贡献的优秀专家。

60多年来，成都院完成了西南及西藏地区100余条大中型河流的水力资源普查和复查，普查的水能资源理论蕴藏量占全国的54.4%；承担雅鲁藏布江、金沙江、大渡河、雅砻江、嘉陵江等流域和河段的开发规划，水利枢纽和水电站规划约350座，总装机容量约2.1亿kW，约占我国可开发水力资源的39%，居行业首位；勘察设计并建成发电的羊湖、映秀湾、龚嘴、铜街子、沙牌、瀑布沟及中国20世纪投产的最大水电站二滩、装机容量世界第三的溪洛渡、世界第一高拱坝锦屏一级等大中型水电站；正在从事前期勘察设计的水电站约30座，装机容量2000万kW，正在建设的水电站15座，装机容量1500万kW，涉及长河坝、两河口、双江口等世界级大型水电站。2016年，溪洛渡水电站拿下“菲迪克工程项目杰出奖”，瀑布沟水电站荣获詹天佑大奖。

成都院在国家能源规划、高端技术服务方面培育出核心竞争能力，代表着我国乃至世界水电勘察设计的最高水平。国内前 10 座高坝中，成都院勘察设计了 6 座；国内 200m 以上特高拱坝和特高土石坝均为 7 座，成都院勘察设计各有 4 座；国内已建和在建单机 50 万 kW 以上的 16 座大型地下厂房，8 座由成都院勘察设计。在高混凝土拱坝勘察设计、高土石坝勘察设计、深厚覆盖层复杂地基处理、巨型复杂地下洞室群勘察设计、高陡边坡稳定控制、高水头大流量窄河谷泄洪消能设计、大坝施工过程仿真与智能监控、数字流域与数字工程等领域形成了企业核心优势技术，引领行业技术进步。

成都院形成了“产学研”相结合的科技创新体系，拥有国家能源水能风能研究分中心、高混凝土坝研发分中心、大型地下工程研发分中心，博士后工作站、四川省首批院士工作站，成都院—IBM 智慧流域研究院、法国达索—成都院工程数字化创新中心等智慧平台。2008 年，被认定为国家级高新技术企业；2012 年，被认定为第五批国家级创新型试点企业；2013 年，被认定为四川省创新型示范企业；2015 年，成功获评国家级企业技术中心。

成都院依托重大工程建设，坚持科技创新，取得了大批科技成果并得到推广应用。“高坝坝基岩体稳定性评价及可利用岩体质量研究”“碾压混凝土拱坝筑坝配套技术研究”“中国数字水电”等数十项成果处于国际或国内领先水平。先后编制并发布国家和行业技术标准 106 项，成为水电行业技术标准编制的主力军。共获得国家级、省部级奖励 540 余项，其中国家科技进步奖 25 项（一等奖 2 项）、国家级“四优”奖 25 项。连续多年稳居“全国勘察设计综合实力百强单位”和工程设计企业 TOP60 强前列。

成都院在保持传统业务优势的同时，从专注水利水电、新能源等领域，全面拓展到交通、建筑、市政及水环境、水务、岩土工程、数字工程、环境工程、移民工程代建、设备成套供应等多元业务领域，构筑可持续发展的全产业价值链，形成了工程勘测设计、工程总承包、投资及资产运营“三大产业”格局。

成都院从 2003 年开始进军总承包业务市场，先后承担水电、水利、交通、市政、水环境、集控改造、移民代建等各种类型的总承包业务，带来了项目管理水平的大幅提高，逐渐形成“以设计为龙头的总承包”品牌优势。成功建成四川首个风电项目德昌一期示范风电场和世界最大山地光伏项目群首期工程万家山光伏电站，开启了川藏能源结构调整的关键一步。2015 年，中标两河口库区移民代建工程设计施工总承包项目，为集团库区代建制规模最大的总承包项目。投资业务推动构筑全产业服务链作用日益显著，截至 2015 年底，参股控股公司 30 家，拥有发电权益容量 245 万 kW；城市污水处理及工业废水 BOT 项目 9 个，污水处理能力近 26.1 万 t/d。

成都院坚持国际优先发展战略，积极对接“一带一路”倡议，努力打造“出海”能力，业务范围遍布亚洲、非洲、欧洲、南北美洲、大洋洲等 60 余个国家或地区，控股哈萨克斯坦水利设计院，参股欧亚电力有限公司，成功建设格鲁吉亚卡杜里、越南洛富明、哈萨克斯坦玛依纳等项目；承担中亚五国可再生能源规划和塞拉利昂国家水电规划；开展南亚最大污水处理厂 EPC 项目、越南国家风电示范项目富叻风电 EPC 项目，承担科特迪瓦最大水电站苏布雷勘测设计和机电设备成套任务。经过十多年经营、探索和实践，积累了丰富的国际工程勘测设计与施工总承包经验。

成都院坚守“诚信、负责、卓越”企业精神与“服务、关爱、回报”企业价值观，勇于承担中央企业的社会责任和义务，在水电工程抢险、堰塞湖整治、次生灾害防治、帮扶救助、精准扶贫等方面做出积极贡献，荣膺“中央企业先进集体”“中央企业先进基层党组织”“全国五一劳动奖状”“全国用户满意企业”“四川省最佳文明单位”等30多项荣誉称号。

引领新常态，迎接新挑战，激发新优势，成都院将强力深化改革，着力推动创新，持续提升管理，向着“具有全球竞争力的质量效益型国际工程公司”目标阔步前行。

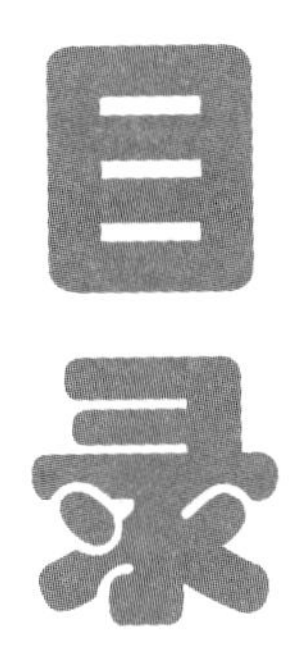

第1章 概 述

我国水电工程建设从20世纪90年代以来得到迅猛发展，目前在世界上已经处于领先水平。在水电工程建设突飞猛进的过程中，遭遇了大量复杂的工程地质、水文地质问题，也积累了利用先进技术、理论研讨问题的实例及教训。从水文地质领域方面看，中高山区域复杂地质条件下的复杂水文地质问题产生机理、多样化的水文地质条件调查方法、水电工程重大水文地质问题分析和评价方法等，在国内外还没有成熟的方法或指南。已经建设的大型水电工程，如溪洛渡、锦屏、紫坪铺、官地、坪头等提供了不同类型、不同地质背景条件和不同水文地质问题研究的典型案例，值得认真总结分析。

本专著以水文地质学与工程地质学交叉形成的新的学科方向——工程水文地质学理论为指导，依托官地、锦屏、卡基娃、开茂、溪洛渡、长河坝、紫坪铺、自一里、瀑布沟等已建和在建水电工程，通过资料收集分析和补充调查试验，系统分析、总结水电工程中重大水文地质问题以及调查、分析、评价这些问题的技术方法和有效手段，形成从问题产生背景、工程-地下水-地质环境相互作用机理、问题表现及评价、问题处理原则与方案、问题处理效果监控等系统技术主线，建立包括问题调查、分析、评价、处理、监控的完整方法体系。

1.1 西南地区地质背景

西南地区地形比较复杂，多以高原、山地和丘陵为主，地貌类型多样，高低悬殊，有世界最高的珠穆朗玛峰，海拔大于7000m的山峰有66座；呈现西高东低的特征。较为显著地分为三个地形单元：①巴蜀盆地及其周边山地，主要范围包括四川省中东部、贵州省中北部、云南省东北部和重庆大部；②云贵高原中高山山地丘陵区，主要范围包括贵州省全境与云南省的中南部和中东部；③青藏高原高山山地区，主要范围包括西藏全境，四川省北部、西部、西南部和云南省的西北部。

西南地区地层出露齐全，自元古到第四系均有出露，第四系主要有各种成因的覆盖层；第三系主要为一套红色碎屑岩，砂砾岩；白垩系主要为紫红色砂岩、粉砂岩、泥岩等；侏罗系主要为紫红色泥岩、砂页岩、砂砾岩等；三叠系主要为砂岩、砾岩、页岩、碳酸盐岩等；二叠系主要为灰岩、硅质岩等；石炭系主要为灰岩、白云质灰岩、砂岩等；泥盆系主要为碳酸盐岩为主夹页岩、板岩等；志留系主要为砂岩、粉砂岩、页岩、泥灰岩、碳酸盐岩等；奥陶系主要为页岩、砂岩、页岩、碳酸盐岩等；寒武系主要为碳酸盐岩、页岩、砂岩等；震旦系主要为碳酸盐岩、碎屑岩、变质岩等。

西南地区位于印度板块与欧亚板块相互碰撞汇聚接触带的东侧附近，在大地构造上地处阿尔卑斯—喜马拉雅山造山带东段弧形转折部位，形成了不同性质和规模的陆块相间拼合的构造格局。

中生代以来发展的构造显示，西部构造线主要为北西向和北北西向；古生代以来中国地质构造发展表明，在青藏高原，从祁连山到喜马拉雅山，自东北向西南依次形成祁连加里东褶皱带、昆仑—秦岭华力西褶皱带、巴颜喀拉印支褶皱带、唐古拉山及拉萨燕山褶皱带及喜马拉雅带。

晚近期以来，由于印度板块向欧亚板块的强烈推挤，致使青藏高原急剧抬升的同时，岩石圈物质向东及南东方向侧向挤出。西南地区构造格架主要为：北部川西北三角形断块、中部川滇菱形断块、南部滇西南构造区及东部川中断块。断块边界断裂主要有龙门山断裂、鲜水河断裂、安宁河断裂、则木河断裂、小江断裂和金沙江断裂等。区内活动断裂发育，新构造活动强烈，地震频发。

西南地区水文地质可概略划分为青藏高原区、云贵高原区、四川盆地区等三个大的水文地质单元。青藏高原区可进一步划分为高原冻土水文地质亚区、高山峡谷水文地质亚区和“一江两河”河谷平原水文地质亚区；云贵高原区可进一步划分为岩溶石山水文地质亚区、断陷盆地水文地质亚区和碎屑岩—火成岩—变质岩山地水文地质亚区；四川盆地区可进一步划分为成都平原水文地质亚区、盆地红层水文地质亚区和盆周山地水文地质亚区。

西南地区是我国水能资源的富集地区，是当前和未来水电建设的重点所在，但该区域地形地质条件十分复杂，地震烈度高（不少达Ⅷ～Ⅸ度），断裂构造发育（四川省著名的有龙门山断裂带、鲜水河断裂带、安宁河断裂带等，西藏地区主中央断裂、主边界断裂等），岩石条件差异较大，变形岩体广布、地应力高、水文地质条件十分复杂、泥石流等地质灾害频发。

1.2 水电开发概况

随着国民经济持续快速发展及对清洁可再生能源的需求，我国对水电资源的开发利用进入了前所未有的发展时期。近 20 年（特别是进入 21 世纪）以来，我国建成许多大中型水电站。根据水利部、国家统计局于 2013 年 3 月 26 日对外发布的《第一次全国水利普查公报》，全国已建成各类水库 98002 座，水库总库容 9323.12 亿 m^3。其中，大型水库 756 座，总库容 7499.85 亿 m^3，占全部总库容的 80.44%；中型水库 3938 座，总库容 1119.76 亿 m^3，占全部总库容的 12.01%。

国家发展和改革委员会、国家能源局在2016年12月公开发布的《能源发展“十三五”规划》中针对常规水电提出：坚持生态优先、统筹规划、梯级开发，有序推进流域大型水电基地建设，加快建设龙头水电站，控制中小水电开发。在深入开展环境影响评价、确保环境可行的前提下，科学安排金沙江、雅砻江、大渡河等大型水电基地建设时序，合理开发黄河上游等水电基地，深入论证西南水电接续基地建设。创新水电开发运营模式，探索建立水电开发收益共享长效机制，保障库区移民合法权益。2020年常规水电规模达到3.4亿kW，“十三五”新开工规模6000万kW以上。发挥现有水电调节能力和水电外送通道、周边联网通道输电潜力，优化调度运行，促进季节性水电合理消纳。加强四川省、云南省等弃水问题突出地区水电外送通道建设，扩大水电消纳范围。

四川省水力资源丰富，居全国之首，四川省境内共有大小河流1000多条，河流年径流量约3000亿m^3，居全国之冠。除阿坝州境内的白河、黑河注入黄河外，其余均属长江流域。大部分河流分布在长江北岸。东部四川盆地区主要河流有岷江、沱江、涪江、嘉陵江、渠江；西部高山高原区主要河流有大渡河、雅砻江、金沙江、青衣江。水能蕴藏量约占全国的1/5，占整个西部的1/3，其蕴藏量达1.43亿kW，技术可开发量1.2亿kW。水电资源在1万kW以上的资源河流约有850条。特别是金沙江、雅砻江、大渡河，约占全省水力资源的2/3，全国规划的13个大型水电基地就有3个在四川。金沙江、雅砻江、大渡河是我国著名的水电基地，有“水电王国”之美誉。“十二五”时期，水电实现跨越式发展，2015年水电装机容量达到6939万kW，比2010年增长126%，年均增长17.7%；水电发电量2767亿kW时，比2010年增长143%，年均增长19.4%。

云南省水能资源丰富，具有得天独厚的能源优势，作为全国第二大水电资源大省，全省128个县区中有118个县区可开发万kW以上的中小水电，尤其是滇西北金沙江、澜沧江、怒江三大流域，约占云南省经济可开发容量的85.6%，“三江”干流可开发装机容量达8254万kW，拥有25万kW以上的可开发大型水电站站点35处，这在全国其他省区都是绝无仅有的。根据《中国能源报》（2016年11月7日第11版），截至2016年11月1日，接入云南电网水电装机累计已达5901万kW，占全省电力装机总量的73%，水电已经成为云南省能源结构中的核心型支柱产业。

西藏有河流356条，全区水力资源理论蕴藏量占全国的29%，居全国第一位。西藏水力资源量巨大，雅鲁藏布江、怒江、澜沧江、金沙江干流梯级水电站规模大多在100万kW以上，个别为1000万kW级的巨型电站，是全国乃至世界少有的水力资源“富矿”，现今开发程度较低。

近些年来，西南地区相继建成了雅砻江二滩、锦屏一级和锦屏二级、官地，金沙江溪洛渡和向家坝，大渡河瀑布沟、大岗山、长河坝、猴子岩等巨型电站，正在建设大渡河双江口、雅砻江两河口等一批巨型水电工程。代表性的有世纪工程——二滩水电站，世界最高拱坝（305m）和最难建设的电站——锦屏一级水电站，我国第二大水电站——溪洛渡水电站（总装机容量为1386万kW）、西部开发的标志性工程——紫坪铺水利枢纽，水电工程建设进入了大发展阶段，水电工程工程地质和水文地质实践取得了辉煌成就。尤其是在300m级高拱坝坝基和抗滑稳定、渗漏和渗透稳定、数百米级高陡边坡、超大规模和深埋地下洞室（群）、高地应力环境、复杂水文地质环境等工程研究和设计方面积累了丰富的工程经验。

1.3 水电开发遇到的主要水文地质问题

从已经建成的一批大型水库来看，蓄水后水文地质问题仍然较为突出，重大地质灾害时有发生，如锦屏一级、溪洛渡、毛尔盖、狮子坪、瀑布沟等水库蓄水后大多数都存在着变形、塌岸、滑坡、渗漏、浸没等地质问题。需要我们在区域构造稳定性评价技术、水库工程地质评价技术、超高坝坝基和超高陡边坡与超大型洞室群的勘测设计，水-岩作用机理、复杂赋存环境下岩体力学特性与试验方法、岩石工程不确定性与风险评估、岩体工程监测与反馈、地质灾害评价方法与治理技术等方面取得理论突破，需要我们去进行科技攻关，更好地为工程建设服务。

就水电建设现状而言，面临更加复杂的地质环境，复杂的水文地质问题。归纳起来主要包括水库区典型水文地质问题和枢纽区典型水文地质问题两大类。

1.3.1 水库区典型水文地质问题

水库区典型水文地质问题主要包括水库渗漏问题、水库浸没问题、浸没型岩溶内涝问题、浸没性矿床充水问题、库岸斜坡地下水致灾作用、水库诱发地震问题、特殊水文地质景观问题等。

（1）水库渗漏问题。已经建成的水库表明，因渗漏问题引起失事的大坝占失事工程总数的40.5%。水利部对中华人民共和国成立20多年来全国241座大型水库发生的1000宗工程事故进行整理分类，其中渗漏事故（包括管涌）有317宗，占事故总数的37.1%。从含水介质角度，岩溶渗漏是当前最主要的水库渗漏，水库岩溶渗漏主要勘察方法有岩溶水文地质测绘、溶洞调查、物探、钻探、洞探、水文地质试验、岩溶地下水观测等。需要研究基于主控要素的渗漏类型、特征及识别、渗漏量估算，评价对工程的影响，提出综合对策措施。

（2）水库浸没问题。水库蓄水引起水库周边地带地下水壅高，地下水壅高可使毛管水抬升，当其上升高度达到建筑物地基或农作物和树木的根系，且持续时间较长时，将产生浸没问题。当多年平均降雨量大于蒸发量时，水库浸没一般表现为沼泽化问题；当多年平均蒸发量大于降雨量时，水库浸没一般表现为盐渍化问题。浸没对滨库地区的工农业生产和居民危害甚大。它可使农田沼泽化或盐渍化，农田作物减产；可使建筑物地基条件恶化甚至破坏，影响其稳定和正常使用；可造成附近矿坑充水，采矿条件恶化；可使铁路、公路发生翻浆、冻胀次生灾害。因此，浸没问题可能影响到水库正常高水位的选择，甚至影响到坝址的选择。对浸没问题，需要研究水文地质结构、地下水流动系统、影响水库浸没的关键控制因素、地下水致灾作用，预测评价农作物区土地沼泽化、盐碱化，建筑物区地基软化及沉降，提出对策措施建议。对浸没型岩溶内涝问题需要研究岩溶区水文地质结构及浸没型内涝分类、地下水作用机制分析，进行岩溶内涝灾害风险评价等；对浸没性矿床充水问题需要研究充水通道水文地质结构分析、充水矿床地下水致灾作用，进行矿床充水灾害风险评价等。

（3）浸没型岩溶内涝问题。我国南方的岩溶峰丛洼地或峰林谷地地区，发育众多的地下河系。每年汛期，地下河因当地暴雨而增大流量，由于岩溶管道断面所限使排泄受阻，通过岩溶谷地的天窗或消水洞涌出，淹没谷地中的农田，称为“内涝”。如果此时地表河流水位因上游来水而上涨，淹没了地下河出口，就会循地下河倒灌，顶托了地下河的排泄，发生所谓“两峰遭遇”（即雨量峰与水位峰同时出现），则内涝更加严重。如果在河流上建造水库抬高水位，使地下水排泄基准面相应升高。位于库岸边缘的一些高于水库正常蓄水位的岩溶谷地或洼地，虽不受水库直接淹没，但因库水通过岩溶管道产生回水顶托，使地下河水力坡降减小，地下水流速减缓，导致排泄能力降低，从而壅高地下水位，当达到洼地或谷地地面时就发生浸没、农田受涝现象，称为“浸没型岩溶内涝”。在一些溶蚀洼地、谷地和峰林平原，因水库蓄水或连续降雨条件下，地下岩溶管道排泄受阻，经常发生内涝。这使原本就少有的农田受淹，成为农村经济发展的障碍。因此有必要查明岩溶内涝灾害发生机理和分布特点，并据此提出灾害的防治措施。岩溶内涝灾害是岩溶地区特有的，并且是一种与岩溶生态环境和人类活动密切相关的灾害类型。

（4）浸没性矿床充水问题。矿床充水是指矿体尤其是围岩中赋存地下水的现象，这些地下水与其他水源在开采状态下导致矿坑的不间断涌水，将水源矿坑的途径称为充水通道，水源和通道一起构成了矿床充水的基本条件。在水库工程建设中，水库蓄水后，使得周围的地下水位抬升，含水层规模扩大，加之水库与矿区之间的地形地貌、水文地质条件，有可能因水库的兴建使得原本安全的矿区发生充水问题。矿床突水引起的突发性事故，不仅仅是经济上的损失。有相当一部分矿山的水害，是由勘探时水文地质条件不清楚、充水条件复杂性认识不足或矿井涌水量预测不准确而造成的。因此查明矿场水文地质条件及矿床充水机理对于矿山安全生产、降低开采成本、减少地质灾害等具有重要的理论和实际意义。

（5）库岸斜坡地下水致灾作用。水对岸坡岩土体的作用主要表现为物理作用和化学作用。物理作用主要表现为润滑、软化、泥化作用以及对岸坡的冲磨、淘刷机械作用。润滑、软化和泥化作用反映在力学特性上，使岩土体的强度降低；冲磨、淘刷机械作用使岸坡岩土体遭到了细观或宏观变形破坏。化学作用主要是通过水与岩土体之间的离子交换、溶解作用（湿陷）、水化作用（膨胀）、水解作用、溶蚀作用等使岩土体的微观或细观结构发生变化，一般的化学作用越强烈，其岩土体的强度越容易降低。库水位的反复升降变化对岸坡岩土体产生的动水压力降低了岸坡土体的稳定性，如降低土体的抗滑力、动水压力沿边坡临空面产生的推力使下滑力增加等都可降低岸坡岩土体的稳定性。库岸斜坡地下水致灾作用需要研究库岸斜坡水文地质结构及破坏类型、地下水作用机制分析，进行库岸边坡稳定性评价并提出对策措施。

（6）水库诱发地震问题。因水库蓄水而诱使坝区、水库库盆或近岸范围内发生的地震，叫作水库诱发地震。水库诱发地震早在 20 世纪 40 年代就已提出，到了 60 年代世界上发生 4 例 6 级以上破坏性地震后才被人们所重视。我国发震水库有 21 例，最大震级是新丰江水库地震 6.1 级，参窝、丹江口和大化的水库地震分别是 4.8 级、4.7 级和 4.5 级，其他水库地震震级均小于 4.0 级。我国已建坝高 100m 以上的水库有 10 座发震；库容大于 20 亿 m^3的水库有 9 座发震。对于水库地震问题，需要研究水库诱发地震的孕灾条件及控制要素、水库诱发地震机理、基于主控要素的水库诱发地震类型划分及特征识别，进行水库诱发地震灾害预测与防治对策。

（7）特殊水文地质景观问题。水库淹没区库水位的抬升，改变了库区地下水的水动力条件。对于水电工程而言，主要涉及温泉的改变和利用等问题，受深大导水断裂和区域型汇水褶皱控制，深部地下水具有远源补给，循环深、径流时间长的特点，因此具备矿化度、温度高的特点，显示其特殊的水资源价值。水库蓄水后淹没改变了其天然排泄方式，对依赖深部地下水带来的经济价值的周围居民，以及不能替代的人文景观都产生影响。已有学者对江娅水库、泸水电站、大岗山电站、建古水电站等温泉的形成机理，温泉的水化学特征进行了分析，并提出库水淹没对其影响，以及恢复处理措施。对于特殊水文地质景观问题需要进行模式划分，研究区域性汇水结构方式、混合特征演化特征研究、水流特征模型，进行水文地质景观问题评价。

1.3.2 枢纽区典型水文地质问题

枢纽区典型水文地质问题主要包括枢纽区异常承压水问题、坝基及绕坝渗漏问题、深厚覆盖层区坝基基坑降水问题、基坑开挖底板涌突水问题、下游雾化边坡稳定问题、水工隧洞涌水问题、地下建筑物渗水及大坝析出物问题等。

（1）枢纽区异常承压水问题。在水电工程勘察中，不少工程发现有承压水分布，有的在覆盖层中，有的分布在基岩中，有的工程还发现有多层承压水，这些承压水水质类型各异，成因类型也不相同，有的补给源较远，是否会对大坝或其他建筑物的长期稳定安全带来较大影响，需要进行仔细研究。需要研究承压水类型、特征，异常承压水表现、问题识别，承压水的控制结构、成因机制，评价对工程的影响等。

（2）坝基及绕坝渗漏问题。现有工程研究中多以地下水系统理论为指导，充分利用现有勘察资料和研究成果，并结合分析区域地质的研究成果，采用多种试验和测试技术，运用系统分析方法，将野外实地调查测试和室内综合分析相结合，定性分析与定量模拟相结合，在保证信度基础上求精度；进行基础地质、水文地质（补径排）研究，地下水系统划分，含水介质结构刻画，地下水流动系统的模拟等；力求对坝址区（裂隙水）地下水进行全方位、多视角的系统分析，力求完整、准确把握工程的水文地质全貌，为工程设计和施工提供可靠的水文地质依据。主要研究手段包括：①对现有勘察资料和研究成果，区域地质的研究成果的收集与系统分析；②重点地段的野外水文地质调查，岩石与水样采集和分析，包括岩石的化学成分，不同水源和不同部位地下水的常规化学成分和特殊的微量组分，以及氢氧稳定同位素与锶同位素组分等；③平洞的水文地质调查及分析；④系统开展平洞裂隙测量，统计分析和量化计算；⑤在水文地质研究基础上，建立研究区水文地质模型，进行数值模拟计算。

（3）深厚覆盖层区坝基基坑降水。金沙江、雅砻江、大渡河、岷江、白龙江等皆属高山峡谷型河流，河谷多呈V形或U形。河床之下一般为深切槽谷，基岩深埋，河谷覆盖层深厚，一般几十米至百米不等，有的甚至超过百米到数百米不等。这些深厚覆盖层不仅厚度大，而且物质组成结构复杂，有粗粒土，也有细粒土分布，成因类型多样，建坝时常常开挖数十米高的深基坑，降水问题突出，同时也造成突出的边坡稳定问题。因此查明深厚覆盖层的工程地质特性，并根据深厚覆盖层的特点进行相应的基坑开挖及基坑涌水预测就可以避免出现工程事故，显然，对深厚覆盖层区坝基基坑降水机理和措施研究成为又一水文地质问题。

(4) 基坑开挖底板涌突水问题。水电工程基坑底板突水是一种十分复杂的工程地质现象。主要表现为地层结构条件在不同水电工程区差别很大，突水的相关因素包括水源、水压、隔水层、结构、构造和基坑底板卸荷等；高坝洲水电站、大潭水电站、洪家渡水电站、莲花台水电站、引子渡水电站、万家寨水利枢纽工程、乌江沙沱水电站、浯溪水电站、小岩头水电站、株溪口水电站、乌江渡水电站、黄河青铜峡枢纽、广西西江佳平航运枢纽、三江口枢纽、沙湾水电站等15个项目均有涌突水现象存在，给工程建设带来一定的困难，需要研究底板涌突水类型、机理、进行底板涌突水预测分析，提出处理对策等。

(5) 下游雾化边坡稳定问题。目前已建成小湾、拉西瓦、锦屏、二滩、糯扎渡等高坝泄洪最大单宽流量均超过 $200m^3/(s \cdot m)$、单宽消能功率达300MW/m，使得泄洪消能问题十分突出。所采用的消能方式，主要有挑流、底流、面流及戽流。下游出现不同程度的雾化现象，在一定范围内形成降雨或浓雾。这种现象对枢纽建筑物正常运行、交通安全、周围环境以及两岸边坡稳定性等产生一定的危害。威胁着边坡和建筑物的安全，有的工程还造成了一定程度的损失，这个问题已经引起了工程界的重视，很多工程主要是在前期阶段进行模型试验，根据模型试验成果结合数值计算进行边坡的处理。从实际运行情况看，雾化对边坡和建筑物的影响较复杂，模型试验与实际情况有较大差别，仍需结合地形、地质、水文、机理、雾化雨在岩体边坡中的渗流规律、泄洪时坡体和防护结构的稳定及边坡失稳的预测影响范围等方面不断深入研究。

(6) 水工隧洞涌水问题。随着人类对生存环境要求的日益提高，环境污染问题及其治理已成为大众所关注的问题。水工隧洞按照用途可分为泄洪洞、引水洞、排沙洞、放空洞、导流洞等。按照洞内水流状态分为有压洞和无压洞，一般说来，隧洞可以设计成有压的，也可设计成无压的。由于隧洞洞线长，常常遇到复杂的地质结构，在施工期可能会出现高压涌水，给施工安全造成较大威胁，在运行期给洞室安全造成隐患甚至破坏，水工隧洞涌水问题已经得到了重视，针对这一问题需要研究基于主控要素的涌水类型、基于水文地质结构各类型特征及识别，进行涌水类型综合评价与对策措施建议。

(7) 地下建筑物渗水及大坝析出物问题。根据已有的文献和报道，建成的水电站中有部分电站廊道、坝后发现一定的白色、黄色、黑色等析出物，无论是沉积岩、岩浆岩还是变质岩，均可见到地下建筑渗水或大坝析出物的存在。地下建筑的渗水和大坝析出物的不断排出，是否会影响枢纽区建筑和坝基的安全稳定，是蓄水后水库运行的一个问题。针对这一问题，需要研究基于主控要素的析出类型、地下建筑物渗水分类、各类型特征及识别，进行问题综合评价与对策措施建议等。

第2章 工程水文地质基础理论

2.1 工程水文地质概述

人类工程活动是在一定的地质环境中进行的。人类工程活动一方面受制于地质环境，另一方面又影响和改造着地质环境。两者之间的这种相互关联、相互制约机理，正是工程地质学研究的基本任务（张倬元、王士天、王兰生，1994）。

一般说来，地质环境主要是由岩土体环境、地应力环境和水环境所构成，在自然条件下，它们之间有着密切的依存关系和相互作用，始终处于不断变化的动平衡之中。而在人类工程活动中，对地质环境系统产生的作用可归纳为表2.1所列的几种方式，其中以岩土开挖与堆填及水流水域调节为最重要的作用方式，这两种方式对地质环境可以产生高强度、大范围的直接影响。

表2.1 人类工程活动对地质环境的作用（据王思敬，1997）

序号	工程作用类型	作用方式	作用结果
1	工程荷载	建筑物对地基或围岩加载（加载）	①地基及其周围变形；②地基及周围应力集中区内的岩土屈服拉张变形
2	岩土开挖	形成新临空面及应力释放（卸载）	①临空面外岩土变形；②应力调整及出现屈服区和拉张区；③地下水排出，引起动态变化；④地下水补给，引起水质恶化
3	水流、水体调节	岩土中水的排出及补入（渗流）	①岩土中渗压改变；②岩土的水理软化；③岩土的水力耦合；④地下水水量水质改变
4	工程热力作用	岩土中温度的改变（热流）	①岩土中附加温度应力与变形；②岩土水温度改变，触发水岩的水理、水化作用

人类工程活动对岩土体的作用和对水体的作用又是相互关联的。一方面由于工程的开挖、工程荷载的施加，改变了岩土体内部的应力场分布，从而影响岩体的结构，引起赋存

于岩土体中地下水性态和地下水力学特征的改变；另一方面由于工程体的出现，改变了区域或工程区地下水系统的补径排条件，形成工程体干扰下的地下水渗流场，继而通过水岩作用又会产生对岩土体的影响。而这些在人类工程活动作用下改变的地质环境因素反过来又将作用于工程体之上，影响工程体的安全和使用效益。

因而研究人类工程与地质环境中的岩土体和地下水之间的相互作用关系，不仅可以解决人类工程活动中的实际问题，而且还能丰富和完善水文地质与工程地质学的基本理论。

工程地质学和水文地质学都是 20 世纪以来发展起来的应用地质学的重要分支，特别是从 20 世纪 70 年代以来，随着系统科学思想、现代应用数学与计算机技术、现代测试技术等新理论、新方法的引入，使得工程地质学和水文地质学这两门年轻的应用学科的基本概念和研究范畴发生了巨大的变革，其结果使得它们从定性研究进入到定量研究阶段，纳入到系统工程的轨道，与现代科学更紧密地融合起来。

传统水文地质学以地下水作为研究对象，从探讨地下水的形成、赋存特点、类型，含水层与隔水层，含水介质的渗透性能，动态特征与运动规律，物理性质与化学成分，到研究和解决供水水文地质、矿床水文地质等专门问题，内容十分丰富，理论体系也是完整的。但从总体上看，由于在学科体系、研究方法上都是从地下水本身出发，有关地下水与岩土体的关系及其相互作用，以及由此产生的一系列问题研究甚少，因而难以满足日趋复杂的人类工程活动的需要，与工程地质学科的发展明显脱节。

从不同的研究角度，不同的学科领域研究地下水，可极大地丰富水文地质学的内涵和外延，从而形成一些新的交叉学科。例如，从资源角度研究地下水，形成了供水水文地质学、矿泉水水文地质学和卤水水文地质学等；从作为一种地壳深部信息载体角度研究地下水，形成了热水水文地质学和地震水文地质学；而从作为一种地质营力角度研究地下水，则可发现其作用有正负两方面，正作用如地下水成矿；负作用则主要是地下水作为一种可诱发多种地质灾害的直接或间接营力，能在自然条件下或在人类工程活动中引起一系列直接制约工程设计、施工和运营，以及严重影响人类生存环境的工程和环境地质问题。正是考虑到这一点，张咸恭（1993）在《工程地质学报》的创刊号上撰文《地下水对工程和环境的作用》，提出了介乎于水文地质学与工程地质学之间的，可定名为“工程水文地质学”的学科方向，它从工程地质观点出发，同时考虑水和岩土体，全面系统地研究它们的相互作用及其对工程和环境的影响。应该说，这是一个新的、有广阔发展前途的学科方向。

工程水文地质问题实际上是随着社会进步，人类工程活动规模、范围的扩大而逐步引起学术界和工程界的重视的，尤其是 20 世纪 60 年代以来，世界上出现一系列重大工程失事事件（如法国的马尔帕塞拱坝、意大利瓦伊昂滑坡等）。这些失事工程的事故分析都表明，地下水在工程体与地质环境之间的破坏性相互作用中发挥着重要作用。据统计，90%以上的岩质边坡破坏与地下水的作用有关；60%的矿井事故与地下水活动有关；30%～40%的水电工程大坝失事是由渗流作用引起的。

现在所处的 21 世纪象征着新的科学技术时代的开始，工程建设规模、难度将有新的突破，如跨流域调水工程、大型水电工程、深部采矿工程、城市地下工程、超高层建筑、海峡隧道工程、海洋工程等。毫无疑问，这些大型工程的兴建，必将带来更多、更为复杂的工程地质问题和工程水文地质问题，需要广大科技工作者加以认真的研究和解决。

2.2 水电工程中工程—水—地质体相互作用机理

水电工程建设与其他工程活动的最大差别，即在于水。水既是水电工程活动追求的目标（筑坝蓄水），又是水电工程所处地质环境的重要组成因素，在地质体与工程建筑物的相互制约、相互作用中发挥重要作用。总的说来，水的作用（或功能）主要有以下三方面：

（1）水的力学作用，包括空隙水压力和动水压力，是工程、岩体失稳的重要触发因素之一。

（2）水的物理化学作用，作为地质环境中的活跃因子，水—岩反应在几乎所有的地质过程中都扮演着重要角色。尤其是水—岩反应过程所导致的岩土体及其软弱结构面的化学成分和物理力学性质的变化，以及这种变化对工程可能造成的影响、水-岩作用导致的地下水化学成分变化及其对工程建筑物的潜在危害。

（3）水的价值功能，通过蓄水发电、灌溉、养殖和改善航运条件等来体现。

众所周知，一个高坝大库的兴建，必将大大地改变库坝区的水文地质条件，形成新的地下水渗流场。在一定的地质环境条件下，于不同的工程部位，工程建筑物与地下水及岩土体之间相互作用（表2.2、表2.3）。相互作用的不协调将产生一系列的地质问题，如坝基深层承压水问题、水库岩溶渗漏问题、坝基渗漏及渗漏稳定性问题、水库诱发地震问题、水库区库岸浸没问题等。

表2.2　水电工程中地下水—岩土体相互作用类型及特征（王士天等，1997）

水库的部位	作用类型	作用特征
库岸及枢纽区浅部岩体	软化及泥化作用	通过提高土石的含水性而降低其强度的物理作用
	干缩、湿胀与崩解	通过改变土石的含水性而恶化其性质的物理作用
	渗透变形	通过水流带走土石中的细小颗粒而降低其承载能力的物理作用
	冰冻膨胀作用	通过水冻结成冰，产生体积膨胀而使裂隙壁裂的物理作用
	化学潜蚀与溶蚀	通过带走土石中的可溶性成分，而恶化其工程性质的化学作用
	动水（渗透）压力作用	通过水的渗流对土体施加一定推力的力学作用
	空隙水压力效应	通过减小岩土体在破坏面上有效正应力而降低其强度的力学作用
坝下游边坡及河床	水力冲刷作用	通过强烈的水流冲击而使岩土体破坏的力学作用
	雨雾润浸导致的软化、泥化及空隙水压力效应	
库盘较深部岩体	荷载作用	是一种库水以面荷载的方式作用于库盘的力学作用
	空隙水压力效应	
	水热与汽化膨胀作用	水渗入到地下深处与高温岩体接触而产生的吸热膨胀或汽化膨胀
	应力腐蚀作用	承载的硅酸盐岩遇水后，岩体内原有裂隙端部的拉应力集中，会使硅—氧键发生加速的水化作用，并使其强度随之而降低

表 2.3　　水电工程中水—工程建筑作用类型及特征

水库的部位	作用类型	作用特征
水库及枢纽区	渗漏	在水库蓄水高水头驱动下，库水沿岩溶化通道、断层破裂带、裂隙密集带等通道，向邻区、坝下游的渗流活动，影响水库的蓄水效益。以岩溶渗漏为主要形式
枢纽区	侵蚀作用	天然环境下的复杂化学成分地下水或库水与枢纽区岩体相互作用形成的复杂化成分地下水对大坝等混凝土构筑物的侵蚀作用

从表 2.2、表 2.3 中可以看出：

1）在一个大型水电工程中，工程建筑物与地下水及岩土体之间的作用是多因素的复杂作用过程，而且在不同的条件下和不同的工程部位，其因素组合和主控因素也有所不同，因而可能出现的工程水文地质问题也不同。

2）空隙水压力作用，是水电工程中不同部位水-岩作用中普遍起作用的一个重要因素，它对河谷岩土体变形破坏的发展有着十分重要的影响。

3）这些工程水文地质问题中的多数都是因地下水水动力条件的改变而以力的形式作用于岩土体和工程体，或者影响水库蓄水效益来表现的。因而，研究工程作用下岩体中地下水渗流问题是解决工程水文地质问题的基础。

2.3　工程水文地质问题关键控制要素

水电工程中出现的工程水文地质问题都是地质问题，都有其产生的特定的地质条件或地质环境。不同区域或不同工程岩体，由于其岩性和结构条件以及应力状态的不同，它们对水作用反应的敏感性是极不相同的（图 2.1）。

水库诱发地震问题，已有大量实际资料表明水在其中起着重要作用，夏其发在 1992—1993 年作过全球发生水库诱发地震的统计，目前全球共建成坝高 15m 以上的水库 33770 余座，而发生诱发地震的仅 116 座，发震率仅为 0.34%，中国境内发震率为 0.09%，因而从水库诱发地震的角度来看，不同地区水库对水作用的敏感性差别较大。

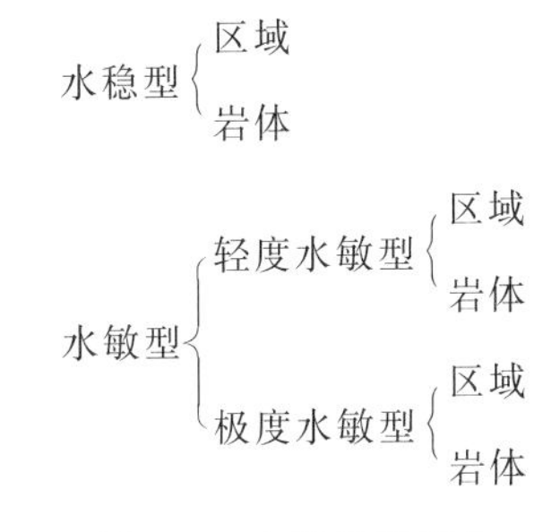

图 2.1　水敏类型划分

水对大坝混凝土的侵蚀作用主要发生于富含石膏的陆相沉积地层分布区，黄河八盘峡、盐锅峡、青海朝阳水电站等都不同程度地遇到过此类问题（邹成杰，1994）。

水敏型的区域或岩体必须具有某种特殊的水文地质条件或某种对水的作用敏感的因素，可称为水敏因素，如果这种因素是岩土体的结构，此时可称为水敏结构。根据中南勘测设计院对已建成的黄龙滩水库库岸稳定问题的回访调研，自水库下闸蓄水的 1974—1985 年，库区发生滑坡 73 处，主要集中于由岩性较软、遇水易软化、片理发育且倾角较缓的石英片岩及云母绿泥石片岩组成的库段，这是一种典型的缓倾角水敏结构。

水敏因素（结构）可作如下分类：

（1）按其发育部位可分为浅表型与深埋型两类（表 2.4）。

（2）按水的作用方式可分为力学作用型、化学作用型和渗漏型。

从表 2.4 中可看出，不同类型的水敏结构（或因素），将导致不同类型的工程水文地质问题。

因而，对于任何一个特定的水电工程区，都应该在初步查明其一般的工程地质条件的基础上，首先分析确定它具有哪种类型的水敏因素或水敏结构，可能存在什么样的工程水文地质问题。

表 2.4　水电工程中浅表型和深埋型水敏（结构）特征简表（许模，王士天，2003）

类型	作用部位	水敏结构组成	水的作用机制	作用特点	主要工程水文地质问题
浅表型	边坡内	控制边坡稳定性的岩体结构面的组合，尤其是其中的软弱结构面	空隙水压力效应动水压力软化泥化作用	主要发生在库水位快速升降时段和雨季	岸坡边坡的稳定性问题（水是崩滑灾害发生的主要诱发因素）
	坝基坝肩	控制坝基、坝肩稳定性的岩体结构面的组合，在坝基主要是缓倾结构面，在坝肩主要是在坝体下游切割出的陡倾结构面	空隙水压力效应动水压力软化泥化作用	主要发生在水库开始蓄水阶段	坝基、坝肩抗滑稳定性问题（水是坝基、坝肩失稳的主要诱发因素）
	水库区	碳酸盐岩地层和空间展布	地下水沿其中的岩溶导水通道流到水库以外地区	在适当的水动力条件作用下，蓄水后立即发生	水库岩溶渗漏问题
	枢纽区	富含石膏等易溶组分的陆相地层	地下水中溶解 SO_4^{2-} 等离子对混凝土侵蚀作用	主要发生在水工建筑物与该层位接触部位	地下水的侵蚀作用
	枢纽区	承压水结构	高水头的扬压力	发生在承压水分布范围内	坝区抗滑稳定性问题
深埋型	库坝区	岩体内具有处于接近临界应力状态的断裂结构面和水沿之下渗的通道	空隙水压力效应荷载效应应力腐蚀效应	水的流动特性可使水的作用在较大范围内发生	水库诱发地震问题

2.4　工程水文地质问题分类

一个高坝大库的兴建，必将大大地改变库坝区的水文地质条件，形成新的地下水渗流场。在一定的地质环境条件下，于不同的工程部位，工程建筑物与地下水及岩土体之间相互作用，将产生一系列的工程水文地质问题（表 2.5）。

根据水文地质问题产生的部位，以及各问题产生的时间，进行分类，详见表 2.6。

表 2.5　　水电工程中主要工程水文地质问题（许模，王士天，2003）

类型	地下水作用型式	作用特征	作用部位	实例
枢纽区深层承压水	动水压力 空隙水压力 化学作用	坝基抗滑稳定 坝基渗漏对建筑物的侵蚀性	枢纽区	黄河天桥（王法西，1989） 雅砻江官地（Xu Mo，Wang Shitian&Hu Jin，2004）
坝基渗透稳定	渗透变形 化学潜蚀与溶蚀	堤坝地基强度降低，渗透性增大，甚至导致工程失事	枢纽区	观音岩
库岸及高边坡稳定	动水压力 空隙水压力	通过水流动的直接推力和降低结构面强度导致边坡失稳，淤塞水库，造成涌浪进一步危及大坝的安全	库岸边坡	瓦伊昂滑坡、千将坪滑坡
水库诱发地震	荷载作用 空隙水压力作用	影响大坝的安全，是水电工程中水岩作用导致的最主要的地质灾害	库盘及周边较深部岩体	新丰江（臧绍先，1983） 铜街子（Xu Mo，Wang Shitian and Huang Runqiu，2002）
岩溶渗漏	向邻区或下游渗流	影响水库的蓄水效益	库区与邻区相近的碳酸岩分布区	雅砻江官地
水库淹没与浸没问题	地表水、地下水位上升	环境影响	水库区	澜沧江古水水电站库区的盐井

表 2.6　　水电工程中主要工程水文地质问题分类

产生时间 产生部位	规划、预可阶段	可研、设计阶段	施工阶段	运行阶段
水库区	水库渗漏	重点库段灾害	特殊水文地质景观	水库浸没
	淹没区	—	—	—
	水库诱发地震	—	—	—
枢纽区	—	枢纽区渗漏	厚覆盖层坝基基坑降水	大坝、厂房等地下水位变化
	—	枢纽区异常承压水	基坑开挖底板涌突水	大坝、厂房等地下水析出物
	—	—	水工隧洞涌水	—
下游区	—	—	—	雾化边坡稳定性

注　“—”代表没有。

第3章 工程水文地质勘察试验方法

3.1 工程水文地质勘察主要内容

工程水文地质勘察系为查明工程区的水文地质条件，评价工程水文地质及环境水文地质问题，运用各种勘察手段而进行的工作。

水电工程中各类工程水文地质问题，都涉及特定的地质环境中地质体在自然条件下的发展演化过程和在人类工程活动作用下的发展演化过程，因此研究这些问题必须首先以地质学的观点和自然历史的观点来分析地质体与周围因素相互作用的特定方式，随时间发展演化的历史及其发展的阶段性，从全过程上和内部作用机制上把握其形成、演化、现状及未来发展趋势。也即首先进行地质过程的机制分析或定性评价，在此基础上，将地质学对现象的研究与现代科学有机结合起来，实现对地质体演变过程的模拟再现，从而达到对地质体中地下水的作用的现今状态和未来发展趋势的定量评价和预测，这些正是工程水文地质勘察的主要任务。

3.1.1 水文地质原型

水文地质原型即是水文地质条件，是一个地区地下水埋藏、分布，补给、径流和排泄条件，水质和水量及其形成地质条件等的总称。

从另一个角度，即是地下水系统。地下水系统是近年来水文地质学科中的新术语，它的出现，是系统思想与方法渗入水文地质领域的结果。但更重要的，则是水文地质学发展的必然产物（张人权，1987）。从分类角度考虑，地下水系统包含地下水含水系统和地下水流动系统。

（1）地下水含水系统。是指由隔水或相对隔水岩层圈闭的，具有统一水力联系的含水岩系。显然，一个含水系统往往由若干含水层和相对隔水层（弱透水层）组成，其中的相对隔水层并不影响含水系统中的地下水呈现统一水力联系。它将传统的含水层、隔水层和弱透水岩层的概念和划分进行了有机地整合。

（2）地下水流动系统。是指由源到汇的流面群构成的，具有统一时空演变过程的地下水体。它将传统的地下水补给、径流和排泄等水量与水质分析进行了有机的统一。

对工程区水文地质原型的认识是研究其潜在的工程水文地质问题的基础，主要通过现场调研、测试来实现。

现场调研的本质是运用地质理论知识，对地质体和地质现象进行观察、描述和测量，以取得实际的地质资料，研究其特征和演变过程，探讨各种地质要素的相互关系，追索空间上和时间上的地质变化过程，这是一切地质工作的共同基础，也是认识工程区工程地质条件和水文地质条件最为有效的方法，同时，有效地应用各种新技术方法，必将提高对地质体认识的精度和深度。

水文地质原型的认识可概化为两个主要方面：水文地质结构、地下水流动系统。前者表征的是以地质体的空隙为主体的地下水储存、运移空间及组合，也即为含水介质系统；后者则是以地下水补给、径流和排泄为主线的地下水流动体系，包括水量、水动力条件和动态变化等。

3.1.1.1　水文地质结构

宏观上，地下水含水系统根据含水介质的不同，可以进一步划分为孔隙含水系统、裂隙含水系统和岩溶含水系统（表3.1）。

表3.1　　地下水含水系统的划分

划分 名称	一级划分	二级（平面）划分	
	含水介质	次级依据	基本类型
含水系统	孔隙含水系统	松散岩类—沉积环境（孔隙岩类成因类别）	山间丘陵盆地系统 山前倾斜平原（盆地）系统 河间平原系统 滨海平原系统
	裂隙含水系统	基岩—岩石类型与裂隙成因	层状孔隙或裂隙含水系统 块状孔隙或裂隙含水系统
	岩溶含水系统	可溶岩—岩溶发育程度	溶蚀裂隙含水系统 岩溶（泉域）含水系统 岩溶（暗河）含水系统

各类含水系统的进一步划分，即主要由介质含水、透水能力差异空间组合的结构特征所表征。

在水文地质研究中，结构控制论的萌芽产生于20世纪70年代。谷德振（1974，1979）首先提出了“水文地质结构”的概念；孙广忠（1983）论述了岩体结构与水文地质结构的关系（表3.2）；王思敬（1984）针对水电工程坝基岩体阐述了水文地质结构及建模概化方法；美国JamesA. Miller（1986）也提出了“水文地质结构”（Hydrogeological-frameword）的概念，并详细地阐述了水文地质结构的内容和目的。张寿全（1990，1992）提出了“水文地质结构系统”的概念，由不同等级不同形态、不同成因（建造）经受不同改造作用、具有不同结构和水力学性质的水文地质综合体的有机组合所构成的、具有控水功能、并且不断运动演化的有机整体。

表 3.2　　不同级序的地质结构及其工程意义（据孙广忠，1983）

岩体结构	岩性及地质条件	水文地质结构
完整结构（包括愈合的碎裂结构岩体）	软弱、致密、塑性岩体	不透水体、隔水体（层）
	疏松的高孔隙率岩体	孔隙统一含水体
	夹于致密岩层内的疏松岩体	层状孔隙含水体
碎裂结构	大体积连续分布	裂隙统一含水体
	夹于相对隔水层之间	层状裂隙含水体
块裂结构	夹于结构体之间的破碎带及其影响带内	脉状裂隙含水体
架空结构	喀斯特化岩体内	管道含水体

水文地质结构是由含水介质类型、岩性结构与地质构造等要素在空间上的组合。含水介质空间系指在地质剖面上，各类含水岩体与隔水岩体的空间组合（或称含水系统）。各类含水介质空间及其岩性特征与地质构造条件在空间上的组合，构成具三维空间关系的水文地质结构。何宇彬（1997）基于中国的自然特点和科学实践，归纳出 15 种常见的喀斯特水文地质结构类型。

水文地质结构构成了地下水的赋存空间及空间展布规律，控制着地下水的储存和运移，是研究地下水流系统的基础。水文地质结构控制地下水系的观点，既从本质上反应构造控水控制，又能表征地下水系统的特征，同时又为定量化研究提供可靠的水文地质模型。

从宏观的隔水层（体）和透水层（体）的组合到微观的颗粒和空隙的组合，正是这些不同层次、不同级别、不同类型的水文地质结构，构成了地下水赋存、运动的场所和通道，控制着地下水系的分布、赋存和运移。

水文地质结构理念在很多具体问题中得以应用。如滑坡、斜坡体、水电工程区、矿山等。这些水文地质结构类型，或从含水与隔水介质空间关系，或从坡体由表及里渗透能力的变化，或从具体研究对象对水作用表现的不同，各具特色，也为深入的水文地质研究奠定基础。

滑坡的水文地质结构主要是滑坡体及其周围介质的含水性组合，即滑体、滑带、滑床的含水性与相对隔水组合，它控制着滑坡的地下水的补给，径流、排泄条件。周平根（1998）根据国内外已有滑坡的分析总结，研究并划分了滑坡的水文地质结构类型。将实际滑坡中常见的土质滑坡的水文地质结构类型归结为：①滑体统一含水型；②滑带及其附近含水型；③滑体复合含水型；④滑床含水顶托型。并结合实际对地下水运动特点进行了分析，将岩质滑坡按含水层的特点分为：①统一含水体；②层状含水体；③脉状含水体；④管道含水体（表 3.3）。

表 3.3　　岩质滑坡的水文地质结构类型（据周平根，1998）

类型	赋存及分布状况	地下水运动特征	实　例
统一含水体	上覆裂隙发育的岩体和下伏相对隔水岩体组合	受大气降水及江河等地表水补给，多呈潜水，地下水运动受裂隙岩体渗透性控制	意大利 Vaiont 水库滑坡、塘岩光滑坡

续表

类型	赋存及分布状况	地下水运动特征	实　例
层状含水体	夹于隔水层之间或夹于致密岩层内的疏松岩体	远距离江水、地表水补给，多为承压，少数为无压（潜水），受补给排泄位置、径流距离和含水层渗透性控制	英国Warren海岸部分滑坡、日本火山碎屑岩滑坡（如：龟之濑滑坡）
脉状含水体	赋存于切割滑体或滑床的断层带及结构后或滑体后缘张裂隙	脉状含水体往往与统一含水体相通，降雨、地表水补给，无压或有压，渗透性较好	塔坝滑坡
管道含水体	主要发育于岩溶岩体内	大气降水补给，以岩溶泉形式排泄，呈管道流	发育于岩溶强烈发育的岩溶地层中

斜坡岩体内裂隙水的赋存、运移是很复杂的，由于裂隙发育的不规律性，导致裂隙水的不均一性、水力联系不统一性，以及渗流的各向异性。周志芳（1987）对坡体内的水文地质结构采用了裂隙水的工程地质分带方法进行评价，将岩体裂隙水分为了孔隙-裂隙水带、网状裂隙水带、面状裂隙水带和线状裂隙水带四类。周志芳（1998）基于三峡水利枢纽工程，将块状透水岩体分为四个水文地质结构类型散体状结构、孔隙-裂隙网络结构、裂隙网络结构、脉状结构（表3.4）。

表3.4　　块状岩体水文地质结构特征表（据周志芳，1998）

结构体代号 / 基本特征	A	B	C	D
结构体类型	散体状结构	孔隙—裂隙网络结构	裂隙网络结构	脉状结构
主要分布部位	全强风化带	弱风化带	微、新岩体	透水断层及岩脉
介质类型	空袭（裂隙）介质	裂隙（孔隙）介质	裂隙介质	裂隙介质
渗透方向性	均质各向同性	非均质各向同性	非均质各向同性	均质各向异性
透水性大小	中等—严重	中等—较严重	微—极微	较严重—严重
富水性	差	好	差	中等
承压性	多数非饱和带	潜水	潜水为主，局部微承压	局部承压
渗流特征	垂直入渗	主要沿斜坡方向运动，少数向深部运动	向排泄基准面作斜向运动	沿走向或倾向方向运动、为渗流主干网络

赵海军等（2009）在新立金矿分析中，将矿区的水文地质结构划分为盖层孔隙结构、基岩裂隙结构和脉状结构三种类型。其中又将基岩裂隙结构划分为裂隙结构、错动结构和交汇结构三个次级结构。

张弭（1989）在讨论矿山岩体边坡的水文地质结构中，对地下水在岩体边坡中的赋存、变化规律进行了论述，并尝试提出了岩体边坡地下水的三种赋存模式的假想，且通过岩体表部裂隙赋存特征建立了裂隙型、断裂型和层控型3种模式（图3.1）。

坝基水文地质结构模型，由单元结构构成，它取决于该单元体中决定渗透特性的结构面类型和组合特征，可以划分为如图3.2所示的几种基本类型。

何宇彬（1994）讨论喀斯特水动力剖面模式时，在提出了喀斯特水5种排泄形式的同

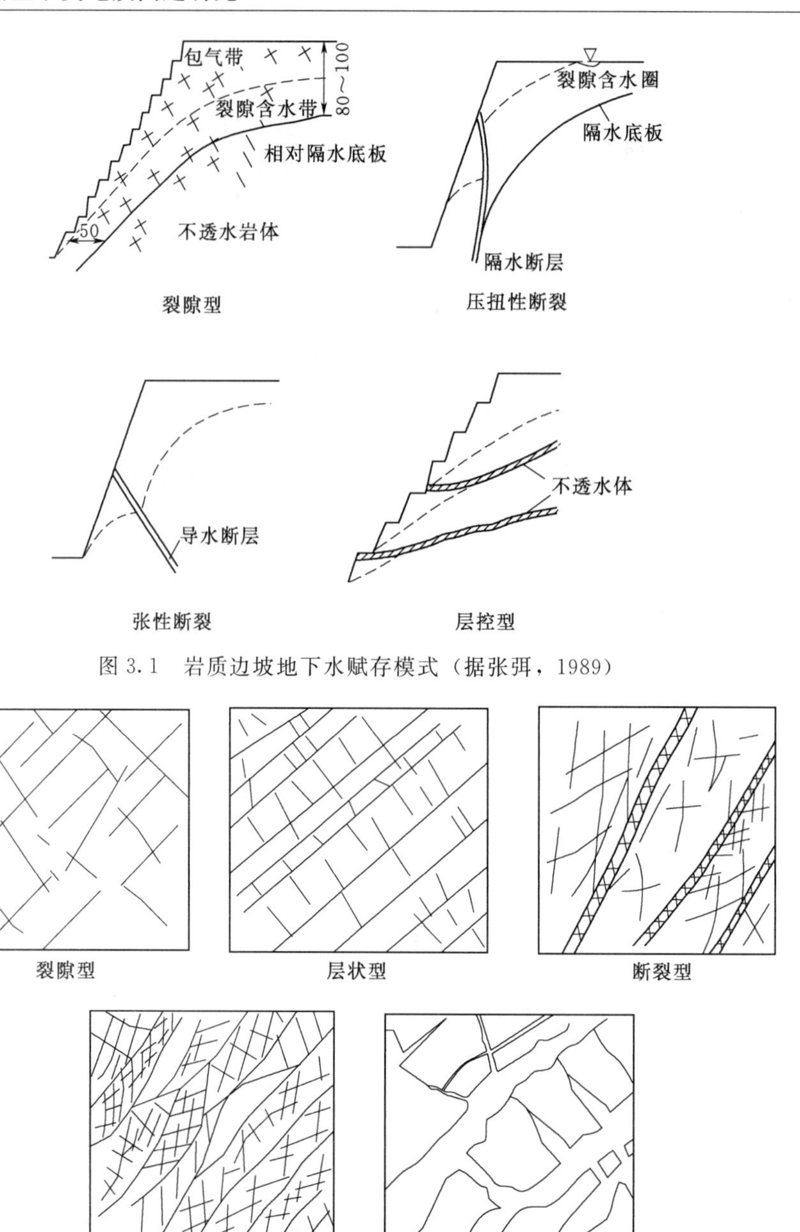

图 3.1　岩质边坡地下水赋存模式（据张弭，1989）

图 3.2　岩体水文地质结构类型（据王思敬，1984）

时又阐述了 6 种水文地质结构类型，即均匀厚层灰岩平缓褶皱型，间互状灰岩平缓褶皱型，间互状灰岩背斜褶皱型，间互状灰岩向斜褶皱型，间互状灰岩单斜型，均匀状厚层灰岩块断型。并进一步细分为 15 种常见的水文地质结构类型（何宇彬，1997）。

邹成杰（1994）在《水利水电岩溶工程地质》一书中，对河谷的岩溶水文地质结构给出了明确的定义，即河谷与地质结构和岩溶水文地质条件相结合的集合体，并且根据河谷岩溶层组类型和构造类型分别划分了单斜型、背斜型、向斜型和断裂型 4 种河谷岩溶水文地质结构。

易立新（2004）基于断层渗透结构和岩体渗透稳定性概念，提出断层和围岩组合形式构成的水文地质结构及其分类方案。主要对断层类水文地质结构分为四类，为局部导水、局部阻水、散状导水和复合型，通过理论分析和新丰江、隔河岩以及铜街子水库的案例解析，指出散状导水断层和低渗透稳定性组合的水文地质结构最易于诱发地震，同时强调和阐述了断层渗透结构这类水文地质结构对诱发地震的制约作用，并且提出了基于水文地质结构进行水库诱发地震危险性评价的思路。

在深切河谷这一特定地质环境，河谷形态是以V形为主，河谷结构是以坚硬的岩质结构为主，因而河谷水文地质结构是河谷岸坡与谷底可赋存、运移地下水的含水（透水）介质与相对隔水介质在空间上的排列、组合关系，进而控制地下水在河谷地区的空间展布和循环特征。由此，根据含水（透水）结构控制下的地下水循环方向，将深切河谷水文地质结构分为：岸坡型、顺河型、跨河型和区域型四类（表3.5）。

表3.5　深切河谷水文地质结构分类表

结构名称	次级结构	结构特征		地下水循环特征			主要工程水文地质问题
		地质结构类型	成因	循环路径	水动力	水化学	
岸坡型（A）	卸荷带（A1）	Ⅴ	河谷演化中的卸荷	自坡顶沿斜坡向下	快速	低矿化、HCO_3-Ca型水	绕坝渗漏 库岸稳定
	构造结构面组合（A2）	Ⅳ、Ⅴ	构造作用	自坡顶沿斜坡向下，可能深入河床下形成承压水	在河床以上出露交替快速；埋藏在河床下则交替缓慢	变化很大，温度正常	河谷承压水 坝基渗漏 坝基扬压力
	层面构造（A3）	Ⅳ、Ⅴ	原生建造及后期构造改造	自坡顶沿斜坡向下	快速	低矿化、HCO_3-Ca型水	绕坝渗漏 河谷承压水 坝基渗漏 坝基扬压力
顺河型（B）		Ⅲ	纵向谷	沿河自上游向下游	中等	低—中矿化度	绕坝渗漏 坝基扬压力
跨河型（C）	顺层及断裂构造（C1）	Ⅲ	断裂和可溶岩跨越流域	顺层跨流域循环	中等	低—中矿化度	水库渗漏
	向斜（C2）	Ⅱ、Ⅲ	向斜构造	顺向斜绕轴跨流域循环	缓慢	矿化度略高	水库渗漏
区域型（D）		Ⅱ	区域型的汇水构造	区域径流系统	十分缓慢	高矿化、中高温	库区环境问题 水库诱发地震

3.1.1.2　地下水流动系统

地下水流动系统是指由源到汇的地下水流过程，具有同一时空演变过程的地下水体。

它具有统一的水流，沿着水流方向，盐量、热量与水量发生有规律的演变，呈现统一的时空有序结构。因此，流动系统是研究地下水流时空演变的理想框架与工具。

自20世纪40年代起，从解析研究均质各向同性含水层地下水流动系统，到构建非均质介质场中的水流系统，形成了地下水流动系统的物理机制，建立了一套着重解决水质问题的地下水流动系统概念与方法。形成了从概念到方法、从数学与物理模拟到应用分析完整的地下水流动系统理论方法。

地下水流动系统的特点有如下几点：

(1) 在各类含水系统中，普遍存在地下水流动系统。

(2) 含水系统存在多个排泄区（点）条件下，地下水流动具有层次性，可以划分为局部的、中间的和区域的流动系统。

(3) 地下水流动系统的层次性，影响并决定了系统中水的运动、化学、温度等一系列特征。

(4) 地下水流动系统具有易变性，系统的层次受到外界与人类活动影响，系统层次与边界极易发生变化。

通常一个大的含水系统，存在多个排泄区（点）的条件下，根据地下水流由源到汇的运动和排泄点的控制，地下水的流动可以进一步划分为局部的、中间的和区域的流动系统（图3.3），不同层次流动系统的一般特征见表3.6。

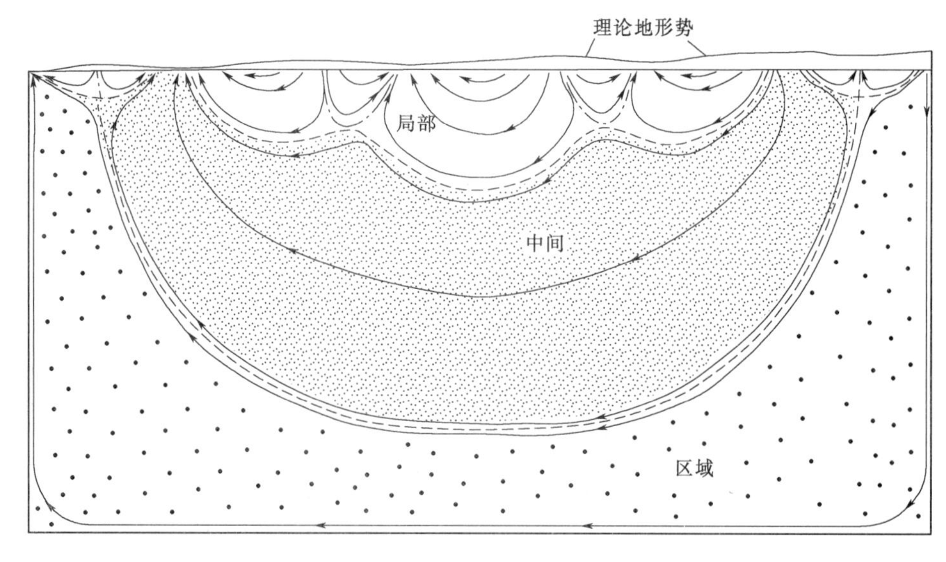

图3.3 Tóth地下水流动系统的概念与划分（据Tóth，1963）

表3.6 不同层次流动系统的一般特征（中国地质调查局，2012）

不同层次流动系统	控制性排泄点	水循环与交替	水化学特征	水温度
局部流动系统	向邻近排泄区（点）运动	流程短的浅层水流为主，流速快，循环快，水质点滞留时间短	与补给源的水化学接近；总溶解性固体含量低，难溶离子为主的水型；易受污染	随季节变化或常温

续表

不同层次流动系统	控制性排泄点	水循环与交替	水化学特征	水温度
中间流动系统	穿越邻近排泄区（点）运动	流程较长的中层水流，流速较慢，循环慢，水质点滞留时间长	受补给与水—岩化学作用影响，总溶解性固体含量中等，水化学特征比较复杂的水型；污染影响反应滞后	常温，或低温热水
区域流动系统	向系统最低排泄区（点）运动	流程很长的深层水流为主，流速很缓慢，循环周期长，水质点滞留时间很长	受水—岩相互作用或混合作用影响，总溶解性固体含量较高，水化学特征复杂的水型；污染影响反应滞后	补给区表现为低温水，径流区随地温变化，排泄区有增温特点

地下水流动系统内部特征归纳见表 3.7。

表 3.7　　流动系统的性质与内部特征（中国地质调查局，2012）

地下水流动系统	主要性质与特征	图　示
系统的边界性质	局部系统、中间系统和区域系统的边界是水力分水线；分水线的位置受到系统内部源汇强弱的变化而变化。天然条件下，系统边界随气候变化有周期性波动；在人为活动影响下，系统数目与规模会发生很大的改变	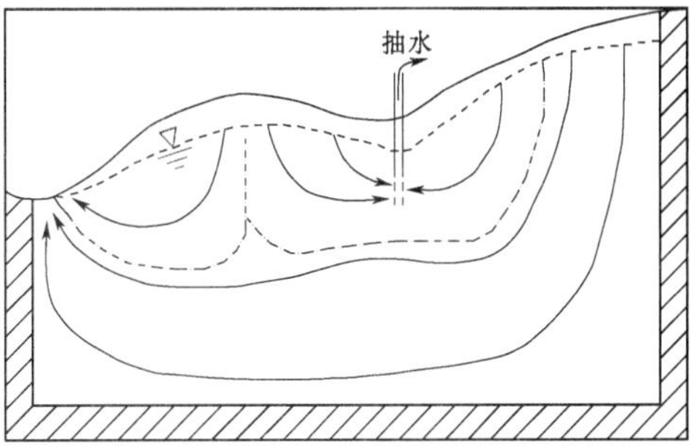
水动力（势场）特点	在简单的水流系统中，由源到汇水头降低，水流经历由上至下、水平到由下至上的运动过程。在多级流动系统中，局部系统中水流表现为单一沿流程的运动，不同系统之间有分流和汇流的变化，形成水流运动方向和水流速度的多变特征，也决定了水质点的运动轨迹和滞留时间	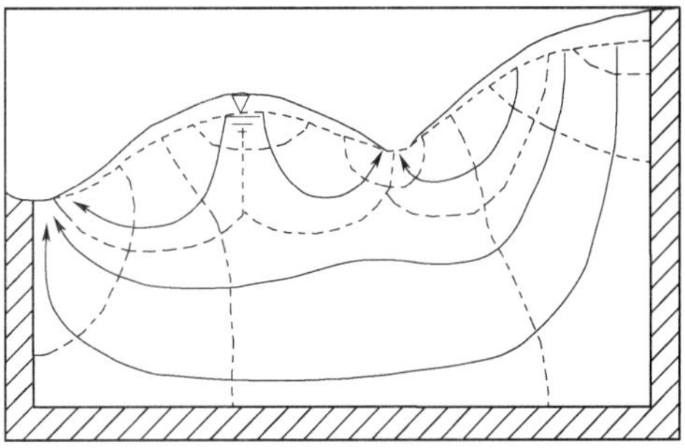
水化学特征	局部流动系统的水，流程短，流速快，地下水化学成分相应地比较简单，矿化度较低。区域流动系统的水，流程长，流速慢，接触的岩层多，成分复杂，总溶解性固体含量高	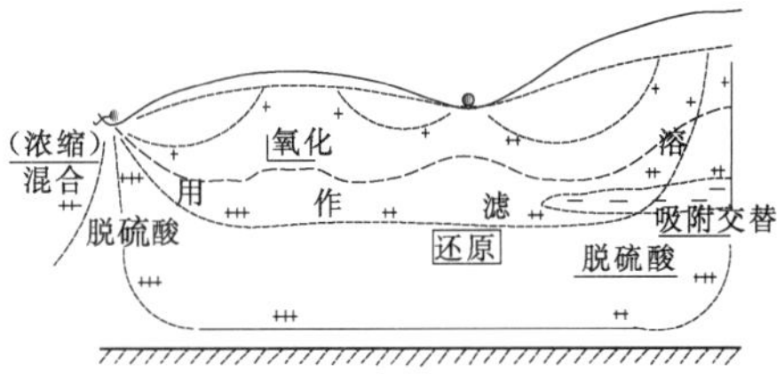

续表

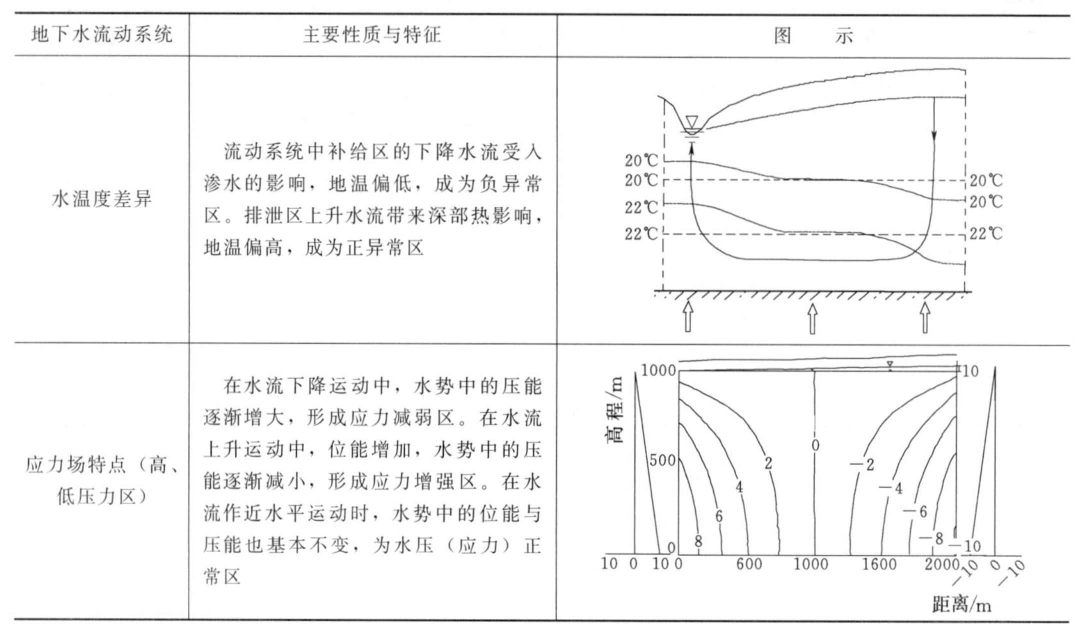

地下水流动系统	主要性质与特征	图　示
水温度差异	流动系统中补给区的下降水流受入渗水的影响，地温偏低，成为负异常区。排泄区上升水流带来深部热影响，地温偏高，成为正异常区	
应力场特点（高、低压力区）	在水流下降运动中，水势中的压能逐渐增大，形成应力减弱区。在水流上升运动中，位能增加，水势中的压能逐渐减小，形成应力增强区。在水流作近水平运动时，水势中的位能与压能也基本不变，为水压（应力）正常区	

3.1.2　工程水文地质概念模型及演化

水文地质条件演化是地下水系统在自然因素和人为因素影响下发生在地下水与其赋存体所组成的地质空间内量与质的变化过程和结果（张宗祜，2000）。自然因素包括地下水的赋存条件，气象与水文，即大气降水、蒸发和陆地水文条件等。这些因素要么本身属性的变化是一个漫长的过程，要么具有周期性和多年均衡的特点。总之，对水文地质条件演化不会产生实质性的影响。人为因素主要为工程活动对水文地质条件演化的作用更为直接、有效，可以在短期内改变局部地下水动力场、化学场，迅速引发和加剧地质环境问题与地质灾害，使地质环境质量劣向发展，影响人们的生存环境和经济社会可持续发展。

水电工程区地下水系统将发生明显的变化，表现在局部甚至区域地下水补给、径流、排泄与水化学条件发生改变，区域地下水流场在很大范围内由水平径流为主转变为垂向渗透为主。为减少水文地质条件演化带来的不良影响，人工干预水文地质条件势必成为主要措施（徐军祥，2012）。因此，分析水电工程水文地质条件演化影响因素，总结水文地质条件演化特征，对水文地质条件的改变及伴生的问题进行预测评价是十分必要且非常重要的环节之一。

随着科学技术的发展，从野外勘查到数值模拟的技术方法都发生了显著变化，空间分析、随机模拟、三维可视化、地质统计学、环境遥感分析等技术已成为水文地质条件分析与处理的有力工具，使水文地质模拟的研究内容和建模方法得到了丰富和发展。然而再先进的模型，也离不开水文地质原型的研究和水文地质概念模型的建立。

水文地质概念模型是把所研究的地下含水系统实际的边界性质、内部结构、水动力和水化学特征、相应参数的空间分布及补给排泄条件等概化为便于进行数值模拟或物理模拟的基本模式。

水文地质条件是概念模型的基础。通过工程区水文地质原型的研究，获取了研究区以往各类地质、水文地质、地形地貌、气象、水文、钻孔、水资源开发利用等资料，进而进行系统的分析与研究，明确研究区的水文地质条件。在此基础上对研究区水文地质条件进行合理的概化，使概化模型达到既反映水文地质条件的实际情况，又能用先进的工具进行计算的目的，并最终提交概化的框图、平面图、剖面图及其文字说明。

（1）水文地质模型概化遵循以下原则：

1）实用性。地下水流模拟是实用性很强的技术，解决现实问题是它的根本目的。因此，建立的水文地质概念模型须与一定时期的科学技术水平以及研究区的水文地质调查研究程度相适应，能用于解决社会、经济发展中所面临的地下水模拟与管理问题。

2）完整性。概念模型必须尽可能真实全面地反映实体系统的内部结构与动态特征，专业人员既要到现场进行调查，又要广泛收集有关的各种信息，必要时还要补充部分现场调查（包括观测、试验等）工作，详细分析系统的输入、输出、状态演变、功能作用以及它与周围环境的相互作用关系等，以达到对于真实系统全面深入的掌握，保证模型在理论上的完整性，提高地下水流系统模拟的精度。

3）处理好简单与精度的矛盾。一味追求简单，要以牺牲精度为代价；一味追求精度，将导致模型复杂化，花费更多的时间和经费；要根据需要将二者协调好。

（2）水文地质模型概化步骤如下（图3.4）：

1）确定研究范围。模型研究区应尽可能地选择研究程度较高的地区，选择天然地下水系统，尽量避免人为边界。

2）收集资料。收集研究区已有的地质、水文地质以及水资源开发利用等方面的资料。

3）边界概化。根据含水层、隔水层的分布、地质构造和边界上地下水流特征、地下水与地表水的水力联系，将计算区边界概化为给定地下水水位（水头）的一类边界、给定侧向径流量的二类边界和给定地下水侧向流量与水位关系的三类边界。

4）内部结构概化。对研究区含水层组、含水介质、地下水运动状态以及水文地质参

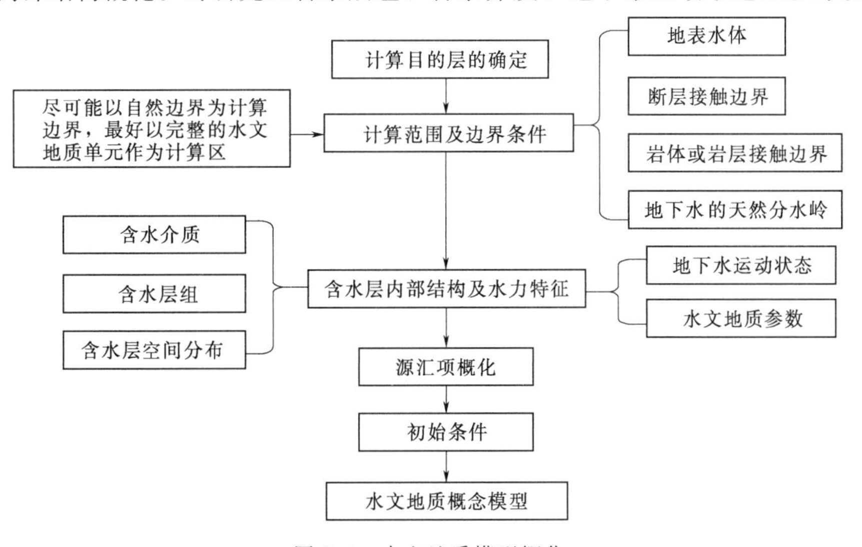

图3.4　水文地质模型概化

数的时空分布进行概化。

5）源汇项概化。确定含水系统的输入输出项。

6）完成模型概化图。根据模型概化结果，绘制模型概化平面图与模型概化剖面图。

3.1.3 水文地质参数

水文地质参数是反映含水层或透水层水文地质性能的指标，如渗透系数、导水系数、水位传导系数、压力传导系数、给水度、释水系数、越流系数等。水文地质参数是进行各种水文地质计算时不可缺少的数据。水文地质参数常通过野外试验、实验室测试，以及根据地下水动态观测资料采用有关理论公式计算，数值法反演求参等求取。

3.1.3.1 介质渗透能力的参数

渗透系数（K）又称水力传导系数，是表征介质导水能力的重要水文地质参数，定义为：水力坡度为 1 时，地下水在介质中的渗透速度。根据达西定律：

$$v=-KH/I$$

式中：v 为渗透速度；H 为地下水水头；I 为渗透距离；K 为介质的渗透系数，量纲为（L/T）。当水力梯度为定值时，渗透系数愈大，渗透流速愈大；渗透流速为定值时，渗透系数愈大，水力梯度愈小。由此可见，渗透系数可定量说明介质的渗透能力。渗透系数愈大，介质的渗透能力愈强。

（1）渗透率的概念。水流在介质空隙中运动，需要克服空隙壁与水及水质点之间的摩擦阻力，所以渗透系数不仅与介质的空隙性质（如粒度成分、颗粒排列、充填情况、裂隙性质及其发育程度）有关，还与流体的某些物理性质（容重、黏滞性）有关。

理论分析表明，空隙大小对 K 值其主要作用。但黏滞性不同的两种液体在相同的介质中运动，黏滞性大的液体（如油）的渗透系数会小于黏滞性小的液体（如水）。考虑到介质与水流本身性质，引入渗透率 k(permeability）表征岩层对不同流体的固有渗透能力，渗透率 k 仅仅取决于岩石的空隙性质，与渗流的液体性质无关。所以渗透系数可以表示为

$$K=\frac{\rho g}{\mu}k \tag{3.1}$$

式中：ρ 为液体密度；g 为重力加速度；μ 为液体动力黏滞系数；k 为渗透率。

从式中可知，渗透系数与渗透率成正比；与液体的动力黏滞系数成反比。后者随温度增高而减小，因此渗透系数随温度增高而增大。一般情况下，地下水的容重和黏滞性改变不大，可以把渗透系数近似当作表示岩层透水性的常数。在地下水温度变化较大时，应作相应的换算。在地下水矿化度显著增高时，水的比重和黏滞系数均增大，渗透系数则随之而变化。在这种情况下，一般采用与液体性质无关的渗透率较为方便。

（2）渗透能力的空间特征。根据介质透水性随空间坐标的变化情况，可把介质分为均质和非均质两类。如果渗流场中，所有点都具有相同的渗透系数，则称该介质是均质的；否则为非均质的。自然界中绝对均质的介质是没有的，均质与非均质是相对概念。非均质介质有两种类型：一类透水性是渐变的，如山前洪积扇，有山口至平原，K 逐渐变小；另一类透水性是突变的，如在砂层中夹有一些小的黏土透镜体。

根据介质透水性与渗流方向的关系，可以分为各向同性和各向异性两类。如果渗流场中某一点的渗透系数不取决于方向（即不管渗流方向如何都具有相同的渗透系数），

则介质是各向同性的；否则为各向异性的。各向同性与各向异性也是相对而言的。某些扁平形状的细粒沉积物，水平方向的渗透系数常较垂直方向大，该介质虽然是均质但却是各向异性。

介质渗透空间变化与方向变化的组合，构成如图3.5所示的4种类型。

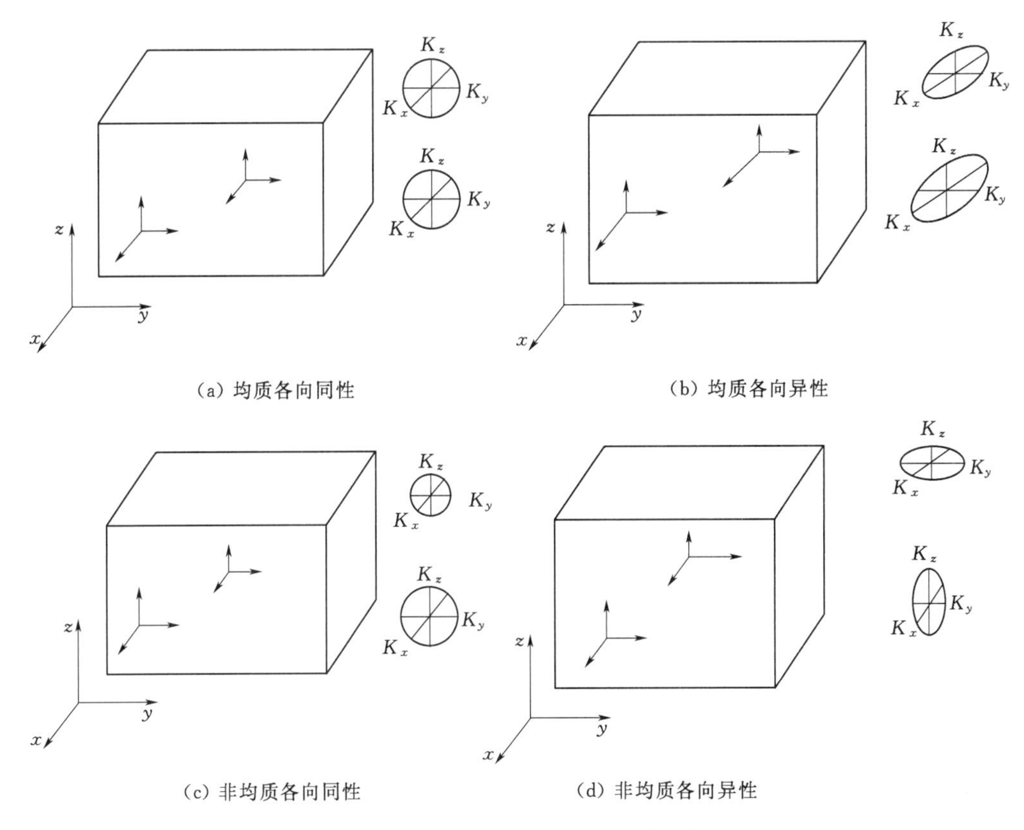

图3.5 岩土体渗透性能的几种组合

(3) 渗透系数张量。渗透张量概念首先由费兰顿（Ferrandon，1948）提出，其后斯诺（Snow，1965）和罗姆（Ромм，1966）应用于裂隙介质，提出了裂隙岩体的渗透张量概念。田开铭等（1986）则建立了包含有裂隙系统连通性和切穿性参量的渗透张量模型，能较好反映导水裂隙网络展布特征，使渗透张量更符合地质实际。

岩体渗透张量的获得主要有以下两种方法：①现场专门压水试验（Louis三段压水试验，Hsich&Neuman交叉孔压水试验）；②根据裂隙几何参数计算渗透张量，此法不仅在理论上是完备的，而且在实际应用中按照一定的抽样原则大量测量裂隙几何参数，就可获得大量的岩体渗透张量数据，值得进一步推广应用。

根据近几年在相关水电工程的应用情况，采用现场裂隙统计断面分析、计算所获得的渗透张量能较好地反映裂隙岩体的渗透特性，为渗流数值模拟提供较可靠的渗流参数。

假设在统计上为规则和均质的单纯裂隙岩体介质中，展布有由 m 个方向裂隙组成的导水裂隙网络。以 b_i 表示第 i 组裂隙的隙宽（张开度），以 s_i 表示第 i 组裂隙的隙间距，

以 $\bar{n}_i$ 表示第 i 组裂隙的法向单位矢量，则可推导出如下以裂隙几何参数表达的渗透张量公式：

$$\vec{K}=\sum_{i=1}^{m}\frac{b_i^3}{12s_i}[\vec{I}-(\bar{n}_i\bar{n}_i)]$$

$$=\frac{1}{12}\begin{bmatrix}\sum_{i=1}^{m}\frac{b_i^3}{s_i}(1-\alpha_{xi}^2) & -\sum_{i=1}^{m}\frac{b_i^3}{s_i}\alpha_{xi}\alpha_{yi} & -\sum_{i=1}^{m}\frac{b_i^3}{s_i}\alpha_{xi}\alpha_{zi}\\ -\sum_{i=1}^{m}\frac{b_i^3}{s_i}\alpha_{xi}\alpha_{yi} & \sum_{i=1}^{m}\frac{b_i^3}{s_i}(1-\alpha_{yi}^2) & -\sum_{i=1}^{m}\frac{b_i^3}{s_i}\alpha_{yi}\alpha_{zi}\\ -\sum_{i=1}^{m}\frac{b_i^3}{s_i}\alpha_{zi}\alpha_{xi} & -\sum_{i=1}^{m}\frac{b_i^3}{s_i}\alpha_{zi}\alpha_{yi} & \sum_{i=1}^{m}\frac{b_i^3}{s_i}(1-\alpha_{zi}^2)\end{bmatrix} \quad (3.2)$$

式中：α_{xi}，α_{yi}，α_{zi} 为 i 组裂隙面法向的方向余弦。若 i 组裂隙的倾向为 β_i，倾角为 γ_i，则由空间解析几何学可导出：

$$\left.\begin{aligned}\alpha_{xi}&=\cos\beta_i\sin\gamma_i\\ \alpha_{yi}&=\sin\beta_i\cos\gamma_i\\ \alpha_{zi}&=\cos\gamma_i\end{aligned}\right\} \quad (3.3)$$

正因为渗透张量的结构式由裂隙系统的三个几何参数（α、b、s）组成，所以也将这三个几何参数叫做裂隙系统的水力参数，矩阵 $[\vec{I}=\bar{n}_i\bar{n}_i]$ 可称为裂隙系统的方向矩阵，它表明裂隙岩体介质在渗透性方面所具有的各向异性特点，是由介质的系统结构具有方向性这个基本水文地质特征所决定的。岩体渗透性与裂隙隙宽的 3 次方成正比，而只与裂隙间距的 1 次方成反比，表明隙宽是决定岩体渗透性能的最重要的水力参数。

岩体的水力参数在野外现场能够较方便的取得，因此渗透张量便能很方便的求得。

（4）相关参数。渗透系数（K）虽然能说明岩层的透水性，但它不能单独说明含水层的出水能力。一个渗透系数较大的含水层，如果厚度非常小，它的出水能力也是有限的。为此，就引出了导水系数的概念。

导水系数（T）表示含水层全部厚度导水能力的参数。通常，可定义为水力坡度为 1 时，地下水通过单位含水层垂直断面的流量。导水系数 T 等于含水层渗透系数 K 与含水层厚度 M 的乘积。

$$T=KM \quad (3.4)$$

3.1.3.2 含水介质的储水（释水）能力参数

当考虑承压含水层水头降低，含水层释出水的特征时，我们用释水率（S_s）又称储水率来表示。其定义为：水头下降 1 个单位时，从单位面积、厚度为 1 个单位的承压含水层的柱体中，由于水的膨胀和岩层的压缩而释放出的水量；或者水头上升 1 个单位时，其所储入的水量。它是表征承压含水层（或弱透水层）释水（储水）能力的参数。由于水头降低引起的承压含水层释水现象称为弹性释水。相反，当水头升高时，会发生弹性储存过程。把储水率（S_s）乘上含水层厚度（M）称为储水系数（S）或释水系数。它表示在面积为 1 个单位、厚度为含水层整个厚度（M）的含水层柱体中，当水头改变 1 个单位时弹性释放或储存的水量，无量纲。

含水层释水系数 S 等于含水层厚度 M 与释水率 S_s 的乘积，即

$$S=S_sM \tag{3.5}$$

对于承压含水层，只要水头不降低到相对隔水顶板以下，水头降低只引起含水层的弹性释水，可用储水系数（S）表示这种释水能力。对于潜水含水层，当水头下降时，可引起两部分水的排出。在上部潜水面下降引起重力排水，用给水度（μ）表示重力排水的能力；下部饱水部分则引起弹性释水，用储水率（S_s）表示这一部分的释水能力。

对潜水含水层总释水系数：

$$S=\mu+S_sM \tag{3.6}$$

式中：μ 为给水度；M 为含水层厚度；S_s 为潜水含水层释水率。一般因 $\mu\gg S_sM$，所以通常以给水度 μ 近似代表潜水含水层的总释水系数 S。

3.1.3.3　与其他水体交换参数

（1）降水入渗系数。降雨入渗系数（α）是指降水渗入量 P_r 与降水总量 P 的比值，值的大小取决于地表土层的岩性和土层结构、地形坡度、植被覆盖、降水量的大小和降水型式等，一般情况下，地表土层的岩性对值的影响最显著。降水入渗系数可分为次降水入渗补给系数、年降水入渗补给系数、多年平均年降水入渗补给系数，它随着时间和空间的变化而变化。降水入渗系数是一个无量纲系数，其值在 0～1。

（2）地表水体入渗参数。由于在天然条件下，地表水与地下水之间构成一个水资源系统，地表水、地下水的交换作用动态地发生变化，可能是地表水补给地下水，也可能是地下水补给地表水；对于河道流量变化较大的河流，如山溪性河流，这种现象尤其明显。河道渗流量与河道断面形状、河道水位、河床床质的透水性和厚度、地下水水位以及含水层的渗透性能等特性有关，其关系为

$$q_s=C[Z-(h_{gw}+Z_{gw0})] \tag{3.7}$$

式中：C 为反映水量交换能力的系数（河床入渗系数），它决定于含水层和河床的性质，Morel - seytoux 推导得：

$$C=KL\frac{\frac{P}{2}+h_{gw}}{5P+\frac{b}{2}} \tag{3.8}$$

式中：L 为河段长度；P 为河道过水断面的湿周；b 为潜水含水层厚度；Z 为河段处的地表水位。

地表水体按空间分布可分为线状水体（如河流、渠道等）和面状水体（如水库、湖泊等），不同的地表水体与地下水交换能力各不相同，需要进行现场试验获得水文地质参数。

3.1.3.4　其他参数

（1）越流系数。当抽水（或注水）含水层的顶板或（和）底板为弱透水层时，在垂向水头差作用下，相邻含水层或（和）顶底板弱透水层中的水就会流入抽水含水层（或者相反，由注水含水层流出），这一现象称为越流。这种情况下，包括抽水（或注水）含水层、弱透水层和相邻含水层在内的含水层系统，称为越流系统。在天然条件下，只要越流系统中存在垂向水头差，就可以发生越流。越流系数（σ）表征弱透水层垂直方向上传导越流水量能力的参数。定义为当抽水含水层（主含水层）与上部（或下部）补给层之间的水头

差为一个单位时，垂直渗透水流通过弱透水层与抽水含水层单位界面的流量。换言之，是指含水层顶（底）板弱透水层的垂直渗透系数 K' 与其厚度 M' 之值，即

$$\sigma=K'/M' \tag{3.9}$$

（2）影响半径。影响半径（R）是指抽水时，水位下降漏斗在平面上投影的半径。它表征地下水位下降的影响范围。实际上，水位下降漏斗的周边并不是圆形，而是接近椭圆形。在地下水上游方向向下降漏斗的坡度较陡，影响半径较小；地下水下游方向向下降漏斗的坡度较缓，影响半径较大。影响半径（R）的大小与含水层的透水层、水位降深、抽水延续时间等因素有关。

（3）有效空隙率。空隙率是指岩土的空隙体积与岩石体积（包括骨架和空隙体积）之比。孔隙、裂隙和岩溶化岩层的空隙率，分别称为孔隙率、裂隙率和岩溶率（喀斯特率）。然而，对于地下水的储存、释出和运动，并非全部空隙都起作用，因此提出有效空隙率的概念。

从不同角度赋予有效空隙率以不同涵义：

孤立空隙对于地下水的储存、释出和运动都是无效的，从这个角度出发，将岩土中相互连通的空隙体积与岩土体积之比称为有效空隙率，有的文献将此种涵义的有效空隙率称为空隙率。

饱水岩土在重力作用下释水时，结合水和部分毛管水所占据的那部分空隙是不能释出水的。因此，从释水角度，有效孔隙率是指重力作用下能够释水的那部分空隙体积与岩土体积之比。

对于重力地下水的运动来说，结合水所占据的那部分空隙基本不起作用。这种情况下，有效空隙率是指重力地下水能够通过的那部分空隙体积（空隙体积减去结合水所占据的体积）与岩土体积之比。

3.1.3.5 参数获取方法

水文地质参数的获取方法见表 3.8。

表 3.8　　水文地质参数获取方法一览

参　数	主　要　方　法
渗透系数 K	现场试验、实验室测定、数值法反演、取经验值
导水系数 T	现场试验、实验室测定、数值法反演、取经验值
给水度 μ	现场试验、动态观测资料分析、取经验值
储水系数 S	现场试验、动态观测资料分析、取经验值
降雨入渗系数 α	取经验值、近似计算法、观测资料分析、地中渗透计法
河床入渗率 C	现场试验、加权计算（泰森多边形）
渗流速度与方向	现场试验、取经验值
越流系数 σ	现场试验、取经验值
影响半径 R	经验公式、图解法、现场试验、取经验值
有效空隙率 n	实验室测定、取经验值

3.1.3.6　水文地质参数的经验数值

常用水文地质参数的经验值见表3.9～表3.12。

表3.9　渗透系数经验值（据中国地质调查局，2012）

岩性	岩层颗粒		渗透系数 K/(m/d)	岩性	岩层颗粒		渗透系数 K/(m/d)
	粒径/mm	所占比重/%			粒径/mm	所占比重/%	
轻亚黏土			0.05～0.1	粗砂	0.5～1.0	>50	25～50
亚黏土			0.10～0.25	砾砂	1.0～2.0	>50	50～100
黄土			0.25～0.50	圆砾			75～105
粉土质砂			0.50～1.0	卵石			100～200
粉砂	0.05～0.1	70以下	1.0～1.5	块石			200～500
细砂	0.1～0.25	>70	5.0～10.0	漂石			500～1000
中砂	0.25～0.5	>50	10.0～25				

表3.10　岩石和岩体的渗透系数 K 值（据Serafim，1968）

岩块	K/(实验室测定,cm/s)	岩体	K/(现场测定,cm/s)
砂岩(白垩复理层)	10^{-8}～10^{-10}	脉状混合岩	3.3×10^{-3}
粉岩(白垩复理层)	10^{-8}～10^{-9}	绿泥石化脉状页岩	0.7×10^{-2}
花岗岩	2×10^{-10}～5×10^{-11}	片麻岩	1.2×10^{-3}～1.9×10^{-2}
板岩	1.6×10^{-10}～5×10^{-11}	伟晶花岗岩	0.6×10^{-3}
角砾岩	4.6×10^{-10}	褐煤岩	1.7×10^{-2}～2.39×10^{-3}
方解石	9.3×10^{-8}～7×10^{-10}	砂岩	10^{-2}
灰岩	1.2×10^{-7}～7×10^{-10}	泥岩	10^{-4}
白云岩	1.2×10^{-8}～4.6×10^{-9}	鳞状片岩	10^{-2}～10^{-4}
砂岩	1.2×10^{-5}～1.6×10^{-7}	一个吕荣单位	1×10^{-5}～2×10^{-5}
砂泥岩	2×10^{-6}～6×10^{-7}	裂隙宽度0.1mm，间距1m和不透水岩块的岩体	0.8×10^{-4}
细粒砂岩	2×10^{-7}		
蚀变花岗岩	0.6×10^{-5}～1.5×10^{-5}		

表3.11　给水度 μ 的经验值（据中国地质调查局，2012）

岩性	给水度 μ	岩性	给水度 μ
粉砂与黏土	0.1～0.15	粗粒及砾石砂	0.25～0.35
细砂与流质砂	0.15～0.20	黏土胶结的砂岩	0.02～0.03
中砂	0.20～0.25	裂隙灰岩	0.008～0.1

表 3.12　　入渗系数 α 的经验数值表（据中国地质调查局，2012）

岩石名称	α 值	岩石名称	α 值	岩石名称	α 值
亚黏土	0.01～0.02	坚硬岩石（裂隙极少）	0.01～0.10	裂隙岩石（裂隙极深）	0.02～0.25
轻亚黏土	0.02～0.05				
粉砂	0.05～0.08	半坚硬岩石（裂隙较少）	0.1～0.15	岩溶化极弱的灰岩	0.01～0.1
细砂	0.08～0.12			岩溶化较弱的灰岩	0.10～0.15
中砂	0.12～0.18	裂隙岩石（裂隙度中等）	0.15～0.18	岩溶化中等的灰岩	0.15～0.20
粗砂	0.18～0.24			岩溶化较强的灰岩	0.20～0.30
砾砂	0.24～0.30	裂隙岩石（裂隙度较大）	0.18～0.20	岩溶化极强的灰岩	0.30～0.50
卵石	0.30～0.35				

3.2　工程水文地质勘探技术方法

3.2.1　常规勘探方法概述

工程水文地质勘探的常用方法主要包括工程水文地质钻探与工程水文地质坑探。工程水文地质钻探是使用专门机具在岩层钻探孔眼，直接获取目标点位、目的深度地质与水文地质资料的主要技术方法。工程地质坑探是指在地质勘探工作中，为了揭露地质现象和矿体产状，从地表或地下掘进的各种不同类型的槽、坑及小断面坑道的勘探工程。

水文地质勘探方法与工程地质勘探方法在技术标准与具体任务方面虽然存在差异，但是工程地质勘探所获取的信息在一定程度上可以转化为水文地质勘探所需的信息，二者可同步解决复杂多样的水文地质问题，如地质灾害问题、隧洞涌突水问题等。通过工程地质常规勘探亦可获得大量水文地质结构信息、地下水信息、岩样与水样信息等。

3.2.1.1　水文地质信息的获取

（1）水文地质结构。通过工程地质钻探与坑探的方法，可以确定覆盖层的厚度、地层岩性及岩体结构等。工程地质勘探岩体结构与岩体可钻性一般按岩石硬度与普氏坚固系数进行划分，不同硬度的岩石所对应的岩性亦存在差异。根据地层岩性可推断含水层的富水性强弱，进而将不同地层划分为含水层或隔水层，从而获得水文地质结构的信息。

（2）地下水水位信息。工程地质钻探与坑探均可揭露地下水，从而获得地下水的埋藏深度、地下水水位等信息。根据埋藏条件，地下水可以划分为潜水、承压水和上层滞水，而通过地下水水位可以对含水层类型进行划分。地下水水位包括初见水位与稳定水位。井孔揭露承压含水层顶板的底面时，瞬间测得的是初见水位，由于承压水具有承压性，水位会上升至顶板以上一定高度，此时所测得的是稳定水位。若井孔揭露潜水含水层时，稳定水位则不会高于初见水位。因此，根据初见水位与稳定水位的差异性可以区分潜水含水层与承压含水层。

（3）工程试验。在工程地质钻探与坑探过程中，相关的工程地质试验也会同步进行。由于工程地质勘探与水文地质勘探的基本任务大致相同，工程地质勘探可为水文地质试验的进行提供可行条件。主要的水文地质试验包括抽水试验、压水试验、注水试验、钻孔振荡式试验等。主要的工程地质试验包括载荷试验、渗水试验、岩体力学实验等。通过试验可以确定岩（土）的承载力、包气带非饱和岩（土）层渗透系数、岩（土）抗剪强度与抗压强度等工程地质参数以及渗透系数、储水系数、导水系数等水文地质参数。

（4）取样。勘探过程中会进行原状岩（土）取样与地下水样品采集的工作，通过含水量试验、土柱试验、土壤固结试验与水质全简分析，可以获得岩（土）体的性质与地下水水化学特征的信息。为研究地下水的演变过程与水化学类型的划分提供重要依据。

（5）钻进过程。钻探成孔前应根据岩石的机械物理性质，可钻性以及孔径、深度和施工条件等，选择相适应的钻进方法、钻探设备及机具。在钻孔揭露的含水层段，需要加入过滤器装置。确保地下水顺利进入钻孔（水井）中并防止含水层中的细颗粒物质进入钻孔及塌孔现象的发生。钻孔钻进时对冲洗液的质量有严格要求，一般要求用清水钻进。主要目的在于防止冲洗液堵塞含水层而影响出水量。钻进过程中要做好止水、洗井与岩心编录的工作。

工程地质坑探按其所在位置与地面的关系可分为地表工程和地下坑道。其中地表工包括探槽与探坑，地下坑道包括水平坑道、垂直坑道及倾斜坑道。探槽、探坑与浅井一般均采用人工开挖的施工方法，深度小于3m。平洞、竖井、斜井及河底平洞属于重型坑探工程，一般采用机械开挖的施工方法，施工过程主要包括工程设计、凿岩、爆破、出渣、支护、通风、防尘、排水及清洗。

3.2.1.2　工程地质勘探与水文地质勘探的差异

（1）孔径。工程地质勘探与水文地质勘探在钻孔类型与孔径方面存在差异。工程地质常用钻孔大多为地质勘探孔，孔径一般为91～110mm。而水文地质除地质勘探孔外还包括水文地质孔、探采结合孔与观测孔。水文地质孔由于需进行抽水试验，孔中需下放井管与水泵等器材，故多采用常规口径取芯钻进与大口径扩孔。

（2）孔（井）结构。工程水文地质钻孔的典型结构包括一径成孔（井）结构与多径成孔（井）结构。若钻孔穿越两个或两个以上含水层时，需采用多径成孔（井）结构，其与一径成孔（井）结构的主要区别在于变径孔段数量、管柱的套数以及是否钻进于多个含水层中。水文地质钻孔结构示意如图3.6所示。

（3）观测孔。观测孔是水文地质钻探所特有的类型，分为抽水试验观测孔与地下水监测长观孔两种。主要用于获取地下水的动态特征信息与长期观测资料，对地下水的水量与水质进行监测，为研究地下水的演变过程提供有利依据。

3.2.2　非接触勘探技术

非接触勘探技术主要包括遥感技术、近距摄影技术、三维激光扫描技术与无人机技术。其主要原理大体为通过可见光、热红外、微波、数码摄影、激光等介质，将目标物的实际状态转化为数据影像与图像，将目标物信息以不同的形式存储起来，再通过应用软件转化及图像解译输出目标数据，从而反映出地形地貌、地质构造、水系特征、地层岩性与水文地质结构等信息。

3.2.2.1　主要技术方法

（1）遥感技术。遥感技术是20世纪60年代蓬勃发展起来的集物理、化学、电子、空间技术、信息技术、计算机技术于一体的探测技术。遥感技术的应用依赖于遥感系统，遥

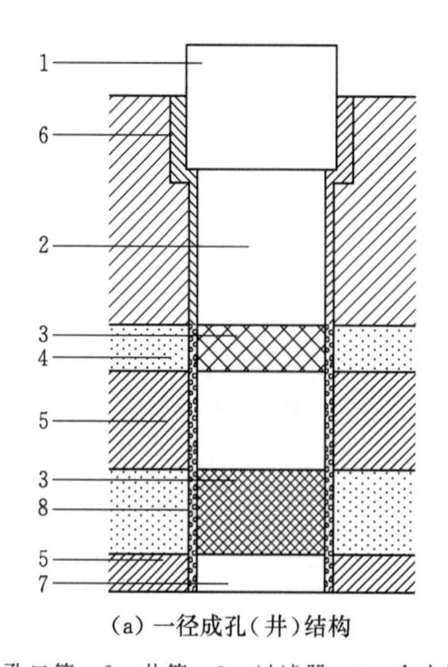

(a) 一径成孔(井)结构

1—孔口管；2—井管；3—过滤器；4—含水层；
5—隔水层；6—止水物；7—沉淀管；8—砾料

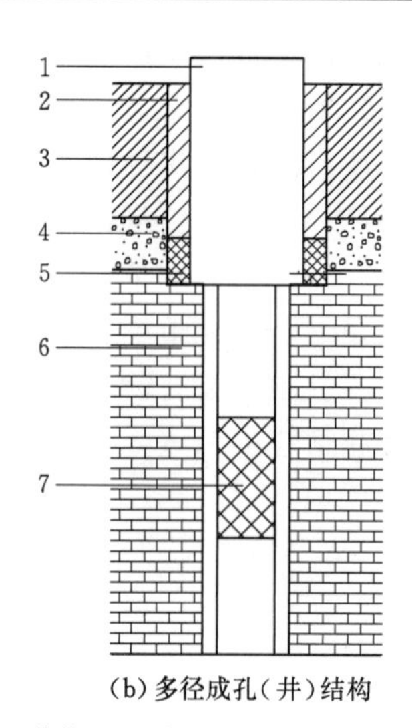

(b) 多径成孔(井)结构

1—井管；2—黏土；3—隔水层；4—含水层；
5—止水物；6—基岩；7—过滤器

图 3.6　水文地质钻孔结构示意图

感系统由遥感平台、遥感器、信息传输接收装置以及数字或图像处理设备等组成。遥感平台是安放遥感仪器的装置，如人造卫星、航天飞机等。遥感器/传感器接收和记录目标物辐射、反射、散射信息，信息传输设备用于将遥感信息从远距离平台（如卫星）传回地面站。图像处理设备对地面接收到的遥感图像信息进行处理（几何校正、滤波等）以获取反映地物性质和状态的信息。按照遥感平台的工作高度划分，遥感可分为航天遥感、航空遥感和地面遥感。遥感技术主要采用空对地的模式，距离地面相对较远。其检测范围广，可覆盖整个地球。成像效果好，包含的信息丰富。主要可应用与大区域范围内的水文地质调查、区域地形地貌调查和岩溶地质调查等。

遥感工作主要分为准备工作、遥感图像处理、初步解译、外业调查验证与复核解译、最终解译与成果编制等。通过对遥感图像的解译，能够宏观反映出区域地形地貌、地质构造、边界条件、含水岩组的展布及水系特征等。以区域地形地貌遥感特征为例，其特征解译标志见表 3.13 和表 3.14。

表 3.13　　地形、地物遥感特征标志

地形地物	特　征　标　志
交通线	公路：呈白色色调，宽度一致，多弯曲，但转弯和缓； 铁路：呈灰色色调，平直的线，弯曲少，曲率半径大； 小道：呈白色或浅灰色色调，宽度窄，常有交叉或急转弯
地面建筑	农村居民点：有一定的几何形状，有庭院、围墙或菜园； 工厂：为规则的几何形状排列，房顶受太阳光照射的部分呈白色或浅灰色
耕地	干燥未耕的耕地：浅色； 潮湿的耕地：深色； 有农作物的耕地：灰色； 斜坡上的耕地：呈阶梯状

续表

地形地物	特 征 标 志
草原	为灰色色调，有草皮的河谷和山坡的色调也类似
林区	林木呈暗色粒状斑点，砍伐区、植林区为浅色带，有线边界
水系	河溪渠：水面的色调大多为暗色，色调与水色、流速、深浅等有关。静止的水呈暗色色调，流动的水为浅色色调； 湖泊：呈深色色调，且具有一定的水域面积
地形	丘陵：地形有起伏，相对高差较小，阴影不太发育，与山区相比色调较为均匀； 山区：山坡有一定坡度，相对高差大，有阴影，色调较深，山脊线和河谷线较明显； 平原：地面平坦，色调均匀，一般呈浅色色调。河网稀疏，河流迂回曲折

表 3.14　地貌遥感特征标志

地貌	特 征 标 志
山地地貌	构造坡：由构造作用形成，坡向与岩层倾斜方向一致，阴影明显； 侵蚀坡：由遭受强烈切割作用形成，坡上冲沟发育，沟底呈 V 字形，阴影明显； 剥蚀坡：坡面长期遭受面流作用冲刷而成，冲沟不十分发育，阴影不太明显； 尖顶山：为坚硬岩石的标志，山坡坡度陡峻，山顶多呈尖棱角状、齿状、锥状等外貌，阴影明显； 圆顶山：一般都是由软质岩石组成，但在风化剥蚀作用强烈地区的硬质岩石也可形成，如粗粒花岗岩，一般多呈浅色色调。 平顶山：色调均匀，山坡常呈阶梯状陡坎，在相片上形成阴暗区。
河流阶地	河流阶地有明显的陡坎，阶地面向河谷中心，缓倾斜，阶地色调与土的含水量和植物生长特点有关。河漫滩一般呈浅色色调，河床有水部分呈暗色条带
洪积扇	呈扇形，浅色色调，分布在山麓坡脚和河流出口处，表面常可看到密集的、分枝状细流
古河道	古河道地面低洼，常呈河曲和牛轭湖的图形。古河道水量丰富，一般具深色色调，使用彩色红外波段扫描获得的相片效果较好。在地震区的古河道常出现裂缝状的喷水冒砂迹象
岩溶	岩溶地貌的影像是很独特的，负地形比较发育，地形杂乱，没有明显的倾斜方向，有的地区常构成互不联系的孤峰和石林，在洼地中常残积着红黏土，在相片上表现为浅色斑点。在岩溶作用强烈地段，地表植被稀少，呈平行排列的溶沟发育，溶沟、石芽地貌在影像上形成白色粗而短的树枝状纹影。在封闭洼地、溶蚀漏斗内有水积聚时呈黑色斑点图案
砂丘	干旱地区的砂丘在相片上的色调很浅，地面几乎不生长植物。新月形砂丘和砂垅都是风积地貌的典型景观。其规模随着风向、风速、砂粒大小、砂源丰富程度、堆积的地形部位等因素的变化而变化
黄土	黄土塬地势平坦、开阔，冲沟稀疏，耕田发育。黄土墚地形上呈条带状。黄土峁由黄土墚再被流水切割，形成不连续的小丘或弧丘。冲沟呈放射状，冲沟切割深，断面呈 V 形

(2) 无人机遥感技术。无人机遥感技术是指利用先进的无人驾驶飞行器技术、遥感传感器技术、遥测技术、通信技术、GPS 差分定位技术和遥感应用技术，实现自动化、智能化、专用化来快速获取国土资源、自然环境、地震灾区等空间遥感信息，并且完成遥感数据处理、建模和应用分析的应用技术。

无人机遥感系统包括飞行平台系统、任务载荷系统、飞行测控系统、遥感导航系统、地面监控系统、数据采集系统以及综合保障系统。多使用小型数字相机（或扫描仪）作为机载遥感设备，与传统的航片相比，其像幅较小、影像数量多。

无人机遥感技术主要采取低空对地的模式，其探测范围较广，精度高，可以实现视频高清图像实时回传，具有很高的灵活性和准确性，能够高效地处理测绘数据和信息。主要可应用于小范围内高精度滑坡、崩塌、泥石流等地质灾害的调查，能够局部精细反映地层岩性、地质构造、地质灾害影响范围与程度等。

（3）三维激光扫描技术。三维激光扫描技术主要是根据激光测距原理（包括脉冲激光和相位激光），通过记录被测物体表面大量的密集的点的三维坐标、反射率和纹理等信息，可快速复建出被测目标的三维模型及线、面、体等各种图件数据。三维激光扫描仪和配套的专业数码相机融合了激光扫描及遥感等技术，可以同时获取空间三维点云（Point cloud）和彩色数字图像（Color imagery）两种数据，甚至能够记录反映物体特性的电磁波反射率，扫描点空间定位精度达到5～10mm的扫描精度，并且激光扫描不需要光源可以在黑暗的环境中进行扫描。地面三维激光扫描系统主要由地面三维激光扫描仪、数码相机、旋转平台、电源以及其他附属设备和安装有后处理软件的便携式电脑构成。

典型的中远距离毫米级精度径向三维激光扫描仪有很多，如RIEGL公司的LMS-Z620、Optech公司的ILRIS-3D、Leica公司的HDS3000、Mensi公司的GXRD200等。

三维激光扫描技术采用地对地的模式，实现远距离非接触测量，精度更高，能够反映工程场地表面的全部细节，精确地反馈与记录地质构造的变化过程，监测各项工程地质与水文地质要素如滑移面的移动、地裂缝的扩张以及含水结构的形态等。主要应用于地形变化监测、工程地质测绘（编录）及地下洞室和开挖基坑的编录、水库坝体测量、对裂缝的安全监测、对隧洞断面测量、对建筑物的三维建模和对工程竣工的检查验收等。

（4）近距数码摄影技术。近距摄影技术是将遥感、摄影测量、三维虚拟仿真和计算机辅助绘图技术同工程地质理论与实践相结合，进行工程各类场地的地质编录（测绘）的综合应用技术。通过数码相机，分左右摄站点拍摄目标场地的左右两幅图像，在电脑中形成立体像对，并经电脑计算处理形成可量测大小的三维影像模型。

近距摄影系统一般由三脚架、操作控制台、普通数码相机、计算机等硬件设备和专门的摄影测量与地质编录软件组成。一般按照五个主要步骤进行，分别是拍摄模式优选、数码图像拍摄、三维影像模型建立、空间属性数据提取、空间属性数据利用，各步骤使用的软硬件和输出的成果见表3.15。

表3.15　近距数码摄影系统工作步骤说明

工作步骤	使用硬件	使用软件	获得成果
1. 拍摄模式优选	计算机	图像编辑	拍摄方案
2. 数码图像拍摄	三脚架（可选）、操作台（可选）、数码相机	数码相机内置程序	数码图像
3. 三维影像模型建立	计算机	摄影测量、三维建模	三维影像模型
4. 空间属性数据提取	计算机	三维绘图、GIS	地形地质数据
5. 空间属性数据利用	计算机	二维绘图、数据统计	地质编录图表

近距数码摄影技术亦采用地对地的模式，能够瞬间获取目标的大量几何信息和物理信息，适合对复杂工程目标的整体监测和分析，还能适应动态目标的测定，可以反映岩溶发育情况、工程塌方情况、水文地质钻孔垮塌等信息。其应用范围广，作业效率高且成本较低。主要应用于坐标与体积等基本信息的测量、地下洞室地质编录、岩质边坡地质测绘以及基坑开挖地质编录等。

3.2.2.2　主要技术方法特征总结

非接触式勘探技术的特征见表3.16。

表3.16　非接触式勘探技术特征

技术名称	模式	工作介质	技术特点	应用缺陷
遥感技术	中—高空对地模式	可见光—短波红外、热红外、微波	视域广阔、信息丰富、具立体感、卫星影像可成周期性重现以及获取资料快速等	精度相对有限，成本较高
无人机遥感技术	低空对地模式	可见光—短波红外、热红外、微波	探测范围较广、探测精度高、成本相对较低、图像数据具有实时性	无人机航程较短，对操作人员有一定技术要求，受气象条件等因素影响
三维激光扫描技术	地对地模式	脉冲激光、相位激光	实现了远距离非接触测量，数据处理能力强，数据处理软件采用开放性语言编写，应用功能强大	受限于激光功率，扫描的距离与范围有限，使用过程中亦会受环境的影响
近距数码摄影技术	地对地模式	数码图像	能够瞬时获取目标的大量几何信息和物理信息，适合对复杂工程目标的整体监测和分析，能够适应动态目标的测定	易受地表植被的影响使所测地形数据存在一定误差，数据采集能力受现场照明条件影响较大，在高温环境中，成像效果差，测量精度相对有限

3.2.3　地球物理勘探技术

地球物理勘探（物探）是指用物理学的原理和方法对地球进行勘探的工作或与之相应的学科。地球物理勘探可以对地球的各种物理场分布及其变化进行观测，探索地球本体及近地空间的介质结构、物质组成、形成和演化，研究与其相关的各种自然现象及其变化规律。在此基础上为探测地球内部结构与构造、寻找能源、资源和环境监测提供理论、方法和技术，为灾害预报提供重要依据。

物探在水文地质工作中可以提供如下信息：地下含水体信息，包括含水体埋深、厚度以及地下水溶解性总固体、孔隙率等参数；地质体的要素特征，包括地层结构、地层岩性、地质构造等；地质体的地球物理场的变化特征，包括电场、电磁场、温度场、设气场、弹性波场等。通过地球物理的变化特征分析，结合地质、水文地质条件，判断地下水补、径、排关系。

3.2.3.1　主要物探方法

目前比较成熟的水文物探方法，包括地面物探（表3.17）和孔内物探（表3.18）两大类共26种。

表 3.17　地 面 物 探

方法名称		物性参考	应用范围	适 用 条 件
直流电法	电测探法	电阻率	探测地层在垂直方向的电性变化，适宜于层状和似层状介质，解决与深度有关的地质问题，如覆盖层厚度、基岩面起伏形态、地下水位，以及测定岩（土）体电阻率	1. 探测对象与其周围介质有一定的电阻率差异。 2. 探测对象的厚度（或宽度、直径）与其埋深比较要足够大，并有一定的延伸。 3. 地形起伏不大，接地良好。 4. 表层电性均匀，无强大游散电流或电性屏蔽层存在。 5. 应用电测探法做分层探测时，地下电性层层次不多，电性标志层稳定，被测岩层的倾角一般要求小于20°。 6. 用电测剖面法，被探测地质体的倾角愈大，异常愈明显
	电剖面法	电阻率	探测地层在水平方向的电性变化，解决与平面位置有关的地质问题，如探测隐伏构造破碎带、断层、岩层接触界面位置及喀斯特等	
	高密度电阻率法	电阻率	电测深法自动测量的特殊形式，适用于详细探测浅部不均匀地质体的空间分布，如洞穴、裂隙、墓穴、堤坝隐患等	1. 极距不能太大，实际的电极距不能大于电缆间隔。 2. 测区地形起伏不能太大
	自然电位法	电位	用于探测地下水的活动情况，也可用于探查地下金属管道、桥梁、输电线路铁塔的腐蚀情况	1. 天然条件下地下水运动或抽水时产生的自然电场应足够大。 2. 地下水水位埋深一般在20m以内。 3. 干扰电场不严重
	充电法	电位	用于钻孔或井中测定地下水流向、流速，以及了解低阻地质体的分布范围和形态	1. 地下水有足够的电流（大于1m/d时，效果好），含水层深宜小于50m，周围介质的电阻率应大于水的电阻率的2倍。 2. 地形影响和地表不均匀性干扰较小、接地良好、工区内无明显工业电干扰
	激发极化法	极化率	探测地下水，测定含水层的埋深和分布范围，评价含水层的富水程度	1. 勘察对象与其周围介质之间有一定的激发极化效应差异的地区。 2. 无低阻屏蔽层存在或无强大的工业游散电流存在的地区。 3. 测区内没有或较少有强电化学效应的金属矿物、煤层、石墨、炭化岩层等。 4. 激发源有较大的供电电流
电磁法	音频大地电场法	电阻率	探测断裂构造带，岩溶裂隙发育带，岩性接触带，古河道	1. 勘察对象与周围地质体之间存在较明显的电阻率差异。 2. 测线布置选择地形平坦、覆盖较均匀的场地；金陵远离电力线、变压线、变压器以及一切人为干扰。 3. 磁探头放置水平（误差小于2°），低频磁探头应置于地面50cm以下，测量电极方向应与磁探头方向正交，误差控制在1°以内。 4. 适用可控制人工场源，收发距大于3倍最低发射频率之趋肤深度。 5. 为保证质量，数据相关度值大于0.5者为合格；同时视电阻率、相位随频率变化曲线光滑连续、无突变，并保证有效频点数大于90%，连续无效频点不得大于3个

续表

方法名称		物性参考	应用范围	适用条件
电磁法	频率大地电磁测探法	电阻率和阻抗相位	探测中浅部断层、破碎带、岩溶等隐伏构造和地层界面	1. 勘察对象与周围地质体之间存在较明显的电阻率差异。 2. 所探测的对象必须是较陡立的条带状（脉状）地质体。 3. 一般断裂构造带、岩溶裂隙发育带、岩脉等都具备这种条件
	瞬变电磁测探法	电阻率	探测断层、破碎带、喀斯特及地层界面，调查地下水和地热水源，圈定和监测地下水污染，探查堤坝隐患和水库渗漏	探测目标物的规模、埋深及围岩的电性差异，应保证所得到的异常完整性及周围有一定范围的正常背景场
	核磁共振	核磁共振信号	直接找水，判断充填物性质；可量化含水层信息，能有效地给出含水层的位置、厚度、含水量及平均孔隙度等水文地质参数；不需要接地，受地表电性不均匀体干扰较小，适用于地表干燥地区	1. 适用于电磁干扰较小、地磁场稳定（火成岩地区地磁场变化较大）、浅层（深度小于150m）各种类型地下水勘察。 2. 对于构造类地下水，可配合电阻率联合剖面法、音频大地电场法等，准确确定构造水平位置及宜井孔位
地震法	反射波法	波速	探测覆盖层厚度及不同深度的地层界面	1. 被探查的地质目的物（层）与围岩体有速度差异。 2. 被探查的地质目的物（层）在垂直方向上的尺度不小于地震波有效信号主波长的1/8，否则目的物不能被地震勘探发现——Widess分辨准则。 3. 工作地区如果存在有人文噪声干扰（例如城市或工矿区），必须采取有效的抗干扰措施，否则就会降低方法的信噪比，甚至无法工作
	折射波法	波速	探测覆盖层厚度及下伏基岩波速	1. 被追踪地层的波速要大于上覆层的波速，且存在明显的波速差异，即存在速度界面。 2. 界面起伏不大，无穿透现象。 3. 地层视倾角与临界角之和应小于90°
放射性	测氡法	α射线	确定地质构造特征，如断裂、破碎带、滑坡	1. 地形起伏大，周围有电力线干扰较大的背景下，放射性比其他方法更具优势。 2. 覆盖层厚度不宜超过30m。 3. 野外工作应考虑气候影响，易受温差影响。 4. 野外数据质量检查以曲线形态一致为合格标准，不看数据。 5. 对于α杯测法，埋深时间必须超过4h

表3.18　　孔内物探（测孔）

方法名称		物性参数	应用范围	使用条件
电阻率法	视电阻率测井	电阻率	划分地层，区分岩性，确定软弱夹层、裂隙破碎带的位置及厚度；确定含水层读的位置、厚度，划分咸、淡水分界面； 测定地层电阻率	1. 探测对象与周围介质应有一定的电阻率差异。 2. 井孔充有泥浆或地下水。 3. 井壁未下套管
	侧向测井	电阻率		
	井液电阻率测井	电阻率		

续表

方法名称		物性参数	应用范围	使用条件
电化学活动法	自然电位测井	电位	判断岩性和划分渗透层；计算地层水电阻率，划分咸淡水界面；估计地层泥质含量	1. 被探测岩层产生的自然电场应足够大。 2. 井孔充有泥浆或地下水。 3. 井壁未下套管
声测法	声波测井法	声波	区分岩性，判断岩体完整性，确定软弱夹层、裂隙破碎带的位置及厚度；测定地层的声波速度，估算岩体动弹性参数；计算地层孔隙度	1. 探测对象与周围介质应有一定的声速差异。 2. 井孔充有泥浆或地下水。 3. 井壁未下套管。 4. 松散地层的孔段可放置事先注孔的塑料套管
	超声成像测井法	声波	对地质结构可根据观测结果直观的描述，并确定出裂隙、断层、软弱夹层等的倾角、倾向及厚度	在无套管、有井液的钻孔中进行
放射性法	自然伽马测测井法	γ射线	划分地层，区分岩性，确定软弱夹层、裂隙破碎带；对比地层；估算地层泥质含量和渗透性	1. 被测岩层具有足够的放射线差异。 2. 下套管孔和干孔均可使用
	伽马—伽马测井法	γ射线	划分地层，区分岩性，确定软弱夹层、裂隙破碎带；对比地层；估算地层泥质含量和渗透性；计算地层孔隙度	
流量法	流量测井	流量	确定出水层和隔水层位置，定量计算各含水层的涌水量	1. 用于无套管（可以有漏管）的钻孔。 2. 钻孔必须用清水循环冲洗。 3. 井壁干净，尽量不使用孔隙被泥浆、岩粉等堵塞
扩散法	盐扩散	盐浓度	了解水层之间或水层与钻孔之间的水力联系	在无套管、有井液钻孔中进行
	温度扩散	温度		
	同位素扩散	同位素浓度		
	中子吸收扩散	中子浓度		
其他方法	井温测井	温度	主要用于测量地下水及地层温度	在有井液的钻孔中进行
	井径测井法	直径	测量钻孔直径，辅助划分地层	在无套管的钻孔中进行
	井斜测井法	方位角与倾角	测量钻孔的方位和倾角	

3.2.3.2 水文地质地球物理勘察方法组合方案

水文地质地球物理勘察方法的组合方案，分为地面物探和测井两类，主要考虑方法组合的有效性、实用性、经济效益与使用效率的最优化。

在地下水地面物探中，依据需要地面物探解决的预期地质问题（表 3.19）以及不同类型的地下水及欲解决的地质问题，针对不同类型的含水层地球物理勘察的目标体性质（表 3.20 孔隙水、表 3.21 裂隙水、表 3.22 岩溶水），提供以下最优组合方案。

表3.19　地下水地面地球物理勘察技术方法选择表（据中国地质调查局，2012）

解决的地质问题＼方法	电阻率测探法	电阻率剖面法	高密度电阻率法	激发极化法	自然电位法	充电法	音频大地电场法	频率电磁测探法	瞬变电磁测探法	核磁共振	地震反射	地震折射	放射性氡气法
确定覆盖层厚度及基岩形态	√	√	√					√	√		√	√	
划分含水层和隔水层	√	√	√	√				√	√	√	√	√	
划分咸淡水界面	√	√	√					√	√	√			
探测隐伏断层、岩溶发育带、破碎带位置	√	√	√				√	√	√	√	√	√	√
探测岩性接触带位置	√	√	√				√	√	√		√	√	√
探测岩性接触带，确定其厚度	√	√	√				√	√	√		√	√	
判断构造带充填物性质	√		√					√	√	√			
判断含水层富水性				√						√			
探测地下水流速、流向及地下含水体连通性					√	√							

表3.20　孔隙水地面物探方法组合方案（据中国地质调查局，2012）

解决的地质问题＼方法	应用条件	电阻率测探法	高密度电阻率法	激发极化法	自然电位法	充电法	频率电磁测探法	瞬变电磁测探法	核磁共振	地震反射	地震折射
划分含水层和隔水层	地表潮湿，接地条件好	√	√				√				
	地表干燥，接地条件差							√		√	√
划分咸淡水界面	地表潮湿，接地条件好	√	√				√				
	地表干燥，接地条件差							√			
判断含水层富水性	探测深度小于200m			√					√		
探测地下水流速、流向					√	√					

表3.21　裂隙水地面物探方法组合方案（据中国地质调查局，2012）

解决的地质问题＼方法		电阻率测探法	电阻率剖面法	高密度电阻率法	激发极化法	自然电位法	充电法	音频大地电场法	频率电磁测探法	瞬变电磁测探法	核磁共振	地震反射	地震折射	放射性氡气法
风化裂隙水（含层间裂隙水）	划分风化裂隙层厚度、埋深	√		√										
	风化层富水性				√						√			
	风化层裂隙水矿化度	√		√										

续表

解决的地质问题 \ 方法		电阻率测探法	电阻率剖面法	高密度电阻率法	激发极化法	自然电位法	充电法	音频大地电场法	频率电磁测探法	瞬变电磁测探法	核磁共振	地震反射	地震折射	放射性氡气法
构造裂隙水	基岩面起伏形态	√	√	√					√	√		√	√	
	探测隐伏断层、破碎带，不同岩性接触带水平位置	√	√	√				√	√	√		√	√	
	确定构造空间形态分布特征（产状、埋深、发育程度、充填物等）	√		√					√	√		√	√	
	构造裂隙水连通性					√	√							
	含水层富水性				√						√			

表 3.22　　岩溶水地面物探方法组合方案（据中国地质调查局，2012）

解决的地质问题 \ 方法		电阻率测探法	电阻率剖面法	高密度电阻率法	激发极化法	自然电位法	充电法	音频大地电场法	频率电磁测探法	瞬变电磁测探法	核磁共振	地震反射	地震折射	放射性氡气法
深埋岩溶水	灰岩顶板界面和岩溶构造空间分布特征								√			√		
浅埋岩溶水	探测洞穴、隐伏构造空间分布特征	√	√	√				√	√	√		√		√
	岩溶管道充填物	√		√				√	√	√		√	√	
	含水体富水性				√						√			
	岩溶管道、断层连通性					√	√							

在钻孔中研究地下水特点的各种物探方法统称为水文测井。它的任务包括：①划分含水层与隔水层，并确定其深度和厚度；②确定含水层的孔隙度和渗透率，并估计其涌水量；③研究地层水矿化度；④研究地下水的流动方向和速度等。根据任务不同，可以单独或综合应用电阻率法测井、自然电位测井、放射性测井和声波测井等。例如，利用电阻率法测井划分含水层与隔水层；利用自然电位测井研究地层水矿化度；利用充电法或同位素法研究地下水流速流向；通过测量井中盐化泥浆的电阻率变化确定涌水量（一般称扩散法）等。水文测井对于寻找工农业用水和解决矿区水文地质及工程地质问题都有一定意义。

在水文地质测井方法组合方案中，依据不同的工作任务与目的，可在目前比较成熟的测井方案中选择，具体参考表 3.23。

3.2.4　水环境同位素技术

3.2.4.1　基本概念

（1）同位素分类。

表 3.23 水文地质测井方法组合方案一览表（据中国地质调查局，2012）

任务与目的 \ 方法		视电阻率	自然电位	自然伽马	伽马—伽马	声波测井	流量测井	扩散法测孔	超声成像测井	温度测井	井液电阻率	井径测量	井斜测量
编制钻孔剖面、提供物性参数、进行地层对比		√	√	√	√	√							
划分含水层	孔隙水	√	√	√		√	√	√		√		√	
	裂隙水	√		√	√	√	√	√	√	√			
	岩溶水	√		√	√	√	√	√	√	√		√	
区分咸淡水		√	√	√						√	√	√	
计算矿化度、孔隙度、渗透率，估算单井涌水量		√	√	√	√	√	√				√	√	
了解含水层补给关系				√			√	√		√		√	
了解地热井热流体温度				√						√			
了解地下水对环境污染		√	√	√							√		
了解井中液面深度		√	√	√	√						√		
检查钻孔止水和堵孔质量				√			√	√					
研究钻孔技术状况		√		√	√				√			√	√
测量地下水流速、流向				√							√		
了解地层工程力学参数				√	√	√						√	

1）稳定同位素与放射性同位素。原子核不稳定能自发进行放射性衰变或核裂变而转变成其他类核素的同位素称为放射性同位素。原子核稳定，迄今尚未发现存在放射性衰变现象的同位素称为稳定同位素。目前已知的天然核素中，稳定核素有270多种，放射性核素有60多种。

2）天然同位素与人工同位素。白然界中天然存在的同位素称为天然同位素。它包括地球形成时原始合成的稳定同位素、长寿命（半衰期大于 10^8 年）放射性同位素及其子体、天然核反应生成的同位素等。人工同位素是指通过人工方法（如核爆炸、核反应堆和粒子加速器等）制造出来的同位素。目前由人工方法制造出的放射性同位素已达1600余种。

3）环境同位素与人工施放同位素。从同位素示踪观点可分为环境同位素和人工施放同位素两种。前者指遍布于整个白然环境中的同位素，主要是一些天然同位素，也包括人工核反应进入到自然环境中的人工同位素。后者指为了某种研究目的作为示踪剂人为投放到某局部范围的人工同位素。

（2）同位素组成及表示方法。同位素组成是指物质中某一元素的各种同位素的相对含量。在同位素地球化学中通常用来表示同位素组成的方法有：同位素丰度、同位素比值（R 值）和千分偏差值（δ 值）等几种。天然条件下某些元素同位素比值的变化见表3.24。

表 3.24　天然条件下某些同位素比值的变化范围

元　素	同位素比值（R）	变化范围	变化量/%
H	$^{2}H/^{1}H$	0.000079～0.0000195	147
Li	$^{6}Li/^{7}Li$	0.079～0.084	6.3
Be	$^{10}Be/^{11}Be$	0.226～0.234	3.5
C	$^{13}C/^{14}C$	0.0107～0.0115	7.5
O	$^{18}O/^{16}O$	0.001887～0.002083	10.4
Si	$^{30}Si/^{28}Si$	0.0332～0.0342	3
S	$^{34}S/^{32}S$	0.0432～0.0472	0.2

3.2.4.2　氢氧稳定同位素

（1）主要地球化学性质。在地壳中，氧的丰度为46.6%，氢的丰度（0.14%）虽然很小，但以OH^-的形式常常出现在各种硅酸盐石矿物中。氢有两种稳定同位素：^{1}H和^{2}H（D），它们的天然平均丰度分别为99.9844%和0.0156%。氧有三种主要的稳定同位素：^{18}O、^{17}O、^{16}O，它们的平均丰度为：^{16}O=99.762%，^{17}O=0.038%，^{18}O=0.200%。氢和氧的某些地球化学参数见表3.25。

表 3.25　氢和氧的某些地球化学基本参数

性　　质	氢（H）	氧（O）
原子序数	1	8
原子量	1.008	16.000
原子半径/Å	0.46	0.60
离子半径/Å	1.54	1.32
最常见离子	H^+	O^{2-}
负电性	2.1	3.5
地壳中平均含量(重量)/%	1.00	49.13
岩石圈中平均含量(重量)/%	—	50
水圈中平均含量(重量)/%	10.8	85.7
大气圈中平均含量(体积)/%	0.00005(H_2)	20.95
生物圈中平均含量(总量)/%	10.5	70

（2）天然水的氢氧同位素组成及分布特征降水方程（Craig方程）。

大气降水的氢氧同位素组成有三个重要特征：①Δd—$\delta^{18}O$值之间呈线性变化；②大多数地区大气降水的δD和$\delta^{18}O$为负值；③δ值与所处地理位置有关，并随离蒸汽源的距离的增加而变负。氢氧同位素组成线性相关规律用数学式表示为

$$\delta D=8\delta^{18}O+10$$

这就是降水方程，又称为Craig方程。岛屿、滨海和内陆，世界及我国部分地区降水方程见表3.26和表3.27。

表3.26　岛屿、滨海和内陆的降水方程

地点	样品数	相关方程	R	σ/‰
岛屿观测点	25	$\delta D=(8.47\pm0.52)\delta^{18}O+(11.11\pm1.24)$	0.990	3.0
		$\delta D=(8.51\pm0.24)\delta^{18}O+(10.21\pm1.04)$①	0.991	2.91
滨海观测点	29	$\delta D=(8.07\pm0.12)\delta^{18}O+(10.44\pm1.07)$	0.997	3.13
		$\delta D=(8.903\pm0.11)\delta^{18}O+(9.59\pm0.95)$①	0.997	3.3
内陆观测点	15	$\delta D=(8.14\pm0.61)\delta^{18}O+(9.17\pm1.64)$	0.998	3.08
		$\delta D=(8.01\pm0.15)\delta^{18}O+(6.49\pm1.70)$①	0.998	3.69

①　加权平均相关方程。

表3.27　世界及我国部分地区的降水方程

地点	降水方程	资料来源
北京	$\delta D=7.3\delta^{18}O+9.7$	北京市水文地质公司
郑州	$\delta D=8.07\delta^{18}O+10.75$	
太原	$\delta D=7.61\delta^{18}O+9.25$	中国科学院(1987)
成都	$\delta D=8.94\delta^{18}O+11.09$	
昆明	$\delta D=7.87\delta^{18}O+10$	
乌鲁木齐	$\delta D=7.96\delta^{18}O+9.57$	
兰州	$\delta D=6.89\delta^{18}O+7.67$	
山西临汾	$\delta D=7.89\delta^{18}O+12.7$	中国地质大学(1986)
西藏东部	$\delta D=8.22\delta^{18}O+18.99$	
上海	$\delta D=8.2\delta^{18}O+15.8$	卫克勤等(1983)
中国台湾	$\delta D=8\delta^{18}O+16.5$	谢越宁等(1984)
广州	$\delta D=6.97\delta^{18}O+2.59$	
福州	$\delta D=7.2\delta^{18}O+3.79$	
日本	$\delta D=8\delta^{18}O+17.5$	谢越宁
非洲干旱区	$\delta D=8\delta^{18}O+22$	
南美洲	$\delta D=(7.9\pm1.7)\delta^{18}O+(8\pm2.7)$	
澳大利亚、新西兰	$\delta D=(8\pm1.3)\delta^{18}O+(16\pm2.3)$	
埃塞俄比亚	$\delta D=8\delta^{18}O+15$	李桂如（1978）

3.2.4.3　碳硫稳定同位素

（1）主要地球化学性质。碳元素在地壳中的丰度为2000nm，属微量元素，但分布广泛。碳的稳定同位素有两种：^{13}C和^{12}C，它们的同位素相对丰度分别为1.108%和98.892%。

碳在地下水中以游离CO_2、溶解$CO_2+H_2CO_3$、HCO_3^-、CO_3^{2-}等形式存在，它们的总和称为溶解无机碳总量（C）。地下水碳同位素组成系指总溶解无机碳的同位素组成。

硫有四种稳定同位素，其相对丰度为：^{32}S—95.02%；^{33}S—0.75%；^{34}S—4.21%；^{36}S—0.02%。在这4种稳定同位素中，以^{32}S和^{34}S最为丰富，在同位素地球化学的研究中，一般采用$^{34}S/^{32}S$的比值。硫在地下水中的存在形式有：SO_4^{2-}、HSO_4^-、H_2S、HS^-等。对多数地下水来说，以SO_4^{2-}和H_2S为主。

（2）天然水中碳硫同位素组成及分布特征。

1）碳稳定同位素。海洋水中溶解无机碳的碳同位素组成的分布具有以下一些特征：表层海水的$\delta^{13}C$值变化大，最表层水的$\delta^{13}C$值最高，往下随深度加大而变小，直至深1km处为$\delta^{13}C$的最低点；1km处以下的深部海水，以现$\delta^{13}C$值随深度缓慢增长的趋势，但增长幅度很小。海洋水中溶解的有机碳的$\delta^{13}C$值比较稳定，平均值为－21.8‰。在寒冷的北极水中，溶解有机质与微粒有机质的$\delta^{13}C$植相差5‰。微粒有机质的$\delta^{13}C$值在－27‰左右，接近于现代浮游生物。

湖泊水中溶解碳的同位素组成反映当地的大陆和周围岩石含碳物质的碳同位素组成的特征。湖水中溶解碳的同位素组成受湖水和湖泊沉积物内生物活动产生的CO_2的影响以及受地下水带入的无机碳与大气CO_2的同位素交换的影响，造成^{13}C含量成层分布。

地下水碳同位素组成受制于地下水本身形成、迁移及储存的环境。地下水中碳的来源主要有：①大气CO_2，在通常条件下$\delta^{13}C$值为－7‰左右；②土壤CO_2和现代生物碳，其$\delta^{13}C$值一般为－25‰左右；③海相石灰岩，其$\delta^{13}C$值为0±1‰；④淡水灰岩，其$\delta^{13}C$为负值，变化范围大。

2）硫同位素。海洋水中硫主要以溶解硫酸盐的形式存在。海水硫酸盐的浓度相当均一，且恒定在0.2648%。海洋水中硫的总量约为1.23×10^5t。现代各大洋中硫的同位素组成相当一致，其$\delta^{34}S$值为20.1±0.8‰。

大气中的硫主要以SO_2，SO_4^{2-}和H_2S等形式存在。不同地区雨水中的$\delta^{34}S$变化很大。在靠近海洋的地区，大气降水的$\delta^{34}S$值接近于正常海水硫酸盐。在非工业区$\delta^{34}S$值在3.2‰～8.2‰范围内变化；在工业区其值高达15.6‰。

河流水系中，水溶硫的同位素组成基本上取决于河流盆地的物理化学背景和硫的来源。湖泊中水溶硫的$\delta^{34}S$值变化很大，一般在－5.5‰～＋27‰之间。

地下水中的硫化合物主要以SO_4^{2-}，H_2S和HS^-的形式存在，它们的同位素组成的变化主要取决于硫的来源以及地下水赋存环境条件所引起同位素分馏的程度。根据统计，SO_4^{2-}的$\delta^{34}S$值变化范围为－13‰～＋41‰，H_2S的$\delta^{34}S$值为－38‰～＋21‰。

3.2.4.4 氚、^{14}C放射性同位素

（1）氚和碳^{14}C的起源。天然水中的氚主要有两种起源：天然氚和人工核爆氚。天然氚生成于大气层上部10～20km高空。白然界中的天然氚在长期积累和衰变过程已达到了自然平衡状态，其总重约为5～20kg。人工氚主要由大气层核试验产生。氚原子生成以后即同大气中的氧原子化合生成水分子，成为天然水的一部分。并随普通水分一起，参加水循环。^{14}C天然相对丰度为1.2×10^{-10}。天然^{14}C是在平流层和对流层之间的过渡地带；人工^{14}C来源于人工核反应，如空中核爆炸、核反应堆和加速器等。

（2）天然水中氚的分布特征。

大气降水中的氚浓度具有以下分布特征：纬度越低、氚浓度也低，且随纬度增高而增高，赤道的氚浓度最低，极地最高。在同一纬度带上，大气降水的氚浓度随远离海岸线而

逐步增高，称之为大陆效应。大气降水氚含量高处大于低处称为高度效应。采样地点越高，雪中含上部大气层（富氚）的水蒸气的比例也越大。大气降水中氚浓度具有明显的季节变化特征，最大浓度一般出现在6—7月，最小浓度出现在11—12月。在同纬度的地区，大气降水的氚浓度随降雨量总量的增加而减少。

湖泊水的氚浓度具有两个主要特征：主要由大气降水补给的湖泊水，氚浓度存在季节性变化。这种变化在水滞留时间短和小的湖泊中最大，较大的湖泊中变化最小。湖泊水氚浓度具有垂直分带性。特别是在大而深的湖泊中，由于缺乏混合，水中的氚浓度常常呈季节性或永久性的垂直成层分布，湖泊的表层水氚浓度高，而向深部氚浓度逐渐降低，甚至不含氚。

河水中的氚浓度主要取决于其补给来源。大气降水补给的河水氚浓度较高，而地下水补给的河水氚浓度较低。高纬度区或地形高的山区相对于低纬度区或平原区河水的氚浓度都要高些。在我国，发源于近海山地、丘陵区的河流，如松花江、辽河、海河、钱塘江、闽江和珠江等，河水氚浓度特点如下：

1）自南向北氚浓度逐增高，这是纬度效应的反映。

2）河水中氚浓度低于流域内同期大气降水的氚浓度，这可能与径流的滞后和地下水的补给有关。

发源于内陆高原的河流，如长江、黄河，其特点如下：

1）自东向西河水氚浓度逐渐增加，这是大陆效应和高度效应的综合反应。

2）河水中氚浓度大于当地的大气降水，表明从大陆内部和高山区流来的水所占的比例较大。

地下水的氚浓度及其变化主要取决于补给来源，含水层结构，埋藏条件及水交替强度等。潜水和浅层承压水属于现代循环水，一般都含有一定数量的氚，而深层承压水属于古的停滞水，一般不含或含极少量氚（<1TU）。地下水的氚浓度及其变化与补给来源密切相关。当地下水直接由大气降水补给时，其氚浓度反映大气降水的氚浓度变化特征。当地下水由河水（或湖水）补给时，则其氚浓度与河水（或湖水）的氚浓度变化相类似。

（3）地下水中溶解无机碳的来源及其^{14}C浓度。

在含水层的饱和带，地下水中溶解无机碳（HCO_3^-）与围岩中碳酸盐（不含^{14}C）发生碳同位素交换，由于部分^{14}C进入碳酸盐中会使地下水溶解无机碳的^{14}C浓度减小。在非饱和带中，如果地下水处于开放系统，地下水溶解无机碳（HCO_3^-）与气体CO_2的碳同位素交换将向着同位素交换平衡移动，当达到平衡状态时，地下水中HCO_3^-可较气体CO_2略富^{14}C。

3.2.4.5 同位素测定地下水年龄

（1）氚法测定地下水年龄。

氚的半衰期为12.43年，可以被利用来研究水圈各个环节中水的运移的时间特性。实际工作中应用天然氚的最重要的条件是氚从同温层（平流层）通过对流层参与水循环的范围比较固定。在同温层中由于宇宙粒子与大气层中氮、氧原子的核反应不断产生氚，各类型天然水中天然氚浓度的变化范围十分宽广（从0到200TU）。

人工氚氧化后形成氚水，同样以大气降雨形式降落到地表或形成地表径流或渗入地下。人工氚的浓度在某个时期是很高的，有时可超过天然氚浓度的几个数量级，因此可利用它来研究和追踪地下水的运动状况。

(2)^{14}C 法测定地下水年龄。

地下水中的含碳物质是溶解于水中的无机碳（DIC），通过测定水中溶解无机碳的年龄并认为溶解无机碳在水中的动力行为与地下水相同。在一般情况下，可以认为地下水中溶解无机碳与土壤 CO_2（或大气 CO_2）隔绝之后便停止了与外界的^{14}C 交换。所以地下水^{14}C 年龄是指地下水土壤 CO_2 隔绝后“距今”的年代。^{14}C 法测定地下水年龄的上限为5 万～6 万年，超灵敏计数器有可能向上延至 10 万年。

3.2.4.6 地下水活动的环境同位素分析

(1) 利用氢氧同位素组成研究地下水成因。

利用区域不同年代地层水与油田水中氢和氧同位素组成的研究结果，可以解释区域地下水起源与形成机制，确定补给区和局部补给源的水文学模式，溯源地下水化学组分的变异历史等。在已经具备了比较丰富的地质与水文地质资料的基础上，地下水中稳定氧同位素可以提供确凿的证据，深入阐明上述问题的某些细节。而且还可以利用氢氧同位素作为示踪物质追索地下水的活动图像，验证地质数据判断的可信程度。

(2) 利用氢氧同位素确定含水层补给带（区）或补给高度。

大气降水的氢氧同位素组成具有高度效应，据此可以确定含水层补给区以及补给高程。

$$H=\frac{\delta_G-\delta_P}{K}+h \tag{3.10}$$

式中：H 为同位素入渗高度，m；h 为地下水高程，m；δ_G 为地下水的 $\delta^{18}O$（或者 δD）值；δ_P 为取样点附近大气降水的 $\delta^{18}O$（或者 δD）值；K 为大气降水 $\delta^{18}O$（或者 δD）值的高度梯度。

(3) 应用氚测定地下水补给。

氚的半衰期为 12.43 年，可以被利用来研究水圈各个环节中水的运移的时间特性。实际工作中应用天然氚的最重要的条件是氚从同温层（平流层）通过对流层参与水循环的范围比较固定。在同温层中由于宇宙粒子与大气层中氮、氧原子的核反应不断产生氚，各类型天然水中天然氚浓度的变化范围十分宽广（从 0 到 200TU）。

如同天然氚一样，人工氚氧化后形成氚水，同样以大气降雨形式降落到地表或形成地表径流或渗入地下。人工氚的浓度在某个时期是很高的，有时可超过天然氚浓度的几个数量级，因此可利用它来研究和追踪地下水的运动状况。

(4) 利用氢氧稳定同位素计算地下水在含水层中的滞留时间。

利用氢氧稳定同位素计算地下水在含水层中的滞留时间公式如下：

$$\delta_W=K+\frac{A}{1+4\pi^2T^2}[2\pi T\sin(2\pi t)+\cos(2\pi t)]+\left(\delta_{W0}-K-\frac{A}{1+4\pi^2T^2}\right)e^{-\frac{t}{T}} \tag{3.11}$$

式中：δ_W 为 t 时刻含水层中水的^{18}O 含量；δ_{W0} 为 $t=0$ 时刻含水层中水的^{18}O 含量；K 为大气降水的同位素年平均含量；A 为与年平均同位素含量相比偏差的最大幅度；T 为水在

含水层中的停留时间。

只要测出出入口处大气降水信号和在一个井内或一个泉上产生的信号（即出口信号）那么就可以估算出水在含水层中停留的时间。

3.2.5　数值模拟技术

3.2.5.1　概述

连续介质的概念是许多自然科学分支所共有的，它把研究的对象（即介质）看作是无间隙的连续物体。连续介质渗流是指岩土体介质中空隙相互连续、水流充满整个岩土体介质的渗流。

在渗流空间域Ω中，地下水在其中的渗流运动规律由基于质量守恒和达西定律的连续性方程导出的偏微分方程和定解条件描述：

$$\left.\begin{aligned}&\nabla(\vec{\vec{K}}\nabla H)+Q=S_s\frac{\partial H}{\partial t}\\&H|_{t=0}=h_0(x,y,z)(x,y,z)\in\Omega\\&H|_{\Gamma_1}=h_1(x,y,z,t)t\geqslant t_0\\&\vec{\vec{K}}\frac{\partial H}{\partial n}|_{\Gamma 2}=q(x,y,z,t)t\geqslant t_0\end{aligned}\right\}\tag{3.12}$$

式中：∇为拉普拉斯算子；Q为源汇项；S_s为储水系数；Ω为渗流区域；h_0和h_1分别为初始和第一类边界上的水头分布；q为第二类边界流量；Γ_1、Γ_2分别为第一类、第二类边界；$\vec{\vec{K}}$为渗透系数张量。

上述偏微分方程和定解条件加在一起构成了一个实际问题的数学模型。前者用来刻画地下水在连续介质中流动的规律，后者用来指明该实际问题的特定水文地质条件，二者缺一不可。

连续介质渗流模型的解即是渗流空间域Ω和时间域（$t\geqslant t_0$初始时刻）中的水头分布$h(x,y,z,t)$。虽然数学上可证明其解存在且唯一，但针对实际问题解出其解十分困难，存在解不等于存在解析解，而且存在解析解的情形也是寥寥无几的，不仅偏微分方程复杂了不行，就是方程非常简单，但渗流域的形状不够规则或定解条件稍微复杂一点也还是不行。因此在实际问题求解时多借助数值法来求近似解。

从连续函数到离散方程的概化，有多种数学方法，其中主要是有限差分和有限单元两类。

渗流模型的求解也可分为渗流场正演分析和反分析。

建立一个特定区域地下水渗流的数学模型，实际上就是要找一个描述它的合适的偏微分方程，并确定其定解条件。一个正确可靠的数学模型，应当是实际地下水渗流系统的复制品，当对其施加自然的或人为的影响时，数学模型的反应与实际地下水渗流系统的反应应当完全一致或非常接近，只有这样的模型才能用来进行地下渗流分析，预测动态渗流场，为进一步的研究打下基础。

B. S. Sagar 等人将反分析分成五种类型：①单纯求水文地质参数，包括导水系数、给水度或储水系数；②求方程的源汇项，包括蒸发量、入渗量等；③求初始条件；④求边界条件；⑤以上几种类型的混合问题。

从数学上讲，反分析往往是不适定的。所谓适定包括以下三方面的含义：①解的存在；②解的唯一性；③对原始数据存在连续的依赖，也即是说，当原始数据发生微小变化时，解的变化也很微小。在以上三条中，如果有一条不满足时，问题就是不适定的。在地下水渗流数值模拟研究中，求解地下水运动数学模型获得渗流场属正问题，是适定的；而反分析识别模型常常是不适定的，从物理背景我们很容易理解，仅仅知道一个地区的水位分布模式，不能唯一地确定一个地区的水文地质条件，实际上不同的水文地质条件，完全有可能存在相同的水位分布。

渗流场反分析方法，可分为直接解法和间接解法两种。所谓直接解法，即从联系水位和渗流参数的偏微分方程（或其离散形式）出发，利用已知水位直接解出未知参数。由于解的不适定性，直接解法对观测数据精度要求极高，要求每个离散节点都有水位观测值，这实际上还难以做到。若用插值方法处理，又将给结果带来较大误差，因而，目前多采用间接解法。所谓间接解法，就是先假定一组参数值，求解地下水渗流偏微分方程，得出与实际观测点同坐标的各点水位，与实际观测值比较，逐次修正参数，使水位计算值与观测值逐渐接近。这个过程，是通过不断的解正问题来实现反分析。

3.2.5.2 有限差分及 MODFLOW 软件

1. 有限差分法概述

有限差分是一种常用的数值解法，它是在微分方程中用差商代替偏导数，得到相应的差分方程，这种方法的基本思想是：用渗流区内的有限个离散点的集合代替连续的渗流区，在离散点上用差商近似代替微商，将微分方程及其定解条件化为未知函数在离散点上的近似值为未知量的差分方程，然后求解差分方程组，进而得到所求解在离散点上的近似值。

2. MODFLOW 软件

MODFLOW（modular three - dimensional finite — difference ground - water flow model）是由美国地质调查局于 20 世纪 80 年代开发出的一套专门用于孔隙介质中地下水三维有限差分法的模拟软件，自问世以来，由于其程序结构的模块化、离散方法的简单化和求解方法的多样化等优点，已被广泛地用于模拟井流、河流、排泄、蒸发和补给对非均质和复杂边界条件的水流系统。其主要特点如下：

（1）采用 FORTRAN 语言编程，可下载源程序，使用者可根据需要对程序加以改编。

（2）模块化结构，使程序易于理解和修改，便于二次开发和增加新的模块和子程序包，易于对其功能进行扩展。

（3）采用矩形不等距网格离散，便于用户对模拟区剖分和准备输入数据，输出的计算结果也比较规范化。在时间离散上，引入抽水期的概念，便于在模拟期内对时间段的划分和时间步长的设定。

（4）MODFLOW 除了模拟地下水在孔隙介质中流动外，也可以用来解决许多与地下水在裂隙介质中的流动相关的问题，经过合理的线性化处理后还可以用来解决空气在土壤中运动问题。将 MODFLOW 与其他溶质运移模拟的程序相结合，可模拟如海水入侵等以地下水密度为变量的问题。

3. Visual MODFLOW

Visual MODFLOW是目前国际上最新流行且被认可的三维地下水流和溶质运移模拟评价的标准可视化专业软件系统，该系统是由加拿大Waterloo水文地质公司在原MODFLOW软件的基础上，综合已有的MODFLOW、MODPATH、MT3D、RT3D和WinPEST等地下水模型而开发的可视化地下水模拟软件，可进行三维水流模拟、溶质运移模拟和反应运移模拟。Visual MODFLOW适用于孔隙介质三维地下水模拟，简单易学，价格相对便宜，是目前国内最流行的地下水流和溶质运移模拟软件之一。

VMOD软件包由MODFLOW（水流评价）、MODPATH（平面和剖面流线示踪分析）和MT3D（溶质运移评价）三大部分组成，并且具有强大的图形可视界面功能。设计新颖的菜单结构允许用户非常容易地在计算机上直接圈定模型区域和计算单元的剖分，并可在计算机上方便地为各单元和边界条件赋值，做到真正的人机对话。Visual MODFLOW软件系统的最大特点是将数值模拟评价过程中的各个步骤有机地结合起来，从开始建模、输入和修改各类水文地质参数与几何参数、运行模型、反演校正参数，一直到显示输出结果，使整个过程从头到尾系统化、规范化。

Visual MODFLOW的界面为英语，软件的主要优点如下：

（1）面向用户的完全可视化菜单设计，符合一般操作习惯，容易上手；菜单功能区简单划分为输入、运行和输出三大部分，便于审查机关用软件的DEMO版进行审查。

（2）软件可非常容易地在计算上确定模型区域和完全自动剖分，可在原有剖分基础上任意扩大部分范围或加密网格而不破坏原有的输入数据。

（3）在运行模块中能自动进行给定范围值内的含水层参数优化和垂向量调整，并可自动进行观测孔计算水位与观测水位的误差统计，大大减轻了计算人员的工作负担。

（4）在预报过程中，系统自动计算由于开采量变化产生的激发补给量，可动态地反映地下水的补排关系及储存量的变化情况。

（5）对任意划定范围，能进行分区水量均衡计算，解决了水资源评价与规划中水资源量分区计算难题。

Visual MODFLOW支持.txt、.dat、Excel、Mapinfo及.dxf等格式的数据文件，采用的可视化数据处理手段能够克服以往国内各种数值计算产生的许多弊端，确保数据的安全性、通用性和标准化。

输出模块可自动地阅读每次模拟结果，可输出等值线图、流速矢量图、水流路径图、区段水均衡和打印，并可借助Visual Groundwater软件进行三维显示和输出，如三维等值面和三维路径。

3.2.5.3 有限单元法及FEFLOW软件

1. 有限单元法概述

有限单元法（Finite Element Method）是采用“分片逼近”的手段来求解偏微分方程的一种数值方法，其基本求解思想是把计算域划分为有限个互不重叠的单元，在每个单元内，选择一些合适的节点作为求解函数的插值点，将微分方程中的变量改写成由各变量或其导数的节点值与所选用的插值函数组成的线性表达式，借助于变分原理或加权余量法，将微分方程离散求解。

有限单元法的基本思想诞生于1943年。20世纪50年代，有限单元法从结构分析的基础上发展起来，60年代在工程计算领域得到了相当的推广。20世纪60年代中期，有限单元法被用来求解地下水运动问题，而最早将该方法引入我国地下水研究的时间是60年代末，其中，肖树铁、孙纳正、谢春红、陈崇希、薛禹群等人在这方面起到了重要的作用。20世纪70年代，以南京大学、武汉水利电力学院、山东大学和中国地质科学院为首的教学研究单位，在推广和应用有限单元法求解地下水问题上发挥了重要的作用，形成了目前广泛使用这种方法开展地下水流模拟的局面，也确立了有限单元法在地下水资源评价中不可动摇的地位。应该说，用有限单元法建立地下水数值模型是现阶段研究地下水运动规律、地下水资源评价、地下水管理、地下水溶质运移、包气带中地下水的运动和地面变形等方面的基础工作。

2. FEFLOW软件

20世纪70年代末，德国WASY水资源规划和系统研究所开发了基于有限单元法的FEFLOW（finite element subsurface flow system）软件，它是迄今为止功能最为齐全的地下水模拟软件包之一。采用有限单元法进行复杂二维和三维地下水流、溶质和热运移模拟。溶质运移中考虑带有非线性吸附作用、衰变、对流、弥散的化学物质运移；热运移考虑储存、对流、热散失、热运移的流体和固体热量运移；并可对污染物和温度场同时进行模拟。对于多含水层的混合井流分析，FEFLOW有多种理论模式进行选择。运用达西、泊松以及manning－strickler理论的离散单元分析。

FEFLOW与GIS接口好，剖分灵活，可进行复杂的（各向异性）地下水流、溶质和热运移模拟。专业性强，价格偏贵。FEFLOW经过了大量的测试和检验，成功地解决了一系列与地下水有关的实质性问题，如判断污染物迁移途径，追溯污染物的来源、地热的模拟、海水入侵预测等。FEFLOW的应用领域主要如下：

（1）模拟地下水区域流场及地下水资源规划和管理方案。

（2）模拟矿区露天开采或地下开采对区域地下水的影响及其最优对策方案。

（3）模拟由于近海岸地下水开采或矿区抽排地下水引起的海水或深部盐水入侵问题。

（4）模拟非饱和带以及饱和带地下水流及温度分布问题。

（5）模拟污染物在地下水中的迁移过程及其时间空间分布规律（分析和评价工业污染物及城市废物堆放对地下水资源及生态和环境的影响，研究最优治理方案和对策）。

（6）结合降水-径流模型联合动态模拟“降雨—地表水—地下水”水资源系统，分析水资源系统各组成部分之间的相互依赖关系，研究水资源合理利用以及生态化环境保护的影响方案等。

3.2.5.4 GMS软件

GMS（groundwater modeling system）是由美国Brigham Young University环境模型研究实验室和美国军队排水工程试验工作站在综合MODFLOW、FEMWATER、MT3DMS、RT3D、SEAM3D、MODPATH、SEEP2D、NUFT、UTCHEM等已有地下水模拟软件的基础上开发的用于地下水模拟的综合性图形界面软件，可进行水流、溶质运移、反应运移模拟；建立三维地层实体，进行钻孔数据管理、二维（三维）地质统计，与ARCGIS有良好的接口。使用界面友好，前、后处理功能及三维可视化效果优良，目前已成为国际上最受欢迎的地下水模拟软件。GMS 软件几乎可以用来模拟与地下水相关的所有水流和溶质运移问题。相比其他同类软件（如 MODFLOW 和 Visual MODFLOW），GMS 软件具有较强的优势。它模块多，功能全，适用范围广，且可以采用概念化方式建立水文地质概念模型，使该过程更直观，操作更方便。

适用于孔隙介质三维地下水模拟，与 GIS 接口好，是目前国内最常用的地下水流和溶质运移模拟软件；但软件较复杂，价格偏贵。

3.2.5.5　TOUGH2 软件

TOUGH2（Transport of Unsaturated Groundwater and Heat）软件是一个基于 FORTRAN77 开发的模拟一维、二维和三维、饱和及非饱和多孔介质和裂隙介质中，多相流、多组分及非等温的水流及热量运移的数值模拟程序，适于在任何平台上运行。主要用于地热工程、核废料处理、环境评价与治理等方面。根据 TOUGH2 的结构组成，可将其主要特点概括如下：

（1）程序结构的模块化。TOUGH2 的总体计算程序是由各个子程序完成的，而对于每个子程序中又包含若干个不同的子程序模块以实现不同的功能。首先，这种模块化结构便于用户准备输入文件。用户可以根据实际概化的模型选择调用不同的 EOS 子程序模块，进而又可依照不同模块的需要来准备相关的输入文件。其次，程序的模块化设计也便于软件的升级，即新增模块的添加和陈旧模块的删减。在 TOUGH2 的升级过程中，只要对升级模块及其调用程序语句进行相应的增删修改，而对其他源代码都不需要修改。在 TOUGH2 的输出结果中，用户即可详细地查看各个子程序的开发版本信息等。

（2）程序代码的公开化。TOUGH2 完全公开了程序源代码，而且对软件编制了详细的说明手册。一方面，源代码的公开有利于软件的推广应用，用户能够直接编译现成的源代码；另一方面，用户还可以利用 TOUGH2 的模块化特点，根据自己的需要，与其他扩充功能模块结合，应用于很多目前 TOUGH2 所不能模拟的过程或现象。

（3）离散方法的通用性。TOUGH2 采用积分有限差分法（Integral Finite Difference Method，IFDM）将模拟区域离散成任意形状的多面体。在计算过程中，只需要单元的体积与面积，以及单元中心到各个面的垂直距离。这样使得该方法在处理任意形状的单元时不必考虑总体坐标系统，同时也不受单元块邻近单元数限制。

3.2.5.6　其他软件

SWIFT 软件是一款用于三维地下水流、溶质运移和热运移模拟的软件，可采用笛卡儿坐标和极坐标，适于孔隙介质、裂隙介质和双重介质地下水模拟。

GeoStudio 是一套与地下水有关的综合性岩土环境工程分析软件，可进行边坡稳定分析、岩土应力变形分析、地下渗流、溶质和热运移模拟，地下水—空气相互作用模拟以及非饱和带水分运移模拟。

HYDRUS－2D/3D 软件是二维、三维饱和与非饱和带水分、溶质和能量运移模型，可进行剖面二维模拟，用户界面优化，输出的可视化表达较好。特别适合有植被条件下的土壤水—地下水流和溶质运移模拟。

HST3D 是基于有限差分法的三维热及溶液运移模型。可以模拟三维空间地下水流及有关的热、溶液运移，进行地质废物处置、填埋物浸出、盐水入侵、淡水回灌与开采、放射性废物处理、水中地热系统和能量储藏的问题的分析，是目前国内常用于浅层地下水系统热运移模拟的软件。地下水常见数值模拟软件一览见表3.28。

表3.28　　地下水常见数值模拟软件一览表

名　称	主　要　功　能	特点与应用范围
MODFLOW	专门用于孔隙介质中地下水三维有限差分法的模拟软件，程序结构的模块化、离散方法的简单化和求解方法的多样化，可用于模拟井流、河流、排泄、蒸发和补给对非均质和复杂边界条件的水流系统	适用于模拟地下水在孔隙、裂隙介质中的流动，并且可与其他溶质运移模拟的程序相结合来进行模拟。简单易学，是目前国内最流行的地下水流和溶质运移模拟软件之一
Visual MODFLOW	综合已有的MODFLOW、MODPATH、MT3D、RT3D和WinPEST等地下水模型而开发的可视化地下水模拟软件，可进行三维水流模拟、溶质运移模拟和反应运移模拟。合理的菜单结构、有好的界面和功能强大的可视化特征和极好的软件支撑使之成为许多地下水模拟专业人员选择的对象	适用于孔隙介质三维地下水模拟，可单独或共同执行水流模型、流线示踪模型和溶质运移模型。简单易学，价格相对便宜，是目前国内最流行的地下水流和溶质运移模拟软件之一
FEFLOW	采用有限单元法进行复杂二维和三维地下水流、溶质和热运移模拟。溶质运移中考虑带有非线性吸附作用、衰变、对流、弥散的化学物质运移；热运移考虑储存、对流、热散失、热运移的流体和固体热量运移；并可对污染物和温度场同时进行模拟。对于多含水层的混合井流分析，FEFLOW有多种理论模式进行选择。运用达西、泊松以及manning－strickler理论的离散单元分析	与GIS接口好，剖分灵活，可进行复杂的（各向异性）地下水流、溶质和热运移模拟，判断污染物迁移途径、追溯污染物的来源、地热的模拟、海水入侵预测等。专业性强，价格偏贵。它是目前国内常用的地下水模拟软件之一
GMS	综合MODFLOW、FEMWATER、MT3DMS、RT3D、SEAM3D、MODPATH、SEEP2D、NUFT、UTCHEM等已有地下水模拟软件的基础上开发的用于地下水模拟的综合性图形界面软件，可进行水流、溶质运移、反应运移模拟；建立三维地层实体，进行钻孔数据管理、二维（三维）地质统计，与ARCGIS有良好的接口。使用界面友好，前、后处理功能及三维可视化效果优良，目前已成为国际上最受欢迎的地下水模拟软件之一	适用于孔隙介质三位地下水模拟，与GIS接口好，是目前国内最常用的地下水流和溶质运移模拟软件；但软件较复杂，价格偏贵
TOUGH2	通用的中渗流、多组分溶质运移和热运移数值模拟程序，适用二维和三维、饱和及非饱和多孔介质和裂隙介质问题，主要用于地热工程、核废料处理、环境评价与治理等方面	基于FORTRAN77开发的，适于在任何平台上运行，目前国内多用于地下热水运移模拟
SWIFT	三维地下水流、溶质运移和热运移模拟的软件，可采用笛卡尔坐标和极坐标，适于孔隙介质、裂隙介质和双重介质地下水模拟	裂隙介质和双重介质的地下水模拟
GeoStudio	一套与地下水有关的综合性岩土环境工程分析软件，可进行边坡稳定分析、岩土应力变形分析、地下渗流、溶质和热运移模拟，地下水一空气相互作用模拟以及非饱和带水分运移模拟	很全面的岩土工程分析软件，在地下水方面国内主要用非饱和带水分和溶质运移模型、坝体渗流计算方面较多

续表

名　称	主　要　功　能	特点与应用范围
HYDRUS-2D/3D	二维、三维饱和与非饱和带水分、溶质和能量运移模型，可进行剖面二维模拟，用户界面优化，输出的可视化表达较好	特别适合有植被条件下的土壤水—地下水流和溶质运移模拟
HST3D	基于有限差分法的三维热及溶液运移模型。可以模拟三维空间地下水流及有关的热、溶液运移，进行地质废物处置、填埋物浸出、盐水入侵、淡水回灌与开采、放射性废物处理、水中地热系统和能量储藏的问题的分析	目前国内常用于浅层地下水系统热运移模拟

3.2.6　3S建模及空间信息技术

3.2.6.1　概述

水电建设活动以实际的地质载体为依托，因此地质环境条件与之息息相关，工程活动对周边地质环境也有较大的影响，因此诱发众多水文地质问题。用传统的方法要解决这些水文地质问题远远满足不了工程的需要，而这些年越来越多的工程中运用了三维地质建模软件来解决实际的水文地质问题。近年来，随着计算机软件图像学和可视化技术的持续发展，三维地质空间建模和可视化相关软件的研究成为地球科学的热点。运用三维地质空间建模的软件建立的三维地质空间模型不仅可以对三维地质空间模型进行任意旋转、逐个层位展示、三维空间地质信息查询等，还可以将模型中地下水所赋存的环境特征、运动规律，以及地下水动态特征形象直观地展示出来。同时，还可以根据该软件强大的空间分析能力，再结合专业水文地质人员的实践经验，可以对模型区钻孔较少或者说是没有钻孔的区域进行空间分析，从而获得该区的水文地质信息，补充了这些区域的信息缺失的不足（张希雨，2009）。

3.2.6.2　国内外三维GIS软件

我国GIS经过三十多年的发展，理论和技术日趋成熟，在传统二维GIS已不能满足应用需求的情况下，三维GIS应运而生，并成为GIS的重要发展方向之一。

20世纪80年代末以来，空间信息三维可视化技术成为业界研究的热点并以惊人的速度迅速发展起来。首先是美国推出Google Earth、Skyline、World Wind、Virtual Earth、ArcGIS Explorer等，我国也紧随推出了EV-Globe 、GeoGlobe、VRMap、IMAGIS等软件与国外软件竞争本土市场。三维GIS得到了各行业用户的认同，在城市规划、综合应急、军事仿真、虚拟旅游、智能交通、海洋资源管理、石油设施管理、无线通信基站选址、环保监测和地下管线等领域备受青睐。

3.2.6.3　三维GIS在空间分析方面的独特应用

三维空间分析除了包括二维GIS的分析功能外，还应包括针对三维空间对象的特殊分析功能。具体可分为以下几类：

（1）空间查询，包括几何参数查询（空间位置、属性）、空间定位查询（点定位、面定位）、空间关系查询（邻接、包含、相离、相交、覆盖等）等。

（2）空间量测，包括距离、质心、面积、表面积、体积等；叠置分析；缓冲区分析，包括点缓冲、线缓冲、面缓冲、体缓冲等。

（3）网络分析，包括最短路径、资源分配、连通分析等；地形分析，包括趋势面分析、坡度坡向分析、晕渲分析等。

（4）剖面分析，它是实现通视分析、日照分析阴影计算等的基础；空间统计分析，包括统计图表分析、密度分析、层次分析、聚类分析等。

根据空间分析所处理的对象进行划分，空间分析方法主要有基于图形的方法与基于数据的方法两类。

基于图形的空间分析方法如常规的缓冲区分析、叠置分析、网络分析、复合分析、邻近分析与空间联结等能直接从 2D 扩展至 2.5D 乃至 3D。由于三维数据本身可以降维到二维，因此三维 GIS 自然能包容二维 GIS 的空间分析功能。

三维 GIS 最有特色的也许是其基于三维数据的复杂分析能力，如计算空间距离、表面积、体积、通视性与可视域等。结合物理化学模型提供一些更具增值价值的真三维空间分析功能，如水文分析、可视性分析、日照分析与视觉景观分析等已成为三维 GIS 分析研究的重要内容之一，并正积极朝结合属性数据和其他专题数据开发知识发现的新方法、“面向解决与空间有关的问题”提供定量与定性结合的空间决策支持方向发展。

3.2.6.4 三维空间数据获取方法类型和技术

三维 GIS 技术最重要的进展之一就是三维数据获取技术的进步，特别是航空与近景摄影测量、机载与地面激光扫描、地面移动测量与 GPS 等传感器的精度与速度都有了明显的提高（Batty，et al.，2000；Stoter and Zlatanova，2003）。

大量的研究致力于地物（尤其是人工地物）的三维自动重建，而依据分辨率、精度、时间和成本等的不同，已经有许多不同的技术方法可供选择。如 Tao（2004）将三维建筑物模型的重建方法分为以下三类。

（1）基于地图的方法，利用已有 GIS、地图和 CAD 提供的二维平面数据以及其他高度辅助数据经济快速建立盒状模型。

（2）基于图像的方法，利用近景、航空与遥感图像建立包括顶部细节在内的逼真表面模型，该方法相对比较费时和昂贵，自动化程度还不高。

（3）基于点群的方法，利用激光扫描和地面移动测量快速获得的大量三维点群数据建立几何表面模型。

三维重建的数据源还可以分为远距离获取的数据（卫星影像、航空影像、空载激光扫描等）、近距离获取的数据（近景摄影、近距激光扫描、人工测量）和 GIS/CAD 导出数据三种（Brenner and Haala，2001；Shiode，2001）。不同的数据源对应着不同的三维模型细节和应用范畴。比如，基于遥感影像和机载激光扫描的方法适用于大范围三维模型数据获取、车载数字摄影测量方法适用于走廊地带建模、地面摄影测量方法和近距离激光扫描方法则适用于复杂地物精细建模等。其中，基于影像和机载激光扫描系统的三维模型获取方法能够适用于在大范围地区快速获取地面与建筑物的几何模型和纹理细节，虽然现有技术在很大程度上还依赖人工辅助，但这无疑是最有潜力的三维模型数据自动获取技术之一。基于已有二维 GIS 数据的简单建模方法具有成本低、自动化程度高的优点，在某些需要快速建立三维模型的领域也有着广泛的应用，这也是现有大多数二维 GIS 提供三维能力的最主要方式。基于CAD的人机交互式建模方法将继续被用于一些复杂人工目标的全三维逼真重建。另外，基于图像的建模和绘制（Image Based Modeling & Rendering，IBMR）作为一种新的视觉建模方法，在不需要复杂几何模型的前提下也能够获得具有高度真实感的场景表达，能够较好的解决三维建模过程中模型复杂度与绘制的真实感和实时性三者之间的矛盾，大大简化了复杂的数据处理工作。因此也被越来越多地用于各种虚拟环境的建立，特别是基于图形和图像的两种建模技术被综合用于高度真实感的三维景观模型的创建。

随着三维GIS的深入发展和广泛应用，人们越来越关注三维模型数据的准确性、逼真性和有用性。在追求三维模型逼真和准确的同时，也带来了数据生产的高投入。与二维空间数据相比，三维空间数据不是简单的一一对应或者扩展，三维空间数据库的建设至今仍然是一项复杂而昂贵的综合性工程。大型三维GIS系统建设的生产效率、质量控制、数据安全和有效存储与管理等问题日益突出，并直接关系到系统建设与应用的成败。决定空间数据具体生产方案的三个要素分别是精度、成本和效率，最终系统的有用性和提供的空间分析能力又取决于模型的逼真程度以及所选择的数据源和建模方法。因此，三维GIS缺乏有关数据内容、细节程度、定位精度和生产工艺等的技术标准已经成为制约其推广应用的关键问题之一。

3.3　工程水文地质试验及资料整理

3.3.1　概述

以计算水文地质参数为主要目的的工程水文地质现场试验多是在钻孔中进行，主要有抽水试验、压水试验、注水试验和振荡式渗透试验几类。计算含水层参数的地下水井流模型主要有以下几种。

3.3.1.1　裘布依（Dupuit）模型

（1）地下水向潜水完整井流动公式为

$$Q=\pi K\frac{(ZH-S)S}{\ln\frac{R}{r_0}} \tag{3.13}$$

式中：H为抽水前的含水层厚度，m；S为抽水降深，m；R为影响半径，m；r_0为井的半径，m。

（2）地下水向承压完整井流动公式为

$$Q=\frac{\pi KMS}{\ln\frac{R}{r_0}} \tag{3.14}$$

式中：M为承压含水层厚度，m。

（3）地下水向承压—无压完整井的流动公式为

$$Q=\frac{1.37K(2HM-M^2-h_0^2)}{\ln\frac{R}{r_0}} \tag{3.15}$$

式中：h_0 为抽水稳定后抽水井中的水位，称动水位，m。

3.3.1.2 泰斯（Theis）模型

承压水单井非稳定流的数学模型。

$$S=\frac{Q}{4\pi T}\omega(u) \tag{3.16}$$

$$u=\frac{r}{4Tt}=\frac{r^2}{4at} \tag{3.17}$$

式中：$\omega(u)$为泰斯井函数；r 为观测点离水井的距离；t 为抽水开始后的时间；T 为导水系数；a 为压力传导系数，等于 T/S_u；S_u 为含水层的储水系数。

3.3.1.3 博尔顿（Boulton）模型

潜水单井非稳定流数学模型为

$$S=\frac{Q}{4\pi T}\omega\left(u_a,y,\frac{r}{D}\right) \tag{3.18}$$

$$u_a=\frac{r^2 S_u}{4Tt}\text{（适用于试验初期，}t\text{ 值小的时段）}$$

$$u_y=\frac{r^2 u}{4Tt}\text{（适用于试验中后期，}t\text{ 值较大的时段）}$$

式中：$\omega\left(u_a,y,\frac{r}{D}\right)$为潜水含水层的井函数。

3.3.1.4 纽曼（Neuman）模型

考虑迟后重力排水的 Boulton 潜水完整井非稳定流公式为

$$\left.\begin{aligned}&\text{抽水早期：}s=\frac{Q}{4\pi T}W\left(u_a,\frac{r}{D}\right)\\&\text{抽水中期：}s=\frac{Q}{2\pi T}K_0\left(\frac{r}{D}\right)\\&\text{抽水晚期：}s=\frac{Q}{4\pi T}W\left(u_y,\frac{r}{D}\right)\end{aligned}\right\} \tag{3.19}$$

$$u_a=\frac{r^2\mu^*}{4Tt} \tag{3.20}$$

$$u_y=\frac{r^2\mu}{4Tt} \tag{3.21}$$

式中：$W\left(u_a,\frac{r}{D}\right)$为无压含水层中完整井流 A 组井函数；$W\left(u_y,\frac{r}{D}\right)$为无压含水层中完整井流 B 组井函数；$D=\sqrt{\frac{T}{\alpha\mu}}$为疏干因素；$\mu^*$ 为贮水系数；μ 为给水度；$\frac{1}{\alpha}$为延迟指数；$K_0\left(\frac{r}{D}\right)$为虚宗量第二类 Bessel 函数。

3.3.2 钻孔抽水试验

3.3.2.1 概述

抽水试验是通过抽水设备，在揭露含水层的钻孔、竖井、民井、试坑中抽水，可以获得一定的水位降低值（降深）和相应的流量，依据降深和流量，按不同的边界条件采用相应的计算公式，计算含水层的渗透系数；确定抽水井（孔）的特性曲线和实际涌水量，评价含水层富水性，判断和计算井（孔）最大涌水量和单位涌水量；确定影响半径、合理井距、降落漏斗的形态及其扩展情况；了解地下水、地表水（或岩溶地区地下水系）及不同含水层（组）之间的水力联系。

按水孔和观测孔数量抽水试验可分为单孔抽水试验、多孔抽水、群孔互阻抽水；按钻孔揭露含水层情况可分为稳定流抽水试验和非稳定流抽水试验方法；按钻孔揭露含水层情况可分为完整井和非完整井。

3.3.2.2　抽水试验现场工作

1. 钻探

抽水孔和观测孔的孔位，应由地质、钻探、测量人员按钻孔抽水试验设计书要求共同在现场确定。钻探完成后应测量各孔（管）口的坐标、高程。孔内所有测深、过滤器等的安装，均应从统一固定基点算起；多孔抽水试验的钻探施工顺序，应先钻造抽水孔，后钻造观测孔；抽水孔试验孔段的孔径，应根据含水层的性质、渗透性和过滤器的类型确定。在松散含水层中，孔径不宜小于168mm，在基岩含水层中，孔径不宜小于130mm。观测孔的孔径不宜小于59mm；抽水孔和观测孔的钻进方法，松散含水层钻孔应采用跟管钻进，基岩含水层钻孔应采用清水钻进。抽水试验孔段严禁使用泥浆循环钻进或植物胶护壁钻进；抽水孔和观测孔钻进时，应保持孔壁铅直，取好岩芯；抽水孔和观测孔钻进过程中，对每一含水层均应同步测定其稳定水位和水温，观测时间每间隔30min测量一次。连续观测四次的水位变化幅度不大于1cm，且无持续上升或下降趋势时，才可认定为稳定，水温测定变化幅度不大于0.5℃时，方可停止观测。

2. 设备安装

抽水孔和观测孔安装过滤器前，应采用清水或其他有效方法，将孔内泥质物清除干净；过滤器的安装应按照钻孔抽水试验设计书的要求进行，下放过程中不得损坏过滤器。安装时应详细记录过滤器各部分的规格、长度和实际深度，并及时绘制安装结构图；抽水孔的测压管应固定在过滤器的外壁上，并与过滤器一同下入孔内设计深度；过滤器与孔壁之间应分批投入清洗干净的砾料，砾料粒径应略大于网眼直径；填砾过滤器的砾石应清洗干净，分批填入，每次填入高度不宜大于0.8m，套管靴内保留的高度不宜小于0.2m，填充的最终高度应高出过滤器工作部分的顶端0.5m；水泵抽水时，吸水龙头在各次降深中应放在同一深度。吸水龙头在承压含水层中，宜放在含水层顶板处；在潜水含水层中，宜放在最大降深动水位以下0.5～1m处；量水堰应放置在稳固的基础上，保持水平。试验前，应准确测定堰前水尺起始读数；潜水含水层抽水时，应将抽水孔抽出的水排至无渗漏影响范围之外；起拔套管时，应防止带起过滤器和测压管。套管管靴起拔高度应与过滤器顶端等齐或略高。

3. 洗孔、试验抽水和观测静止水位

正式抽水试验前，抽水孔和观测孔均应进行反复清洗，达到水清砂净无沉淀。洗孔的方法可选用活塞、空气压缩机、液态 CO_2 或焦磷酸钠；正式抽水试验前应进行试验抽水，试验抽水可与洗孔结合进行。在松散含水层中的试验抽水降深宜逐渐增大，达到最大降深后的延续时间不应少于2h；应通过试验抽水全面检查动力、水泵、过滤器、侧压管等试验设备的运转情况和工作效果，并实测可能达到的最大降深，发现问题应及时解决；试验抽水过程中，应同步观测、记录抽水孔的涌水量和抽水孔及观测孔的动水位；试验抽水和正式抽水前，应同步观测抽水孔和观测孔的静止水位和校核静止水位。静止水位每 30min 观测一次，2h 内变幅不大于 1cm，且无连续上升或下降趋势时，即可认定为稳定；校核静止水位时，在抽水影响范围或以外与抽水孔抽水可能有水力联系的坑孔和地表水体，应设置天然水位观测点，定时观测。当天然水位变化幅度较大，静止水位校正有困难时，可暂停试验工作；试验抽水后应测量抽水孔孔深。发现孔内沉淀太多时，应分析原因并予以清除。

3.3.2.3 抽水试验资料整理及参数计算

1. 资料整理

在抽水试验进行过程中，需要及时对抽水试验的基本观测数据——抽水流量（Q）、水位降深（S）及抽水延续时间（t）进行现场检查与整理，并绘制出各种规定的关系曲线。现场资料整理的主要目的如下：

（1）及时掌握抽水试验是否按要求正常地进行，水位和流量的观测成果是否有异常或错误，并分析异常或错误现象出现的原因。需要及时纠正错误，采取补救措施，包括及时返工及延续抽水时间等，以保证抽水试验顺利进行。

（2）通过所绘制的各种水位、流量与时间关系曲线及其与典型关系曲线的对比，判断实际抽水曲线是否达到水文地质参数计算的要求，并决定抽水试验是否需要缩短、延长或终止，并为水文地质参数计算提供基本的可靠的原始资料。

2. 参数计算

根据抽水试验资料，利用稳定流理论求渗透系数的主要计算公式及其适用条件见表 3.29～表 3.32。

表 3.29　完整井单孔抽水

计算公式	适用条件	公式提出者
$K=\frac{0.366Q}{MS}\lg\frac{R}{r}$	承压水	裘布衣
$K=\frac{0.732Q}{(2H-S)S}\lg\frac{R}{r}$	潜水	裘布衣
$K=\frac{0.732Q}{(2H-S)S}\lg\frac{2b}{r}$	1. 潜水 2. 靠近河流 3. $b<2\sim3H$	弗尔格伊米尔

表 3.30　完整井多孔抽水

计 算 公 式	适 用 条 件	公 式 提 出 者
$K=\frac{0.366Q}{(S_1-S_2)M}\lg\frac{r_2}{r_1}$	承压水	裘布衣
$K=\frac{0.732Q}{(2H-S_1-S_2)(S_1-S_2)}\lg\frac{r_2}{r_1}$	潜水	裘布衣

续表

计算公式	适用条件	公式提出者
$K=\frac{0.732Q}{(2H-S_1)S_1}\lg\sqrt{\frac{4b+r_1^2}{r_1^2}}$	1. 潜水 2. 靠近河流 3. 观测线平行岸边 4. 一个观测孔	裘布衣 弗尔格伊米尔
$K=\frac{0.732Q}{(2H-S_1-S_2)(S_1-S_2)}\times\left(\frac{1}{2}\lg\frac{4b^2+r_1^2}{4b^2+r_2^2}+\lg\frac{r_2}{r_1}\right)$	1. 潜水 2. 靠近河流 3. 观测线平行岸边 4. 两个观测孔	裘布衣 弗尔格伊米尔
$K=\frac{0.732Q}{(2H-S_1)S_1}\lg\frac{2b-r_1}{r_1}$	1. 潜水 2. 靠近河流 3. 观测线垂直于岸边，观测孔位于近河一边 4. 一个观测孔	裘布衣 弗尔格伊米尔
$K=\frac{0.732Q}{(2H-S_1-S_2)(S_1-S_2)}\times\lg\frac{r_2(2b-r_1)}{r_1(2b-r_2)}$	1. 潜水 2. 靠近河流 3. 观测线垂直于岸边，观测孔位于近河一边 4. 两个观测孔	裘布衣 弗尔格伊米尔

表 3.31　非完整井单孔抽水

计算公式	适用条件	公式提出者
$K=\frac{0.366Q}{lS}\lg\frac{al}{r}$ $a=1.6$　吉林斯基 $a=1.32$　巴布什金	1. 承压水、潜水 2. 过滤器紧接水层顶板或底板 3. $l<0.3M$ 或 $l<0.3H$	吉林斯基 巴布什金
$K=\frac{0.366Q}{lS}\lg\frac{0.66l}{r}$	1. 承压水、潜水 2. 过滤器置于含水层中部 3. 应用于河床抽水，c 值不应小于 3m 4. $l<0.3M$ 或 $l<0.3H$	巴布什金
$K=\frac{0.732Q}{S\left(\frac{l+S}{\lg\frac{R}{r}}+\frac{l}{\lg\frac{0.66l}{r}}\right)}$	1. 潜水 2. 非淹没式过滤器 3. $l<0.3H$	巴布什金
$K=\frac{0.732Q}{S\left(\frac{l+S}{\lg\frac{2b}{r}}+\frac{l}{\lg\frac{0.66l}{r}+0.25\frac{l}{m}\lg\frac{b^2}{m^2+0.14}}\right)}$ 式中 m 为由含水层底板到过滤器有效工作部分中点的长度	1. 潜水 2. 非淹没式过滤器 3. 靠近河流 4. 含水层厚度有限 5. $b>2$	巴布什金
$K=\frac{0.732Q}{S\left(\frac{l+S}{\lg\frac{2b}{r}}+\frac{l}{\lg\frac{0.66l}{r}-0.22\text{arsh}\frac{0.44l}{b}}\right)}$ $K=\frac{0.732Q}{S\left(\frac{l+S}{\lg\frac{2b}{r}}+\frac{l}{\lg\frac{0.66l}{r}-0.11\frac{l}{b}}\right)}$	1. 潜水 2. 非淹没式过滤器 3. 靠近河流 4. 含水层厚度很大 5. $b>l$	巴布什金

续表

计算公式	适用条件	公式提出者
$K=\frac{0.16Q}{lS}\left(2.3\lg\frac{0.66l}{r}-\operatorname{arsh}\frac{0.45l}{b}\right)$	1. 潜水 2. 靠近河流 3. 过滤器在含水层中部 4. $l<0.3H$	巴布什金
$K=\frac{0.16Q}{lS}\left(2.3\lg\frac{1.32l}{r}-\operatorname{arsh}\frac{0.9l}{b}\right)$	1. 潜水 2. 靠近河流 3. 过滤器紧接含水层底板 4. $l<0.3H$	巴布什金
$K=\frac{Q}{2\pi SM}\left(\ln\frac{R}{r}+\frac{M-l}{l}\ln\frac{1.12M}{\pi r}\right)$	1. 承压水、潜水。用于潜水时将 M 换成 H 或 $(H+n)/2$ 2. $l>0.2M$	《全国供水水文地质勘察规范》公式 2
$K=\frac{Q}{2\pi SM}\left[\ln\frac{R}{r}+\frac{M-l}{l}\ln\left(1+0.2\frac{M}{l}\right)\right]$	1. 承压水、潜水。用于潜水时将 M 换成 H 2. $l>0.2M$	陈济生
$K=\frac{0.366Q}{(S+l)S}\lg\frac{R}{r}$	1. 潜水 2. 过滤器在含水层中部	斯卡巴拉诺维奇
$K=\frac{0.366Q}{(H+l)S}\lg\frac{R}{r}$	1. 潜水 2. 过滤器在含水层下部	多布诺沃里斯基

表 3.32　非完整井多孔抽水

计算公式	适用条件	公式提出者
$K=\frac{0.16Q}{l''(S_1-S_2)}\left(\operatorname{arsh}\frac{l''}{r_1}-\operatorname{arsh}\frac{l''}{r_2}\right)$ 式中：$l''=l_0-0.5(S_1+S_2)$	1. 潜水 2. 抽水孔为非淹没式过滤器 3. $l<0.3H$ 4. $S<0.3l$ 5. $r_1=0.3r_2$，$r\leqslant0.3H$	吉林斯基
$K=\frac{0.16Q}{l(S_1-S_2)}\left(\operatorname{arsh}\frac{l}{r_1}-\operatorname{arsh}\frac{l}{r_2}\right)$	1. 承压水 2. 过滤器紧接含水层顶板 3. $l<0.3M$ 4. $r_2\leqslant0.3M$，$r_1=0.3r_2$ 5. $t=l$	吉林斯基
$K=\frac{0.16Q}{l(S_1-S_2)}\left[\operatorname{arsh}\frac{l}{r_1}-\operatorname{arsh}\frac{l}{r_2}-\frac{l}{M}\left(\operatorname{arsh}\frac{M}{r_1}-\operatorname{arsh}\frac{M}{r_2}-\ln\frac{r_2}{r_1}\right)\right]$	1. 承压水 2. $l>0.3M$	纳斯别尔格
$K=\frac{0.16Q}{l(S_1-S_2)}\left(\operatorname{arsh}\frac{l}{r_1}-\operatorname{arsh}\frac{l}{r_2}\right)$	1. 潜水 2. 过滤器位于含水层底部 3. $l<0.3H$ 4. $r_2<0.3H$ 5. $t\leqslant0.5l$	巴布什金

续表

计算公式	适用条件	公式提出者
$K=\frac{0.08Q}{l''(S_1-S_2)}\left[\left(\text{arsh}\frac{0.4l''}{r_1}+\text{arsh}\frac{1.6l''}{r_1}\right)-\left(\text{arsh}\frac{0.4l''}{r_2}+\text{arsh}\frac{1.6l''}{r_2}\right)\right]$ $l''=l_0-0.5(S_1+S_2)$	1. 潜水 2. 过滤器位于含水层中部 3. $l<0.3H$ 4. $r_2<0.3H$ 5. $t=l$	吉林斯基
$K=\frac{Q}{2\pi l''(S_1-S_2)}\left[\left(\text{arsh}\frac{l''}{r_1}-\text{arsh}\frac{l''}{r_2}\right)-\frac{l''}{H}\left(\text{arsh}\frac{H}{r_1}-\text{arsh}\frac{H}{r_2}-\ln\frac{r_2}{r_1}\right)\right]$	1. 潜水 2. $l>0.5H$	纳斯别尔格
$K=\frac{0.366Q}{(2S-S_1-S_2+l)(S_1-S_2)}\lg\frac{r_2}{r_1}$	1. 潜水 2. 过滤器位于含水层中部	斯卡巴拉 诺维奇
$K=\frac{0.16Q}{lS_1}\left(\text{arsh}\frac{l}{r_1}-\text{arsh}\frac{i}{2b\pm r_1}\right)$	1. 潜水 2. 过滤器位于含水层中部 3. 靠近河流 4. 观测线垂直岸边且在远河一侧($2b+r_1$)或近河一侧($2b-r_1$) 5. $l<0.3H$	巴布什金
$K=\frac{0.16Q}{lS_1}\left(\text{arsh}\frac{l}{r_1}-\text{arsh}\frac{l}{\sqrt{4b^2+r_1^2}}\right)$	1. 潜水 2. 过滤器位于含水层中部 3. 靠近河流 4. 观测线平行岸边 5. $l<0.3H$	巴布什金

用非稳定流理论计算渗透系数公式表(表3.33)。

表3.33　　非稳定流抽水试验确定渗透系数

计算公式	适用条件	确定参数的工作步骤
$K=\frac{0.183Q}{M(S_2-S_1)}\lg\frac{t_2}{t_1}$ $a=0.445\frac{r_w}{t_1}e^{\frac{4\pi KMS_1}{Q}}$ $\mu^*=\frac{KM}{a}$	承压水,无越流,平面分布为无限含水层中,单孔固定流量抽水,并且($r_w^2/4at$)$\leqslant 0.05$	
$K=\frac{0.183Q}{MC}$ $C=\frac{S_2-S_1}{\lg t_2-\lg t_1}$ $\lg a=2\lg r_1-0.35+\frac{A}{C}$ $\mu^*=\frac{KM}{a}$	承压水,无越流,平面分布为无限含水层中,有一个观测孔,单孔固定流量抽水,并且($r_w^2/4at$)$\leqslant 0.05$	1. 根据抽水开始后不同刻的降深绘出 $S-\lg t$ 图; 2. 在 $S-\lg t$ 图的直线段上任取两点 M、N; 3. 根据点 M、N 的坐标值,求 C 值; 4. 延长 $S-\lg t$ 曲线上之直线段,使之与 S 轴相交,从图上直接量定截距 A 值; 5. 计算 K、μ^*

续表

计算公式	适 用 条 件	确定参数的工作步骤
$K=\frac{0.366Q}{M(S_2-S_1)}\lg\frac{r_2}{r_1}$ $a=\frac{5.46TS_1}{Q}-\lg\frac{2.25t}{r_1^2}$ 或 $a=\frac{5.46TS_2}{Q}-\lg\frac{2.25t}{r_2^2}$ $\mu^*=\frac{KM}{a}$	无越流，平面分布无限承压含水层，有两个观测孔，单孔定流量抽水，观测孔与抽水孔位于同一直线上，并且（$r_w^2/4at$）$\leqslant 0.05$	
$K=\frac{Q}{4\pi M[S]}[W(u)]$ $\mu^*=\frac{4T[t]}{r_1^2\left[\frac{1}{u}\right]}$	无越流，承压完整孔，有一个观测孔，单孔定流量抽水（时间—降深配线法）	1. 选取同标准曲线 $W(u)-1/u$ 模数相同的双对数坐标纸，绘出一个观测孔 $s-t$ 关系曲线； 2. 保持两图坐标轴平行：S 平行 $W(u)$，t 平行 $1/u$ 情况下，移动 $s-t$ 曲线，直到野外测试点与图中标准曲线全部或大部分重合为止； 3. 在重合曲线上任取一点，读出相应的坐标值，$[S]$,$[t]$,$[W(u)]$,$[1/u]$； 4. 将重合点坐标代入公式计算出 K、μ^*
$K=\frac{Q}{4\pi M[S]}[W(u)]$ $\mu^*=\frac{4Tt[u]}{[r_1^2]}$	无越流，承压完整孔，有若干个观测孔，单孔定流量抽水（距离-降深配线法）	1. 将各观测孔在同一时间观测到的降深及其各孔至抽水孔距离的平方画在双对数纸上（比例尺与标准曲线相同）； 2. 将抽水试验的 r^2-S 双对数曲线重叠在标准曲线 $W(u)-u$ 图上，保持两图坐标轴平行，使测试点与标准曲线完全重合； 3. 在重合曲线上任取一点，读出相应的坐标值，$[r^2]$，$[W(u)]$，$[u]$； 4. 将重合点坐标代入公式计算出 K，μ^*
$K=\frac{Q}{4\pi M[S]}[W(u)]$ $\mu^*=\frac{4T}{\left[\frac{1}{u}\right]}\left[\frac{t}{r_1^2}\right]$	无越流，承压完整孔，单孔定流量抽水，有若干个观测孔（时间距离—降深配线法）	1. 将各观测孔在不同时间不同观测孔观测到的降深及其对应的 t/r^2 值画在双对数纸上（比例尺与标准曲线相同）； 2. 将抽水试验的（t/r^2）$-S$ 双对数曲线重叠在标准曲线 $W(u)-(1/u)$ 图上，保持两图坐标轴平行，使测试点与标准曲线完全重合； 3. 在重合曲线上任取一点，读出相应的坐标值，$[S]$，$[t/r^2]$，$[W(u)]$，$[1/u]$ 4. 将重合点坐标代入公式计算 K，μ^*
$T=\frac{0.183Q}{i}$ $\mu^*=\frac{2.25Tt_0}{r_1^2}$	无越流，承压完整孔，定流量抽水，有一个观测孔并且（$r_w^2/4at$）$\leqslant 0.05$（时间—降深直线图解法）	1. 根据观测孔在抽水开始后不同时间观测到的水位降深资料绘制 $s-\lg t$ 直线； 2. 求直线的斜率 i 和直线在 $S=0$ 轴上的截距 t_0； 3. 计算 T、μ^*

续表

计算公式	适　用　条　件	确定参数的工作步骤
$T=\frac{0.366Q}{i}$ $\mu^{*}=\frac{2.25Tt}{r_0^2}$	无越流，承压完整孔，定流量抽水，有三个或更多观测孔，并且（$r_w^2/4at$）≤0.05时（距离—降深直线图解法）	1. 作任意一时间各观测孔的降深及相对各孔至抽水孔之距离的半对数直线 s-lg$r$； 2. 求出直线 s-lg$r$ 的斜率和 i 直线在 $S=0$ 轴上的截距 r_0； 3. 计算 T、μ^{*}
$B=0.89r_0$ $T=\frac{0.366Q(\lg r_2-\lg r_1)}{S_1-S_2}$	有越流，无限含水层，承压完整孔定流量抽水，有两个观测孔，抽水时间很长，达到稳定状态，并且（r/B）≤0.05	1. 根据观测孔最大水位降深资料绘出 s-lg$r$ 直线； 2. 延长直线交于横轴得到截距 r_0； 3. 求出越流因素 B，导水系数 T

3.3.3　钻孔压水试验

3.3.3.1　概述

压水试验是用高压方式把水压入钻孔，根据岩体吸水量计算了解岩体裂隙发育情况和透水性的一种原位试验。压水试验是用专门的止水设备把一定长度的钻孔试验段隔离出来，然后用固定的水头向这一段钻孔压水，水通过孔壁周围的裂隙向岩体内渗透，最终渗透的水量会趋于一个稳定值。根据压水水头、试段长度和稳定渗入水量，可以判定岩体透水性的强弱。

钻孔压水试验可分为常规压水试验、高压压水试验、交叉孔压水试验、三段压水试验。

3.3.3.2　压水试验现场工作

1. 常规压水试验

（1）常规压水试验多采用自上而下的多阶段压水法，即每钻进一段，便用气压式或水压式栓塞隔离进行试验。

（2）试验段长度一般规定为5m，对于岩体完整、孔壁稳定的孔段，可在连续钻进一定深度（不宜超过40m）后，用双栓塞分段进行压水试验。孔底残留岩芯不超过20cm者，可计入试段长度之内，同一试段不应跨越透水性相差悬殊的两种岩层。倾斜钻孔的试段长度，按实际倾斜长度计算。

（3）压水试验的钻孔孔径一般采用59～150mm之间。钻孔压水试验宜按三级压力五个阶段进行，三级压力宜分别为0.3MPa、0.6MPa和1.0MPa。当漏水量很大，不能达到试验规定的压力时，可按水泵的最大供水能力所达到的压力进行试验。

（4）钻孔孔壁保持平直完整，覆盖层与基岩之间应使用套管隔离并止水。试验前必须清洗钻孔，达到回水清洁，孔底无沉淀岩粉。

（5）实验前应观测试验孔段的地下水位，确定压力计算零点，地下水位每5min观测1次，当连续3次读数的水位变幅小于8cm/h，即视为稳定。若各试段位于同一含水层中，可统一测定水位。

（6）试段隔离。栓塞下入预定孔段封闭后，应采用试验的最大压力进行试验，测定管内外水位，检查栓塞止水效果，必要时采取紧塞或移塞等措施。

（7）压力和流量观测。压力和流量要同时观测，一般每5min记录1次。压力要保持稳定，当连续4次流量读数的最大和最小值之差小于平均值的10%或1L/min时，即可结束，重要的试验，稳定延续时间要超过2h以上。

2. 高压压水试验

当试验压力超过1.0MPa时，进行钻孔高压压水试验。高压压水试验压力可分为5～10级（按最大试验压力等分）。根据试验目的不同分循环和非循环加压。对确定结构面张开压力的可进行非循环试验，压力可分10级施加；对确定岩体渗透稳定性和临界压力的，可进行多循环试验，一般为4循环，第1循环加压段和第4循环卸压段，压力可分10级，第2～4循环的加压可分5级，按最大试验压力值等分，第1～3循环的卸压可分1～5级。

3. 交叉孔压水试验

交叉孔试验是在裂隙岩体中钻若干个孔，在某一孔中分段压水，在相邻孔中分段观测水头。基于各向异性渗透域中点源产生水头场的理论公式，根据观测水头求得裂隙岩体的渗透数张量。

4. 三段压水试验

三段压水试验是现场试验确定裂隙渗透系数的方法，可以分别测出各组裂隙的渗透系数。设有3组正交裂隙，与单孔压水试验方法一样，钻孔方向与其中一组垂直而与另两组平行，通过压水试验求得这组裂隙的渗透系数。

3.3.3.3 压水试验资料整理及参数计算

试验资料整理包括校核原始记录，绘制 $P-Q$ 曲线，确定 $P-Q$ 曲线类型和计算试段透水率等内容。$P-Q$ 曲线分为五种类型，即：A型（层流型）、B型（紊流型）、C型（扩张型）、D型（冲蚀型）和E型（充填型）。$P-Q$ 曲线的类型及曲线特点见表3.34。

表3.34　$P-Q$ 曲线类型及曲线特点

类型名称	A（层流）型	B（紊流）型	C（扩张）型	D（冲蚀）型	E（填充）型
$P-Q$ 曲线					
曲线特点	升压曲线为通过原点的直线，降压曲线与升压曲线基本重合	升压曲线凸向 Q 轴，降压曲线与升压曲线基本重合	升压曲线凸向 P 轴，降压曲线与升压曲线基本重合	升压曲线凸向 P 轴，降压曲线与升压曲线不重合，呈顺时针环状	升压曲线凸向 Q 轴，降压曲线与升压曲线不重合，呈逆时针环状

试段透水率用以下公式计算：

$$K=\frac{Q_3}{L}\frac{1}{p_3}$$

式中：K 为试段透水率，Lu；L 为试段长度；Q_3 为第2压力阶段压入流量，L/min；p_3 为第3眼里阶段试验压力，MPa。

3.3.4　钻孔注水试验

3.3.4.1　概述

往钻孔中连续定量注水，使孔内保持一定水位，通过水位与注水量的函数关系，测定透水层渗透系数的水文地质试验工作。它的原理与抽水试验相同，但抽水试验是在含水层内形成降落漏斗。而注水试验是在含水层上形成反漏斗。其观测要求和计算方法与抽水试验类似。通过注水试验，可以定性地了解岩土层的相对透水性和裂隙发育的相对程度，评价岩土层的透水性。

钻孔注水试验可分为钻孔常水头注水试验和钻孔降水头注水试验。

3.3.4.2　注水试验现场工作

1. 钻孔常水头注水试验

常水头钻孔注水试验在试验过程中水头保持不变，一般适用于渗透性比较大的粉土、砂土和砂卵砾石层。其具体操作步骤与要求如下：

（1）造孔与试段隔离。用钻机造孔，钻到预定深度后采用栓塞和套管进行试段隔离。

（2）测稳定水位。进行注水实验前，应观测地下水位。

（3）接好水源。工地附近若有自来水，可接引至注水孔旁，再依次接上流量计和止水阀，若无自来水，可用量筒代替，人工挑水盛满。

（4）注水。用带流量计的注水管往孔内注水，调节注水速度；套管内水位高出地下水位一定高度（或至孔口）并保持稳定，测试水头值。保持试验水头不变，观测注入水量 Q。

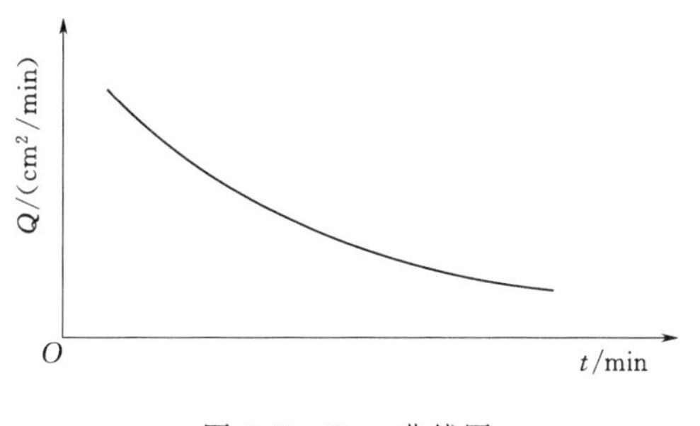

图3.7　$Q-t$ 曲线图

（5）流量观测要求。开始按1min间隔观测5次，5min间隔观测5次，以后每隔30min观测一次，并绘制 $Q-t$ 曲线（图3.7），直到最终流量与最后2h的平均流量之差不大于10%时，即可结束试验。取最后一次注入流量作为计算值。若试段漏水量大于供水能力时，应记录最大供水量。

2. 钻孔降水头注水试验

钻孔降水头注水试验对成孔、地下水位观测和试段隔离的要求参见钻孔常水头注水试验要求。

试段隔离好后，向套管内注入清水；管中水位高出地下水位一定高度（初始水头值）或至套管顶部后，停止供水；开始记录管内水位高度随时间的变化。

管内水位下降速度观测应符合下列规定：

（1）量测管中水位下降速度，开始间隔为5min，观测5次；然后间隔为10min，观测3次；最后根据水头下降速度确定间隔，一般可以按30min间隔进行。

（2）在现场，采用半对数坐标绘制水头下降比与时间的关系曲线。当水头比与时间关系呈直线时说明试验正确。

（3）当试验水头下降到初始水头的 0.2 倍或连续观测点达到 12 个以上时，即可结束试验。

3.3.4.3 注水试验资料整理及参数计算

注入水量与时间（$Q-t$）关系曲线的绘制宜在现场进行。

1. 钻孔常水头注水试验

假定试验土层是均质的，渗流为层流，由达西定律得出试验土层的渗透系数公式为

$$K=\frac{Q}{AH} \tag{3.22}$$

式中：K 为试验土层的渗透系数，cm/min；Q 为注入流量，cm^3/min；H 为试验水头，cm；A 为形状系数（见表 3.31），由钻孔与水流边界条件确定。

2. 钻孔降水头注水试验

根据注水试验的边界条件、套管中水位下降速度与延续时间的关系，采用公式计算试验土层的渗透系数，具体参考表 3.35。

表 3.35　钻孔注水试验的形状系数值

试验条件	简　图	形状系数值	备　注
试段位于地下水位以下，钻孔套管下至孔底，孔底进水		$A=5.5r$	
试段位于地下水位以下，钻孔套管下至孔底，孔底进水，试验土层顶板为不透水层		$A=4r$	
试段位于地下水位以下，孔内不下套管或部分下套管，试验段裸露或下花管，孔壁和孔底进水		$A=\dfrac{2\pi l}{\ln\dfrac{ml}{r}}$	$m=\sqrt{k_h k_v}$ 式中 k_h、k_v 分别为试验土层的水平、垂直渗透系数，无资料时，m 值可根据土层情况估计

续表

试验条件	简　图	形状系数值	备　注
试段位于地下水位以下，孔内不下套管或部分下套管，试验段裸露或下花管，孔壁和孔底进水，试验土层为顶部为不透水	2r H L	$A=\dfrac{2\pi l}{\ln\dfrac{ml}{r}}$	$\dfrac{ml}{r}>10$ $m=\sqrt{k_h k_v}$ 式中 k_h、k_v 分别为试验土层的水平、垂直渗透系数，无资料时，m 值可根据土层情况估计

3.3.5　钻孔振荡式渗透试验

3.3.5.1　概述

自由振荡法试验的原理：将钻孔内的水体及其相邻含水层一定范围内的水体视为一个系统，向该系统施加一瞬时压力，再突然释放，系统失去平衡，水体开始振荡。测量和分析这个振荡过程，就是自振法试验研究的内容。在含水层地下水位埋深较大、水泵吸程不够或水量较大、水泵出力不足或水量较小、容易被抽干时，可试用自由振荡法试验。振荡过程可用以下振荡方程来表述：

$$\frac{d^2W_t}{dt^2}+2\beta\omega_w\frac{dW_t}{dt}+\omega_w^2W_t=0 \tag{3.23}$$

该振荡方程有两种解：

$$\beta\geqslant1\text{ 时},W_t=W_0e^{-\omega_w(\beta-\sqrt{\beta^2-1})t} \tag{3.24}$$

$$\beta<1\text{ 时},W_t=W_0e^{-\beta\omega_w t}\cos(\omega_w\sqrt{1-\beta^2 t}) \tag{3.25}$$

3.3.5.2　振荡式渗透试验现场工作

野外现场试验包括现场准备、仪器设备安装、试验操作等过程。试验操作步骤为：关闭放气，打开充气阀，接通气压泵电源，向井孔内充气；观察压力表读数和屏幕上显示，判断井孔内水头是否已达到预设要求；待压力表读数或屏幕显示水头曲线相对稳定后迅速打开放气阀。观察压力表读数和屏幕显示的水头曲线变化，用充足的时间使水面恢复到静态水位。

当水面恢复到静态水位并适当延长1～2min后即可结束试验。对于激发方式为注水（抽水）或振荡器激发时，同样可以用数据采集系统记录水头随时间的变化过程。同一钻孔内分段试验时，试验段上下必须用栓塞止水，非试验段用套管封闭，保证只有试验段与含水层有水力联系。试验段必须是在地下水位以下。

3.3.5.3　振荡式渗透试验资料整理及参数计算

试验资料整理应符合下列要求：

（1）用式（3.26）计算振荡体在无阻尼状态下自振时的固有频率：

$$\omega_w=\sqrt{\frac{g}{H_0}} \tag{3.26}$$

式中：ω_w 为固有频率，Hz；g 为重力加速度，m/s^2；H_0 为承压水头高度或潜水高出试段顶的高度，m。

ω_w 为系统的固有频率，其值只与钻孔中试段顶板以上水柱高度有关，对每段试验而言，ω_w 为一常数。根据自振法试验的振荡波形，确定振荡曲线的类型，即 $\beta \geqslant 1$ 型或 $\beta < 1$ 型。当 $\beta \geqslant 1$ 时，计算出 $\lg(W_t/W_0)-t$ 曲线的斜率 m 值。将式（3.26）线性化并化简后可知，m 为 $\lg(W_t/W_0)-t$ 直线的斜率，m 值在理论上应为一常数，但实测试验数据计算出的 m 值并不总是一常数，这是因为在停止向孔内加压后，泄压的前一段时间内，孔内气压不可能突变为零，此时压力传感器测得的压力值是气压与水压的叠加值。随着时间的增加，当气压与大气压相等时，孔内水位则按指数规律振荡，此时段后的 m 值，从理论上说应是一常数。大量的试验资料证明，此时段后的 m 值，在较小范围内变化。整理资料时应选用 m 值变化较小时间段内的数据进行计算，得出平均的 m 值。

（2）用式（3.27）计算振荡时介质对水由于摩擦力所产生的阻尼系数：

$$\beta=-\frac{0.215\omega_w^2+1.16m^2}{m\omega_w} \tag{3.27}$$

式中：β 为阻尼系数；m 为 $\lg(W_t/W_0)-t$ 直线的斜率；W_t 为振荡时钻孔中水位随时间的变化值，m；W_0 为激发时产生的地下水位最大下降值，m；其余符号意义同前。

阻尼系数 β 与含水层的水文地质特性密切相关，反映水体在含水层流动时的阻尼特性，它与含水层渗透系数成反比。当 $\beta<1$ 时，不能用一般的代数法求解，使用试算法通过计算机计算效果较好。上述公式（3.27）经变化后得

$$\frac{W_t}{W_0}e^{\beta\omega_w t}=\cos(\omega_w\sqrt{1-\beta^2 t}) \tag{3.28}$$

式中只有 β 是未知数，由于前提条件是 $\beta<1$，故可通过试算法求得使等式左右两边相等时的 β 值。

（3）用式（3.29）计算含水层的渗透系数：

$$K=\frac{\pi r^2(1-\mu)\omega_w}{2\beta l} \tag{3.29}$$

式中：K 为含水层的渗透系数，m/s；l 为试验段长度，m；r 为钻孔半径，m；μ 为含水层的储水系数或给水度；其余符号意义同前。

第4章　水库区典型水文地质问题

4.1　概述

水库是指在山沟或河流的狭口处建造拦河坝形成的人工湖泊。水库建成后，可起防洪、蓄水灌溉、供水、发电、养殖等作用。中华人民共和国成立前，全国仅有大、中型水库23座，其中大型水库6座，中型水库17座。中华人民共和国成立后，经过60年的建设，全国已建成各类水库98002座（引自《第一次全国水利普查公报》），水库数量已居世界之首。这些水库在防洪、灌溉、供水、发电以及综合利用等方面，发挥了巨大的经济效益和社会效益。

按水库所处位置不同，可分为山谷型水库、丘陵型水库和平原型水库。由于水库的蓄水，库区的水文地质条件发生较大的改变，使得库周地带的地质环境也随之发生变化，因此产生了各种水库工程地质问题，如水库渗漏、库岸稳定、水库浸没、水库淤积以及水库诱发地震及特殊水文地质景观破坏等问题。这些问题并不一定同时存在于一个水库工程中，并且存在问题的严重性也各不相同，一般情况下，山谷型、丘陵型水库的库岸问题、水库诱发地震等问题比较突出，而平原型水库浸没、塌岸问题较多。

水库的主要水文地质问题见表4.1。

表4.1　　水库主要水文地质问题

主要水文地质问题		工程实例
水库渗漏	喀斯特渗漏	彭水、水槽子、拔贡
	沿裂隙、断层渗漏	梅山、佛子岭、铜街子
	砂砾石渗漏	东平湖、庙子头
库岸稳定	滑坡、崩塌	刘家峡、乌江渡、三峡、龙羊峡、柘溪
	塌岸	三门峡

续表

主要水文地质问题		工　程　实　例
水库浸没	居民点 矿区 古迹 农田盐渍化、沼泽化	三门峡沙溪口 桃山 刘家峡炳灵寺 万家寨、官厅、金堤河、东平湖
水库淤积	泥石流 黄土流	岷江上游梯级、田湾河梯级、毛家村 三门峡、盐锅峡、青铜峡
水库地震	诱发地震	新丰江、参窝、丹江口、大化、东江
特殊水文地质景观	温泉、矿泉等破坏	古水、大兴

4.2 水库渗漏问题

4.2.1 概述

水库渗漏是指水库内水体经由库盆土体向库外渗漏而漏失水量的现象。因渗漏问题引起失事的大坝占失事工程总数的40.5%。水利部对中华人民共和国成立20多年来全国241座大型水库发生的1000宗工程事故进行整理分类，其中渗漏事故（包括管涌）有317宗，占事故总数的37.1%（赵瑞，2011）。从含水介质角度，岩溶渗漏是当前最主要的水库渗漏。

1845年，法国在岩溶地区修建了第一座坝，此后的100多年间，南斯拉夫、美国、苏联、意大利、土耳其等国，陆续在岩溶地区修建了大型水利水电工程130多座；而1954年官厅水库的建成和1955年云南六郎洞水电站的兴建，拉开了我国在岩溶地区兴建水利水电工程的序幕。仅贵州省在中华人民共和国成立后35年内，就建成库容在10万m^3以上的水库2000余座，大、中型水库30余座，其中就有岩溶地区当时全国最大的乌江渡水电站，猫跳河的6座梯级电站，这些工程为岩溶渗漏问题的研究，提供了非常宝贵的基础资料（费英烈、邹成杰，1984）。

湖北省境内清江流域水布垭大坝是国内在强岩溶化地区建设的抬高水头最高（203m）的大坝。水布垭峡谷两岸岩溶强烈发育，在帷幕线地段（帷幕轴线上游15 m，下游10 m为幕体范围）共发育有123个大大小小的岩溶洞穴，总体积6.9万m^3（左岸2.3万m^3，右岸4.6万m^3），这些洞穴都有不同程度的填充。坝前抬高水头203 m，在高水头作用下，坝址渗漏及洞穴充填物的渗透稳定问题都十分突出（徐瑞春，段建肖，2007）。

4.2.2 基于既有实例的水库渗漏分析

邹成杰（1994）按渗漏在水库及坝址中分布的部位，分为5种类型，即邻谷渗漏、库首渗漏、绕坝渗漏、坝区渗漏和库底渗漏。向邻谷渗漏问题一直是困扰岩溶水库的重要问题之一。由于单薄山脊分水岭和水库蓄水位产生水头差，库水极易沿透水岩层及其渗漏通道向邻谷渗漏。只有当岩层的倾斜较陡，库水位以下的透水岩层插入邻谷谷底以下时，此种渗漏才可避免。邻谷切割深时并且水位低于库水位时，库周单薄山脊、垭口和单薄的分水岭条件，使库水的渗漏途径变短，会形成较大的渗漏量。库区渗漏可能会在邻谷区引起新的滑坡，或使古滑坡复活，造成农田浸没、盐渍化、沼泽化，危及农业生产及村舍安全。

水槽子水库是我国最早修建的岩溶水库之一，1958 年 6 月 7 日蓄水，5 天后库区两岸石灰岩地带开始漏水，76 天后在库外的那姑盆地白雾三村一带地下水涌出了地表；其后不久，库水又漏向 13km 外的蒙姑，在尤潭沟阳新灰岩中的几个泉水流量变大，其动态与库水位的变化有密切联系。到 1962 年 5 月止，4 年的长期观测和研究证明，石炭二叠纪灰岩地区漏水点逐年增加，共计有 70 余个，漏水也有增大的趋势。水库漏水的主要通道是石炭二叠纪石灰岩内的溶洞和溶蚀裂隙。由于水库蓄水后库水的压力与冲淘把表面的覆盖层冲蚀带走，库水直接从灰岩内的溶洞和裂隙中漏走（水利水电建设总局勘测处，1964；邹成杰，1994）。如图 4.1 所示。

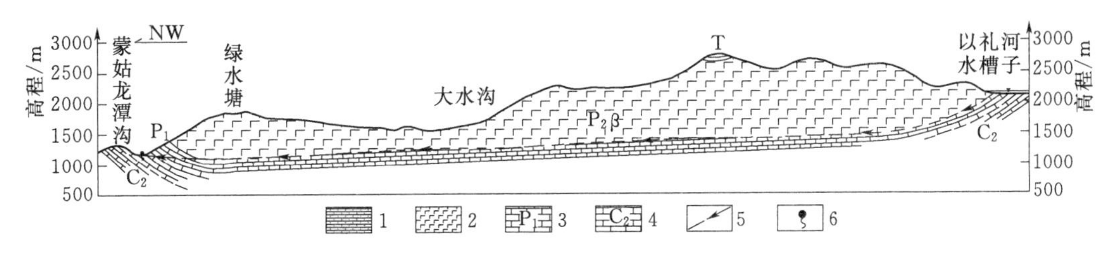

图 4.1　水槽子—龙潭沟水文地质剖面示意图

1—三叠系砂岩；2—二叠系玄武岩；3—二叠系阳新灰岩；4—石炭系中统燧石灰岩；5—地下水水位线及运动方向；6—泉水

贵州省思南县汇溪河的马畔塘水库，水库及坝址均位于岩溶强烈发育区，水库 1974 年建成，1975 年春蓄水后即发现漏水，渗漏量大于 0.75m^3/s，约占河流多年平均年流量的 50%以上（周洪文，1996）。河南省安阳市小南海水库于 1960 年基本建成蓄水，但因病、险于 1986 年被水利部列为全国 43 座重点除险加固水库之列。1989 年 10 月，水库放空进行除险加固，1993 年竣工初次蓄水，尽管上游保持 4～6m^3/s 的入库流量，库水位却持续下降，个别地方出现漏水旋涡，渗漏流量约 2.9m^3/s，水库无法蓄水（沈玉玲，等，1998）。

4.2.3　基于主控要素的水库渗漏类型划分

4.2.3.1　河谷岩溶水文地质结构

根据河流流向与岩层走向的关系可以将河谷分为三大类，即横向谷、纵向谷及斜向谷（中国科学院地质研究所岩溶研究组，1979）。邹成杰（1994）进一步综合坝址河谷地质结构的分类，将坝址河谷分为 6 类，即横向谷、纵向谷、斜向谷、背斜谷、向斜谷及断裂谷。每一类河谷渗漏条件的影响因素虽然不同，但主要应该考虑岩层产状与河谷的交结关系和岩溶层组类型。

在河谷地带，河谷类型、岩层产状、岩溶层组三者在空间上的组合称河谷水文地质结构。它控制着河谷地带地下水的径流及岩溶水动力剖面（中国科学院地质研究所岩溶研究组，1979）。邹成杰（1994）对河谷的岩溶水文地质结构给出了明确的定义，即河谷与地质结构和岩溶水文地质条件相结合的集合体，根据河谷岩溶层组类型和构造类型，可划分出单斜型、背斜型、向斜型和断裂型四种河谷岩溶水文地质结构（表 4.2）。

表 4.2　以构造类型划分的河谷岩溶水文地质结构（邹成杰，1994）

型号	名称	图　式	基　本　特　点	工程实例
Ⅰ	单斜型		1. 愈近河谷，岩溶愈易发育； 2. 沿层面易发育纵向岩溶管道	猫跳河红林坝址、鲁布革坝址，云南麦田河，蚂蝗河、彭水
Ⅱ	背斜型		1. 轴部附近岩溶发育，常沿纵张或横张裂隙发育岩溶管道； 2. 有隔水层时，可形成承压水	阿岗水库部分库段、修文坝址河床
Ⅲ	向斜型		1. 核部附近岩溶发育，可沿纵张或横张裂隙发育岩溶管道，贯通两翼； 2. 一般情况下，水流向心汇流；特殊情况下，水流可穿越轴部，向一翼排泄	毛家村水库、以礼河水槽子下游段
Ⅳ	断裂型		1. 沿断裂带附近易形成深部岩溶； 2. 水动力条件复杂，各含水层地下水易形成统一水力联系	三江口坝址

四川省兴文县新坝水库坝址地处长官司—叙永向斜北西翼，受向斜褶皱作用，水库回水区出露的三叠系碳酸盐岩地层沿向斜两翼延伸到低高程的邻谷，构成向邻谷古宋河、万寿河、清水河的岩溶渗漏通道，可能存在库区向邻谷的岩溶渗漏问题（杨艳娜，2009）。如图 4.2 所示。

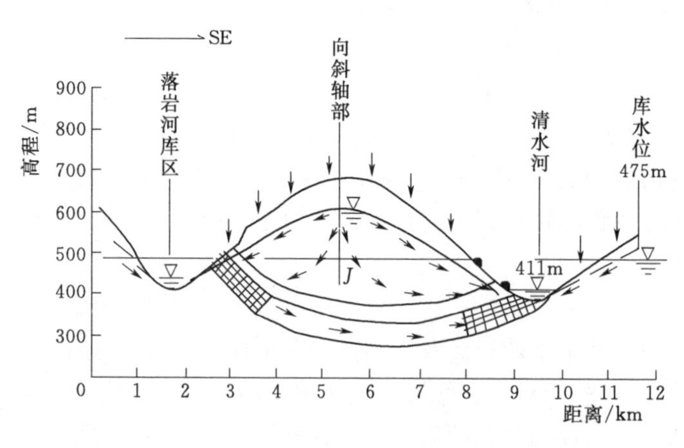

图 4.2　向斜构造水库渗漏地下水径流模式示意图（杨艳娜，2009）

4.2.3.2　岩溶渗漏条件

邹成杰（1994）指出岩溶渗漏与否，主要取决于 5 项基本条件：①河谷及分水岭地带岩溶发育程度；②河间地块地下水分水岭高低；③可溶岩体的透水性；④隔水层及相对隔水层的分布情况；⑤河谷岩溶水动力条件（表 4.3）。吴灌洲（2013）认为水库向低邻谷渗漏条件包括：①地形地貌；②库区地下水出露情况；③基岩岩性；④渗漏途径。归纳起来看，水库渗漏必须具备的条件包括两点，即水动力条件和通道条件（杨艳娜，2009），其中库区水文地质条件决定了水动力条件，而地质构造和地层岩性等决定了渗漏通道条件。

表 4.3　　水库岩溶渗漏基本条件判别表（引自邹成杰，1994）

基本条件	不产生岩溶渗漏的基本条件	可能产生岩溶渗漏的基本条件
河谷及分水岭地带岩溶发育程度	1. 河谷地区岩溶发育微弱； 2. 河谷地带岩溶发育虽较强烈，但分水岭地区岩溶发育微弱	1. 河谷及分水岭地区岩溶发育强烈；尤其是分水岭地区岩溶发育强烈； 2. 有与低邻谷相贯通的岩溶管道系统
河间地块地下水分水岭高低	1. 河间（湾）地块地下水分水岭高于水库正常蓄水位； 2. 地下分水岭水位虽然略低于水库正常蓄水位，但水库蓄水后分水岭水位壅高，高于水库蓄水位	1. 河间（湾）地带无地下分水岭存在； 2. 河间（湾）地块有地下分水岭，但低于水库正常蓄水位
可溶岩体的透水性	1. 可溶岩体透水性很弱，相当于相对弱透水层； 2. 河谷可溶岩体透水性强，但分水岭地区可溶岩体透水性弱	1. 可溶岩体透水性强； 2. 可溶岩体中存在强透水带或岩溶管道
隔水层及相对隔水层的分布情况	1. 库岸或分水岭地区，具封闭构造条件，且有隔水层或相对隔水层包围； 2. 隔水层平行分水岭，隔断库区与低邻谷见的水力联系	1. 库岸及分水岭地区无隔水层或相对隔水层分布； 2. 有隔水层分布，但受构造或岩溶破坏，失去隔水层作用
河谷岩溶水动力条件	补给型河谷，且具有前述条件	补排型河谷、排泄型河谷和悬托型河谷，同时具备以上条件

在水动力条件研究方面，岩溶地区河谷岩溶动力类型可划分为补给型、补排型、排泄型和悬托型四种，其中补排型、排泄型和悬托型河谷岩溶水动力类型一般存在水库渗漏问题（邹成杰，1994；徐福兴和陈飞，2004）。汪文富（1999）二元流场、三维空间的水文地貌形态以及双重含水介质体结构的特点。

严福章（1999）根据河间地块地下水分水岭和非（弱）岩溶化带的分布情况（图 4.3），将碳酸盐岩组成的河间地块的岩溶渗漏类型可分为 3 个大类 4 个亚类，并据此划分了国内外灰岩地区 16 座水库的河间地块的岩溶渗漏类型。徐福兴和陈飞（2004）根据表 4.3 将水库岩溶渗漏类型分为：①不渗漏或微弱渗漏；②溶隙型渗漏；③管道型或管道—溶隙混合型渗漏。

“不产生岩溶渗漏”的 9 项条件，只要具备 2 项以上即能成立。其中最主要的是地下分水岭高于水库正常蓄水位和有隔水层包围。“产生岩溶渗漏”的 9 项条件，其中岩溶发育程度、地下分水岭水位高低和有无隔水层分布，是最基本的条件。由此说明，在岩溶工程地质勘察阶段，对于邻谷或河湾地带的岩溶渗漏，重点应查明地下分水岭高程、岩溶发

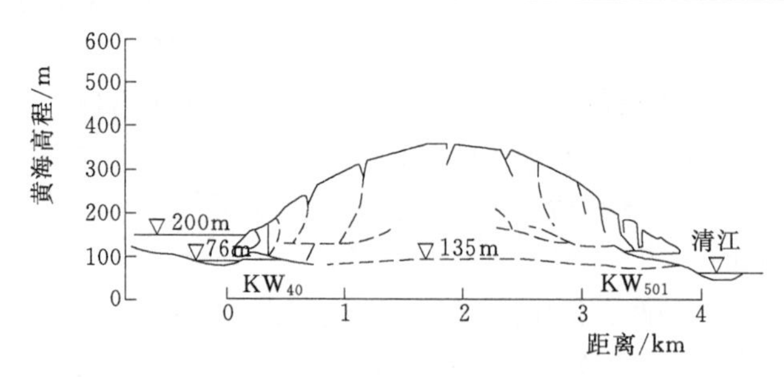

图 4.3　河间地块地下水动力学条件
及岩溶发育程度示意图（严福章，1999）

育程度及隔水层的部分情况。

王增银等（1998）根据地下水流动系统理论分析认为，分水岭地带岩溶发育程度较弱，而且以发育垂向岩溶为主；河谷岸边地带岩溶最发育，多形成岩溶管道系统。

对水库岩溶渗漏的研究，主要是通过综合分析库区地层岩性、地质构造分布和易溶岩出露地段的岩溶发育程度及岩溶水文地质特征等基本情况，判断在水库蓄水后，分水岭地带地下水补排关系是否会发生本质变化（简武，2007）。云南省罗平县阿岗水库位于南盘江二级支流九龙河上，库区出露 P、C、D 地层，岩性以灰岩为主夹砂岩、玄武岩，位于岩溶化程度较高的阿岗溶蚀盆地上。库区岩溶洼地、漏斗、落水洞、竖井等岩溶形态星罗棋布，地下暗河四通八达，库盆千疮百孔，岩溶十分发育。王汝华（2005）阿岗水库库区地下水分水岭高程远高于库区出露的暗河、泉水出口和水库正常高水位，水库库区发生岩溶渗漏的可能性不大。

发生水库渗漏的典型水利水电工程见表 4.4。

表 4.4　　水库渗漏典型水利水电工程

序号	名称	地理位置	河流	地质与水文地质条件及岩溶发育特征	渗漏类型	备注
1	水槽子水库	云南	以礼河	库区可溶岩地层涉及上震旦纪灯影灰岩、下寒武纪龙王庙石灰岩、石炭二叠纪石灰岩等，这些岩层横穿库区河谷，延伸至左岸地势较低的盆地，及其以西更远的金沙江河谷	倾向型	邹成杰（1994）
2	马畔塘水库	贵州思南	汇溪河	水库位于岩溶强烈发育区，主要为 T_1m 茅草铺组灰岩、T_1y^3 的九级滩泥灰岩及深部埋藏的 T_1y^2 的玉龙山灰岩。在 F_1 断层北盘（库内），由地下水补给河水，在 F_1 断层以南及右岸河湾地段，为河水补给地下水。而后者是造成该水库渗漏的主要原因。在马畔塘库首地区主要有溶隙型、管道或管网型、脉管型 3 种渗流类型，其中以管道或管网型渗流形式为最重要	倾向型	周洪文、邹成杰（1996）
3	官地水电站	四川凉山	雅砻江	水库左岸单薄分水岭，上石炭统马平组（$C_{2+3}m$）、下二叠统阳新组（P_1y）和平川组上段（P_1p_2）为碳酸盐岩，这三层碳酸盐岩地层被非可溶性地层分隔，形成三个相互独立、且沟通河湾上下游的灰岩条带，构成水库岩溶渗漏的潜在通道	走向型	许模（1998）；樊勇，等（2007）

续表

序号	名称	地理位置	河流	地质与水文地质条件及岩溶发育特征	渗漏类型	备注
4	小南海水库	河南安阳	安阳河	库盆为中下奥陶统碳酸盐岩，顺河断裂，受顺河断裂控制，深部发育有深层岩溶水径流带，库区处于悬托状态；群众在库底开采中奥陶统底部石膏，巷道沟通了库水与深层岩溶水，引起库水集中渗漏	走向型	沈玉玲，等(1998)
5	溪洛渡水电站	云南四川	金沙江	电站坝址坐落在永盛向斜西翼二叠系上统峨眉山玄武岩 $P_2\beta$ 之上，库首向上游200km的库区有多处二叠下统灰岩 P_1 出露。库首区永盛马湖复式向斜为宽缓的构造盆地，轴向近北东向，向斜核部地层为香溪群 T_3—J_1，核部二叠系下统 P_1 灰岩埋深达1000～3000m。系统研究表明：水库区域不存在贯通库首至库下游的断层通道，P_1 灰岩水仅在含水层中发生流动。库首区永盛马湖复式向斜含水系统内，存在有地下分水岭（或地质隔水屏障），库水不会沿永盛向斜至马湖向斜盆地 P_1 灰岩发生渗漏	向斜型	梁杏，等(2000)
6	江口水电站	重庆武隆	芙蓉江	芙蓉江—乌江河间地块主要出露寒武系中、上统及奥陶系地层，以灰岩、白云岩为主，夹有薄层页岩和泥质白云岩。河间地块主要为芙蓉江复背斜，北北东向（纵向）断裂发育。水库库首右岸与乌江及坝址下游之间无隔水层封闭，存在：①芙蓉江—乌江河间地块渗漏问题；②左岸河湾渗漏；③沿温泉渗漏。如图4.4所示	走向型	樊长华，等(2001)
7	浩坤水电站	广西凌云	澄碧河	该水电站位于碳酸盐岩地区，岩溶发育，水文地质条件复杂。水库右岸发育串珠状平行于河谷展布的低邻谷岩溶洼地，以及库首左侧发育的连通水库内外的古暗河，成为水库潜在的主要渗漏通道	通道型	米德才，张新兴(2005)
8	紫坪铺水电站	四川都江堰	岷江	地层为三叠系上统须家河组 T_3xj^3 的一套湖相含煤砂页岩地层，属典型的复理式建造沉积。在不考虑存在废旧煤洞影响下，河间地段在水库蓄水后地下水位仍高于正常蓄水位，不会发生邻谷渗漏。但河间地块地层倾角较陡，其中 L_{14} 层间剪切破碎带宽5～9m，横穿山脊，调查认为可能存在贯穿性废旧煤洞，构成了坝区向邻谷白沙河的渗漏通道	通道型	彭仕雄，等(2006)
9	成都关口水库	四川彭州	湔江	库区大面积出露三叠系须家河组第二段，属煤系地层，区内分布有大量采煤矿井。库区右岸在天然条件下顺层发育的裂隙含水层构成了潜在的渗漏通道，而煤矿开采后的井下巷道形成典型的人为活动渗漏通道	通道型	简武(2007)
10	新坝水库	四川兴文	落岩河	坝址地处区域性向斜北西翼，受向斜褶皱作用，水库回水区出露的三叠系碳酸盐岩地层沿向斜两翼延伸到低高程的邻谷，构成向邻谷的岩溶渗漏通道	向斜型	杨艳娜，等(2009)
11	大柳树坝	宁夏中卫	黄河	蓄水1380.00m时，三角形山地（马长梁）成为河间地块，坝下水位为1240.00m，坝下游冰沟水位为1300.00m，其间为最高高程1531.80m、仅700m宽的马长梁，通过山脊应该可能产生渗漏。马长梁内部大柳树沟与坝下黄河之间如果没有分水岭存在，也势必会建立由大柳树沟向坝下黄河渗漏的通道	单薄分水岭	胡瑾，等(2010)

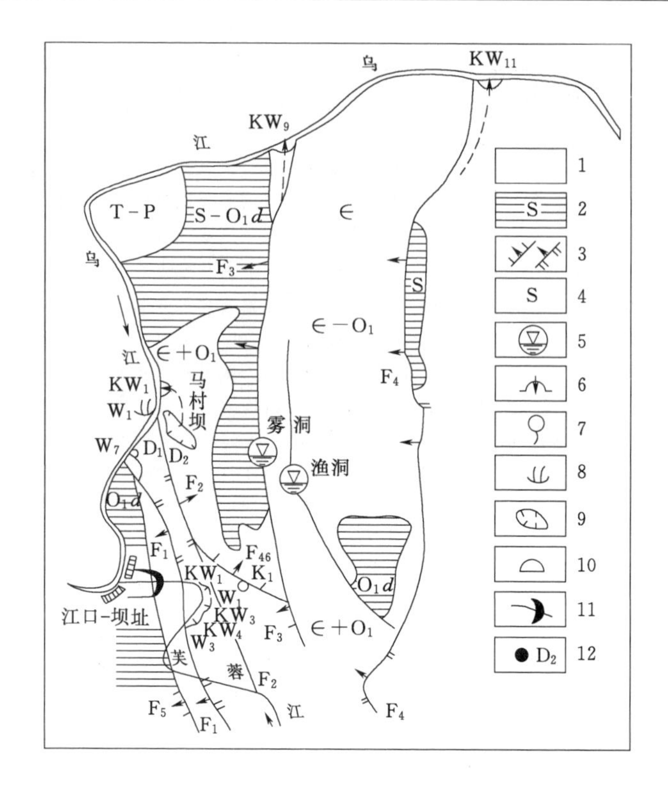

图 4.4　芙蓉江—乌江河间地块岩溶水文地质示意图（樊长华，2001）
1—岩溶层；2—隔水层；3—正断层和逆断层；4—地层代号；5—暗河天窗及岩溶潭；6—暗河；7—泉水；8—温泉；9—岩溶洼地；10—溶洞；11—电站坝址；12—钻孔

4.2.4　水库渗漏问题综合评价与对策措施

4.2.4.1　勘察方法

水库岩溶渗漏主要勘察方法有岩溶水文地质测绘、溶洞调查、钻探、水文地质试验、地球物理勘探、岩溶地下水观测等（徐福兴，陈飞，2004；肖万春，2008）。

水库渗漏问题所涉及的相关标准规范有《水力发电工程地质勘察规范》（GB 50287—2006）《水利水电工程地质勘察规范》（GB 50487—2008）《水利水电工程水文地质勘察规范》（SL 373—2007）。其中，《水利水电工程水文地质勘察规范》（SL 373—2007）要求水库渗漏勘察应包括：

（1）地形地貌条件，重点是单薄地形分水岭、河间地块、古河道等以及临近库岸的农（林）作物区、建筑物区。

（2）地层岩性特征，隔水层、透（含）水层的空间分布及渗透性。

（3）地质构造发育特征、渗透性及其与库水的关系。

（4）地下水的类型及其补给、径流、排泄条件，地下水位及其动态变化，地下分水岭位置及高程。

宋汉周，王建平（1992）以北京边坑水库为例，从现场物探测试、连通试验、渗漏数值评价等方面探讨了拟建水库防渗区内岩溶渗漏相对集中的具体部位以及渗漏的一般强度。针对蒙江冗各水电站，采用了岩溶水文地质调查，钻探及压水试验，地球物理勘探，岩溶地貌与水文网分析法等多种手段，但仍未能有效证实其水库成库条件，赵爱平（2005）在冗各水电站复杂岩溶水环境勘察中，成功解决了别的手段难以解决的水库成库条件问题。

示踪探测作为一种探测手段，可探明岩溶水流场的类型、结构、规模，能够计算岩溶水管道流的流速、流量、容积、串联暗潭多少等流场特征参数，因而特别适合在复杂岩溶水文地质环境的工程勘察中应用。

4.2.4.2 计算与分析

樊秀峰等（2002）应用三维有限差分方法对西安市黑河水库左坝肩单薄山梁的初始渗流场、蓄水后的渗流场进行数值模拟，分析渗漏方式、计算相应的渗漏量，说明了断层是集中渗漏通道。同时，建立了帷幕灌浆防渗仿真模型，模拟防渗帷幕对渗流场的作用效果，并对不同帷幕下限高程的帷幕方案的防渗效果进行对比择优。为了论证紫坪铺水库蓄水后会不会产生向邻谷渗漏问题，彭仕雄等（2006）建立了岷江—白沙河剖面的二维地下水流数值模型，模拟结果表明紫坪铺水库河间地段，即使在水库蓄水后地下水位仍高于正常蓄水位，不会发生邻谷渗漏。胡瑾等（2010）在对黄河黑山峡大柳树坝坝工程地质条件分析的基础上，对该坝址进行地下水三维数值模拟对该水库渗漏问题进行分析，并与传统方法进行对比，验证了模型的合理性，作者还进一步对灌浆的情况进行了模拟。

4.2.5 水库渗漏典型实例

4.2.5.1 官地水电站

官地水电站工程枢纽区位于四川省凉山彝族自治州西昌市与盐源县接壤地带，是雅砻江卡拉至江口河段水电规划五级开发方式的第三个梯级电站。上游与锦屏二级电站尾水衔接，下游接二滩水电站。官地水电站正常蓄水位 1330.00m，坝顶高程 1334.00m，最大坝高 168m，装机容量 4×600MW。

虎山滩至下游打罗之间，雅砻江曲流形成了弧长约 4.75km、弦长约 1.88km 的向西凸出的河湾。河湾包围的左岸，形成东西向地势陡峻的单薄地表水分水岭（图 4.5）；下二叠纪和中上石炭纪碳酸盐岩，近南北走向（NE10°～20°）分布在河弯地块之中，倾角近直立（70°～85°），贯穿整个地表分水岭，形成了库水外渗的地质结构条件；官地水电站大坝建成后，这套碳酸盐岩地层正好构成了贯穿水库与河弯下游的灰岩（岩溶）裂隙渗漏通道；水库渗漏型式和渗漏量将直接影响官地水电站工

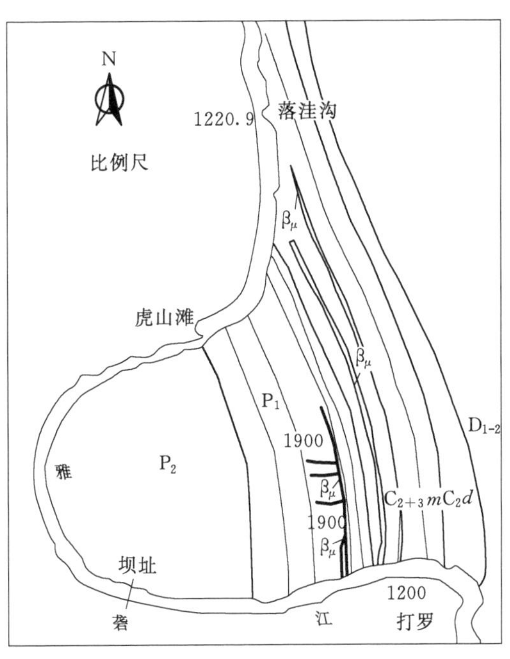

图 4.5 官地水库库首地质略图（樊勇，2007）

程的设计、施工及水库运营管理。

1. 地层岩性

库区左岸地块主要出露的是石炭—二叠系地层，受区域构造控制，地层呈近南北走向、高角度西倾的单斜构造。自东向西依次出露：中石炭统道坪子组（C_2d）硅质岩，厚约200m；中上石炭统马坪组（$C_{2+3}m$）灰岩，厚440～460m；下二叠统树河组（P_1s）下部砂岩夹页岩，厚40m；上部灰岩，厚20m；阳新组（P_1y）灰岩，厚290～335m；平川组下段（P_1p_1）砂岩，厚142～168m；平川组上段（P_1p_2）灰岩，厚170～190m；上二叠统峨眉山组玄武岩，厚度大于2000m。其中道坪子组为大套的碎屑岩地层，而马坪组—平川组以碳酸盐岩为主夹碎屑岩。从岩溶发育角度，本区地层岩性有以下特征：

（1）碳酸盐岩的连续厚度小。该区石炭—二叠系碳酸盐岩岩系被挟持在道坪子组硅质岩和峨眉山组玄武岩之间，总厚度1113.63m，其间又被树河组和平川组下段两套碎屑岩地层分割成三部分，从空间上呈现出碳酸盐岩与碎屑岩间互的带状特征，每一带状碳酸盐岩连续厚度均小于400m，若进一步考虑碳酸盐岩岩系中的砂岩、砂屑灰岩、泥灰岩等夹层及岩脉的控制，实际分布在夹层间的碳酸盐岩出露厚度一般不足150m。

（2）除平川组上段和马坪组中段外，其余地层的岩层单层厚度较薄，多以中厚层、薄层和极薄层为主。

（3）碳酸盐岩石中酸不溶物含量比例高。

2. 岩溶发育特征

官地水电站库首区左岸灰岩分布区（单薄分水岭地区），在区域构造运动控制下的岩溶发育的背景条件（如地层岩性和结构特征、地层和含水介质的空间展布、新构造运动、地形地貌以及地下水的溶蚀性等条件）决定了研究区岩溶发育程度总体上不强烈，岩溶发育尚处在早期沿控制性结构面（导水性强的裂隙介质）溶蚀的扩容阶段，没有形成贯穿分水岭的岩溶管道（不同于盐源高原台面上的三叠系岩溶管道系统），含水介质以裂隙、溶蚀裂隙为主，在一些特殊的层位或部位，有岩溶局部增强的现象。具体有以下特点：

（1）分水岭地区岩体遭受的侵蚀作用强烈，灰岩出露地表接受溶蚀的时间相对较短，且由于灰岩地层连续出露的面积小、泥质含量高、地势陡峻，大气降雨的入渗条件差等多种因素的综合控制，使得其岩溶发育的程度总体不高，含水介质总体以裂隙-溶隙为主要特征。

（2）在岩溶发育程度总体不高的大背景下，受个别有利因素的控制，在一些局部层位或部位岩溶作用相对较活跃，形成相对的岩溶发育带，但这些部位仍然仅以溶隙或小型孤立溶孔、溶洞为主要特点。如：

1）分水岭区域内，平川组上段、马坪组中段、阳新组上段由于岩层厚度相对较厚、岩性相对较纯，岩溶发育程度相对较高。马坪组下段、马坪组上段、阳新组下段岩溶发育较弱；其他层位岩溶不发育。

2）地壳表层强风化卸荷带，由于裂隙的张开性和连续性好，介质的渗透性强，有利于地下水的入渗与径流，岩溶最发育，由表层向深部岩体的岩溶发育程度快速衰减。

3）研究区在新生代快速隆升的背景下，曾经历了地壳的短暂间歇—地壳相对稳定期，有利于岩溶作用的进行，因此在5个高程段岩溶相对较发育。

4）研究区受结构面和地表—地下水流向的总体控制，在NNW方向形成地下水的主渗透方向，决定了本区近南北向的岩溶发育程度要远远高于东西方向。

3. 向邻谷渗漏数值模拟研究

在区域地质构造的控制下，左岸地块石炭—二叠系灰岩含水层，在空间上呈高陡倾角（70°～80°）近南北走向的带状分布。雅砻江在虎山滩和打罗两地横切灰岩含水层，构成地下水的排泄基准面。地下水主要接受大气降雨入渗补给，然后在沿裂隙-溶隙向雅砻江排泄，构成了一个完整的河间地块潜水三维流流场。

模拟范围与边界条件如下：

（1）东、西边界。库首区左岸地块岩溶裂隙含水系统，东、西两侧分别被石炭系中统道坪子组硅质岩、页岩、砂岩和二叠系峨眉山组玄武岩所挟持，由于这两套碎屑岩地层的渗透性要远小于石炭—二叠系的灰岩含水层，因此可以将这两套地层与灰岩含水层的分界面作为隔水边界（零流量边界）来处理。

（2）南、北边界。左岸地块岩溶裂隙含水系统，受岩层产状控制，沿走向分别被雅砻江切割，故将雅砻江刻画为已知水头边界。天然条件下，北部虎山滩一带的边界水位为1220.00m，南部打罗一带的边界水位为1200.00m；水库蓄水条件下，北边界水位为1330.00m（官地水库正常蓄水位），南边界水位仍为1200.00m。

（3）上、下边界。左岸地块岩溶裂隙含水系统，直接出露地表，接受大气降雨入渗补给，故上边界以潜水面为界；由于本区地层均呈高陡倾角展部，故下边界以岩溶发育底界作为下边界，本次模拟以河床标高以下500.00m，即标高700.00m高程作为岩溶发育的底界，按隔水边界处理。

上述边界条件所围成的模拟区，面积为3.72km^2，MODFLOW软件采用矩形网格进行剖分，根据模拟区地层展布和裂隙—岩溶发育特点，东西方向的剖分首先按地层岩性划分为9套，然后再细分为97列，南北方向考虑岩溶及裂隙随垂直岸坡方向的变化也划分为9套，并细分为100行；垂向上考虑地壳隆升背景的快速上升和相对稳定期划分为10套，然后再细分为60层。共计剖分为58.2万个单元来模拟左岸地块岩溶裂隙含水系统。如图4.6、图4.7所示。各地层渗透系数值见表4.5。

表4.5　　各地层渗透系数值　　单位：m/d

地层	垂直地表方向的深度/m				
	0～50	50～100	100～250	250～500	>500
P_1p^2	1.5	0.8	0.5	0.3	0.2
P_1p^1	0.2	0.1	0.05	0.02	0.01
P_1y^2	0.8	0.6	0.4	0.3	0.2
P_1y^1	0.5	0.4	0.3	0.2	0.15
P_1s^2	0.2	0.1	0.05	0.02	0.01
P_1s^1	0.2	0.1	0.05	0.02	0.01
$C_{2+3}m^3$	0.5	0.4	0.3	0.2	0.15
$C_{2+3}m^2$	1	0.8	0.5	0.3	0.2
$C_{2+3}m^1$	0.5	0.4	0.3	0.2	0.15

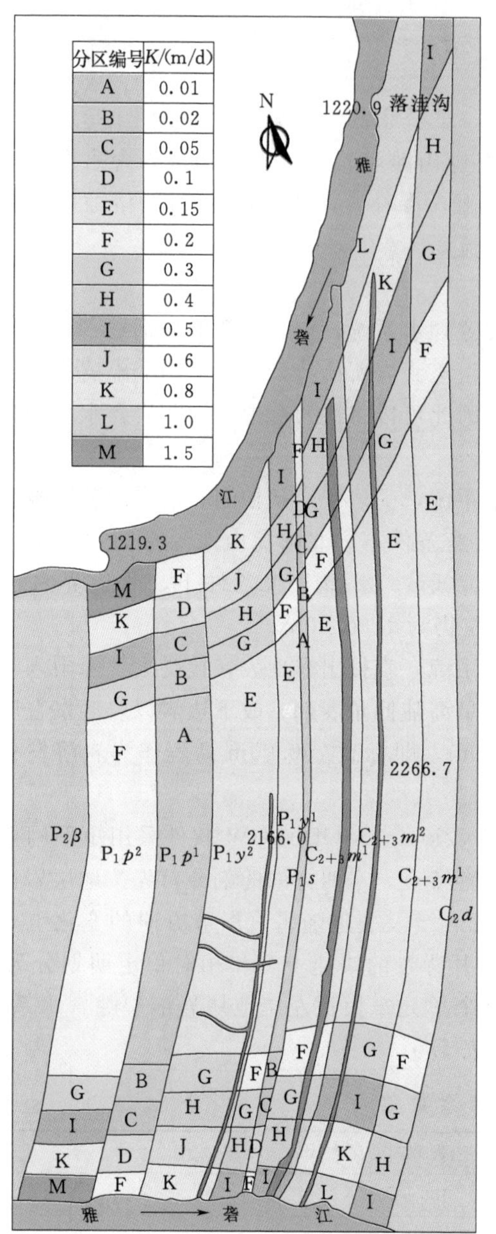

图 4.6　左岸地块渗透系数分区图

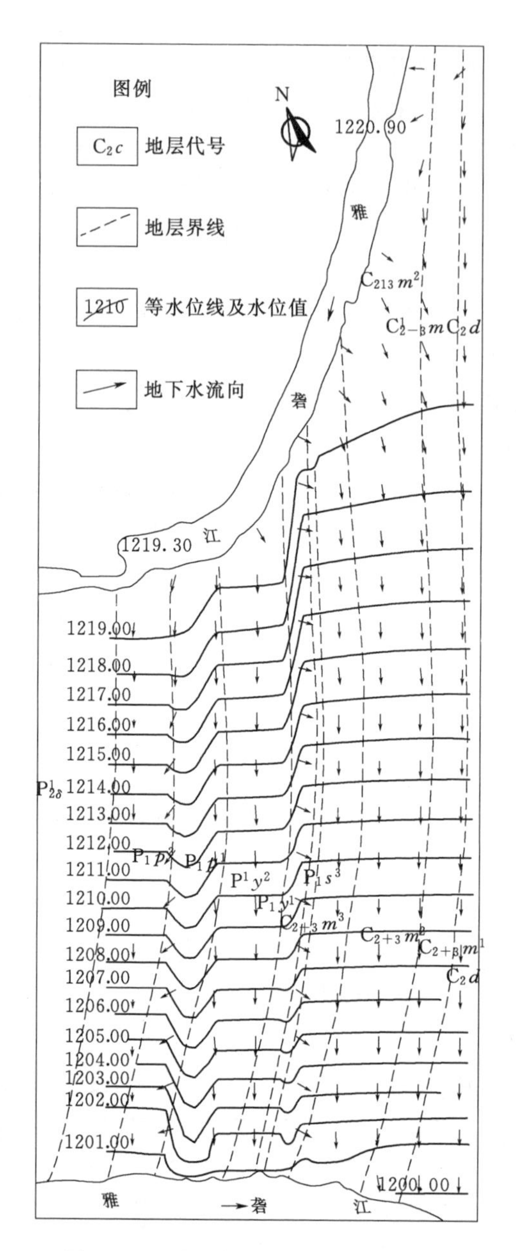

图 4.7　左岸地块地下水渗流场平面图

根据表 4.5 水文地质参数及边界条件，模拟得到的天然条件下库首左岸地块地下水渗流场平面和剖面特征。结果表明：天然条件下库首左岸地块所有灰岩含水层中都不存在地下分水岭，天然条件下灰岩地下水已经形成了在虎山滩获江水补给，向打罗方向（向江水）渗流排泄，渗流排泄总量为 435.2m^3/d。

水库正常蓄水条件下渗流场的模拟，按照本次研究结果的参数模型，继续正常蓄水条件的渗流模拟。此外，从工程安全角度出发，进一步对前述模拟中渗透系数取值的可靠性进行了分析，认为依据钻孔压水试验获得的渗透系数存在偏小的可能性。其原因在于：

①本区最发育的是高陡倾角顺层展部的结构面，发育在可溶岩地层中，地下水的溶蚀进一步增强了它的导水性能，可能具有较好的渗透性；但是，垂直的钻孔和顺走向布置的平洞，揭露这种空间展布特点的结构面、溶隙或溶洞的概率是比较小的；②经天然条件的模拟分析可知，左岸地块天然情况应该早就形成了自北向南的单向流动，由于雅砻江江水的溶蚀性很强，它在自北向南的渗流过程中会对这些高陡倾角的结构面进行溶蚀加宽，形成较为宽大的溶隙，成为地下水的强导水带。因此，我们还选择了存在强导水带的渗流计算。

考虑强导水带的水库蓄水模拟，我们根据研究区宽大的、延伸性强的结构面的密度统计结果（约 1 条/30m），以及考虑压水试验中渗透系数的最大值（10m/d），相当于出现强导水带的岩层带渗透性增加 1～10 倍，根据溶蚀裂隙发育规律，主要考虑了平川组上段（P_1p^2）、阳新组上段（P_1y^2）、马坪组中段（$C_{2+3}m^2$）三个层位出现强渗透带，综合考虑地层厚度和溶蚀深度，强渗透带按照 1～5 倍计算，将上述三层强渗透带参数加到方案 3*a* 大值模型中，构成方案 3*b* 模拟模型。

经过模拟计算，得到强导水裂隙—溶隙存在条件下官地水库正常蓄水（蓄水位为 1330.00m）时，库首左岸地块灰岩含水层的渗流场特征与渗漏量。从渗流场总体特征来看，与方案 3*a* 模型模拟得出的图 4.7 基本一致；此时，库水沿库首左岸地块灰岩含水层渗漏量增加，由方案 3*a* 大值模型水库总渗漏量 8571m^3/d，增加到 36694m^3/d。比方案 3*a* 模型结果增大了近 4 倍。

从方案 3*a* 和方案 3*b* 模拟结果可见：平川组上段（P_1p^2）、阳新组上段（P_1y^2）、马坪组中段（$C_{2+3}m^2$）三个层位溶蚀裂隙和渗漏量最大，占总渗漏量的 85％以上。我们认为，将该渗漏量作为防渗设计依据更为合理（表 4.6）。

表 4.6　　方案 3*b* 强导水介质情况下各含水层的渗漏量　　单位：m^3/d

地层	P_1p^2	P_1p^1	P_1y^2	P_1y^1	P_1s	$C_{2+3}m^3$	$C_{2+3}m^2$	$C_{2+3}m^1$	总计
方案 3*a* 均值 *K* 模型	1471.5	98.5	1239.2	219.9	58.5	200.8	1155.8	258.2	4702.5
方案 3*a* 大值 *K* 模型	3304.3	118.2	1918	329.9	76.05	321.3	2116.5	387.3	8571
方案 3*b* 加强导水条件估算	16521		9590				10582		36694

4. 结论

（1）左岸单薄分水岭地区 C－P 灰岩的岩溶发育程度总体较弱，现状条件下仍以裂隙—溶隙为主要特征，尚未形成贯穿整个河间地块的岩溶管道，不存在岩溶管道式水库渗漏的可能。

（2）在岩溶整体发育较弱的背景下，平川组上段（P_1p^2）、马坪组中段（$C_{2+3}m^2$）、和阳新组上段（P_1y^2）的岩溶发育程度相对较高。马坪组下段（$C_{2+3}m^1$）、马坪组上段（$C_{2+3}m^3$）、阳新组下段（P_1y^1）岩溶发育较弱；其他层位岩溶不发育。

（3）对于同一岩性层位而言，沿走向方向的岩溶发育程度要高于垂直走向方向，即南北向要高于东西方向；由地表向岩体深部岩溶发育程度快速衰减。

（4）天然条件下，库首左岸地块灰岩中岩溶发育程度相对较高的岩组极有可能存在自虎山滩向打罗方向的单向地下水渗流，岩溶相对不发育的岩组在补给充分的雨季可能存在地下分水岭。水库正常蓄水条件下，各灰岩岩组均不存在地下分水岭，即必定存在裂隙—溶隙型水库渗漏问题，经模拟计算总渗漏量约 8600～36700m^3/d。其中平川组上段（P_1p^2）、马坪组中段（$C_{2+3}m^2$）、和阳新组上段（P_1y^2）的渗漏量约占总渗漏量的85%以上，是防渗的关键层位。

4.2.5.2 溪洛渡水电站

（1）工程概述。溪洛渡水电站位于四川省雷波县和云南省永善县分界的金沙江溪洛渡峡谷。该电站是一座以发电为主，兼有防洪、拦沙和改善下游江段航运条件等综合利用效益的特大型水电工程。电站为堤坝式开发，拦河大坝采用混凝土双曲拱坝，最大坝高278m，正常蓄水位 600.00m 时水库回水长 199km，相应库容 115.7 亿 m^3，调节库容64.6 亿 m^3，具有不完全年调节性能。电站装机容量12600MW，多年平均年发电量571.2亿～640.6 亿 kW·h（近期——远景）。

（2）问题或现象表现。位于水库区库首的豆沙溪沟—油房沟一带，正常蓄水位600.00m 以下，分布有二叠系下统 P_1y 阳新灰岩，并在岸坡一定深度范围内发育有现代岩溶；在坝址下游新滩、撒水坝、下河坝一带河床谷底也有阳新灰岩地层分布，且在撒水坝、下河坝的金沙江边有泉水出露。

（3）问题产生背景。溪洛渡水电站枢纽区位于雷波—永善构造盆地中的永盛向斜之西翼，系一总体倾向南东的单斜构造，地层缓倾下游偏左岸，且在枢纽区存在向斜构造的阳新灰岩地层连续分布。结合阳新灰岩镜下鉴定及溶蚀性试验成果，阳新灰岩的可溶性与组成岩石的化学成分、岩石结构特征和微裂隙发育程度有关。岩石中 CaO 含量高、SiO_2 含量低的易于溶蚀；方解石含量高的岩石易于溶蚀；硅化和白云化高的岩石难于溶蚀；岩石结晶程度中等的粉—微晶灰岩较结晶程度低或高的泥晶、细晶灰岩易于溶蚀；粒屑含量比中等的灰岩较含量比偏低或偏高的灰岩易于溶蚀。在蓄水后，存在库水沿库首段经深埋阳新灰岩向下游产生岩溶渗漏的可能。

（4）控制要素。溪洛渡水电站水库渗漏控制性要素包括地质结构、岩溶发育及水文地质条件等，其水库区及枢纽区存在连续分布的阳新灰岩地层，具有可溶性，因而存在岩溶渗透通道的可能。从地质历史时期分析，在永盛向斜内阳新灰岩与玄武岩沉积间断期间古岩溶发育程度和深度不大，地表及钻孔揭示存在后期充填，因此不存在古岩溶发育的连续渗透通道。第四纪以来，本区新构造表现为强烈的抬升，上升速度不断增大，有利于岩溶发育的相对停顿期愈来愈短，现代岩溶在阳新灰岩出城中面积大、岩层产状缓的向斜周边扬起端较发育，而向斜深埋区长期处于封闭的环境，缺少岩溶发育的地质和水动力条件，为岩溶不发育区。

（5）问题综合评价与对策措施。金沙江是区域内最低侵蚀基准面，支流大致垂直主流发育，库段范围内两岸山体雄厚，邻谷河水位高于库水位。库区碳酸盐岩溶发育微弱，无大的区域性导水结构面分布，水库蓄水后不存在向邻谷产生永久性渗漏的可能。

库首豆沙溪沟一带和下游新滩、撒水坝、下河坝等地间阳新灰岩连续分布，并在岸坡一定深度内发育岩溶。库首与下河坝、撒水坝直线距离为28.5km和25km，分别位于永盛向斜的西翼和马湖向斜的东翼，分属两个相对封闭、独立的构造盆地和地下水流动系统，两地间有箐口隆起相隔，阳新灰岩下伏志留系泥页岩相对隔水层在隆起处的顶板高程高于水库正常蓄水位600.00m，志留系泥页岩构成了库首与下游下河坝、撒水坝之间的天然隔水屏障，故不存在库水向下游下河坝、撒水坝两地产生岩溶渗漏的可能性。

库首和新滩位于永盛向斜盆地的两翼，直线距离16.7km。在向斜轴部阳新灰岩埋深于河床下900m，海拔－500.00m以下，谷肩部位埋深大于1600m。区内古岩溶不发育，现代岩溶微弱。岩体在深埋区高围压状态下透水性微弱。库首与新滩各属于两个相互独立的地下水流动系统，系统间在蓄水前后均存在地下水分水岭，故也不存在向新滩产生岩溶渗漏的问题。

4.2.5.3　紫坪铺水电站

（1）工程概述。紫坪铺水电站位于岷江上游，总库容为11.12亿m^3，调节库容7.74亿m^3，紫坪铺水电站总装机4×190MW，年发电量34.176亿kW·h，年利用小时数4496h。是一座以灌溉和供水为主，兼有发电、防洪、环境保护、旅游等综合效益的水利工程。

（2）问题或现象表现。紫坪铺水库由岷江干流主库和支流寿溪河、龙溪河两支库组成。岷江干流自北而南流经漩口后，急剧转折流向北东，先后接纳寿溪河和龙溪河，蜿蜒曲折，再以南南东流向流入坝址区于坝址下游约2.5km处与左岸邻谷白沙河相汇合，其间库区左岸龙溪河支库与邻谷白沙河形成一河间地块。该河间地块为一呈NE—SW向展布的飞来峰构造条形山脊，地质构造复杂，出露地层为泥盆、石炭、二叠系浅海相碳酸盐岩，且受断裂切割，岩溶较发育。

（3）问题产生背景。由于紫坪铺库内左岸龙溪河流经飞来峰处的现代河水位为790.00～820.00m，邻谷白沙河流经飞来峰处的现代河水位为837.00～860.00m，分别低于水库正常蓄水位877.00m约60～90m及20～40m，水库蓄水后，库水存在经龙溪河支库沿飞来峰条形山脊碳酸盐岩地层向邻谷白沙河产生岩溶渗漏等问题。

（4）控制要素。紫坪铺水库向邻谷渗漏的主要控制因素包括地质结构、岩溶发育程度及水文地质条件等。其中龙溪河—白沙河河间地块由龙溪河、白沙河及其所加持的飞来峰条形山脊组成，地表呈现出构造侵蚀—溶蚀中山地貌特征。条件地块地层岩性组合复杂，主要由飞来峰碳酸盐岩及其底座岩体两大岩系组成，其中飞来峰碳酸盐岩自库内由SW向NE方向穿过龙溪河，河间地块条形山脊想邻谷白沙河延伸，地层岩性主要为泥盆系白云岩、白云质灰岩夹石英砂岩，石炭系厚层状灰岩、生物碎屑岩，二叠系灰岩、燧石条带灰岩等；飞来峰底座岩体为三叠系上统含煤砂页岩。根据溶蚀性试验成果，泥盆系上统、石炭系、二叠系下统、二叠系上统长兴组白云岩、白云质灰岩、灰岩及燧石条带灰岩为可溶性岩类，因此，特殊的岩性组合，导致库区龙溪河向邻谷白沙河产生水库渗漏的可能。区内地质构造包括断裂、褶皱和节理等，其不仅对岩溶的发育产生重要影响，也对水库向邻谷产生岩溶渗漏起着控制作用。

（5）问题综合评价与对策措施。紫坪铺水库左岸龙溪河支库与邻谷白沙河构成的河间地块由飞来峰碳酸盐岩组成。水库蓄水后，库水从龙溪河支库沿该河间地块向邻谷白沙河产生岩溶渗漏的可能性，主要取决于飞来峰碳酸盐岩类岩溶的发育程度，河间地块有无地下分水岭，地下分水岭分布高低，飞来峰及其底座隔水岩组的分布情况等基本条件。结合水文地质勘探及调查，飞来峰主要地质及岩溶发育特征如下：①河间地块飞来峰条形山脊为弱岩溶化区，无岩溶管道贯穿分水岭地段；②飞来峰河间地块存在较稳定的地下分水岭，地下水水位远高于水库正常蓄水位；③飞来峰底座非岩溶化含煤砂页岩在纵向上起伏，向北东方向有抬高趋势，在分水岭罗家垭口一带底座已抬高到1070.00m，高于正常蓄水位877.00m，从而使含煤砂页岩成为一道天然的隔水屏障。

综上，河间地块飞来峰水文地质、岩溶发育及地质结构等因素，飞来峰下伏基座须家河组为相对稳定的区域性隔水岩组，在分水岭一带形成了一道天然的隔水屏障，阻止了库水向邻谷白沙河的渗漏途径。

4.3 水库浸没问题

4.3.1 概述

水库蓄水引起水库周边地带地下水壅高，地下水壅高可使毛管水抬升，当其上升高度达到建筑物地基或农作物和树木的根系，且持续时间较长时，将产生浸没问题。当多年平均降雨量大于蒸发量时，水库浸没一般表现为沼泽化问题；当多年平均蒸发量大于降雨量时，水库浸没一般表现为盐渍化问题。浸没对滨库地区的工农业生产和居民危害甚大。它可使农田沼泽化或盐渍化，农田作物减产；可使建筑物地基条件恶化甚至破坏，影响其稳定和正常使用；可造成附近矿坑充水，采矿条件恶化；可使铁路、公路发生翻浆、冻胀次生灾害。因此，浸没问题可能影响到水库正常高水位的选择，甚至影响到坝址的选择。下面对水库浸没产生的主要常见灾害进行详述。

4.3.1.1 土地盐碱化

水库蓄水后库水位升高，地下水位相应壅高，加上蓄水后库底逐年淤积抬高，水位塞高值就更大，使库区边缘地带大片良田将变成沼泽或造成严重的盐碱化和加剧盐碱地的发展。库区盐碱化作用机理：地下饱和带水与土壤非饱和带水之间的水力联系，直接影响土壤毛细力水的存在形态（孔隙毛细力水、悬挂毛细力水、支持毛细力水），影响土壤水分液态运动的连续性和土壤水分的气化与蒸发强度，从而影响土壤的积盐状况。水库运行期，库水位远远高于天然河水位，库岸地下水从基岩上升至第四系堆积层细粒土壤中，水位的上升携带盐分一同进入土壤中，在毛细力作用下，土壤水进一步上升，甚至达到地面；在干旱少雨地区，蒸发大于补给，水分消散、水中矿物质残留于土中，长时间循环作用，土壤必定盐渍化，如图4.8所示。

例如龙羊峡水电站位于青海省海南藏族自治州境内，是黄河中上游水电梯级中的大型控制性工程，缓解当时西北电网供电紧张局面和促进西北地区以及青海地区经济发展发挥了巨大作用。在龙羊峡水电站开始蓄水后，地下水位大大提高，淹没了周围两个县5个乡，28个行政村及37个企事业单位，迁移了安置大量移民。但是由于受当时历史条件限制，移民安置没有可依据的专业技术规范等原因，致使部分移民搬迁安置后不久就出现了

图4.8　土壤盐碱化

土地资源不足、质量偏低等问题。特别是移民安置点区域盐碱化严重，移民房屋受侵蚀严重，不但严重影响了当地居民的生命财产安全，还影响了社会的稳定和谐。

盐碱化对建筑物基础以及围墙和房屋勒脚的破坏机理，主要有如下两个原因：

(1) 化学作用。即盐碱本身对建筑物的腐蚀作用。不同的盐类对建筑物的腐蚀性也各不相同。氯盐主要腐蚀混凝土中的钢筋从而引起建筑结构的破坏；硫酸盐主要是通过物理、化学作用破坏水泥水化产物，从而使混凝土粉化、脱落，进而丧失强度。硫酸盐与混凝土中的水泥水化物发生化学反应，从而引起混凝土的结构破坏。

混凝土内部水化物体积膨胀产生的巨大应力，将对混凝土结构产生很大破坏，另外水泥水化物反应生成产物其强度也有所降低，也加剧了混凝土结构的破坏过程。

(2) 物理作用。盐碱随水进入房屋基础或勒脚后，随着水分蒸发致使盐碱矿物结晶、膨胀而导致建筑物表面不断剥离。含有盐碱的水上升到房屋基础表面后，由于干燥、多风及温度变化等因素，水分迅速蒸发，盐类结晶析出。由于盐类的结晶带有多个结晶水，体积发生膨胀。当含有盐碱的水由于毛细现象上升至混凝土或砖砌体内部，随着水分的蒸发，盐类结晶膨胀，这样在混凝土及砖砌体孔隙内部产生的应力将使其产生物理破坏，建筑物表面剥蚀，进而影响建筑强度和安全。且当地干燥的气候，形成的芒硝会较快地脱水，体积减小。由于当地气候、地形、地下水等因素影响，上述的胀缩反应交替发生，这种物理性的结晶胀缩破坏也是导致墙体基础破坏的一个重要原因（图4.9）。

4.3.1.2　沼泽化

库区浸没还会引起一系列问题，其中土壤沼泽化就尤为突出。沼泽化会破坏土壤的结构，含氧量减少，透气性降低，而还原性有毒成分累积过程增强，导致土壤理化性质变劣。如若长期不予治理，将使农产量骤减甚至停产，严重影响居民居住环境，在气候条件恶劣情况下还可能导致土壤盐渍化。沼泽化作用机理：库区浸没化后，库岸地下水水位上升，库水位的持续稳定，使得地下水水位长期稳定在地表附近，加之大气降雨大于蒸发量，使得库区周边平坦地带长期处于湿地状态，久而久之，土壤中氧气消耗殆尽，向还原

图 4.9　砖砌体勒脚盐碱化情况

环境转变，尽管库水位下降，但是由于湿地黏土广布，渗透性差，土壤水不易下渗，最终导致土壤沼泽化，如图 4.10 所示。

图 4.10　土壤沼泽化

如丁庄水库是华能德州电厂的专用水库，位于山东省陵县西部丁庄乡马颊河以南，新鬲津河以北的低洼盐碱地上，是典型的平原水库。为满足电厂发电急需用水，1991 年水库在库外界沟尚未完全建成情况下开始蓄水，当最高蓄至 21.00m 时，下游坝脚出现管涌及流土渗透变形破坏，库外界沟出现集水，地下水位由 15.80m 升至 16.78m，造成 0+000～1+500 范围（界沟没贯通）局部沼泽化，给库区周围的人民生产生活带来了严重的危害。

4.3.1.3　建筑物地基软化

水库浸没将使库边缘建筑物地基受浸润，强度降低，加上地下水位上升毛细水也相应升高，致使建筑物墙壁潮湿，造成墙皮剥落引起墙倒屋塌。作用机理为库水位上升引起周边地下水水位壅高，壅高后的水位会高于建筑物基础持力层，从而改变持力层的物理化学性质，进而影响建筑物稳定性。因此，建筑物安全稳定的问题主要从库区浸没后库区周边建筑物群基础持力层特性变化展开分析。建筑物基础持力层主要有两种，一种是松散软岩（基岩或覆盖层）；第二种是密实硬岩（基岩）。库区地下水水位上升对以松散软岩为持力层的建筑物影响较大，对以密实硬岩为持力层的基础（以高层大型建筑为主）影响主要体现在水压力的增大上，考虑到建筑物本身所设计的抗浮抗压措施，因此水位升高影响相应较小（图 4.11）。

图 4.11　建筑物地基软化

如三门峡水库华县王家村地处黄土地带，黄土遇水后水溶盐被溶解或软化，结合水膜增厚，土粒联结明显减弱，结构被破坏，表现出明显的湿陷性，降低房屋基础的承载力，导致房屋倒塌。

总结上述内容，水库蓄水后，地下水位大大提升，造成土地盐碱化、沼泽化、房屋地基软化等一系列的问题，给人们的生命财产安全造成很大的威胁，因此，充分了解造成水库浸没的原因及影响水库浸没的因素，才能采取有效的工程防护措施（防渗灌浆帷幕，防渗墙，减压井、沟等），减少人民群众的财产损失，促进社会的和谐稳定发展。

4.3.2　影响水库浸没的关键控制因素

库区浸没的发生受多方面条件制约，其中主要的因素有库区地形地貌、地质条件、水文地质结构、气候条件、水库运行方式等，而关键控制性因素为水文地质结构地下水流动系统、水-岩土体-水电工程三相耦合以及外部环境因素等多方面条件的综合影响，但外部因素主要是因水库蓄水改变的，故不作详细赘述。

4.3.2.1　水文地质结构

在丘陵地区、山前洪积冲积扇及平原水库，由于周围地势低缓，最易产生浸没，且其影响范围往往很大。山区水库可能产生矿山和宽阶地浸没以及库水向低邻谷洼地渗漏的浸没，严重的水库浸没问题影响到水库正常蓄水位的选择，甚至影响到坝址选择。在发生浸没情况下，不仅水状况发生变化，而且土壤水状况，土壤形成过程和土壤性质发生变化，植物界和动物界、小气候都发生了变化。此处从历史上发生的和可能发生的水库浸没事件中总结出三种水文地质结构控制的库区浸没结构，分别为平原残坡积型浸没，盆地洪积型浸没、峡谷冲积型浸没，下面将详细介绍关于这三种浸没类型的地质条件及作用机制。

1. 平原残坡积型浸没

平原残坡积型浸没的地质条件与作用机制分述如下：

（1）地质条件。平原式水库主要出现在山前冲洪积平原，山间盆地，河流下游平原区等。平原中上部沉积物颗粒较大，期间夹少量黏土或细粒沉积物，该带既是地下水径流区，也是地下水的重要补给区，地下水埋藏深、含水层厚度大；洪积扇的前缘地带，沉积物颗粒明显变细，地下水埋深变浅，含水层厚度变薄，层次也趋于多元化，构成地下水的主要径流区；局部低洼地带地下水溢出地表，构成地下水的天然排泄区。此类水文地质结构总体地形平坦宽阔，从结构上部到前缘呈现一种以粗颗粒沉积物为主变化到以细颗粒变化为主，地下水水位埋深由深变浅，毛细力水带由窄到宽。

（2）作用机制。结构上部沉积物颗粒大，地下水埋深大，不易形成浸没。结构前缘沉积物颗粒小，地下水埋深浅更易发生浸没。水库蓄水前，库区周边地带地下水水位位于临界深度以下，随着水库水位的升高（反复升高），高于库区原始地下水水位，库水开始进行反补，库区地下水水位逐渐升高达到稳定状态，由于该结构下库区沉积物颗粒小，在毛细力作用下，毛细管水逐渐上升直至稳定，另一方面库区河床不断淤积淤泥，泥层变厚且渗透性极低，地下水难以对水库进行排泄，最终导致水位壅高。对于气候干燥的地区，浸没会带来盐渍化等次生灾害，对于气候潮湿地区，浸没容易导致库区沼泽化。库区浸没机制如图 4.12 所示。

如陕西省斗门水库工程为陕西省引汉济渭工程的调蓄水库，距西安市中心约 20km，为典型的平原型水库。根据勘探钻孔终孔水位及长期观测孔监测数据可发现它的水位地质结构有如下特点：①单层水文地质结构，由单一的土层构成，岸边一定范围基岩面近水平、双层水文地质结构；②由上部弱透水层与下部强透水层组成，覆盖层近水平分布；③库区的地下水埋藏深、含水层厚度较大，总体地形平坦宽阔；④从结构上部到前缘呈现一种以粗颗粒沉积物为主变化到以细颗粒变化为主，地下水水位埋深由深变浅，毛细力水带由窄到宽。

2. 盆地洪积型浸没

盆地洪积型浸没的地质条件与作用机制分述如下：

（1）地质条件。总体上河谷宽缓，部分河段分布有河流一级或者二级阶地宽缓平台，局部平台上有房屋或者城镇分布。岩土层位典型的二元结构，上部以低液限黏土为主，下部以砂卵石层为主。局部地带为单一水文地质结构，基岩表层覆盖一层渗透性低的黏土，大部分河段为双层水文地质结构，上部为弱透水层、下部为强透水层，所有覆盖层均处于近水平状态。地下水埋深较浅。

（2）作用机制。河谷阶地由于特殊的二元结构，同时傍河地下水埋深较浅，该模式沿河阶地容易形成长条带状浸没区。水库蓄水前，库区阶地带地下水埋深低于临界水位，库区处于安全状态，随着水库投入使用，库区水位达到正常蓄水位左右并且长时间处于一个高水位状态时，库水从开始蓄水补给库岸地下水，由于阶地下部覆盖一层渗透性大的砂卵砾石层，水库周边地下水水位抬升相对较快直至稳定，最终高于临界水位发生浸没。由于

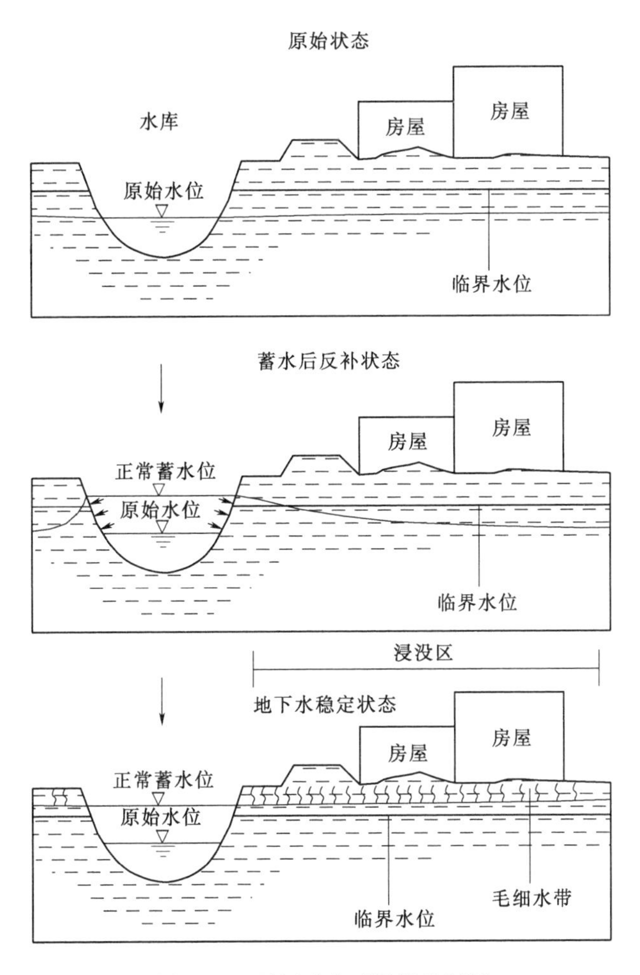

图 4.12　平原式库区浸没机制图

该层渗透性极小，在毛细力作用下，毛细管水逐渐上升直至稳定，同时黏土承载力随着含水性的增大而变弱、而变形随之逐渐变大，对坐落于阶地的居民建筑、农作物造成一定损害。对于气候干燥的地区，浸没会带来盐渍化等次生灾害，对于气候潮湿地区，浸没容易导致库区沼泽化。库区浸没机制如图 4.13 所示。

小南海水电站位于长江干流重庆河段，是三峡水电站和向家坝水电站之间的重要衔接梯级，水电站为低水头径流式。小南海水电站库区位于重庆市主城江津区内，属长江河谷平坝阶地，沿江主城集镇众多，涉及人口房屋较多，水库蓄水后，沿江建筑区浸没影响问题突出，属于典型的盆地洪积型浸没。

3. 峡谷冲积型浸没

峡谷冲积型浸没的地质条件与作用机制分述如下：

（1）地质条件。此类水库主要分布于地山丘陵区，库区两侧发育顶部平缓的山或丘陵，河谷切割相对较深、较窄。地层岩性主要为砂泥岩互层式，且山顶发育风化泥岩、土壤，由于山顶平缓，可见大片农作物和房屋。

（2）作用机制。该模式水库蓄水后容易造成库区两侧平顶山地带发生浸没现象。

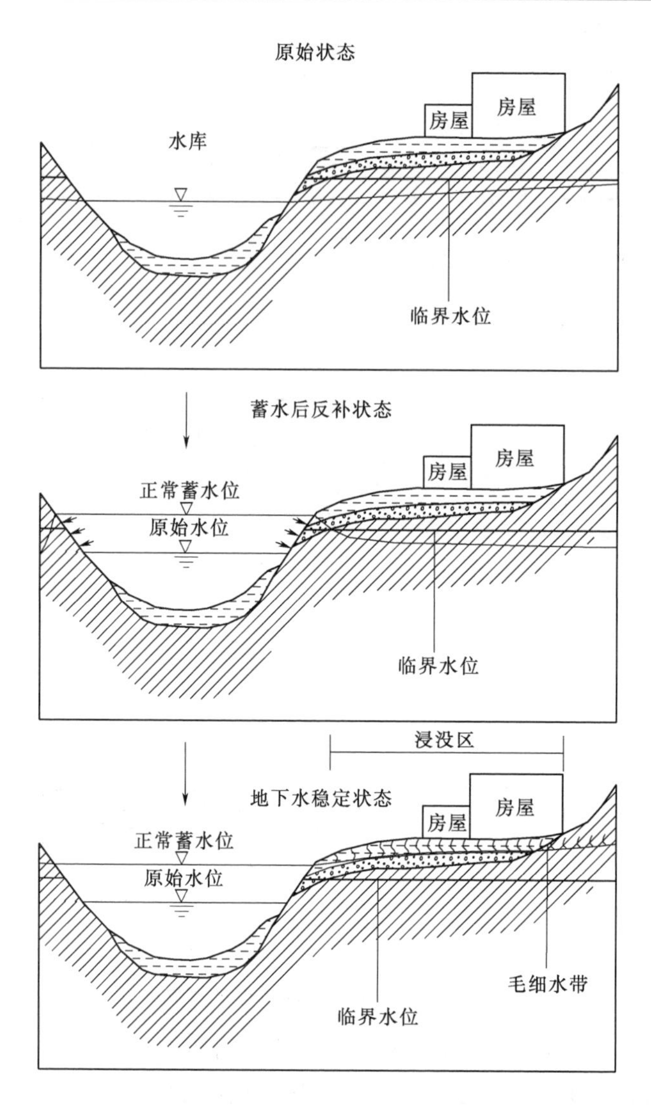

图 4.13　低山宽谷式库区浸没机制图

水库蓄水前，库区主要接受大气降雨补给地下水，最终排泄于河槽中，此时地下水水位低于临界水位；随着水库蓄水后，库区水位开始抬升。此时，河水面高于水库两岸地下水水位，库水进行反补。随着库水位的稳定，地下水也逐渐趋于稳定状态。此时地下水水位漫过砂岩含水层，达到风化泥岩、土壤等细粒带中，在毛细管力作用下，形成毛细水带，此时水位高于临界水位，库区发生浸没。由于此种模式存在地表分水岭，如果当地气候常年干燥（蒸发量大于补给量），该地容易发生土壤沼泽化。隔槽式库区浸没机制如图 4.14 所示。

如黄登水电站水库位于云南省怒江州境内的澜沧江上，河谷狭窄，岸坡陡峻，地质灾害较发育，属典型的高山峡谷区，水库蓄水后，库区水位开始抬升，此时，库水位高于水库两岸地下水水位，库水发生回流，随着库水位的稳定，地下水也逐渐趋于稳定状态，此时水位高于临界水位，库区发生浸没。

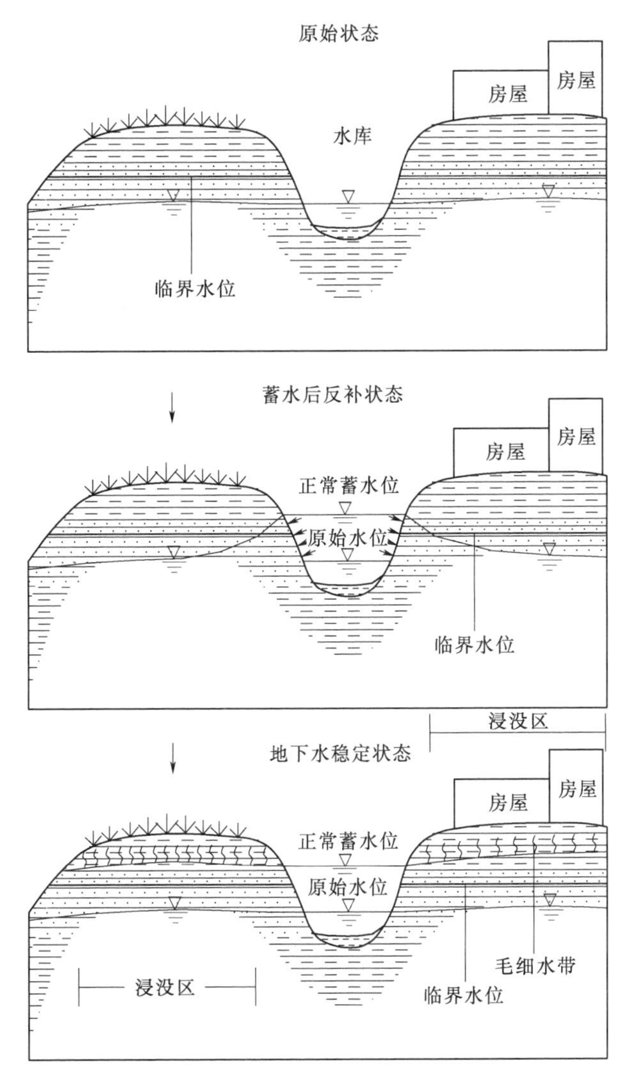

图 4.14　隔槽式库区浸没机制图

4.3.2.2　地下水流动系统

（1）平原式水库。

平原中上部沉积物颗粒较大，期间夹少量黏土或细粒沉积物，该带既是地下水径流区，也是地下水的重要补给区，地下水埋藏深、含水层厚度大；洪积扇的前缘地带，沉积物颗粒明显变细，地下水埋深变浅，含水层厚度变薄，层次也趋于多元化，构成地下水的主要径流区；局部低洼地带地下水溢出地表，构成地下水的天然排泄区。

（2）峡谷冲积型水库。

该模式水库蓄水后容易造成库区两侧平顶山地带发生浸没现象。水库蓄水前，库区主要接受大气降雨补给地下水，最终排泄于河槽中。

4.3.3　浸没区地下水致灾作用

我国近几年来水库的数量日益增长，修建水库，不仅能够对地表水体起到储藏和积蓄的作用，积蓄的水体则可用于发电、灌溉、供水等。但是水库蓄水泄水水量变化的过程会带来许多不利，会影响库岸稳定，使得库区原有的地质环境平衡被打破，造成周边库岸地下水位升降，破坏水文地质环境。水库浸没是由于水库蓄水或人类工程活动促使浅层地下水位上升、地下水埋深小于浸没临界埋深值引发各类灾害的一种现象。水库浸没一旦发生，往往会给生态环境、生产生活、社会经济带来严重危害，最常见的危害主要是库区周围农作物区盐渍化浸没和建筑物区沼泽化浸没。

4.3.3.1 农作物区土地沼泽化、盐碱化

（1）影响农作物区土地沼泽化因素。

沼泽化程度与植被类型、淤泥深度和淤泥有机质含量呈显著正相关，与 pH 值和溶解氧呈显著负相关；而植被丰度与水深、pH 值和溶解氧呈显著负相关；淤积程度与 TN、TP、淤泥有机质呈显著正相关，与 COD 呈显著负相关。

（2）影响农作物区土地盐碱化因素。

农作物区土地发生盐碱化，受到源于自然和人为多重因素的影响，表 4.7 罗列了七大因素。

表 4.7 影响土地盐渍化因素

影响因素	实　例
温度的影响	研究发现不同土层水溶性 Na^{+} 的含量随气温升高过程而快速递增，土壤温度的增加会显著增加土壤中盐分的集聚性，10～15cm 的剖面上最为明显（李建国，等，2012）
降雨的影响	暴雨对于土壤盐分的脱盐作用很明显，张妙仙等利用粉砂壤土土柱研究特大暴雨过程中土壤盐分运移特征，发现当地下水位为 2.5m 时，雨后 0～83cm 土层土壤盐分下移至 83～200cm 土层段，其淋洗效果最佳
植被覆盖的影响	由于不同植被的地表覆盖程度不同，进而引起地表蒸发量的差异（郭金思，等，2011），从而引起表土层（0～5 cm）土壤不同的盐分表聚特性，如郭全恩在甘肃省秦安县兴国镇郑川村的研究发现，裸地相对小麦地和玉米地具有更明显的盐分集聚，而常年的小麦种植可以明显减少土壤中 0～100cm 的盐分含量。西南地区植被较为茂盛，降雨量大，蒸发强度低，故土地盐渍化现象并不常见
不同的土壤类型、土地利用方式、地貌组合	不同的土壤类型、土地利用方式、地貌组合都会对土壤盐分的迁移累积产生显著地影响（Fang H，Liu G，Kearney M，2005）
土壤盐渍化与地下水位密切相关	刘广明用粉砂壤土土柱进行了为期一年的室内模拟试验表明：地下水埋深 85cm、105cm 情况下，0～40cm 深度土壤电导率与地下水矿化度呈良好正相关关系（刘广明、杨劲松，2003）
大型工程对于土壤盐渍化发生具有明显的季节性和梯度表现	三峡大坝建成运行后，季节调蓄对于长江河口土壤水盐动态的研究表明：10—12 月三峡水库蓄水期间，加速长江口的土壤的盐渍化，并有 Na^{+} 碱化的趋势（余世鹏，杨劲松，刘广明，2003）
土壤孔隙等物理结构同样对于盐分迁移、累积产生影响	砂土层的土壤粒间孔隙较大，对土壤盐水上移表聚具有明显的阻隔效应，而黏土层有良好的保水和隔盐能力，尤其对表土积盐的抑制效果显著，且抑盐效果随黏土层厚度增加而提升。同时，黏土层中钠离子吸收比（SAR）有显著的下降，对抑制土壤碱化具有很好的效果（Suarez D L，Wood J D，Lesch S M，2006）

官厅水库自 1955 年蓄水运行后，库区妫水河两岸土地即出现浸没，土地沼泽化、盐碱化，部分房屋因地基沉陷而墙壁开裂或倒塌，农作物和果树减产或死亡。库区由于上游

严重的水土流失和库水顶托作用，河道有大量泥沙淤积，库尾永定河、洋河、桑干河段河床不断淤高，变成“地上悬河”，河床淤高导致两岸潜水及部分承压水水位相应壅高，地下水水力梯度由陡变缓，地下水流速缓慢且出露地表，形成更大的浸没区。由于地表水排水出口淤高，地表水排泄不畅而形成内涝，大面积良田沼泽化、盐渍化甚至弃耕，造成农作物和果树烂根、减产或绝收；浸没区村庄房屋因地下水位抬高，地基承载力下降、基础下沉，致使房屋墙壁断裂甚至倒塌；浸没区内道路翻浆破坏，行车困难。这种情况如果不能得到有效的治理，浸没的严重灾害必将进一步发展（图4.15）。

图4.15 库区周围盐渍化

4.3.3.2 建筑物区地基软化及沉降

建库后，库岸水文地质条件改变，可能会对建筑的安全稳定和使用功能造成影响。建筑地基持力层因受水的浸泡和软化作用，其承载力和建筑的变形稳定受到不同程度的影响。地下水位或毛管水位上升到一定高度以后，也会影响建筑的生活环境和使用功能，主要从两种不同地基成分来阐述。

（1）对于卵砾石及碎块石地基，受地下水及毛管水的作用，其地基承载力下降甚微，地基土的压缩变形亦很小。因此，蓄水对此类土层的建筑浸没影响程度相对轻微，主要建筑使用功能和生活环境会受到一定影响，对建筑的安全性基本不构成影响。

（2）对于低液限黏土及粉土地基，地下水进入地基持力层后，会影响建筑地基承载力及变形稳定，其影响程度随地下水上升而增加。

如小南海库区属低山丘陵区，库区总体河势平缓，河谷宽缓，部分河段分布有长江Ⅰ级阶地宽缓平台，其上多城镇分布，人口密集。库区分布地层主要为第四系、侏罗系、三叠系。小南海水电站库边房屋主要分布在人口迁移线以上的地形低缓地带，大部分台面前缘高程与正常蓄水位相当，台面表层多为人工堆积层，均匀性差，透水性较强，下部为低液限黏土、粉土、粉细砂等。例如，江津区德感街道位于长江左岸，距坝址约30km，库岸线长5.4km，上游居民较少，以农田为主，上、下游居民建筑物密集分布。城区主要分布于Ⅰ级阶地，地面高程一般为200.00～202.00m。滨江公园及二沱沟一带地势相对较低，地面高程195.00～200.00m，台面宽度150～200m。通过现场调查，小高层、高层建筑物基础均采用桩基型式，常年受长江江水影响，水库蓄水对该类建筑物影响有限。

4.3.4 水库浸没问题研究预测评价与对策措施

4.3.4.1 水库浸没研究预测及分区评价

（1）浸没预测一般按以下步骤进行：

1）先应对水库周围进行浸没的定性宏观判断（即浸没可能性预测）。本阶段的地质测绘比例尺一般为1∶10000～1∶50000。

2）针对水库区可能的浸没地段，进行1∶2000～1∶10000比例尺的工程地质与水文地质测绘，并在此基础上，选取代表性剖面进行勘探和试验，了解岩土层结构及水文地质情况，地层分层特性，含水层均一性；地下水类型、埋藏条件、动态变化、水位、水质及补给量等，泉、池沼、沟的高程；岩土层的水文地质参数，如透水性、毛细管上升高度、给水度、含盐量等；建筑物地段的岩土力学性质。

3）调查并研究确定浸没标准。

4）根据勘测成果，进行地下水壅高计算或采用类比法，预测地下水壅水位。

5）进行浸没范围预测，即在地下水壅水位预测的基础上，对壅高后的地下水埋深值（h）与地下水临界深度（h_{cr}）相比较，圈定出浸没的范围，做出与水库设计蓄水位和持续时间较长水位相对应的浸没范围和浸没程度预测图。当$h<h_{cr}$时，会发生浸没；当$h\geqslant h_{cr}$时，不发生浸没。由于地质条件的复杂性，地下水壅高值的计算结果与实际情况常有出入，因此，圈定浸没范围时宜增加安全裕度，特别是对黄土易湿陷地区。

6）选择典型地段，从水库初次蓄水之前开始，进行地下水位和浸没范围的长期观测。并按已发生的浸没情况、计划的次年最高蓄水位和持续时间，预测浸没变化，以便及时采取措施，合理利用土地和减少损失。

（2）水库浸没分区评价方法。

1）确定时空范围研究区边界。依照已选取的研究范围，详细刻画边界，以备水位动态、浸没范围分析与图件绘制。

2）浸没时间。根据已测量的数据，分析年内或年际地下水位动态，确定浸没评价频率（丰/枯/平或逐月）。

3）确定地下水临界深度。水库壅水浸没标准是指地下水对建筑、工矿、道路和各种农作物的安全埋藏深度，即发生浸没的地下水临界深度，或称为地下水的最小允许埋藏深度。如果壅水后的实际地下水位线达不到浸没水位，则不会产生浸没；超过上述水位的地区则会受到浸没影响，从而出现盐碱化甚至沼泽化等一系列浸没灾害。地下水临界深度影响因素较多，主要包括气温、土壤岩性、地下水矿化度、灌排条件和地下水动态等。

4.3.4.2 水库浸没的综合防治措施

（1）防治原则：

1）因害设防，因势利导，尽量恢复原有耕地立地条件或改变土地耕种条件，控制区域临界地下水位不影响农作物生长、库周建筑物安全和群众生活。

2）浸没防治应与防洪安全、工程建筑物安全（如渗透稳定）相结合考虑。

3）浸没防治措施应适合浸没区的工程地质特点，即结合浸没区的工程地质特点选取和布设浸没防治措施。

（2）防治措施：

1）降低地下水位。结合地区水文地质条件和壅水预测结果，对浸没区布设排渗、减压或疏干工程。对于潜水型浸没一般采取排渗或疏干工程，对于承压水型浸没一般布设减压与排渗相结合的防治措施。如河北官厅水库，主要在浸没区内布设排水沟和渠系，形成浸没区排渗网络；山东聊城发电厂新厂引黄调蓄水库，在出现浸没坝段的坝址下游设置减压井，导出承压水，解决已出现的库外浸没现象，防止库外农田出现沼泽化和盐碱化。

2）采取工程措施与农业措施相结合的综合防治方法，包括降低正常蓄水位，改变作物种类和耕作方法等。

3）地面垫高处理。

4.3.5　浸没勘察工作准则

（1）地质测绘。

1）地质测绘的比例尺一般为 1∶5 万～1∶1 万；浸没重点地段的比例尺为 1∶10000～1∶2000，还要实测地形地质剖面。

2）测绘范围应包括可能浸没地带，一般至盆地边缘坡麓，或包括正常蓄水位以上第一个阶地的全部宽度。在黄土地区，由于地下水壅高将引起湿陷，测绘面积适当扩大。

（2）勘探工作。

1）勘探剖面位置一般是沿地下水流方向或顺地形斜坡布置。

2）勘探剖面间距，可根据研究地段的重要性和地质复杂程度确定。

3）勘探剖面上的坑孔位置，应结合地貌单元、岩性分层，考虑地下壅水计算的需要布置。在水库正常高水位处，亦应设有钻孔控制。一般孔距为 300～500m；岩相变化大，地下水坡降陡时，孔距可为 50～200m。

4）勘探坑孔深度，采用深浅孔相间，少数深孔打到含水层下的第一个隔水层底板；大多数浅孔打到地下水稳定水位以下 1～3m；试坑挖到地下水位以下。

5）钻孔结果应结合地质剖面的测绘成果，绘制水文地质剖面。剖面上表示：①岩层分层；②分层透水性与隔水层位置；③各含水层的地下水位线等。

（3）水文地质参数的测试。

1）渗透系数。可取原状土样在试验室测定，并利用颗粒级配和孔隙度等经验公式估算渗透性。基岩裂隙的渗透系数可用钻孔抽压水试验成果。当含水层不均匀时，松散层内也可进行分层抽水试验，确定渗透性。

2）饱和差 u 值：在壅水上升时，岩层饱和含水量与天然含水量之差，又称给水度。u 值以单位体积百分数来表示，该值除随岩层变化外，同时还随时间而变化。在砂性土和黏性土中可直接测定饱和差 u 值，取潜水毛细带以上原状土样通过室内试验求得，用下式表示：

$$u = n - w\gamma_d$$

式中：n 为岩（土）的孔隙率；w 为岩（土）的天然含水量；γ_d 为岩（土）的干重度。

（4）土工试验与水质分析。

1）室内测定容重、天然含水率、饱和度、比重、液限、塑限、孔隙度、颗粒分析以及黄土地区的湿陷性指标等。

2）研究表层土（一般即地表下 5m 深度范围内）的含盐量、盐分种类与组成百分比，与地下水化学成分的测定进行对比。

3）壅水后地基土壤承载能力。

4）测定浸没前后及蓄水过程中地下水、地表水的化学成分。

（5）地下水动态观测工作研究。

1）地下水壅高时，特别是对于大型水库，可在水库的典型地段设置观测剖面，利用钻孔进行地下水长期观测。找出浸没地段内地下水动态规律，包括沼泽化地区的地下水化学成分的变化。观测时间视水库运行情况而定，一般不少于一个水文年。

2）观测孔的布置应考虑地下水坡降大小、地形特点、岩相变化等。最高的观测孔应在正常高水位以上，达到可能浸没区边缘。

3）观测孔工作部分，在含水层不均一时，应全部装置；如含水层均一，进水过虑管长度可考虑为含水层厚度的1/3，下置深度在年最低地下水位以下3～5m。

4.3.6 水库浸没工程实例

4.3.6.1 瀑布沟水电站大树条带安置区水库浸没研究预测及评价

（1）工程概述。大树条带浸没影响区位于大渡河右岸的汉源县大树老集镇一带，距离瀑布沟大坝约32km，距汉源县城21km。大树条带前缘安置区房屋地基和新民老街房屋地基受浸没影响出现沉陷、裂缝、地板脱空等现象；房屋墙体、柱体等出现裂缝；地面普遍潮湿、返水等；安置区出现地表、地下排污、排水设施库水倒灌，居民沼气池因地下水渗入、地基沉降、地下室灌水、洼地积水和变形开裂等现象，致使其功能失效无法正常使用。

（2）问题或现象表现。2010年瀑布沟水库蓄水至正常蓄水位850.00m后，位于大树条带造地平台后缘的民房陆续出现了一系列变形破坏等现象，如图4.16～图4.20所示，主要表现为：

1）移民安置区出现地表、地下排污、排水设施库水倒灌，居民沼气池因地下水渗入、

图4.16 大树条带浸没影响区远景

地基沉降、地下室灌水、洼地积水和变形开裂等现象，致使其功能失效无法正常使用。

图 4.17　大树条带安置点地表沉降

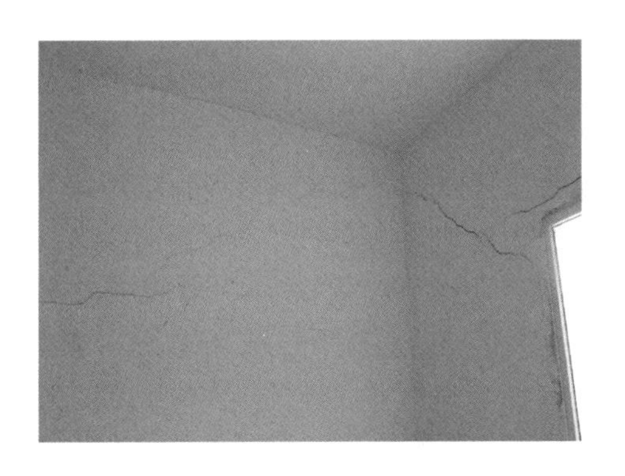

图 4.18　大树条带安置点房屋裂缝

图 4.19　水库蓄水至正常蓄水位 850.00m 时房屋边的洼坑积水

2）房屋地基及屋外地面出现沉陷、裂缝、地板脱空等现象，最大沉陷达 10cm 以上，裂缝宽 0.5～3cm，延伸长度大，主要沿房屋墙体与屋外地坪；屋外地坪与小区道路接触区裂缝普遍分布，特别是屋外地坪相对房屋墙体沉陷最明显。

3）房屋墙体、柱体等出现裂缝，主要分布于墙体、窗体角区，多为斜裂缝，个别为水平裂缝，宽 0.1～2cm，长 2～4m。

4）库水 850.00m 左右高水位运行时，房屋地面普遍潮湿、返水等现象。

大树条带浸没影响区主要涉及三个片区，即大树镇新民村 6 组、大瑶村 2 组和 3 组（包括新民老街浸没影响区），该区人口密集。浸没影响区受损房屋大部分为统建房，少数为自建房和新民老街原居民房。现场调查该区域受浸没影响引起的受损房屋共 232 户，总建筑面积 42234.71m^2。其中，受损统建房共 29 幢，建筑面积为 32575.21m^2，共 173 户；

图 4.20 室内变形、沉降和水痕

自建房共 59 户，建筑面积为 9659.5m²。统建房中轻微损坏 18 幢，105 户，建筑面积 20648.37m²（占 63.39%）；中等破坏 8 幢，48 户，建筑面积 8455.84m²（占 25.96%）；严重破坏 3 幢，20 户，建筑面积 3471m²（占 10.66%）。自建房中轻微损坏 6 户建筑面积 2264m²（占 23.44%）；中等破坏 49 户，建筑面积 7042.5m²（占 72.91%）；严重破坏 4 户，建筑面积 353m²（占 3.65%）。

（3）原因分析。大树大瑶集镇造地平台及移民安置点位于大渡河右岸Ⅳ级阶地，回填垫高后地面高程为 851.00～853.00m，防护堤距原大渡河边约 500～700m，前缘地形宽阔平缓，地形坡度约 3°～5°，造地平台区回填厚度 5～15m，最厚约 17m，移民安置回填厚度为 2～10m 不等，下伏土层为第四系上更新统冲洪积的砂卵砾石层或块碎石土与粉质黏土或砂质黏土互层，厚度大于 50m。根据现场裂缝调查和稳定性分析，大树大瑶集镇造地平台及移民安置点场地整体稳定。导致移民安置点民房开裂、地基沉降等是多方面因素综合作用引起的，场区高程较低、回填压实不够、建筑地基基础结构型式适应地基沉降变形及不均一变形能力低，在荷载、降雨、水库蓄水等外因作用下产生变形破坏，具体原因如下：

1）场区出现变性破坏现象区域土体多为回填土分布区，回填土多为砂土、砂卵砾石土、块碎石土等，碾压密实度不够，由于水库浸没影响，土层在重力作用或库水浸泡作用下发生固结沉降、不均一变形等，是导致沼气池功能失效、公路沉陷、房屋墙体及地坪开裂等变性破坏现象的内在原因。

2）安置场区平台仅高出正常蓄水位约为 1.20～2.50m，与正常蓄水位在该区的回水高程相当或略高。水库蓄水至 850.00m 时，考虑库水回水翘尾因素，场区外水库水位高于正常蓄水位，致使场区地下水位壅高，毛细水上升，接近甚至高于场区地面高程，产生了水库浸没影响，导致沼气池功能失效、公路沉陷、房屋墙体及地坪开裂、房屋地面潮湿返水等现象，是变形破坏现象的外在原因。

3）大树新民老街区浸没影响主要因宽阔的造地区形成后，改变了原岸坡地下水、地表水的补给、径流和排泄条件，在水库高水位运行时，库水与地下水综合作用，场区地下水位壅高，产生浸没影响，致使房屋变形、开裂、潮湿返水、场地沉降等现象。

综上分析，该区出现的变形破坏、潮湿返水现象是水库高水位运行产生的水库浸没影响，是水库库水和其他因素综合引起的。

（4）地质评价及处理建议。

大树条带工程场地地层：①造地人工堆积的由粉土、粉质黏土、碎石土等混杂组成，厚度1.6～11.37m不等，结构松散，承载力低，透水性强；②洪积粉质黏土层含砾石，承载力低，上部透水性较强，厚度2.61～6.93m，在剖面3－3上厚度达30m左右，该层中下部透水性相对较弱；③坡洪积块碎石（夹）土层，透水性强；④－1粉质黏土或砂质黏土，透水性较弱，为相对隔水层。

预测大树条带建筑物浸没影响高程为853.50m。浸没影响的范围主要为新民安置区、绿茵安置区、大瑶安置区和新民老街片区前缘2～3排房屋及房屋附属设施、生活排水排污等设施。

对大树条带浸没影响区，安置区和新民老街浸没区，涉及人口、房屋众多，有移民，也有原居民，没有后靠或异地搬迁安置条件，且社会影响大。因此，建议防治措施上以消除居民区浸没影响为原则，立足于防渗、降水、加固重建受影响的房屋及附属设施，确保场地不受浸没影响，确保其使用安全，功能有效。对造地农田区，因沉降出现局部低洼积水区域，建议采取回填垫高处理。

对于防渗、抽排降水方案：由于④－1粉质黏土或砂质黏土以及②粉质黏土层含砾石，其透水性较弱，可以作为相对隔水层，建议防渗墙深度以④－1或②层下部控制，通过设置防渗墙来隔断大渡河水，同时防渗区域设置纵横向地下排水系统，集中抽排处理，对后坡山体地表水采取截排，防止地下水及地表水入渗形成内涝。

对于抽排降水、自然降排方案，均不设防渗墙，主要通过地下排水措施降低水库高水位运行时的场区地下水位，避免或减弱浸没影响。

对于受损生活排污设施和沼气池可重建；对于受损房屋，经房屋安全鉴定后，对受损严重房屋可重建；对受损较严重房屋可通过房屋地基、结构加固处理；对受损较轻房屋可维修处理。

4.3.6.2　双江口水电站水库浸没研究预测及评价

（1）工程概述。

双江口水电站位于四川省阿坝州马尔康县与金川县交界处的大渡河上游东源脚木足河与西源绰斯甲河交汇处，是大渡河流域水电梯级开发的关键性工程之一。坝址处控制流域面积39330km^2，多年平均流量524m^3/s。电站初拟正常蓄水位2500.00m（上坝址），堆石坝最大坝高314m。对应库容为28.97亿m^3，具有年调节能力，电站装机容量2000MW。

（2）问题或现象表现。

目前为施工阶段，未有水库浸没现象，但蓄水后，存在水库浸没的可能。

（3）问题产生背景。

双江口水电站库区位于高山峡谷之中，库岸绝大部分由花岗岩和变质砂岩及板岩等基岩组成。第四系崩坡积层和滑坡堆积体，主要以块碎石为主，内夹少量土，自然坡度一般为17°～35°，个别为45°左右。库区河谷深切，地下水多向河流各支沟排泄，松散层中的孔隙潜水分布不广，排泄条件较好。因此，从库区地形地质条件分析，产生浸没的条件较差。

库区可能产生浸没的地区为正常蓄水位附近的大片冲、洪积物及部分冰水堆积层分布区。据调查，库区绰斯甲河和脚木足河流域所在河谷发育六级阶地，零星分布于沿江两岸。其中Ⅰ、Ⅱ级阶地以及梭磨河以下河段的Ⅲ级阶地，阶面高程低于2500.00m，将被淹没；而Ⅴ级阶地及沙市以上的Ⅳ级阶地，阶面高程高于2600.00m，不存在浸没问题。库区沙市—扎尔都宽河谷两岸大部分阶地阶面高程为2500.00～2600.00m，阶地堆积为砂卵砾石或块碎石和砂壤土层，三叠系板岩、千枚岩构成相对隔水层。因而，在业隆沟沟口洪积扇、冰积带、英戈落—加达冰积带、帕尔巴村—恐龙村冰积、坡洪积带，地下水埋藏较浅，地表水或地下水排泄不畅，于库岸附近的封闭或半封闭的洼地，水库蓄水后具备产生浸没的条件。

（4）控制要素。

如前所述，水库浸没的控制要素主要为地形地貌、水库蓄水后地下水位抬升及地层结构组成等。如在库区沙市—扎尔都宽河谷两岸大部分阶地阶面高程为2500.00～2600.00m，而水库正常蓄水位为2500.00m；另外，阶地地层结构组成为砂卵砾石或块碎石和砂壤土层，下伏三叠系板岩、千枚岩等。水库蓄水后，将造成地下水位壅高及毛细水位上升，进而造成水库浸没等问题。

（5）问题综合评价与对策措施。

如前所述，针对水库浸没问题，根据《水力发电工程地质勘察规范》（GB 50287—2006）附录C的规定，即当预测的潜水位回水埋深值小于浸没的临界地下水位埋深值时，该地区即判为浸没区。

根据地下水水位壅高则可计算出浸没地下水临界水位（$y_{临}$），如图4.21所示。其地下水水位壅高计算方法如下：

$$y_n = \sqrt{h_n^2 + y_1^2 - h_1^2} \tag{4.1}$$

$$y_{n+1} = \sqrt{h_{n+1}^2 + y_n^2 - h_n^2} \tag{4.2}$$

式中：1、n、$n+1$为断面位置；h_1、h_n、h_{n+1}为水库蓄水前在断面1、n、$n+1$处的地下水含水层厚度；y_1、y_n、y_{n+1}为地下水壅高后各断面处的含水层厚度。

浸没临界水位：

$$y_{临} = y_n + h_{cr} \tag{4.3}$$

结合地质调查结果，利用上述浸没高程计算方法，库区孔龙集镇、蒲志2组安置点、白湾集镇、直波2组半山安置点、沙市神丹安置点、505林场场部安置点、大西达尔伍安置点高程接近于水库蓄水位，可能会产生水库浸没问题，其评价结果见表4.8。

对存在水库浸没问题的场地，应结合浸没区的工程地质特点选取和布设防治，主要防止措施包括回填垫高或降低地下水位等。

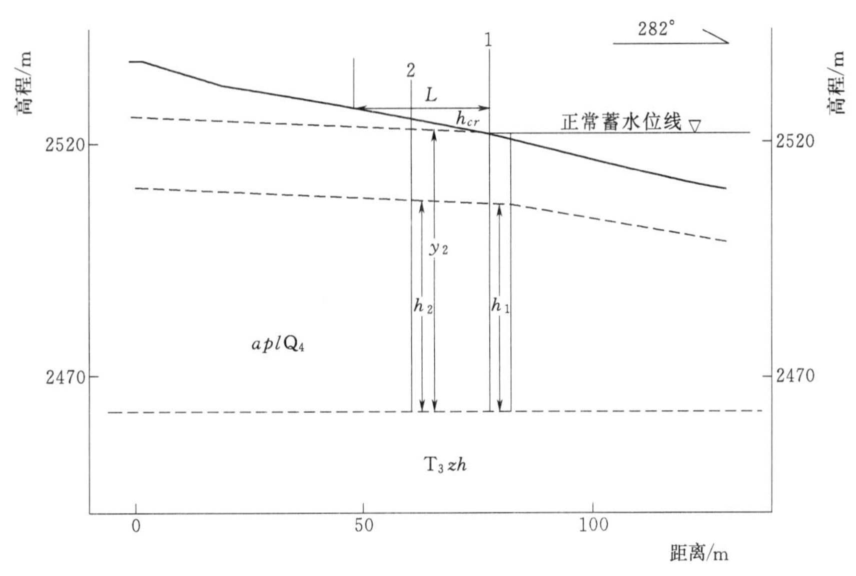

图 4.21　地下水位壅高高程计算示意图

表 4.8　水库区浸没评价一览表

序号	拟建安置点名称	拟安置人数/人	安置点高程/m	浸没影响
JM_1	大西达尔伍安置点	99	2500.00～2571.00	临江前缘可能发生浸没
JM_2	蒲志 2 组安置点	169	2500.00～2700.00	临江前缘可能发生浸没
JM_3	沙市神丹安置点	126	2500.00～2740.00	临江前缘可能发生浸没
JM_4	直波 2 组半山安置点	171	2500.00～2525.00	临江前缘与西侧斜坡可坡能发生浸没
JM_5	孔龙集镇	650	2496.00～2686.00	临江前缘可能发生浸没
JM_6	白湾集镇	400	2704.00	临江前缘与西侧斜坡可能发生浸没
JM_7	505 林场场部安置点	99	2499.00～2495.00	临江前缘可能发生浸没

4.4　浸没型岩溶内涝问题

4.4.1　概述

我国南方的岩溶峰丛洼地或峰林谷地地区，发育众多的地下河系。每年汛期，地下河因当地暴雨而增大流量，由于岩溶管道断面所限使排泄受阻，通过岩溶谷地的天窗或消水洞涌出，淹没谷地中的农田，称为“内涝”。如果此时地表河流水位因上游来水而上涨，淹没了地下河出口，就会循地下河倒灌，顶托了地下河的排泄，发生所谓“两峰遭遇”(即雨量峰与水位峰同时出现)，则内涝更加严重。如果在河流上建造水库抬高水位，使地下水排泄基准面相应升高。位于库岸边缘的一些高于水库正常蓄水位的岩溶谷地或洼地，虽不受水库直接淹没，但因库水通过岩溶管道产生回水顶托，使地下河水力坡降减小，地下水流速减缓，导致排泄能力降低，从而壅高地下水位，当达到洼地或谷地地面时就发生浸没、农田受涝现象，称为“浸没型岩溶内涝”。

在一些溶蚀洼地、谷地和峰林平原，因水库蓄水或连续降雨条件下，地下岩溶管道排泄受阻，经常发生内涝。这使原本就少有的农田受淹，成为农村经济发展的障碍。因此有必要查明岩溶内涝灾害发生机理和分布特点，并据此提出灾害的防治措施。岩溶内涝灾害是岩溶地区特有的，并且是一种与岩溶生态环境和人类活动密切相关的灾害类型。

近年来，由于岩溶区人类活动的增强和生态环境的恶化，内涝问题日趋频繁，严重影响国民经济建设和发展。由于岩溶内涝为复杂的地下管道系统所制约，其间水流循环及补排关系错综复杂，具有不确定性，对其形成机理难以判定，故有效治理难度更大。而且中国南方岩溶区的岩溶类型与其他地区和国家有差异，其人为活动也更加强烈。因此，在这方面系统的理论研究并解决好实际中的问题，在国外也没有比较好的经验和理论可供借鉴。目前，研究人员主要研究了大化水库、岩滩水库和百龙滩水库等岩溶水利水电建设引起的岩溶浸没内涝。

如位于岩滩水库一侧的东兰县太平乡拉巴片区，由拉平、巴纳两个相邻的大型封闭的溶蚀盆地（谷地）所组成。距离岩滩水库12km。盆地四周为800～900m的峰丛高山所环绕，盆地底部高程为290.00～300.00m，地面平坦，土地肥沃，人口稠密。发源于盆地西部武篆、江平的6条地下河支流汇集于此，合成单一管道。经过14 km的高峰丛洼地区至红水河岸边板文村流出，称为板文地下河，出口高程177.00m。每年雨季，盆地周边的地表径流通过3条季节性溪沟排泄至盆地东侧末端，从100多个消水洞潜入地下。而西部山区的降水渗入及过境地下河经过调节后，又于从由、那亮、拉平村附近的天窗、消水洞溢出地面，从而使谷地中的农田受淹。1993年3月岩滩水电站大坝下闸蓄水，库水位迅速上升。至7月初坝前水位上升至220.00m，接近水库正常蓄水位223.00m。板文地下河出口淹没于库水位以下43.00～46.00m（图4.22、图4.23），由自由出流变为淹没承压出流。库水循地下河发生倒灌顶托。与此同时，东兰县境连降暴雨，6—8月降雨量1183.3mm，山洪暴发，拉平、巴纳两个封闭的岩溶谷地因消水不畅使水位猛涨。从7月8日开始涨水内涝，平地水深3～7m，最深16m，最高水位300.84m（拉平）和306.87m（巴纳），内涝总容积4580万m^3。直到10月3日才退完，延时到85d，淹没耕地456hm^2，其中水田265hm^2，受灾农户1300户，人口6671人，倒塌房屋8间，还有部分公路、电灌站、输电线路被毁，直接经济损失700余万元。当年早稻无收，晚稻种不下去，这是该地罕见的特大涝灾。1994年汛期提前于5月中旬开始，拉巴片又重复1993年的内涝过程。岩滩水库水位在219.00～221.00m范围内波动。当地5—8月降雨量1555.1mm。5月24日开始涨水，8月下旬才开始退水，直到9月25日才退完，内涝延续达124d。最高淹没高程分别为301.07m（拉平）和307.17m（巴纳），比1993年最高水位高0.3m。积蓄库容达4940万m^3，受淹农田545hm^2，颗粒无收。农民连续两年受灾，生活更加困难。

百龙滩库区地苏地下河下游地区，历史上常出现内涝现象，从20世纪60年代起，主要严重内涝年份有1966年、1974年、1988年和1994年，各内涝片的内涝程度因其所处的位置、地貌特征及其水文地质条件差异而有所不同。内涝出现的时间一般为农历5—7月。百龙滩库区各内涝片内涝情况分述见表4.9。

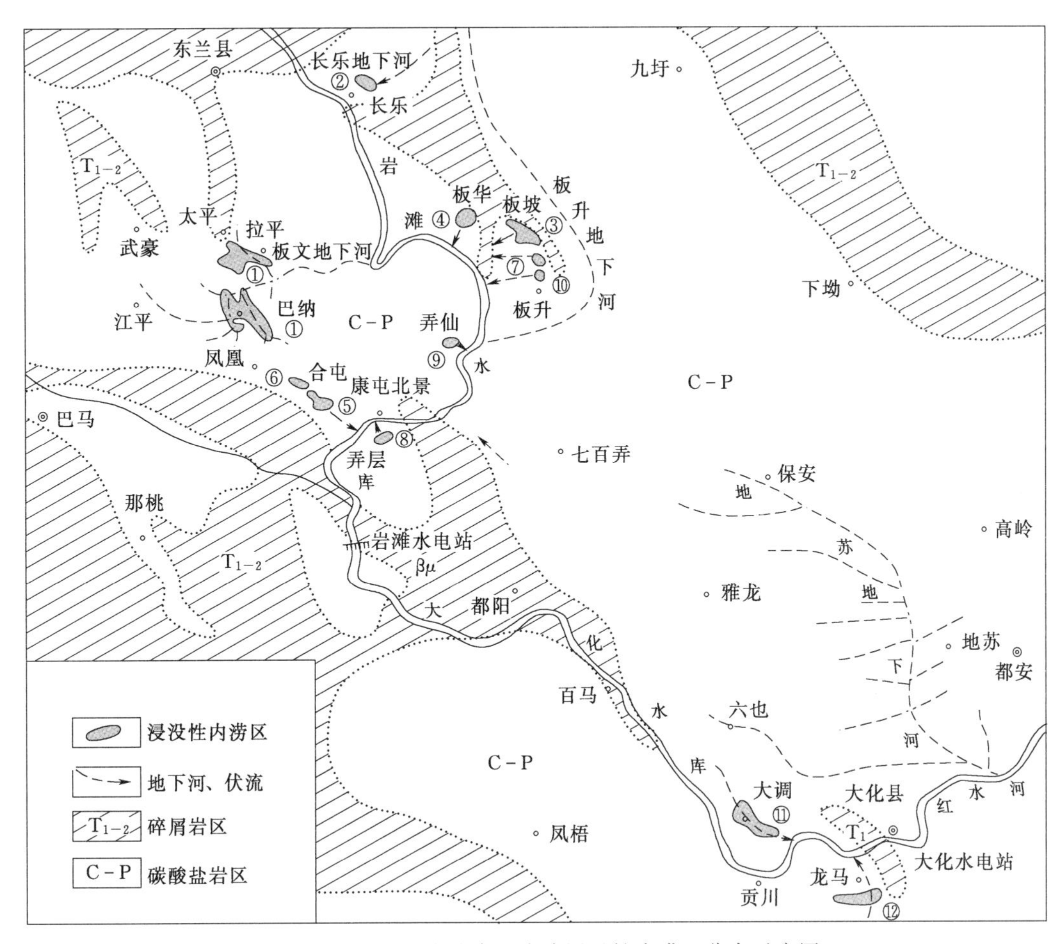

图 4.22　大化、岩滩库区岩溶浸没性内涝区分布示意图

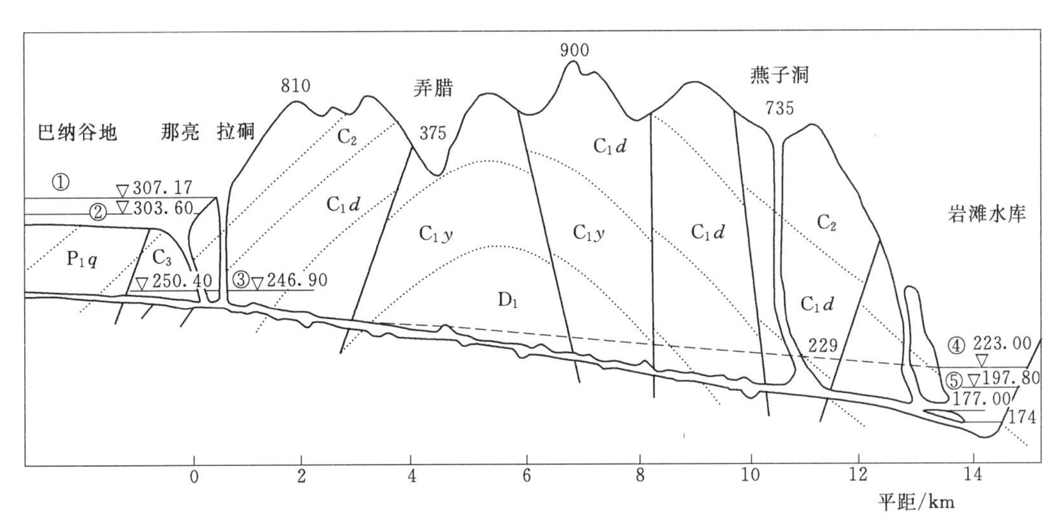

图 4.23　板文地下河纵剖面示意

①—蓄水后汛期内涝水位（1994－8－21）；②—蓄水前汛期内涝水位（1983－6－25）；③—枯水期地下水位（1994－3－13）；④—水库正常蓄水位；⑤—蓄水前汛期水位（1983－6－25）

表 4.9　百龙滩库区岩溶内涝特征

区域	地表高程 /m	耕地面积 /hm^2	人口 /人	内涝情况
凤翔片	160.00～170.00	163.33	2550	内涝最为严重的是1966年，水位约为165.60m，洪水泛滥持续时间约40多天。淹没涉及22个生产队，洼地内几乎全部耕地被淹没，淹没房屋220间。凤翔小学、凤翔村公所全被淹，淹没时间达10多天，都安—大化公路凤翔段中断一个多月，1974年、1988年、1994年凤翔水位约为164.50m，比1966年灾情略轻，据当地群众反映，凤翔10年有9年内涝，严重年份发生洪涝多则3次
镇兴片	150.00～160.00	209.33	3100	洪涝灾害较为严重的年份为1966年、1974年、1988年和1994年。1966年内涝洪水位约157.5m，淹没耕地约200hm^2，房屋75间，洪水持续时间约20多天。1974年、1988年和1994年涝灾水位约156.0m，受灾耕地166.67多hm^2，洪水持续时间10多天
南江片	145.00～155.00	346.67	4000	南江谷地1988年洪水是中华人民共和国成立以来最大的，该年洪水位于板新村为152.80m，受淹耕地约133.33hm^2；1966年、1974年、1994年等年份洪水位均比1988年低，其中这3年洪水位约为151.70～151.90m，受淹耕地约100hm^2。南江谷地洪涝特点由于其排涝明渠末端有较大泄洪能力而与镇兴、凤翔不尽相同，其内涝洪水主要取决于接纳上游来水量的大小
青水片	143.00～150.00	—	—	受灾程度主要受红水河水位影响

由于库区岩溶浸没型岩溶内涝对实际生产生活有巨大的影响与危害，光耀华等将水库诱发的岩溶浸没内涝问题，提高到灾害的高度去评价认识，并结合岩滩等水利水电建设，将理论研究与具体工程实践相结合，提出了一些防治的方法和途径。

4.4.2　岩溶区水文地质结构及浸没型内涝分类

河谷水文地质结构构成了地下水的赋存空间及空间展布规律，控制着地下水的储存和运移，是研究地下水流系统的基础。水文地质结构控制地下水系的观点，既从本质上反映构造控水控制，又能表征地下水系统的特征，同时又为定量化研究提供可靠的水文地质模型。

产生浸没型岩溶内涝的水文地质结构主要为河谷岸坡型水文地质结构，地下水径流总体垂直于河流，根据岩溶区河谷的特点，浸没型内涝主要发生在以岩溶管道为运移通道的岸坡型水文地质结构内。

4.4.2.1　直接浸没型内涝

水库近岸地带的一些高程低于水库正常蓄水位的岩溶洼地和岩溶盆地，由于四周被高山封闭不受水库直接淹没，但洼地底部管道发育，库水可以通过地下暗河回灌，使洼地成为库外库，而产生长期内涝。在封闭的峰丛洼地系统，没有地表排水出路，地下河常常埋藏较深，几乎所有的大气降水以渗入和注入的方式输入地下河系统。因此，落水洞、竖井、天窗、漏斗、地下河及地下河洞穴系统发育的形态和大小，决定着洼地系统的输水能力，影响着洼地系统内涝的发生和危害程度。大部分洼地系统的排水能力能够适应当地的降水量和降水强度，但是在大暴雨或连续降水量过大时，可能排水不畅而使洼地发生内涝。也有少部分洼地系统由于落水洞的过水断面小、地下河洞穴狭小或某一部位为瓶颈状洞道等内在因素，其排水能力有限，不适应当地的降水量和降水强度，一遇大雨即成内涝。如岩滩水电站水库的板华、长乐洼地和沿河一级阶地的洼地带浸没都属于直接浸没型内涝。如图 4.24 所示。

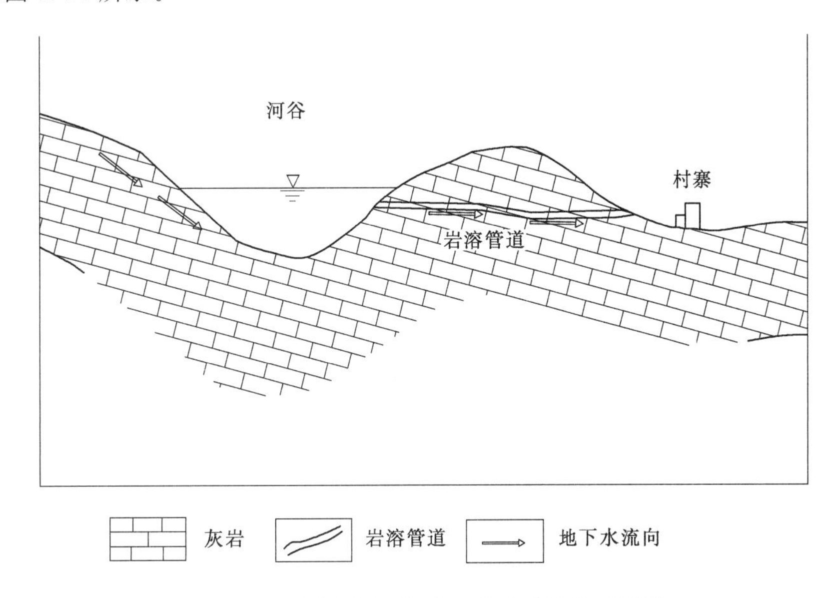

图 4.24　直接浸没型河谷水文地质结构示意图

4.4.2.2　间接浸没型内涝

间接浸没型内涝是指某些底部高程高于水库正常蓄水位的岩溶洼地和谷地，水库蓄水后，导致本不产生内涝的洼地或谷地发生内涝或延长原有内涝时间。由于岩溶地下河系的发育，明暗交替，极易发生浸没性内涝。谷地内落水洞常常较多，有些直接与岩溶地下河系相通成为天窗，即起消水作用又起排水作用。每当汛期，谷地本身坡面流流入落水洞；与此同时，地下河系上游来水量大、速度快，迫使地下水从落水洞、天窗涌出地表，致使谷地被淹。若是附近存在河水、水库水的顶托，则内涝更加严重，间接浸没型河谷水文地质结构示意如图 4.25 所示。

如岩滩水电站水库巴纳片岩溶洼地内涝就属于此类，其岩溶洼地地面高程为290.00～300.00m，距库区岸边约 12km，其周边为高程 800.00～1000.00m 的峰丛山地所环绕，板文地下河是其唯一的排向库区的通道。每年汛期暴雨，地下河排泄不畅，岩溶洼地产生内涝 7～10 天，内涝时间较短。岩滩水电站库区蓄水到正常高水位 223.00m 后，板文地下河出口淹没于库水位以下约 46m，库水循地下河发生倒灌顶托，使地下河产生回水，其水力坡降减缓，板文地下河的排泄能力被显著减弱。

4.4.3　岩溶内涝地下水作用机制分析

可按下列情况判定发生岩溶浸没性内涝问题的可能性：

(1) 水库蓄水不淹没暗河出口，其相应岩溶盆地、洼地、槽谷的内涝将不会产生

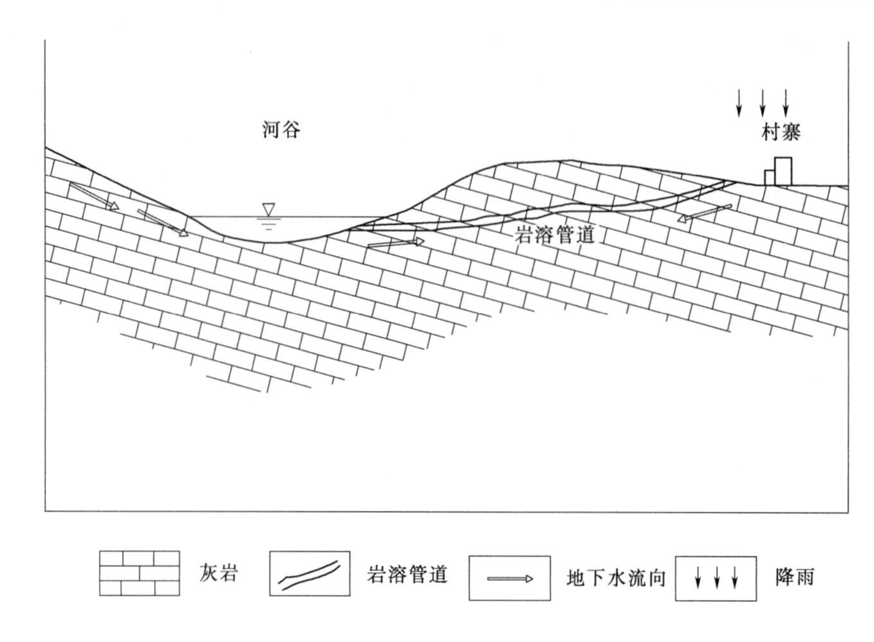

图 4.25　间接浸没型河谷水文地质结构示意图

影响。

（2）当所研究的岩溶盆地、谷地、槽谷与水库之间有一级或多级剥夷面存在时，新发生或明显加剧原有浸没性内涝的可能性较小。

（3）当所研究的岩溶盆地、洼地、槽谷的暗河，除被水库淹没的排水出口外，尚有其他高于水库的泄水口存在时，新发生或明显加剧原有浸没性内涝的可能性较小。

（4）暗河出口被淹没后，由于水库蓄水，地下回水占据地下水库容量的份额较大，或造成暗河管道淤塞严重时，可能导致或明显加剧原有的浸没性内涝。

4.4.3.1　地下水回灌作用机制

处于地壳上升的深切峡谷区，在水库蓄水后河水水位高于地下水水位，同时以河流作为排泄基准面的岩溶管道发育速度总是赶不上河流的下切速度，地下河来不及横向拓宽又沿垂向隙缝向下扩展，新的排水断面也总是小于原有的排水断面，因此，岩溶管道的排水能力总是不适应补给强度，这就造成地下河沿线的岩溶谷地经常发生内涝。

以岩滩水库为例，内涝区属于多雨地区，多年平均年降雨量 1813mm，每年 5—9 月为汛期，汛期降雨量占全年 83%。汛期多集中暴雨或连续大雨，最大日雨量 229mm，连雨量在 100mm 左右的出现次数频繁。由于降雨强度大，坡面流、溶隙管道流通过消水洞迅速汇集于地下河，使地下河水位猛涨，由于地下河排泄不及，又从消水洞、溶井反涌至地表，这就发生浸没——内涝。从图 4.26 可以看出，拉巴片内涝水位与降雨量关系密切，水位峰一般滞后于雨量峰 1～3 天，说明管道水近距离快速响应，但流域范围内的后续补给也是强有力的。岩溶谷地内涝的过程通常是：每年初春 2—4 月枯水期间地下河水位降至最低点，基流的排泄使地下水位缓慢下降，5 月开始进入雨季。初期降雨主要消耗于表层带和包气带（充填孔隙裂隙）。以后继续降雨，则入渗到达岩溶含水层，使水位跳跃式波动。接着是第一次暴雨或连雨，使地下河水位迅速上升，当达到地面时就开始发生内涝。我们把从"最枯水位"上升至"内涝水位"期间发生的累积降雨量称为"起涝雨量"。根据 1993—1994 年拉巴片三个雨量站的观测，起涝雨量大约 230～270mm，累积时限 10 天左右。达到起涝雨量以后，如果继续降雨，水位高出地面，内涝才实际形成。根据物理模拟试验结果，当日有效降雨量达 23mm 时，就对水位上升发生作用。但是，只要半月无有效降雨，水位就缓慢消退至地面以下。而第二次、第三次的起涝雨量一般是 90～170mm。

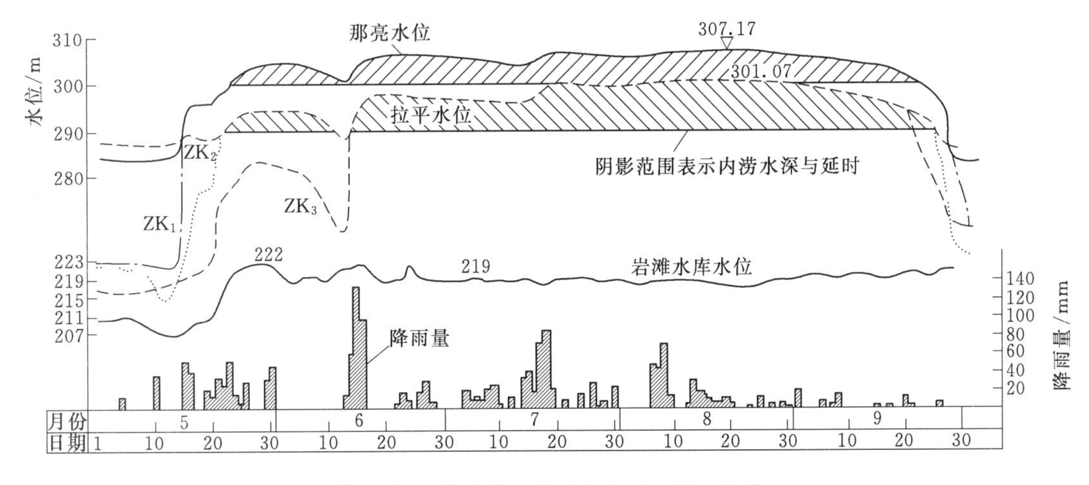

图 4.26 岩滩库区拉巴片内涝水位过程线

4.4.3.2 地下水排泄不畅作用机制

岩溶地区的地下水补给、径流是以双层介质即溶隙、管道流为其特征。岩溶峰丛洼地和峰林谷地地区，地下水则主要依靠管道状地下河、伏流输水汇入地表河流。岩溶管道的结构（包括管道形状、断面大小、纵向比降、糙率等）极大地制约着地下水的排泄能力。因而经常出现地下水与地表水相互转化的现象。

岩溶地下河管道断面极其复杂，有跌水、深潭、潜流、倒虹吸、厅堂等迂回曲折，时大时小，但控制流量的是"瓶颈"断面。此外，谷地中的消水洞口也经常被洪水冲来的泥沙、岩块、树木、稻根淤塞，导致消水不畅。

地下河平面分布形态的差异，也制约着地下河出口的排水能力。通常，中、上游支流分叉多，汇水面积大；下游至出口为单一管道。例如，板文地下河中上游有 6 条支流和 6 条分支流，属于有侧向地表水消入式补给的树枝状管道地下河，汇水面积 227km^2。而下游干流 14km 为单一主管道，亦有 118km^2 的集雨面积，依靠深洼地的竖井式落水洞以隙流或小管道形式补给地下河，对地下河中上游的来水产生顶托，迫使地下水从天窗涌出巴纳、拉平谷地成为"滞洪水库"。

一些封闭或半封闭的岩溶洼地、谷地在附近的大河未建水库以前也经常发生内涝，其主要原因是当地暴雨和大河洪水的顶托。但由于洪峰历时短、消水较快，故受淹时间短。兴建水库以后，淹没了地下河出口，改变了原有的水文地质结构条件，发生倒灌、阻流现象，使地下河排泄能力减低（表 4.10），导致谷地内涝时间延长。其主要原因如下：

表 4.10 板文地下河汛期流量 单位：m^3/s

时段	按水文学方法			物理模拟结果		
	巴纳	拉平	合计	巴纳	拉平	合计
蓄水前 (1983年6月25日)	26.2 (303.56)	10.25 (296.85)	36.65	17.7 (306)	6.2 (298)	24.0
蓄水后 (1994年6月20日)	18.9 (305.93)	6.47 (297.76)	25.37	14.8 (306)	5.1 (298)	19.4

注 括弧中的数字为水位高程，单位：m。

(1) 水力坡降减小，流速变缓。水库蓄水后，地下河排泄基准面抬高，减小了水力坡降，相应减缓了地下水流速，从而削弱了地下河的排泄能力。板文地下河蓄水后的水力坡降，从蓄水前的8.01‰降到6.72‰。

(2) 地下河出口泄流条件的改变。由于红水河下切远大于地下河的下切速度，为了适应红水河排泄基准面，地下河出口不断向下扩展，形成不同高程上的多个出口。水库蓄水前，地下水从多个出口溢出，排泄通畅；水库蓄水后所有出口均被淹没于水库中，因此排泄不畅。

(3) 水库回水倒灌占据部分地下库容。岩滩水库蓄水后，沿板文地下河干流倒灌的距离约13km。巴纳谷地边缘的拉硐村ZK_2孔最枯水位比建库前上升了21.6m，说明这里已受到水库回水顶托的影响。它占据了季节变动带中的部分调节库容。根据地下河水位上升幅度及岩溶储水系数估算，约700万～900万m^3的容积在枯水期已被占用，因而降低了洞穴的蓄洪能力，加重了谷地的内涝。

(4) 岩溶管道的局部淤塞，减小过流断面。岩溶管道中产生淤塞的水动力来源于地下水流速流向的改变。水库初期蓄水，库水向地下河倒灌，可能引起出口段淤积物的反冲刷，并引起迅速消能而发生淤塞。预计发生淤塞的位置主要是倒灌回水点附近、倒虹吸管道根部、地下河出口以及不稳定岩体地段。

4.4.4 岩溶内涝灾害风险评价

岩溶浸没内涝灾害风险评价应包括灾害发生和发展全过程及其各个方面的调查、统计、分析和评价等项工作。灾害风险评价是核定灾害造成的经济损失，加深认识灾害性质，进一步完善灾害安全防治的技术与措施。

4.4.4.1 内涝灾害的认知概念

岩溶浸没内涝灾害认知概念的建立，是为了对灾害进行快速识别。建立灾害认知概念的一般步骤如下：

(1) 确定灾害研究的范围，对岩溶多重介质环境的放大与缩小要有一个适宜的尺度。在一定尺度的岩溶多重介质环境中，探寻灾害的危险源、致灾因素和承灾体。

(2) 研究灾害的基本规律、梳理与扬弃致灾因素，对灾害作静态与动态分析，初定灾害风险程度。

(3) 经环境诊断和灾情估计，划分承灾体范围（点、线、面），作出灾害危险强度分类。

(4) 依靠现代科学理论、方法和技术，对灾害认识一是推测原因，靠经验积累，凭主观作出初断；二是鉴别因素，加强现场监控，做实验选方案，比优劣定决策；三是建立灾害数学物理评价和预测模型，利用“3S”和计算机技术，求取最优识别。

（5）认识灾害的复杂性，把握岩溶多重介质环境组构和功能性，对灾害事件整体行为进行不断探索，揭示其复杂行为的规律、本质及调控机制。

4.4.4.2　内涝灾害风险评价的操作

岩溶浸没内涝灾害风险评价以岩溶多重介质环境中地表水系为主线，岩溶地下河系为支线，二者相互交叉组成的岩溶地表地下流域网络单元（部分或整体）为研究对象，应用地质、地理、数学、物理、化学等多学科的理论与方法，研究由自然和人为因素引起的造成人员伤亡和物质财富损毁的灾害过程。

（1）岩溶多重介质环境的组构、功能和变化。

（2）岩溶多重介质环境灾害多样性测度、灾害次生环境变化过程对岩溶地表地下结构时空配置的影响和响应。

（3）岩溶多重介质环境内地表地下水系的灾害源、致灾动力、干支流间的物质和能量的配比与转换关系及其规律。

（4）岩溶浸没内涝灾害危险性分析。灾害危险性是表征灾害活动程度的标态，其分析应包括危险性构成和危险性评价模型等定性和定量两项基本内容。

（5）岩溶浸没内涝灾害易损性分析，其内容包括划分承灾体类型，统计和核算承灾体内物质损毁数量、程度、价值等。

（6）建立岩溶浸没内涝灾害风险评价指标体系，确定评价模型，给出灾害发生时间、空间、强度的可能性数值，提供灾害造成各种破坏的可能性数值，最后综合集成，作出灾害风险综合评价（图 4.27）。

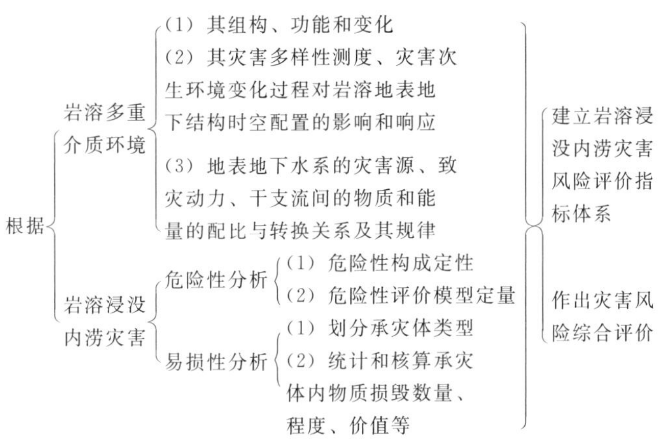

图 4.27　岩溶内涝灾害风险综合评价流程图

4.4.4.3　内涝灾害风险评价方法

岩溶浸没内涝灾害风险评价的基本原理如下：

（1）分析和提供岩溶多重介质环境内选定的主致灾因素的时间、空间、强度的参考数域。

（2）据致灾因素强度及时空域，估计灾前、灾中、灾后破坏的参考量值。

（3）据灾害破坏程度，推测出各种损失的参考量值。

（4）综合分析，定性和定量集成，给出灾害风险评价的结果。

岩溶浸没内涝灾害风险评价过程中，应以定性为基础，定量是定性的深化与延伸，定性始终应占主导地位，以定性指导定量，用定量充实和完善定性，有限地引进和合理地消化当代数理科学的新理论和新方法，实行定性与定量有机结合的灾害风险评价方法。定性与定量有机结合是科学方法跨学科运用的最完美体现。科学方法跨学科运用有三种形式：直接利用（初级）、间接引用（中级）、理性使用（高级）；科学方法跨学科运用并非万能，存在运用逻辑缺陷。科学方法跨学科运用如能使不同领域的科学理论和方法彼此交融、有机结合，形成独具特色的新的研究理论与方法体系，才有可能较好地解决实际问题，促进学科发展和技术方法创新。表4.11中所列的几种科学方法，是灾害风险评价方法学的主体。

表4.11　　岩溶内涝灾害风险评价方法体系

风险评价方法学主体	基本理论依据或出发点	主要分析步骤
系统分析法	系统论观点	利用相关科学和计算机技术，收集处理相关信息与数据，进行环境动态仿真，研制数学、物理专门模型综合分析
层次分析法	主观判断数学模型	将环境与灾害建立层次结构模型，评分后构造判断矩阵，用求最大特征值的方法确定各环境介子和致灾因素间的影响权重排序并综合分析
专家系统	经验法计算机技术	将专家的权威经验归纳总结，借助计算机技术，进行经验分析
模糊分析法	非线性系统论、模糊集合论	在模糊分析的基础上再进行模糊综合

4.4.5　浸没型岩溶内涝工程实例

（1）问题或现象表现。浸没型岩溶内涝问题以岩滩水库为例。据文献资料，1994年汛期红水河岩滩水库库边产生岩溶浸没，其浸没情况如图4.22所示。

大化、岩滩水库周边浸没区主要位于拉平、巴纳两个相邻的大型封闭的溶蚀盆地组成。盆地为高程800.00～900.00m的峰丛高山所环绕，盆地底部高程仅为290.00～300.00m，由盆地西部发育的6条地下河汇集于此，合成单一管道，经过14km的峰丛洼地至红河岸边板文村流出（板文地下河），该地下河（出口高程177.00m）总集水面积352km^2，枯水流量1.05～1.48m^3/s。

1993年3月，岩滩水电站下闸蓄水后，库水位迅速上升，到该年7月，坝前水位已升至220.00m，导致板文地下河出口位于库水位以下43～46m，地下河河水由自由流变为淹没承压出流，造成库水循地发生倒灌托顶。同时，库区6—8月属于雨季，降雨量达1183.3mm，并从7月开始发生内涝现象，水深一般3～7m，最高水位306.87m，内涝总容积4580万m^3，直到10月初退完，历时85d，淹没耕地456hm^2，受灾1300户，6600余人，直接经济损失约700万元。

1994年，拉平、巴纳重复1993年的内涝过程。1994年其汛期于5月中旬开始，5—8月降雨量达1555.1mm，岩滩库水位在219.00～221.00m范围内波动，拉平、巴纳等谷地于5月24日开始涨水，8月下旬退水，直到9月25日退完，内涝历时124d，最高淹没高程307.17m，高于1993年，积蓄库容达4940万m^3。

（2）问题产生背景。汛期区域内降雨量大，1994年5月开始至8月，降雨量达1555.1mm，由于汇水面积大，排水通道单一，造成拉平、巴纳谷地产生内涝灾害。另外，岩滩水库库水位维持在219.00～221.00m，高于板文地下河出水口43～46m，导致地下河上游排水不畅及岩溶通道库容被水库回水挤占，在强降雨时，加重地下河上游巴纳、拉平谷地的内涝灾害。

（3）控制要素。根据相关文献资料，造成岩滩水库周边内涝的主要因素为强降雨、地下岩溶管道结构的制约及水库蓄水淹没地下河出水口，使地下水的排泄受阻。

1）强降雨。拉平、巴纳内涝区属于多雨地区，年降雨量1800～2000mm，每年5—9月为汛期，汛期降雨量占全年的75.3%。由于降雨强度大，地表水及地下水迅速汇集于地下河，使地下河水位猛涨，并且由于地下河水平方向排泄不及时，进而涌至地表，造成浸没内涝现象。

2）地下岩溶管道结构制约。地下岩溶管道结构的形态差异制约着地下河的排泄能力，一般中、上游支流分叉多，汇水面积大，下游为单一管道，易在下游地区发生内涝问题。对岩滩水库，板文地下河和上游有6条分支和支流，而下游14km为单一主管道，在强降雨情况时，地下河水排泄不及时，将会对地下河中、上游来水产生顶托，进而产生内涝现象。

（4）水库蓄水造成内涝加重。水库蓄水造成内涝严重主要有以下几个方面：

1）水力坡降减小，流速变缓。水库蓄水后，地下河排泄基准面抬高，普遍减小了水力坡降。如板文地下河汛期水力坡降从8.01‰降低到6.72‰，板坡伏流从66.8‰降到53.4‰，进而降低地下河的排泄能力。

2）地下河出口泄流条件的改变。地下河出口多为分散水流，由于红水河下切远大于地下河的下切速度，造成地下河的出口不断向下扩展，形成不同高程上的多个出口。蓄水后，所有出口均被淹没于水库中，造成排泄不畅。

3）水库回水倒灌占据部分地下库容。根据测算，板文地下河水位上升幅度及岩溶储水系统估算约700万～900万m^3的容积在枯水期已被占用，进而降低上游来水的排泄量，加重谷地内涝。

（5）对策措施。针对水库浸没-内涝现象，由于没有合适的预测方法，目前主要采取以下几种对策：

1）随机补偿。水库浸没-内涝与水库常规淹没不同，它是一个主要与降雨有关的随机过程，水库蓄水后也可能在某些地段、某些年份发生。也可能不发生。基于此，结合内涝实际情况，对由内涝造成的损失给予补偿，对无内涝不补偿。一般而言，随机补偿适合于小范围内涝影响区。

2）移民搬迁。将涝区居民全部迁出，异地安置，适合于小范围内涝影响区。

3）汛期限制水库蓄水位。对于由水库蓄水导致的岩溶-浸没问题，在汛期降低水库运行水位，可减少内涝范围或缩短内涝时间。

4）工程排涝措施。工程措施主要是通过排导措施，减少内涝问题。主要包括扩大消水洞入口，拓宽地下河过水断面、开挖明渠导流及开挖隧洞排水。

4.5 浸没性矿床充水问题

4.5.1 概述

矿床充水是指矿体尤其是围岩中赋存有地下水的现象。这些地下水与其他水源在开采状态下导致矿坑的不间断涌水。将水源矿坑的途径称为充水通道。水源和通道一起构成了矿床充水的基本条件。

在水库工程建设中，水库蓄水后，使得周围的地下水位抬升，含水层规模扩大，加之水库与矿区之间的地形地貌、水文地质条件，有可能因水库的兴建使得原本安全的矿区发生充水问题。

浸没性矿床充水案例并不少见。在小浪底水库蓄水后，改变了义马矿区区域地下水的补、径、排条件和矿井充水条件，地下水径流速度增加，局部存在强径流带，增加了地下水静储量和动储量，使突水风险明显增大。同时造成义马矿区局部存在强富水条带或区域，加之义马矿区普遍采用一次采全高放顶煤开采工艺，最大采高数十米，采后导水裂隙发育高度达数百米，可沟通上覆多个含水层（组），由此造成的顶板突水频率和强度增加，使得相关矿井防治水形势趋于严峻（王恩营，2002）。

金沙江梯级电站的开发和建设，使分布于水库库区范围内的弃采金洞被水淹没或部分临近正常蓄水位，在水的作用下，导致采空区发生进一步变形破坏，甚至坍塌，引起地表开裂、房屋建筑地基的承载力下降等问题，影响到当地居民房屋的稳定（马福祥，2010）。

对采空区在水库蓄水前后不同水位条件下进行模拟（图 4.28），很明显地看出各个流场情况发生了变化，蓄水后比蓄水前地下水水位抬高约 5m。河谷两岸地下水受库水的抬升而壅高，从而使地下水流场发生变化。为了更好地分析蓄水后水位上涨引起的地下水水位变化，在垂直河流方向从上游至下游依次作 5 个剖面，作出剖面上蓄水前后地下水水位线。

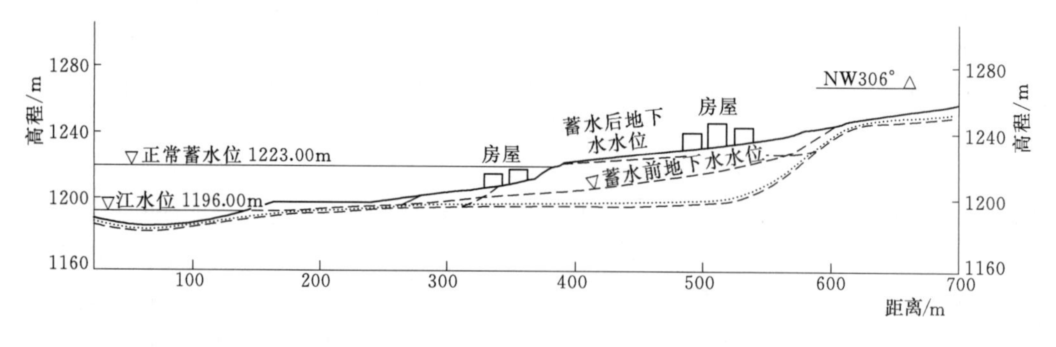

图 4.28 鲁地拉水库蓄水前后地下水水位对比剖面

从图 4.28 可以看出，当鲁地拉水电站水库蓄水至正常蓄水位 1223.00m 时，达到Ⅲ级阶地前缘，朵美乡几乎所有金洞采空区将被淹没，金洞开采在阶地的卵砾石层上、下部为阶地的砂层，随着水位的涨落，金洞内的砂层将被水冲蚀，导致胶结较好的卵砾石层的固结程度降低，阶地粉砂层随着水流带走，进而使得金洞不断扩大，有可能使上覆的卵石层使其支撑而垮塌，该区地表的房屋也会随之发生不同程度的变形，甚至倒塌。

矿床突水引起的突发性事故，不仅仅是经济上的损失。有相当一部分矿山的水害，是由勘探时水文地质条件不清楚、充水条件复杂性认识不足或矿井涌水量预测不准确而造成的。因此，查明矿场水文地质条件及矿床充水机理，对于矿山安全生产、降低开采成本、减少地质灾害等具有重要的理论和实际意义。

4.5.2　充水通道水文地质结构分析

4.5.2.1　断裂型充水通道

断裂构造成为充水通道主要取决于断裂带本身的水力性质和矿床开采时人为采矿活动的方式与强度。矿区含煤地层中存有数量不等的断裂构造，它使断裂附近岩石破碎、位移，也使地层失去完整性。由构造断裂形成的断层破碎带往往具有较好的透水性，成为各种充水水源涌入矿井的通道，巨大的断裂含水带本身还可构成重要的充水水源（王顺喜，2016）。

（1）断裂构造对矿井充水的作用有如下几点：

1）断层的导水和储水作用。富水断层和储水断层都可起这种作用，但富水断层可成为经常性的稳定充水水源，储水断层仅可成为突发性充水水源，当被巷道揭露时，会发生突然涌水。

2）断层破坏顶、底板隔水层的连续性，沟通顶底板上、下含水层，使含水层与矿坑或地表水与充水岩层之间发生水力联系，成为地下水或地表水进入坑道的途径。

3）断层缩短了煤层与对盘含水层的距离。除断层落差外，断层倾角的变缓也会使上盘煤层与下盘含水层之间的距离缩短，甚至使开采煤层与对盘的含水层对接，大大增加了矿井突水的威胁。

4）断层降低了岩层的强度。由于断层破碎带地段隔水层的强度比正常地段低，断层破碎带及其近旁常是整个隔水岩层最薄弱的地段。在某些条件下，隔水层底部的承压水沿裂隙上升到煤层底板隔水层中的某一高度（甚至沿断层越过煤层），形成承压水的原始导高，使隔水层的有效厚度降低，甚至完全丧失隔水、阻水作用。国内外矿井突水的资料均表明：突水点主要分布在断裂带及其附近。与断裂构造有关的突水常发生在两条主干断裂的复合部位及其锐角一侧，以及主干断裂旁侧的“人”字形小构造、断裂密集带、断层尖灭端、断层交叉点等部位。发生突水的断裂有的规模很小，在天然条件下属无水断层，可起隔水作用。但由于岩层受到破坏，当被开挖井巷揭露时，在矿山压力和承压含水层水压力共同作用下就会由隔水转变为透水。巷道穿过断层带时，开始并无涌水现象，经过一段时间或回采工作面扩大到一定宽度时才发生底鼓、破裂，继而突水，不透水断层在开采条件下破坏了天然的平衡状态变为透水断层。这一点，我们在评价断层的透水性能时必须特别加以考虑。

5）构成隔水边界，限制充水岩层的分布和补给范围。处于矿区边界的区域性阻水大断裂，可以构成矿区边界的天然不透水帷幕，切断区域含水层与矿区的联系，特定条件下还可形成封闭的独立水文地质块段。

（2）影响断层导水性的因素有：

1）断裂面的力学性质。断裂带的结构、构造和断裂两旁影响带内的裂隙发育程度均受断裂面力学性质的支配。在断裂面两侧岩性相同的前提下，张性断裂透水性较强，压性断裂透水性较弱，扭性断裂透水性介于二者之间。

2）断裂两盘的岩性是决定断裂带水文地质特征的内在因素。断裂带的透水性往往与两盘岩石的透水性相一致，若两盘均为软柔性岩层时，压性和压扭性断层常常具有不透水性质，而张性断层有可能具有弱透水性；若两盘均为硬脆性或脆性可溶岩时，断裂带多数具有透水性质；若两盘岩性不同，断层带的透水性也比较复杂，对于压性断层，当错动范围内软柔性岩层所占比例越大，断层面的倾角越小时，透水性相对越差，反之则强。地层没有经过明显位移的挤压破碎带，一般仅在硬脆性或脆性可溶岩层中出现。处在同一应力作用下的相邻软柔性岩层，往往以侧向压密或更大范围内的揉皱形变为特征，因而这种破碎带越发育，透水性就越差。

3）断裂的规模。在其他条件相同时，断层的走向愈长、断裂带宽度愈宽，导水条件愈好。断层的落差大小通常对断裂是否导水不起决定作用，断层导水与否主要取决于两盘岩性接触关系。有些井田边界的大断层使井田内主要充水岩层（奥灰或太原组薄层灰岩含水层）与断层另一盘的石盒子组或石千峰组对接，断层成为充水岩层的隔水边界，反而使矿井的充水条件变得简单。对于同一条断层，尤其是走向很长的大断层，沿走向不同地段的落差、宽度和两盘岩性接触关系不同，导水性存在一定差异，即使在沿断层倾向的不同深度上，导水性也可能变化很大。

4）断层的活化。许多矿区的开采实践表明，在开采条件下，由于围岩应力的重新分布及周期性演化，一些天然条件下隔水的断层可能在多次的应力扰动下重新活化而转为导水断层，甚至导致突水事故。所以在矿床水文地质工作中，必须根据工作要求，结合断层的实际条件加以具体分析，切实掌握断裂导水性沿走向及倾向的变化规律，而不要仅根据一个点或少数几个点的资料便作出整条断层（尤其是大断层）导水或隔水的结论。

4.5.2.2 裂隙型充水通道

构造裂隙和地震裂隙主要指在天然状态下，受到采矿活动扰动影响之前所形成的导水裂隙，是矿井充水的重要导水通道之一（刘会明，2011）。

（1）构造裂隙是在地壳运动过程中岩石在构造应力作用下产生的（图 4.29），具有强烈的均匀性、各向异性和随机性等特点。构造裂隙的特点是具有明显而又比较稳定的方向性，这种方向性主要由构造应力场控制，不同岩层在同一构造应力场下形成的裂隙通常具有相同或相近的方向。一般在构造应力集中的部位，裂隙较发育，岩层透水性也好。同一裂隙含水层中，背斜轴部常较翼部富水，倾斜岩层较平缓岩层富水，断层带附近往往格外富水。

（2）位于地震活动带的矿井，由于地震作用可以在水源与井巷之间造成新的裂隙，彼此连通，成为导水通道，增加矿井涌水量。地震裂隙导水通道对矿井充水的影响有以下表现：一是地震前区域含水层受张时，区域地下水位下降，矿井涌水量减小。当地震发生

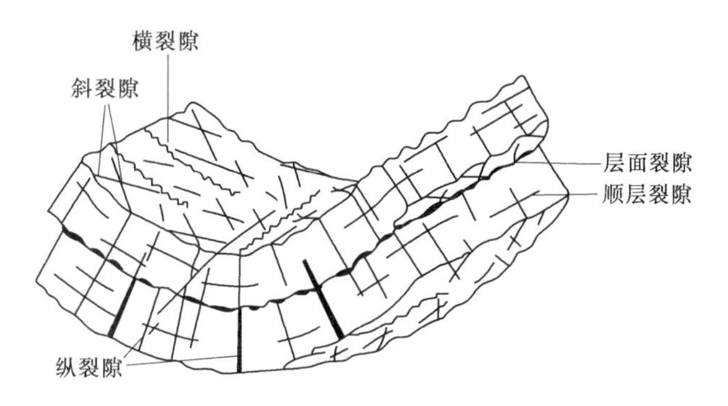

图 4.29　构造裂隙的类型

时，区域含水层压缩，区域地下水水位瞬时上升，矿坑涌水量突增。强烈地震过后，区域含水层逐渐恢复正常状态，区域地下水水位逐渐下降，矿井涌水量也逐渐减少。震后区域含水层仍存在残余变形，所以矿井涌水在很长时间内恢复不到正常涌水量。二是地震时矿井涌水量的变化幅度与地震强度成正比，与距震源的距离成反比。

4.5.2.3　岩溶陷落柱通道

岩溶陷落柱是指埋藏在煤系地层下部的巨厚可溶岩体，在地下水溶蚀作用下，形成巨大的岩溶空洞。当空洞顶部岩层失去对上覆岩体的支撑能力时，上覆岩体在重力作用下向下垮落，充填于溶蚀空间中。因其剖面形态似一柱体，故称岩溶陷落柱（杨为民，2001）。

90%以上的陷落柱是不导水、不含水的。只有处于岩溶强径流带和集中排泄带并隐伏埋藏在地下水头面之下的陷落柱，才能构成突水的潜在威胁。虽然绝大部分陷落柱不导水，但陷落柱一旦导水，往往是灾害性的。此外，陷落柱也可以成为顶板含水层水、地表水和老空水导入矿井的充水通道，使顶板含水层水、地表水和老空水进入工作面，给采掘工作带来困难。

岩溶陷落柱的导水形式多种多样，有的柱体本身内部导水，有的柱体是阻水的。陷落柱柱体及边缘由于岩溶陷落柱的塌陷作用而形成较为密集的次生裂隙带，可以沟通多层含水层组之间地下水的水力联系。从矿井充水的观点来说，陷落柱可分为全充水型、边缘充水型和疏干型三类。其中，以全充水型陷落柱对矿井充水的危害最大，井巷工程一旦揭露就会发生突水，突水量大而稳定。边缘充水型陷落柱被井巷工程揭露时，一般以滴淋水为主，涌水量不大；疏干型陷落柱被揭露时只有少量滴水或无水，巷道甚至可穿过柱体。迄今所发现的陷落柱绝大多数不导水，如一旦揭露充水陷落柱，尤其是全充水型陷落柱，往往造成十分严重的水害（吴文金，2006）。

当岩体在封闭的陷落腔内发生陷落时，岩体中出现竖井式垂直通道，使柱腔上、下不同含水层发生贯通。由于水动力加入，必然引发腔内流体（液、气）同时发生流动，故在陷落堆积中保存着固、液、气三相动力作用记录。另外在煤系中含有许多易于分散溶解于水中的泥岩、页岩，可成为造浆的物源，它们在陷落、粉碎及水动力作用下便可造出泥浆。

岩体致塌后产生陷落腔，它们如同一个个深度大、截面大的天然竖井，这些“窟窿”可贯通岩体上、下数个含水层，其中包括奥灰及太原统灰岩岩溶含水层，以及砂岩裂隙含水层等。

上述填充物填入腔内，形成规模巨大的“堵水塞”即陷落柱，能有效地封堵不同含水层间的巨型越流通道，岩体的含水层被修复（图 4.30）。现在尚难了解这“先塌后堵”的具体时间和历程，但可初步肯定充填前的腔空时段是有长有短的。若腔空时间较长，往往在该段柱壁周边煤、岩层内留下氧化和浸水痕迹，如柱边煤层变暗、变软，成鳞片状、粉末状，柱边次生裂隙发育异常，有铁锈色沉淀等，这是围绕陷落腔的风氧化带，宽度可达2～8m。如果腔空时段很短，则腔壁围岩就没有这种风氧化带。

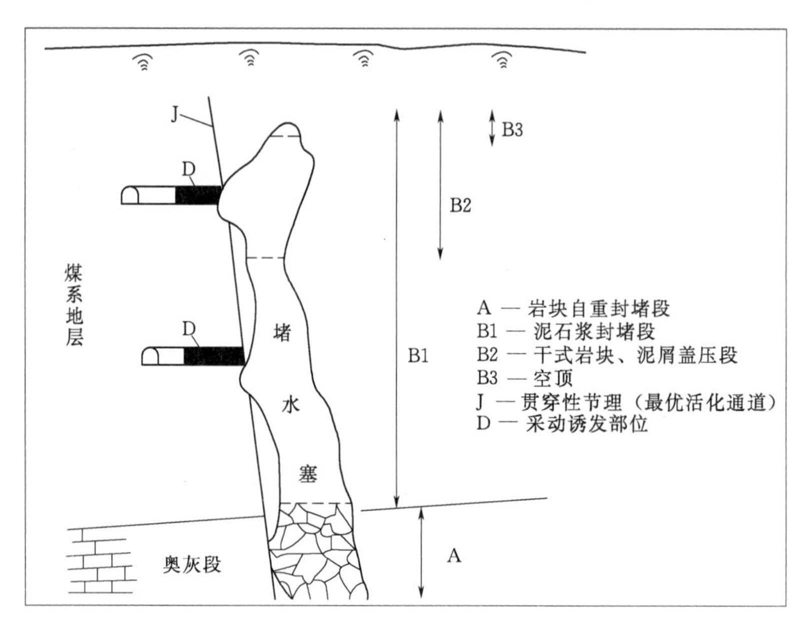

图 4.30 陷落柱自身堵水及活化突水示意图

随着矿区开采深度的增加，地下水水压亦增高。当矿区附近水库蓄水后引起矿区周围围岩应力场跟裂隙渗流场的改变，对触发陷落柱突水起重要作用。突水时水压高（约为3～4MPa），强度大，突水高峰可达 400～2000m^3/min，相当于大型管道流，一旦突水，现场抢救极为困难。

4.5.3 充水矿床地下水致灾作用

4.5.3.1 地下水淹没采区、矿井

矿区开采后，采空区上方的岩层因下部被采空而失去平衡，相应地产生矿山压力，从而对采场产生破坏作用，必然引起顶部岩体的开裂、垮落和移动。塌落的岩块直到充满采空区为止，而上部岩层的移动常达到地表。根据采空区下方的岩层变形和破坏情况的不同，可划分为三带。

（1）冒落带。冒落带是指采矿工作面放顶后引起直接顶板垮落的破坏范围，可分为上、下两部分，下部岩块完全失去已有层次，称不规则冒落带；上部岩块基本保持原有层次，称规则冒落带。冒落带的岩块间孔隙多而大，透水，透砂。

（2）导水裂隙带。导水裂隙带是指冒落带以上大量出现切层和离层的人工采动裂隙范围。其断裂程度、透水性能由下往上由强变弱，可分为以下几段：一是严重断裂段，岩层

大部分断开，但仍然保持原有层次，裂隙之间连通性好，强烈透水甚至透砂；二是一般开裂段，岩层未断开或很少断开，裂隙连通性较强，透水但不透砂；三是微小开裂段，岩层基本未断开，裂隙连通性不好，透水性弱。导水裂隙带与采空区联系密切，若上部发展到强含水层和地表水体底部，矿坑涌水量会急剧增加。

（3）弯曲沉降带。由导水裂隙带以上至地表的整个范围。该带岩层整体弯曲下落，一般不产生裂隙，仅有少量连通性微弱的细小裂隙，通常起隔水作用。煤层采空区冒落后形成的煤层顶板冒落带和导水裂隙带是矿坑充水的人为通道，其特点有：一是冒落裂隙带发育高度达到煤层顶板充水含水岩层时，矿坑涌水量将显著增加；冒落裂隙带发育高度未能达到顶板充水含水岩层时，矿坑涌水无明显变化。二是煤层顶板冒落裂隙带发育高度达到地表水体时，矿井涌水量将迅猛增加，并常伴有井下涌砂现象。

例如，夏甸金矿分布于栖霞复背斜南翼、招平断裂带中段。矿体主要赋存于主裂面下盘的黄铁绢英岩化碎裂岩、黄铁绢英岩化花岗质碎裂岩带内。矿区范围依据断裂带走向划分，包括主井和Ⅶ号矿井两个生产矿井，开采工程随构造带产状分布于断裂带中。受第四系含水层赋水性和风化裂隙、脉状构造裂隙发育程度限制，矿井涌水量较小，矿井涌水以构造带裂隙水为主。

随着工程的推进，矿井最深一级中段出水量最大，深度越深，疏干时间及出水量越长。20 中段 540～541 线间断裂带宽近 10m，裂隙交错（宽 4～8mm），破碎出水情况较为严重，开始时涌水量达 $30m^3/h$；24 中段石门最后拐弯处调查时出水量达 $116m^3/h$，均为原生裂隙破碎或原生共轭裂隙交叉破碎带出水所致。

依附于矿体、并与控矿构造发育一致的裂隙含水带使得构造动力系统对矿床充水起主控作用（图 4.31），脉状构造裂隙水为矿井涌水的直接来源。脉状构造裂隙含水带随金矿开采而揭露，受补给条件制约，裂隙含水带与浅部孔隙潜水及风化裂隙水之间水力联系较差。夏甸金矿矿井深部出水主要受 NE—NNE 压扭性断裂影响，在该方向断裂及与其他方向断裂共生地段破碎出水现象较为严重，裂隙发育数量与破碎涌水量成正比。根据夏甸金矿深部开采工程揭露破碎和出水特征，说明深部脉状构造裂隙水是夏甸金矿深部矿床充水的直接水源，其他水源通过各种破碎充水通道，为矿床出水的间接来源。

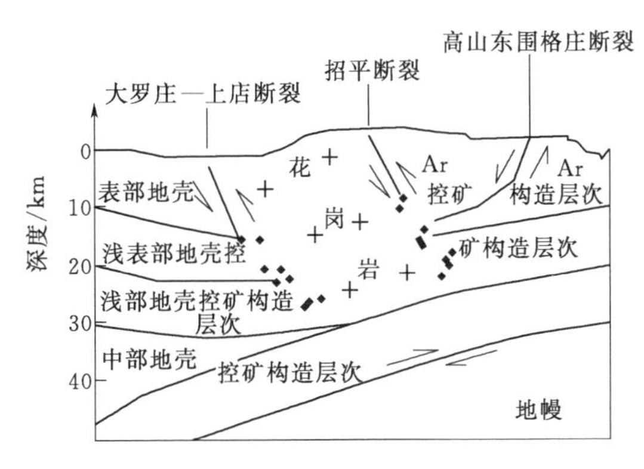

图 4.31　招平断裂及两侧控矿构造层次结构示意图

4.5.3.2　浸没区地下水环境污染

水库蓄水后库水位升高，地下水位相应壅高淹没矿区，地下水溶解岩体内的化学元素，可能造成使矿区边缘地带大片地带重金属超标，污染矿区周边地下水环境，影响居民环境和农作物、植物的生长（雷鸣，2012）。特别是矿产资源的开采、冶炼等环节的不断推进，重金属对矿区地下水的污染日益严重，污染程度不断加剧，污染范围逐年扩大，矿区地下水重金属污染物主要为 Pb、Cr、As、Ni、Cd、Hg、Cu、Zn 等（尹一男，2013）。

对河南巩义某煤矿浸水后，区域地下水采集样品，通过化学分析得到样品中元素 Cr、Pb、Ce、Co、Y、V 的含量高于河南省土壤背景值。对比巩义市地下水元素的平均值可知，Cr 元素的含量高出巩义市地下水元素平均值 126.5mg/kg；V 的含量高出巩义市地下水元素平均值 122.7mg/kg；Pb 的含量高出巩义市次下水元素平均值 49.1mg/kg。与其他地区地下水中 Cr 元素含量相比，该研究区域内的地下水中 Cr 元素含量高出其他地区 1～16 倍（骈炜，2016）。

4.5.4 矿床充水灾害风险评价

由于矿井充水影响因素多，机制复杂，所以充水风险的评价与预测一直是矿产资源开采面临的一大难题。长期以来，许多工作者为此做了大量的工作，也取得了一系列的研究成果，充水风险预测评价的理论和方法在不断地出现和发展。鉴于充水受控于多因素影响，且很难用确定性的数学方程来描述其发生概率和机理的特点，多因素、多指标、多源信息集成、模糊性和借助计算机作为工具进行预测评价的思想逐渐被人们接受（李兴，2009）。

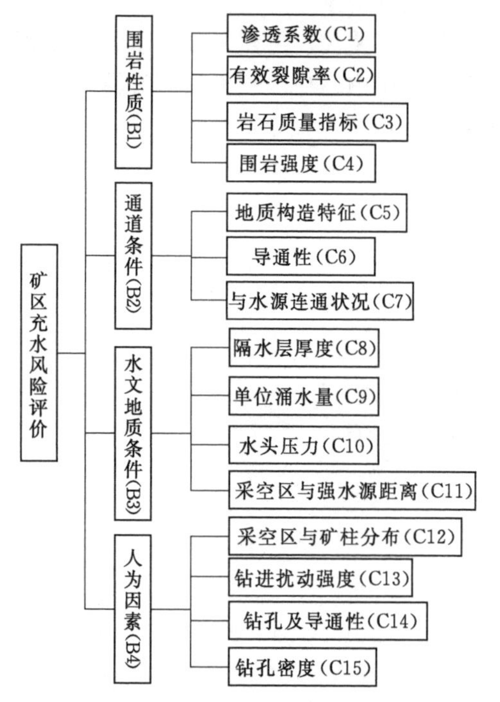

图 4.32 矿区充水综合评价指标体系

多年来的开采实践证明，充水的影响因素是多方面的，但主要有以下四个方面（图 4.32）：

（1）地质构造。

地质构造主要指的是断裂构造，它是充水的主要控制因素，具体表现在三个方面：

1）断裂构造的存在破坏了围岩的完整性，降低了岩体本身的强度，削弱了隔水层阻抗变形的能力。

2）断层上、下两盘错动的结果，缩短了含矿层与含水层之间的距离，或使一盘含矿层与另一盘的含水层直接接触，使隔水层部分或全部失去隔水性能。

3）断裂构造的存在，将导致一定厚度的断层或断裂破碎带的存在，如果为充水构造或导水构造，那么当工作面推进到该断裂带，甚至接近该断裂带时，都将会导致承压水的直接涌出，造成充水事故。

断层的存在是否一定能引起充水，还与断层自身的导水性以及与水源的连通情况有关。因此，断裂的存在、导通性以及与水源的连通情况是影响充水的重要因素。

（2）水文地质条件。

水文地质条件反映了含水层的水文地质情况及其与迁流带的相对位置关系。含水层对充水的影响是通过所含水量和水压大小表现出来的，水量的大小决定了充水的规模，水压则是造成底板充水的力学条件。当充水通道形成后，水压的作用主要是克服充水通道的阻力。水压大、水量丰富、通道畅通、水源充足，充水也就越大。此外，开采区与强水源的距离在一定程度上也影响充水规模的大小。

（3）隔水层。

隔水层是唯一起阻隔充水作用的因素，阻隔能力的大小主要取决于隔水层厚度和岩石的力学强度。在其他条件一定的情况下，隔水层厚度越大、强度越高，充水的概率也就越小。

（4）人为因素。

矿区的开采必然有人为因素的介入，其作用的性质具有诱发性。可能诱发充水的一些人为因素主要包括人工钻孔、掘进扰动的强度、矿柱的预留以及开采巷道的支护状况。

针对不同矿区的不同水文地质条件，通过层次分析法及专家调查法，对上述影响矿床充水指标确定权重。根据矿区实际情况，并结合相关规范，将评价等级分为若干等级，例如大（Ⅰ）、较大（Ⅱ）、中（Ⅲ）、小（Ⅳ）等。

根据制定的评价指标体系，从基础图件中提取相应的信息，量化形成单因素分区图。这些单因素分区图包括矿区渗透系数分区图、矿区有效裂隙率分区图、矿区单位涌水量分区图，在这些图上提取部分指标数据。再从矿区水文工程地质剖面图、矿区勘探地质报告、主副井勘查报告和矿区防治水工程水文观测孔竣工报告中提取其他指标数据。对每一个评价单元进行赋值。

在上述所有工作的基础上，根据统计数据计算方法进行分区评价，计算步骤有：①对所有单元进行编号；②利用对隶属度函数进行编程，计算出隶属度，确定模糊矩阵；③利用计算软件对模糊矩阵和权重矩阵进行计算；④得出每个单元的评价结果，根据最大隶属度原则确定评价等级。

最终得到矿区各评价单元的充水风险等级，并绘制矿区充水风险分区图，对矿区充水风险进行评价。

4.5.5 浸没型矿床充水工程实例

大型水电站水库回水长度一般较长，多则上百公里，库区内地层岩性条件普遍较为复杂，可能分布有含矿地层，存在开采利用条件。如金沙江鲁地拉水电站库区朵美金矿、四川湔江关口水库库区煤矿群等。

矿床充水是指矿体尤其是围岩中赋存地下水的现象。这些地下水与其他水源在开采状态下导致矿坑的不间断涌水，形成充水通道。水库蓄水后，使矿床周围的地下水位抬升，含水层规模扩大，加之水库与矿区之间的地形地貌、水文地质条件影响，水电工程建设可能造成矿区发生渗水问题或水库形成渗漏通道。本节以关口水库库区右岸煤矿井巷渗漏为例，分析浸没型矿床充水问题。

1. 工程概述

关口水库是成都市的备用水源。水库位于湔江干流上游河段，正常蓄水位830.00m，坝前壅水高80m，库容4.09亿m^3，回水长约7.5km。

库区河谷开阔，岸坡地形坡度较缓。山峰主峰高程多在1060.00～1170.00m，河谷高程750.00～870.00m，岭谷高差不大，临江相对高差100～400m。库区主要出露中生代地层，走向大致北东，与构造线基本一致，出露的地层主要有三叠系上统须家河组中层砂岩，夹炭质页岩及煤层（T_3x）、侏罗系千佛崖组（J_1q）、沙溪庙组（J_2s）、遂宁组（J_2sn）、莲花口组（J_3l）砂岩、含砾砂岩与泥岩，其中须家河地层中夹可采工业煤层。

库区主要构造形迹有思文场背斜（海窝子背斜）、通济场向斜。两者均为近东西向大致平行的正常褶曲，分别自思文场、通济场向莲花水库倾没。背、向斜相距 0.3～1.5km，均发育于三叠系须家河组地层上。如图 4.33 所示。

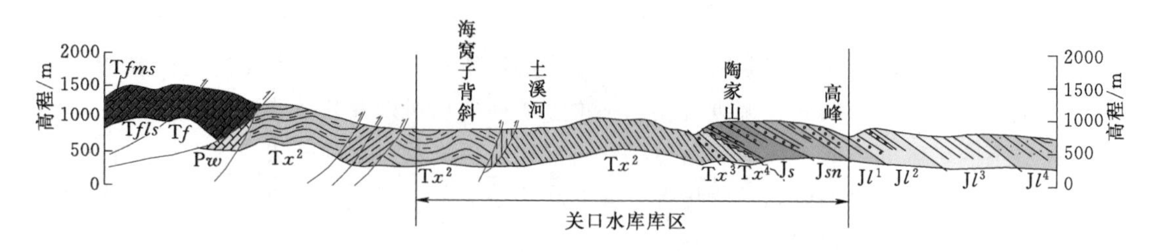

图 4.33　库区海窝子背斜南东翼单斜地层剖面图

2. 问题表现

水库库区在构造上为海窝子背斜 SE 翼，地层为三叠系上统须家河组二段（Tx^2），是典型的含煤地层，煤层层数较多达 34 层，产状 NE75°～80°/SE 35°～38°，而具有开采价值的煤层只有 12 层，厚度一般在 0.34～1.2m，在库区右岸已进行工业开采。

通过对库区右岸煤田区的实地调查和井下实际测量，查明目前正在开采的煤矿有 11 个，废旧煤窑 28 个，煤矿的开采水平高程在 418.00～790.00m 区间范围内；井下巷道的长度最短为 276m，最长为 1200m

水库邻谷土溪河的跃进煤矿为区内最大的煤矿，原煤年开采量为 21 万 t，井口标高为 810.33m，目前开采的最低高程为 400.00m，如图 4.34 所示。

煤矿均顺煤层走向方向开采，开采水平高程在 418.00～790.00m，井下巷道的长度最短为 276m，最长为 1200m，开采煤矿的和废弃煤窑开采规模都较小，单个煤矿年开采量一般在 1 万～3 万 t，井筒的布置方式大多为斜井，其中与跃进煤矿开采相同煤层的在采煤矿有 7 个，占所有在采煤矿的 58.3%；废弃老煤矿有 16 个煤矿，占老煤矿的 57.1%。位于水库蓄水水位 835.00m 以下的煤窑数量为 27 个，占有资料煤窑总数的 69.2%。

综上所述，库区右岸分布有大量采煤矿井。邻谷土溪河分布有跃进煤矿，目前开采高程为 400.00m 左右，低于正常蓄水位近 430.00m。库区煤矿主要沿煤层走向进行开采，井下巷道也主要沿煤层走向方向布置，矿井之间井巷可能构成水库渗漏的通道，查清巷道间连通性及可能渗漏情况、水库是否存在向低邻谷土溪河渗漏，以及其他煤矿是否与跃进煤矿存在贯通是关口水库关键性技术问题之一。

3. 问题产生的背景

库区右岸分布有须家河组含煤地层，具备工业开采条件，正在开采的煤矿有 11 个，已关闭的煤田区废旧煤窑 28 个。各煤矿均采用平洞或斜井开挖，最低开挖平台高程为 400.00m（跃进煤矿），形成地下巷道网，如地下巷道连通性较好，将成为水库渗漏的通道。

库区内的田沟村煤矿曾在 1982—1984 年间在高程 779.00m 处与跃进煤矿巷道贯通

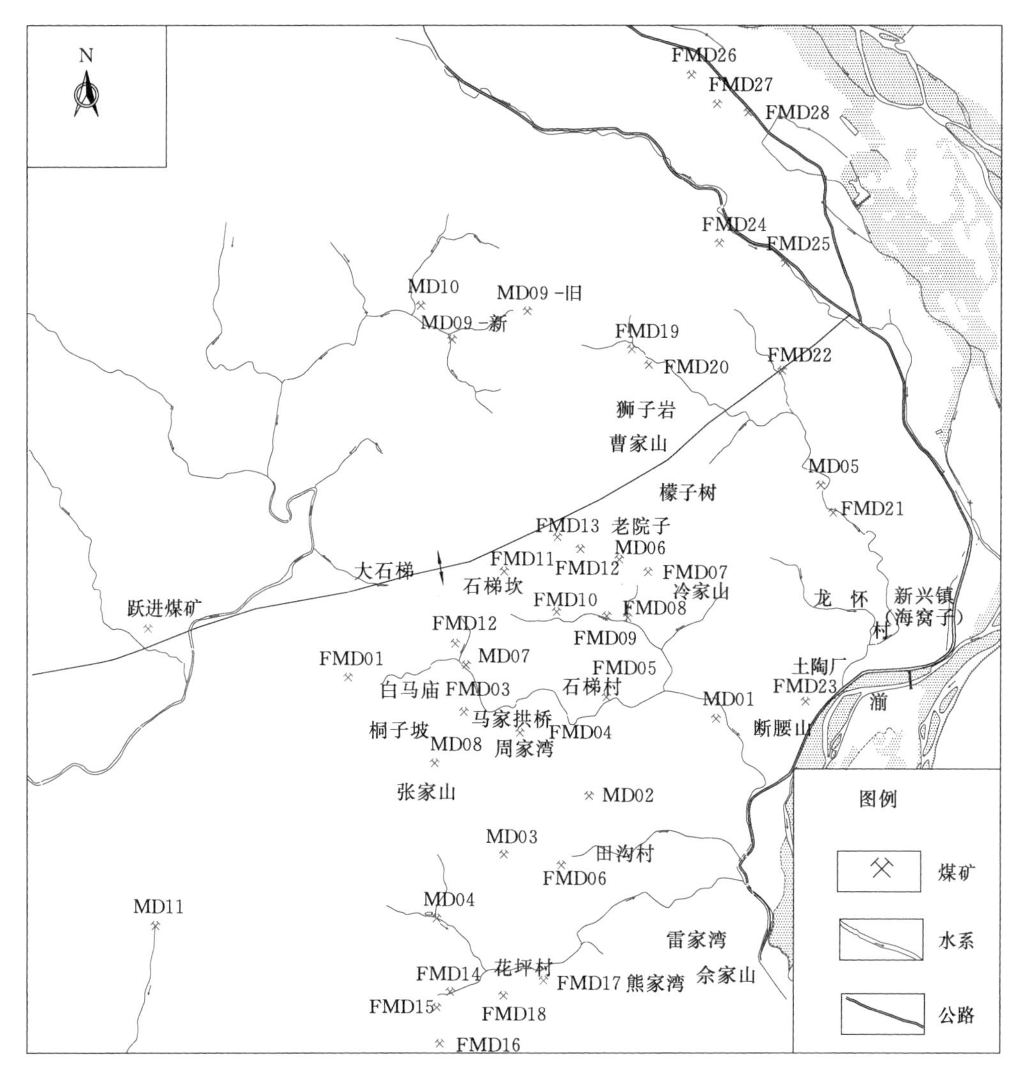

图 4.34 库区右岸煤矿位置分布图

过，石鸡公煤矿在开采翻砖红煤层时也曾与跃进煤矿巷道贯通，加之跃进煤矿，目前开采高程为 400.00m 左右，正常蓄水位为 830.00m，两者之间形成一个巨大的水头差。水库存在向低邻谷土溪河及跃进煤矿巷道渗漏的地质背景。

关口水库正常蓄水位 830.00m，壅水高度近 80m，库水一方面可能沿右岸煤矿贯通的地下巷道充水流动，形成水库渗漏；另一方面也可能沿跃进煤矿巷道产生邻谷渗漏。

4. 控制要素

渗漏通道和水头差是水库发生渗漏的基本条件。关口水库库区煤矿分布众多，煤矿开采均采用平洞或斜井开挖，开采水平高程在 418.00～790.00m，井下巷道的长度最短为 276m，最长为 1200m。不同高程巷道的分布情况与连通性是研究库水沿煤矿渗漏的控制因素。

5. 问题综合评价与对策措施

（1）库区右岸煤矿井下巷道连通情况研究。煤矿井下巷道连通情况十分复杂，连通的形式不一，对水库渗漏造成的影响也是不一样的。如煤矿巷道直接与跃进煤矿巷道连通，巷道在蓄水后将直接成为水库渗漏的通道，影响非常之大；反之影响则相对小一些。为了进一步认识和反映库区煤矿井下巷道的连通对水库渗漏造成的影响，同时与后续定量化评价各煤矿对水库渗漏影响相一致，现将煤矿的连通情况分为5类：①第1类，煤矿巷道无连通，该类煤矿危害较小，对应影响等级为Ⅰ级。②第2类，与跃进煤矿开采的不同煤层的煤矿之间的连通，该类煤矿虽有连通，但与跃进煤矿巷道发生联系的可能性较小，形成渗漏通道能力较弱，故危害不是很大，对应影响等级为Ⅱ级。③第3类，与跃进煤矿开采煤层相同的煤矿之间的连通，该类连通暂时没有与跃进煤矿连通形成渗漏通道，但缩短了渗漏路径具有一定的危害，对应影响等级为Ⅲ级。④第4类，井下巷道间接与跃进煤矿连通，通常表现为与另外同跃进煤矿井下巷道连通的煤矿发生连通。间接为水库渗漏提供通道条件，危害也很大，对应影响等级为Ⅳ级。⑤第5类，井下巷道与跃进煤矿直接连通。这类连通直接为水库渗漏提供通道条件，危害极大，对应影响等级为Ⅴ级。

由图4.35可知，库区煤矿的连通中，第1类连通有22个，占56%；第2类连通有5个，占13%；第3类连通有1个，占3%；第4类连通有2个，占5%；第5类连通有9个，占23%。库区半数以上的煤矿井下巷道的连通性较差，对水库渗漏造成的危险较小。对水库渗漏危险很大的第4、第5类连通有11个，占28.2%。

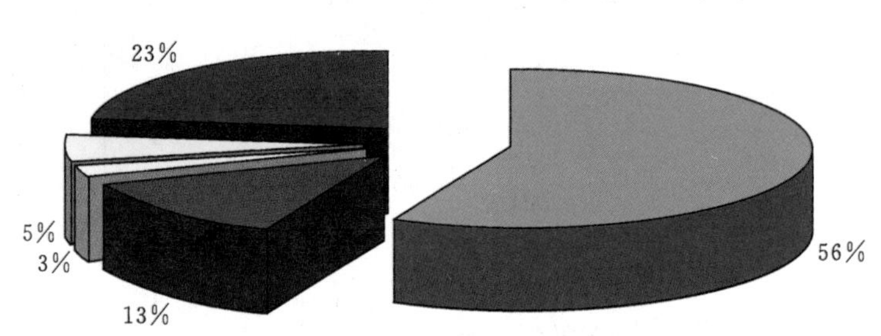

图4.35　煤矿井下巷道连通等级分类情况图

特别是其中的田沟煤矿、石梯村煤矿，废旧煤矿中的田沟煤矿、石梯村煤矿、石梯村三线子煤矿、石梯村青竹标煤矿、石梯村白炭煤矿、石梯村三线子下井、三线子煤矿、假砂炭煤矿、花花炭煤矿等9个煤矿直接与跃进煤矿井下巷道相通，形成地下巷道网络，危害很大。现场调查目前田沟村煤矿井下涌水直接灌入跃进煤矿，致使田沟村煤矿井下排水减少，这样就在库区右岸煤田区井下形成了连通的巷道网络系统，给水库的渗漏带来潜在的巨大威胁。如图4.36所示。

（2）库区右岸煤矿充水后影响研究。

1）水库渗漏影响。

水库蓄水后处于采煤矿在830m以下的在采煤矿有9个，废旧煤矿有18个，由于井下巷道纵横交错、相互交织，部分巷道已连通形成网络，连通的井巷将成为渗漏通道，为研究煤矿井巷充水后对水库渗漏影响，采用二级模糊评判模型方法进行分析。

选取煤矿井巷的连通性、巷道长度、巷道水平、井口标高、煤层厚度、煤层倾角等因素作为为煤矿对水库影响的指标因素，并将影响程度分为五级，即：很严重、严重、一

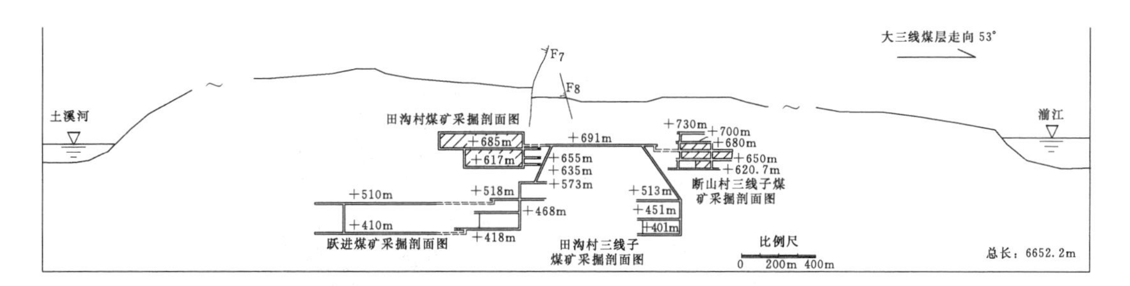

图 4.36　田沟村煤矿与跃进煤矿巷道连通示意图

般、轻微和无影响，分别用符号Ⅰ、Ⅱ、Ⅲ、Ⅳ和Ⅴ表示（表 4.12）。

表 4.12　　　　　　　　　　指标因素及分级标准

类型	指标因素	级别				
		Ⅰ	Ⅱ	Ⅲ	Ⅳ	Ⅴ
煤矿巷道条件	连通性	未连通	介于Ⅰ～Ⅲ	半连通	介于Ⅲ～Ⅴ	连通
	巷道长度/m	≤450	450～700	700～950	950～1200	≥1200
	巷道水平/m	≥760	760～700	700～620	620～580	≤580
地质结构及地质特征	煤层厚度/m	≤0.2	0.2～0.4	0.4～0.6	0.6～0.8	≥0.8
	煤层倾角/(°)	≤10	10～20	20～35	35～50	≥50
	顶板(涌水量)/(L/s)	≤0.04	0.04～1.74	1.74～3.44	3.44～5.13	≥5.13
	断层(距井口距离)/m	≥1500	1500～1050	1050～550	550～50	≤50
煤矿井口特征	井筒类型	平洞	平洞＋斜井	斜井	斜井＋竖井	竖井
	井口标高	≥＋850	850～845	845～840	840～835	≤＋835
	井口离渝江距离/m	≥3860	3860～2760	2760～1660	1660～660	≤660
其他因素	开采规模/(万 t/a)	≤0.4	0.4～2.3	2.3～4.2	4.2～6	≥6
	平均涌水量/(m^3/d)	≤5	5～400	400～800	800～1200	≥1200

采用专家打分法给各个煤矿的每个指标因素打分确定权重，根据权重进行二次模糊评判，以最大隶属度为原则来确定煤矿对水库的影响程度。

图 4.37 为库区右岸煤矿影响程度分级百分比图。可以看出库区右岸煤田区内 39 个煤矿（废弃的旧煤窑和正在开采的煤矿之和）中影响等级为Ⅴ级（很严重）的一共有 16 个，占总煤矿数的 41.03%；影响等级为Ⅳ（严重）的有 8 个，占总煤矿数的 20.51%；影响等级为Ⅲ（一般）的有 7 个，占总煤矿数的 17.95%；影响等级为Ⅱ（轻微）的有 4 个，占总煤矿数的 10.26%；影响等级为Ⅰ（无影响）的有 4 个，占总煤矿数的 10.26%。

库区右岸煤矿井下巷道与跃进煤矿之间的连通性通道是存在的，水库蓄水后，库水将沿连通的巷道产生渗漏，同时，更会沿与跃进煤矿连通的巷道向邻谷土溪河渗漏，如不采取有效的措施水库难以正常蓄水的可能性大。

2）对邻谷跃进煤矿影响。水库邻谷土溪河的跃进煤矿为区内最大的煤矿，原煤年开采量为 21 万 t，为成都市属国营煤矿，井口标高为 810.33m，目前开采的最低水平为

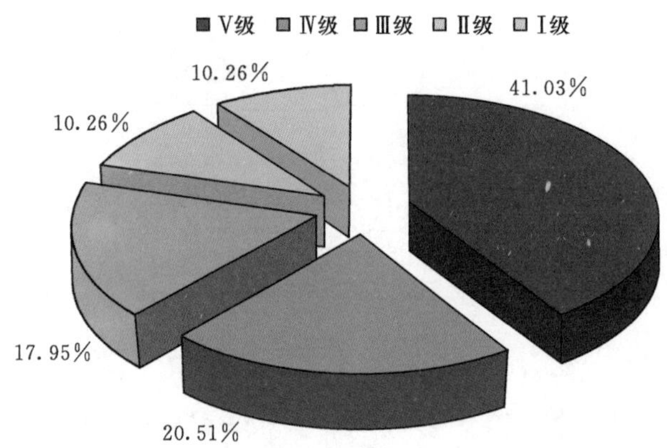

■Ⅴ级 ■Ⅳ级 ■Ⅲ级 ■Ⅱ级 ■Ⅰ级

10.26%　41.03%　10.26%　17.95%　20.51%

图 4.37　库区右岸煤矿影响程度分级百分比图

400.00m，低于正常蓄水位约 430.00m。分析表明，库区右岸田沟煤矿、石梯村煤矿，废旧煤矿中的田沟煤矿、石梯村煤矿、石梯村三线子煤矿、石梯村青竹标煤矿、石梯村白炭煤矿、石梯村三线子下井、三线子煤矿、假砂炭煤矿、花花炭煤矿等 9 个煤矿直接与跃进煤矿井下巷道相通，形成贯通的地下巷道网络。

水库蓄水以后，如果在库区右岸不作防渗措施，那么库水就会如同大坝溃决一样通过连通的巷道网络系统源源不断地涌入跃进煤矿，使得跃进煤矿无力抽排井下涌水，将导致淹井事故的发生。假如在库区右岸作防渗措施，并且把水库的渗漏量控制在允许渗漏量之内，跃进煤矿是否能正常进行安全生产，需作进一步的研究。

4.6　库岸斜坡地下水致灾作用

4.6.1　概述

水库是储蓄水资源的重要水利枢纽工程，在防洪抗灾、抗旱灌溉及水资源综合利用、保护生态环境、发展国民经济建设等方面起着举足轻重的作用。但随着水库的大量兴建，各种由水库引起的灾害频繁发生（张扬，2010）。

自 20 世纪下半叶以来，世界上库岸边坡重大事故频发。1963 年 10 月 9 日夜，意大利 Vajout 双曲拱坝近坝库区左岸发生 2.5 亿 m^3 的大滑坡，巨大岩体以 25m/s 的速度冲入水库并产生涌浪，对下游的 Longarone 小镇及几个临近村庄，造成 2500 人死亡（Jaeger，1979）。事故发生后虽然拱坝基本完好，但造成了生命及财产的重大损失（张有天，2003；王兰生，2007）。调查其原因，是由于库水位上升后，滑体受水的扬压力作用使得阻滑力降低而发生破坏。实际上，1941—1953 年，美国大古力水库发生了大约 500 处岸坡失稳，造成耕地丧失和交通中断。1965—1969 年在奥地利 Gepatsch 坝蓄水及水库运行初期，紧邻大坝的上游几处岸坡出现了十多米的变形。苏联的雷宾斯克水库蓄水后，佩尔穆特村的砂质库岸发生塌岸，库岸从原来的位置后退了数十米，造成了沿岸大量的居民点及农田被毁（洛姆塔泽，1985）。国内近些年随着水利水电行业的快速发展，也有许多鲜明的岸坡破坏实例（表 4.13）。

表 4.13　　水库岸坡变形与破坏类型及实例

类　型		变性特征	规模及方式	工程实例
塌岸	黄土塌岸	黄土浸水湿陷，坡脚失去稳定	层层塌落 范围较大	三门峡
	崩坡积层塌岸	基岸界面倾向河床，上有松软带，水浸后各层透水性不一，孔隙压力增大，排水慢，坡脚冲掏，基岩面以上或者黏土夹层以上能维持稳定	范围较大	凤滩、烧碛、紫兰坝、洪家渡
	湖相沉积	库岸陡峻，岩层松散，平缓层面有细颗粒夹层	范围较大	龙羊峡
	河流冲洪积	河流阶地细粒堆积物，在库水的浪蚀或淘蚀作用下，向库中移动，使库岸稳定线向岸坡边移动	范围较大	公伯峡、三峡
崩塌	块状崩塌			
	软弱基座崩塌			
滑坡	老滑坡复活	水库水渗入滑动面后，已稳定的老滑坡复活，也可产生新的滑动面，使老滑坡产生部分滑动	规模较大或大，突发性	李家峡、黄龙滩、龙滩
	顺层滑坡	千枚岩、页岩、泥板岩、泥岩层面倾向河床 15°～35°，有易滑动的软弱夹层	规模较大或大	柘溪、刘家峡、龙滩
	深厚堆积层浅部滑移			狮子坪、烧碛、索风营、光照
	基岩-覆盖层界面滑移	坡积土或强风化以上的碎石土体，沿下部相对完整的强风化岩体界面滑动		水泊峡、功果桥，宝珠寺

随着社会经济的不断发展，水库在人们的生活中占有越来越重要的地位。水库的修建将为我们带来巨大的经济效益和社会效益。然而，水库为我们带来巨大利益的同时也带来了安全隐患。为了满足农业、工业等行业的用电需求，水库需要时常蓄水排水，库区水位会经常发生变化，从而引起库岸岩土体的水位发生变化。①水位上升库区岩土体被水充分浸没，会发生一系列的物理化学作用。比如：页岩、泥岩遇水后崩解使得岩石结构发生宏观的损坏。②而水位下降后，许多可溶性的岩石遇水溶解后被带走。比如，碳酸盐岩遇水溶解，破坏了库岸岩土体原本的稳定结构，导致库岸岩土体失稳。而且水—岩相互作用不仅仅是在水库的库岸稳定方面具有研究价值，如今，岩石圈、生物圈、气圈和水圈之间相互作用的研究在加强，由于人类活动的地质效应与日俱增，已成为强大的地质营力，地球表生系统的研究内容正在拓宽，并且人们越来越认识到研究表生作用离不开地球内部系统地质作用的研究。人们日常需求的水来自水的气候循环，但为了更进一步认识从而保护人类赖以生存的地球，我们不仅要深入研究水的气候循环，而且要不断加深对水的地质循环的了解。因此，运用多学科交叉和综合的方法，进一步开展水—岩相互作用的研究越来越显得重要了（沈照理，1997）。

对于库岸边坡稳定的研究具有十分重要的意义。特别是像三门峡和三峡这类山区河道型水库，往往跨越不同地貌单元，地质条件和岸坡结构类型复杂，库水动力作用强烈。在水库蓄水后，在水和波浪的长期作用下将会使岸坡产生不同规模的塌岸，且变形破坏模式多种多样，点多面广。而且水库岸坡往往城镇密集，人口集中，交通枢纽设施纵横交错，如三峡库区，库岸塌岸将会威胁库区两岸人民的生命财产安全，毁坏良田，阻断交通。同时库岸塌岸又是水库淤积的主要物质来源之一，会缩短水库的使用寿命，严重的将会导致水库报废，致使整个水利水电枢纽工程瘫痪。因而对库岸稳定的研究具有十分重要的意义。

随着我国现代化的不断发展，工业日益强盛，人口不断增加，生活日趋丰富，用水用电的需求也在直线增加，因此，大力建设水利水电工程与工业、农业的发展紧密相关。由于使用需要，水库水位经常升降调度，因而会造成库区的水位升降，势必引起岸坡岩土体内的水位变化，水位上升造成静水压力、动水压力和扬压力的增加，水位下降会造成动水压力和超孔隙水压力的增加；对于库岸边坡不仅内部的水压力产生巨大变化，随着库水位升降，边坡外部的水压力的影响也不容忽视，内外水压力的综合作用是影响库岸边坡稳定性变动的关键因素。

在加拿大及新西兰，这一问题使水利工程投资大幅提高。基于以上的因素及实例，我们有必要对水—岩力学作用在库岸边坡稳定性中的影响机制进行分析研究，为已建、在建、拟建和规划的水库的库岸边坡稳定性评价及边坡工程设计提供可用的资料和重要的现实指导意义，减少边坡破坏，保护人民生命及财产安全、地质及生态环境，防患于未然（贾韵洁，2005）。

4.6.2 库岸斜坡水文地质结构及破坏类型

库岸斜坡的水文地质结构主要有以下两种：

（1）以松散土层或松散堆积层的孔隙为主要结构的土质斜坡。该类斜坡结构较松散，具有大孔隙性，粒间结合能力差，透水性较强。当水库运行时，库水位反复升降，使得坡体内出现循环的渗流作用，细小颗粒通过粗颗粒的孔径被水流带走，坡体出现侵蚀现象，使得坡体抗剪强度逐渐降低，最终导致斜坡失稳破坏。

（2）以基岩裂隙网为主要结构的岩质斜坡，由于岩质边坡中岩体结构面分布不均，结构面上的水压力分布则不一样，结构面渗透性能差异很大。如岩质斜坡上部岩层风化破裂或裂隙发育，透水性强，下部岩层较完整或相对隔水的软弱岩石，这种水文结构使斜坡具有季节性充水特点，降水地表水渗入裂隙发育的坡体内，产生空隙水压力，并在下伏隔水软弱层顶面聚积，造成软弱层软化，最终导致斜坡失稳破坏。

根据库岸斜坡变形及破坏型式，大致分为塌岸、崩塌、滑坡等三种类型。

4.6.2.1 塌岸

水库塌岸是指水库周边岸坡岩土体在水位升降、洪水冲刷及风浪冲蚀下不断发生塌落的现象。塌岸一般发生在地形坡度较陡的土质岸坡及软岩岸坡的残坡积层和强风化带，具有渐进发展的特点。

水库塌岸的过程如图 4.38（a）所示。水库蓄水后，随着水位上升，抬高了岸边地下水位，浸润原先处于干燥状态的岩土，减小土体或软弱夹层的抗剪强度，使库岸岩土体的物理力学性质发生改变。由风力引起的水面波浪是改变库岸形态的动力因素之一，库岸岩土遭受浸湿和波浪的冲蚀，逐渐形成岸壁的初期塌落，破坏的快慢取决于岩土的强度及波浪的能量大小，如果原岸坡较高，则岸壁上形成与库水位在同一高度的浪蚀龛［图 4.38 (b)］，波浪不断对被湿化的库岸冲击、磨蚀，自然崩落和冲击下来的岩土碎屑成为悬移质被波浪回流带离坡脚淤积在岸边，于是库岸边线后移，水下浅滩开始生成［图 4.38 (c)］，波浪重复的作用，库岸不断塌落，后退，浅滩逐渐加宽，直至宽到足以消耗全部波能，库岸后退与浅滩的发展渐趋稳定，形成最终的平衡剖面［图 4.38 (d)］。

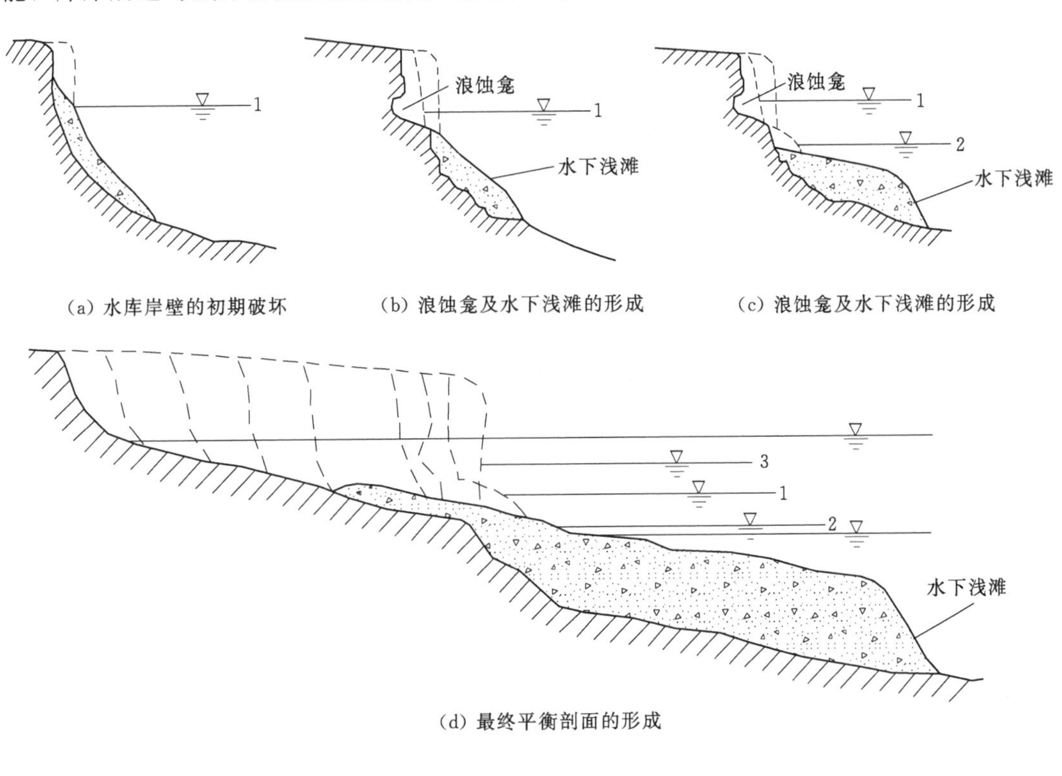

图 4.38　水库塌岸示意图

1、2、3—不同时期的水位

4.6.2.2　崩塌

崩塌是指在地形较陡的岩质岸坡中，在库水、风浪冲刷、地表水和其他外部营力作用下发生失稳的现象。这种类型的破坏一般发生在岩质岸坡的强风化或强卸荷带内，规模不等，并且具有突发性。具体分为块状崩塌和软弱基座崩塌。

(1) 块状崩塌。当岩质岸坡中发育有不利于岩体稳定的节理裂隙时，在外部营力的作用下，裂面被软化后，岩体沿节理裂隙面发生块状崩塌或崩落现象。该破坏类型示意图如图 4.39 所示。

(2) 软弱基座崩塌。是指岩层倾向坡内或略缓倾坡外的上硬下软结构岸坡，在库水长期作用下，由于下部软岩软化崩解、冲蚀带走，在重力作用下，岸坡产生压缩或压致拉裂变形，导致上部岩体失稳的现象。该破坏类型示意图如图 4.40 所示。

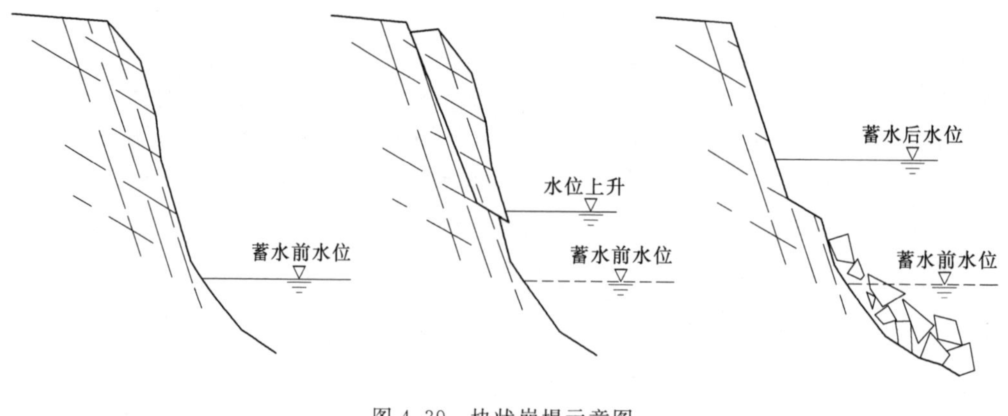

图 4.39　块状崩塌示意图

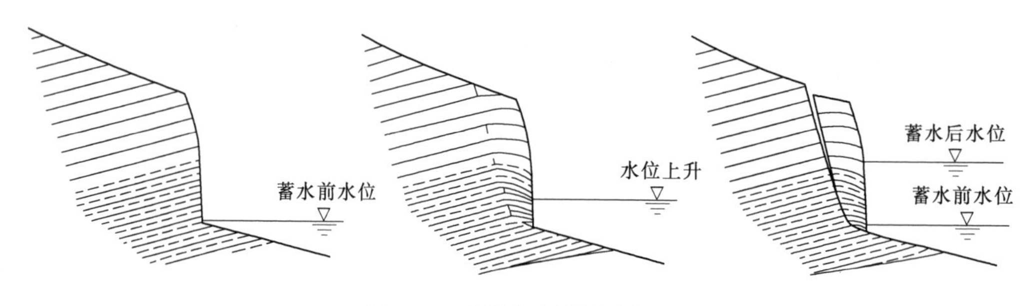

图 4.40　软弱基座崩塌示意图

4.6.2.3　滑坡

水库滑坡是指在库水、降雨及其他因素的影响下，岸坡岩土体沿软弱结构面（带）或已有的滑动面发生变形失稳的现象。常见的水库滑坡有以下几种类型。

（1）老滑坡复活。蓄水前，处于稳定或者基本稳定的滑坡，在水库蓄水后，由于库水作用，整体或者局部复活而产生滑移变形。

典型的有二滩水库区老鹰岩老滑坡。位于二滩水库中段金台子西侧雅碧江左岸，距大坝 58km。该部位地处雅碧江河谷转弯向西凸出的前部，坡体三面临空，岸坡原始地形坡度 44°，高程在 1300.00m 以上地形平缓。实测地质剖面如图 4.41 所示。岸坡为古滑坡体，坡体为黏性土与块石混合堆积，结构松软。在库水的浸润和水位急剧消落作用下，坡体受最大剪应力作用面控制，向临空方向发生剪切蠕变-松动扩容，当其达到潜在剪切面，必将造成剪切面上剪应力集中，促使剪切变形进一步加剧发展，岸坡最终沿潜在剪切面从前缘开始逐级向后缘滑移解体。

（2）深厚堆积层浅层滑坡。发育于各种堆积体中，水库蓄水后由于外界条件的改变，导致岸坡沿浅层滑动面发生圆弧形失稳，造成滑坡，滑坡示意图如图 4.42 所示。

（3）沿基岩—覆盖层界面滑坡。基岩上的覆盖层堆积体，在外部营力作用下，沿着基岩与覆盖层界面发生整体滑动的变形破坏型式。

发生这种类型的破坏一般需要具备几个方面的条件：①有明显的基岩与覆盖层界面，可形成滑动面；②在库水或地下水的作用下，基岩与覆盖层界面较易软化；③前缘临空或被淘蚀，坡体下滑力大于抗滑力。

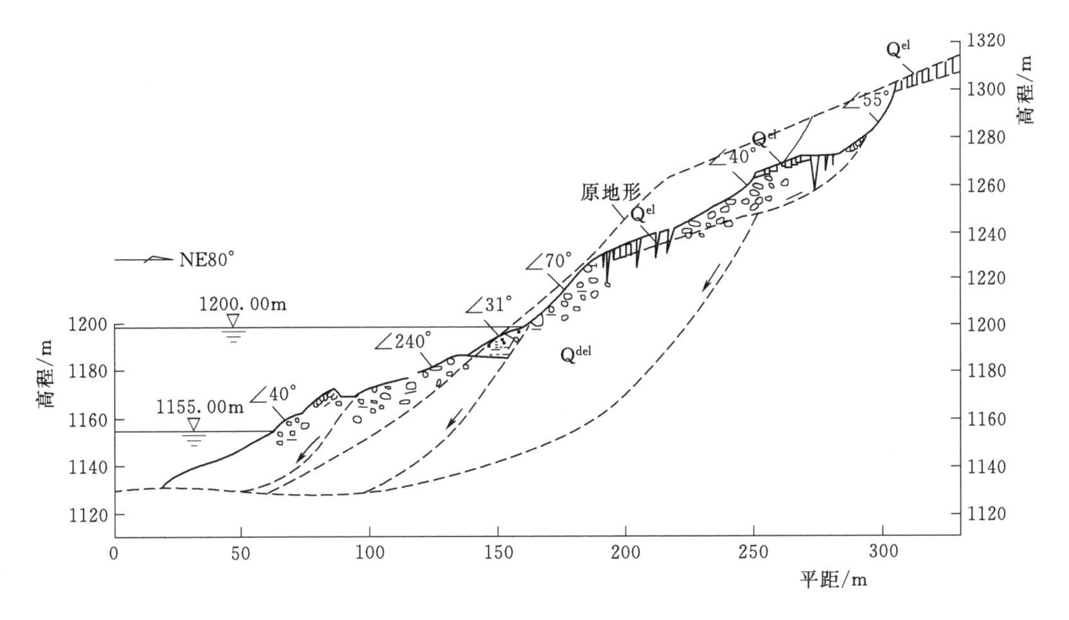

图 4.41　老鹰岩老滑坡复活型实测地质剖面（二滩水库）

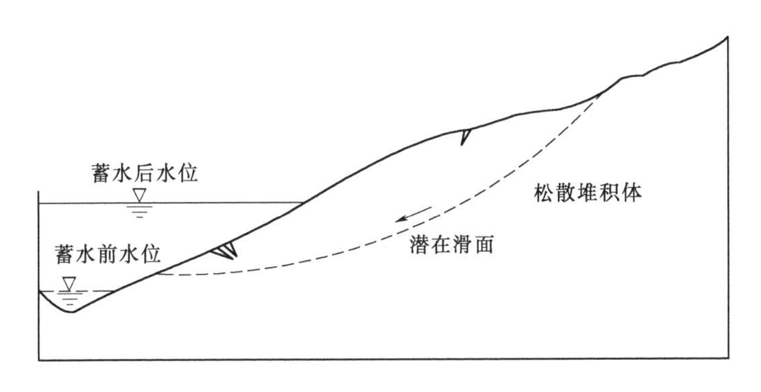

图 4.42　深厚堆积层浅层滑坡示意图

典型的有白龙江宝珠寺水库的冯家坪蠕滑变形体。冯家坪岸坡在地形上表现为宽270m、长约800m近东西向展布的槽状地形，平均坡度21°，两侧冲沟发育。坡体物质为残坡积黏性土与绢云母片岩块石及角砾混杂堆积，堆积体厚约60～70m，结构松软。地下水富积，且地表多处泉水出露。现场调查实测表明（图4.43），变形体发育于岸坡地形低缓的第四系槽地，地下水较富集，堆积物为结构松软的黏土及块石混合体。在库水的浸润作用下，每年1月水位下降时，岸坡基覆界面控制发生剪切蠕变，岸坡上发育向深部发展的拉裂变形。

（4）基岩顺层滑坡。基岩顺层滑移常发育于岩层走向与坡面近平行，倾向坡外，中等或中缓倾角的基岩岸坡中，且岩层中存在软弱夹层或软弱结构面。在水库蓄水后，软弱夹层或软弱结构面在水的作用下发生软化，抗剪强度降低，同时，滑坡体的下滑力增加，孔隙水压力上升导致摩擦力的降低，使岸沿软弱夹层产生整体滑动。滑坡示意如图4.44所示。

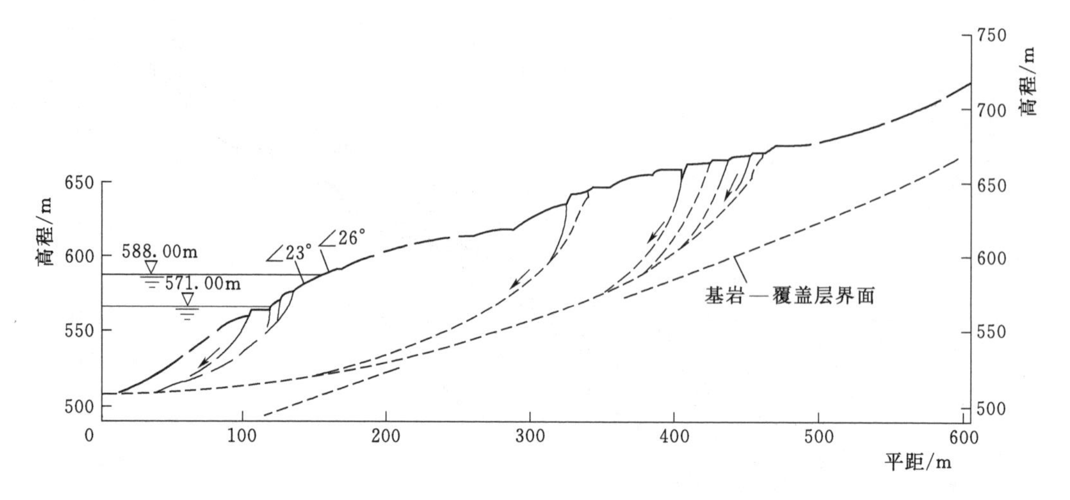

图 4.43　冯家坪基—覆界面型滑坡实测地质剖面（宝珠寺水库）

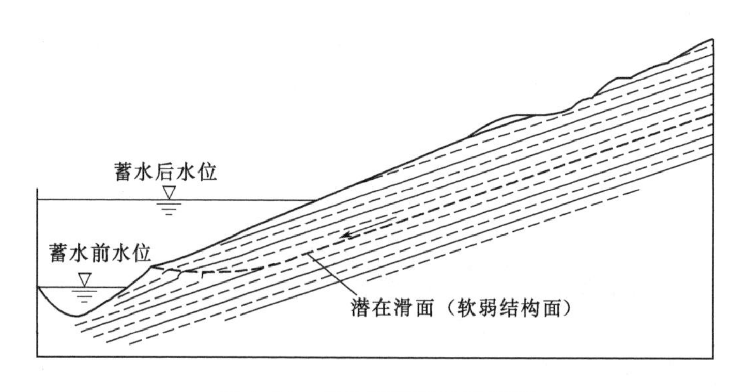

图 4.44　基岩顺层滑坡示意图

4.6.3　地下水作用机制分析

4.6.3.1　地下水物理作用机制

水—岩物理作用主要是指水对岩土体的软化及泥化作用，使黏聚力 c 和摩擦角 φ 减小（张明等，2008）。水—岩物理作用对岩石的劣化主要和湿度以及温度有关，其中一部分是可逆的，诸如砂岩、泥岩风干而失水后，强度随含水量的减少而增加；另一部分则是不可逆的，诸如页岩、泥岩遇水崩解，使得岩石结构发生宏观的损坏。

1. 岩土体含水量对库岸边坡的影响

岩石的力学性质受到其含水量影响的问题是涉及地学研究和岩土工程等多领域的重要课题。L. Müller（1981）曾指出过，岩体是由矿物—岩石固相物质和含于孔隙与裂隙内水的液相物质组成的两相介质。水的存在会降低岩石的弹性极限，提高岩石的韧性和延展性，使岩石因软化而更易发生变形。水在岩石中主要以结合水和自由水两种方式存在，对岩石产生联结、润滑、孔隙水压和溶蚀等物理化学作用，并共同影响着岩石的强度和变形性质。由于岩石性质的多样性、模糊性、随机性及地质环境的复杂性等原因，含水量对岩石力学性质和边坡稳定性的影响目前并没有系统的认识（马豪豪等，2012）。

（1）含水量对岩石力学性质的影响机理。岩石与水接触后，水在岩石的微裂隙和孔隙中，并以孔隙水压力的方式与外部应力场相互作用，抵消了部分作用在岩石内部的总应力，不但降低岩石的弹性屈服极限，而且也将降低岩石的抗剪强度。与此同时，岩石作为自然界的产物，其自身存在晶内缺陷、颗粒间的微孔和裂隙，存在原生、次生的层理、节理等。岩石孔隙越大，含有的亲水性矿物越多，则能吸收的水分就越多，对岩石产生的力学效应也越大。因此，随着岩石颗粒由粗到细，胶结程度由弱到强，岩石强度由低到高，岩石受含水量的影响也越小。

不同岩石的矿物成分不同，含水量变化引起的力学性质变化也不同。水与岩石中的黏土矿物成分结合，形成新的水溶物，改变了岩石的原有结构，削弱了骨架颗粒间的胶结力，使岩石强度降低甚至从原岩上崩解脱落。当含水量达到一定数量时，部分黏土矿物因软化而最终成为软土状。

当岩石含有细颗粒黏土矿物成分时，由于黏性颗粒一般呈扁平状，因此其比表面积更大，亲水性也较高。如蒙脱石、伊利石和高岭石都具有很强的膨胀性，由此类矿物成分组成的岩石遇水之后，其含水量能达到较高值，之后因体积膨胀而破坏其颗粒间的黏结及岩石的原有结构，使得岩石强度及抗剪强度降低。此外，水对岩石的应力侵蚀也会降低岩石的强度。

(2) 含水量对岩石力学性质影响的量化分析。含水量与岩石强度的量化关系可通过岩石力学试验获得，据此可确定不同岩石含水量与岩石力学性质之间的影响关系。一般而言，岩石单轴抗压强度、弹性模量和抗剪强度随含水量的增加而降低，降低程度和降低速率因岩性而异，取决于其颗粒大小、胶结程度和是否含有亲水性黏土矿物等因素（孟召平等，2009）。随着碎屑颗粒粒度由粗到细，即由砂岩到泥岩变化，岩石的单轴抗压强度和弹性模量随之减弱。L. Obert 等（1946）研究了含水量对不同岩石强度的影响，烘干砂岩抗压强度比风干状态下大1%～18%，饱和砂岩抗压强度比风干状态下小10%～20%。但去除水分后岩石恢复原来的强度，说明这是一个可逆过程，只有在化学过程（特别是溶解）的影响下才会发生不可逆的现象。这种强度变化在浸水初期变幅最大，当含水量接近于饱和状态时，强度指标随含水量增大的变幅将逐渐降低。陈刚林、周仁德等（1991）通过对不同饱水度的花岗岩、灰岩、砂岩、大理岩四种岩石的强度研究，认为水对岩石力学性质的影响与岩石中含水量是密切相关的，它们之间并不呈简单的线性关系。Tamada（1981）测得几种沉积岩的抗剪强度与岩样浸水时间之间的关系，结果表明岩石抗剪强度随时间、含水率呈负指数关系下降，黏聚力随含水率呈负指数关系下降；随着含水量的增加，岩石的弹性模量也呈负指数降低。对某一特定类型岩石，当其内部达到一定的含水状态后，岩石中含水量的变化不会再改变岩石的变形破坏过程。水对受力岩石的力学效应具有时间依赖性，这说明只从有效应力原理来考虑水对岩石力学性质的影响是不够的，而应该考虑应力腐蚀这样复杂的过程。

(3) 不同含水量下的变形破坏机制。含水量的多少不仅影响岩石的强度和变形参数的大小，岩石的变形破坏机制也将受到影响。随着含水量的增加，泥岩的弹性模量及峰值强度均产生急剧降低，且峰值强度对应的应变值有增大的趋势。同时，在干燥或含水量较少的情况下，岩石表现为脆性和剪切破坏，具有明显的应变软化特性，且随着含水量的增加，峰值强度后岩石主要为塑性破坏，软化特性变的不明显。

不同岩石所含的矿物成分不同，因而遇水软化的性态也不同。绝大多数岩石中含有黏土质矿物，这些矿物遇水易软化泥化，降低岩石骨架的结合力。此外，当岩石含有石英和其他硅酸盐时，水化作用削弱 SiO_2 键，使岩石强度降低，水对岩石的这种作用称为岩石的软化作用。岩石软化系数（K_R）是指岩石饱水抗压强度（R_{cw}）与干燥岩石试件单轴抗压强度（R_c）的比值：

$$K_R = R_{cw}/R_c \tag{4.4}$$

式中：R_{cw}为饱水岩石单轴抗压强度，MPa；R_c 为干燥岩石单轴抗压强度，MPa。

岩石弹性模量降低系数（K_E）是指岩石饱水弹性模量（E_{cw}）与干燥岩石试件弹性模量（E_c）的比值：

$$K_E = E_{cw}/E_c \tag{4.5}$$

式中：E_{cw}为饱水岩石弹性模量，GPa；E_c 为干燥岩石弹性模量，GPa。

显然，K_R 值愈小则岩石的软化性愈强。当岩石的 $K_R > 0.75$ 时，岩石软化性弱；同时也可说明其抗冻性和抗风化能力强。

K. V. Terzaghi 在研究饱和土的固结、水与土壤的相互作用时，提出了有效应力理论。Robinson 等研究得出，在水压力作用下岩石的有效应力为

$$\sigma'_{ij} = \sigma_{ij} - \alpha p \delta_{ij} \tag{4.6}$$

式中：σ'_{ij}为有效应力张量，MPa；σ_{ij}为总应力张量，MPa；α 为等效孔隙压力系数，由岩石的孔隙和裂隙决定，$0 \leqslant \alpha \leqslant 1$；$p$ 为静水压力，MPa；δ_{ij}为 Kronecker 符号。

含水量对岩石变形破坏影响机制可用有效应力和莫尔-库仑理论解释（张金才等，1997），表征岩石破坏准则的莫尔-库仑公式为

$$\tau = c + \sigma \tan\varphi \tag{4.7}$$

当岩石中存在水压力时，其有效正应力 $\sigma' = \sigma - \alpha p$，则岩体强度公式为

$$\tau = c + \sigma \tan\varphi - \alpha p \tan\varphi \tag{4.8}$$

由此得出岩石的抗剪强度随含水量的增加减少了 $\alpha p \tan\varphi$，同理得出在水的影响下，岩石的抗压强度减少了 $2\alpha p \sin\varphi/(1-\sin\varphi)$。当岩石处于非饱和状态时，岩石的抗剪强度由摩擦力和凝聚力这两部分组成。而当岩石的饱和度较高时，剪切强度降到很低。因此，天然边坡的饱和度是影响其稳定性的一个重要因素。

此外，由于水不具有抗剪性，因此水分子的层数越多（岩石含水量越大），岩石的承载力、剪切变形就越少，从而降低了岩石的峰值强度和弹性模量，使岩石的力学性质劣化。同时由于岩石的成分复杂，可能存在对水敏感和不敏感的各种矿物，且在岩石中分布不均匀，当岩石含水量发生变化时，其内部易产生膨胀应力，形成应力集中区，进而产生微裂纹（邓建华等，2009）。

2. 冻融循环对库岸边坡的影响

岩石是工程上大量使用的材料，实际工程中的岩石材料总是处在一定的环境中，经受着不同风化作用的影响（杨振锋，缪林昌，2009）。温度的变化就是影响岩石风化的一个

重要因素。例如在寒区，由于季节更替、昼夜循环，岩石材料会由于冻融循环而产生物理风化作用，内部材质会因此劣化。对于冻融循环对岩石的破坏过程主要有以下两种：①对孔隙介质如混凝土和岩石，其冻融损伤劣化过程，现在已经有了比较普遍一致的认识（Hori M.，1998）：即当孔隙脆性介质冻结时，储存在其孔隙内部的水发生冻结并产生约9%的体积膨胀率，而这种膨胀将导致内部产生较大的拉应力和微孔隙损伤；当介质内部的孔隙水（或裂隙水）融化时，水会在其内部微孔裂隙中迁移，进而加速这种损伤。②从力学的角度来看，岩石的冻融破坏过程为：当环境温度降低时，岩石内部的孔隙水开始发生冻结，因为其体积发生膨胀，故对岩石颗粒产生冻胀力，由于这种冻胀力相对于某些胶结强度较弱的岩石颗粒具有破坏作用，故造成岩石内部出现了局部损伤；当温度升高时，岩石内部的水发生融解，伴随这一过程的是冻结应力的释放和水分的迁移；随着冻融循环次数的增加，这些局部损伤域逐步连通成裂缝，岩石强度和刚度不断降低，并最终造成岩石块体断裂、剥落。

（1）冻融循环对土质边坡的影响。

寒区库岸的土质边坡产生滑塌的主要原因在于冬季低温对土体产生冻胀，随着冻结面的下移，土质边坡水分由下部向冻结面迁移集聚，春融期坡面积雪融化使原坡面土体达到过饱和状态，边坡极易发生表层滑移。土质边坡冻融滑塌机理包括两个方面：一是冻融循环作用下的土体重力侵蚀蠕动（许珊珊，高伟，2006）。因春融期冻融循环作用，导致饱和土体相态往复变化，冻结时体积增大，土颗粒垂直于斜坡向上抬起，融化时体积收缩，土颗粒沿重力方向垂直下落。二是冻结面下降形成的滑床现象。春融期坡面冻土由表及里逐渐融化，冻结面逐渐下降，这样就在坡体内部产生了一个融化与冻结的交界滑床面，如图 4.45 所示。交界面与边坡坡面近乎于平行，而交界面上方为饱和土或含水率比较高的解冻土，其抗剪强度降低明显（武鹤，2015），导致库岸边坡失稳。

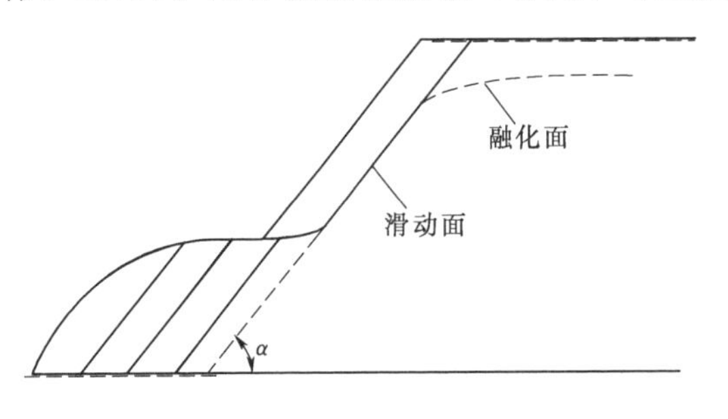

图 4.45　简单边坡几何关系

（2）冻融循环对岩质边坡的影响。长期以来，国内对边坡整体稳定性的研究比较深入，对边坡，尤其是岩质边坡在冻融作用下的稳定性研究起步相对较晚。岩质边坡坡体的冻胀与融解的研究主要是从宏观上观察冻融现象，微观上探索水分迁移和成冰的机理，进而掌握岩体裂隙毛细水及地下水冻胀与融解的规律。

冻融作用下岩质边坡的破坏主要以滑塌为主，主要是冻胀和融解作用，其破坏机理如下：在中高山区库岸的岩质边坡，若入冻前发生降雨之后气温骤降，导致岩体裂隙中的毛细水及裂隙水（地下水）结成冰凌而产生冻胀现象；最后随着气温回升，岩体裂隙中的冰凌发生融解现象。在年复一年的冻胀与融解作用下，岩体发生物理风化作用，岩体中的裂隙不断张开，岩体抗剪强度大大降低。冬季高寒地区的地表水、浅层地下水，在0℃以下，冻胀力将会加大岩体内裂隙，以致使岩土体发生崩解；当温度在0℃附近时，由于裂隙岩体中大量自由水结冰即发生物相变化过程，体积膨胀（一般水结成冰后体积膨胀约

9%)，致使冻胀应力和冻胀变形骤然增大。冻融作用不仅加速了表层岩体的风化剥落，而且使含水裂隙因冰层膨胀而张开造成库岸失稳（武鹤，2015）。

3. 干湿循环对库岸边坡的影响

在库水位调度过程中，库岸边坡处在浸泡—风干的交替状态下，这种交替作用对岩土体是一种“疲劳作用”，对岩土体造成渐进性损伤。

（1）土质边坡。对于土质边坡而言，库水位的调度使得土体经历干湿循环以及胀缩变形。在水位第一次上升后，原状土体中的孔隙充水，发生一系列的物理—化学反应，使得裂隙扩展，产生新的裂隙，同时形成相互贯通的裂隙网络，降低土体的整体性；随着裂隙的扩充，含水率增加，再次降水，空隙中的水将原先的土体中的矿物伴随着物理—化学作用带出，一些细小的颗粒也随降水而被带走，经历风干后，改变了土体的结构，再次蓄水，土体中新的孔隙充水再次发生物理—化学反应，又使裂隙扩展，同时再次生成新的裂隙，如此反复，不但降低了土体的整体性，裂隙的增加也使土体的渗漏率有所改变；随着干湿循环次数的增加，渗透率不断降低，一系列的物理—化学作用也使得土体中的最小孔隙有所增大，压缩性减小，微观结构的一系列改变，最终造成土体的物理力学参数 c'、φ' 值降低，使边坡稳定性降低（唐朝生，2011）。

（2）岩质边坡。对于干湿循环，工程上主要关注崩解的岩石，对于岩质边坡，干湿循环的作用机理主要是气质崩解和胶体物质消散（张芳枝，2010）。

库水位反复升、降的浸泡—风干循环作用，岩体内部往往存在着大量弥散分布的细观缺陷，岩石（体）的结构，如节理裂隙及裂纹分布区，尤其是裂隙尖端的塑性区，是水—岩物理、化学、渗透作用的活跃带。库水位的反复升降循环过程，是对库岸边坡岩体损伤的一次次累积。库水位的上升，库水入渗，促使水—岩物理、化学作用的产生，岩体渗透、水化学作用加剧了岩体裂隙相互作用及裂隙聚集效应；库水的下降，产生更多新的次生孔隙，而裂隙的聚集、扩展又为水化学作用和渗透提供了更有利的环境，为下一次水位上升时的物理、化学作用提供更多的反应表面。岩石失水干燥后使其吸湿压力提高，大量裂隙、孔隙中充满空气，当干燥岩石再次浸水后，由于吸湿压力的作用，水很快沿裂隙通道渗入，岩石内空气被挤压，外部渗入量增加导致内部空气压力上升，以致矿物骨架沿最弱面发生破裂而逐渐崩解（气质崩解）。而且在库水位大幅度变化情况下，不仅会改变水—岩作用中的溶解模式及强度，还反复改变溶解—沉淀方向，加剧水—岩反应，使岩体不断产生新的物理、化学损伤，导致岩体的强度逐渐降低。每一次的效应可能并不一定很显著，但多次重复作用后，损伤效应可能会累积性发展，很可能使稳定的滑坡向不稳定方向发展。这个循环过程逐渐导致岩体内的细微观裂隙的集中化及扩展，向宏观裂纹、裂隙的转变，在宏观裂纹、裂隙形成以后，水—岩物理、化学作用愈加强烈，其细观的损伤不断演化，推动宏观缺陷的发展，而宏观裂纹在扩展过程中引起的细观损伤区域，又是水—岩化学作用强烈的区域。如果在这个过程中考虑不可溶性盐的沉淀和可溶性岩的结晶、干缩湿胀、崩解等其他作用，岩体的累积损伤将会更加严重。统计发现，很多库岸边坡的失稳并非发生在首次蓄水，而是发生在经历几次库水位升、降循环作用之后（邓华锋等，2014）。

4.6.3.2 地下水化学作用机制

水—岩化学作用对岩石的劣化效应主要使岩石内部结构发生破坏，同时产生新的矿物，是一个不可逆的过程。常见的对水库的影响主要是库区周围的岩土体由于地表水和地下水水解和溶蚀、软化作用，会导致库岸斜坡出现软化变形，进而形成滑坡坍塌等危害。

（1）土质边坡地下水化学作用。土质边坡是由松散堆积物组成，下部为基岩或性质不同的其他类型土。随着库水位的骤涨陡落，库岸的地下水位也随之升高和降低。当地下水升高时，上层松散堆积物中的可溶性成分易被地下水溶解，使土体原有的结构遭到破坏，减小了摩擦力和凝聚力。随着地下水位的降低，溶解于地下水中的物质被带走，导致边坡失稳。同时大气降水也对土质边坡具有很大的影响。随着雨水入渗使得土体的抗剪强度降低或软化，滑面处岩体软化，从而降低边坡的稳定性，导致滑坡的发生。

（2）岩质边坡地下水化学作用。对于岩质边坡来说，地下水会对岩土体产生一系列诸如水解、溶解和碳酸化合作用等化学反应，从而改变岩土体的矿物成分，导致岩土体细微观结构的破坏，改变其结构特性而影响岩土体的力学性能。受地下水化学作用后，岩土体物理力学特征的变化会变得较为复杂。就算是坚硬致密的弱风化基岩，也会存在着大量微裂隙，水化学溶解长期在裂隙中与矿物颗粒或晶体发生化学反应，使原有的矿物分解并生成一些新的矿物，而某些新生矿物具有高度的分散性，这种作用逐渐地降低了岩土体的强度。库水位上升后，岩土体被水浸没，岩土体受水化学作用后产生的易溶矿物随水流失，而难溶或结晶矿物则残留原地，结果致使岩土体的孔隙增大，岩土体也因此变得松散脆弱，使得库岸边坡稳定性降低。

4.6.3.3　地下水力学作用机制

1. 土质边坡地下水力学作用

对于土质边坡，地下水对库岸边坡的力学作用机制主要分为静水压力、动水压力和超孔隙水压力。水位升降对于库岸边坡的稳定性的影响最大。宏观上，水位上升主要是对岸坡底部的冲刷淘蚀，以至于造成塌方和崩塌，坡体内部地下水位上升，坡顶拉张裂隙充水，也会使边坡的稳定性降低；微观上，库水位的升降对边坡内部的水力梯度、静水压力、动水压力、超孔隙水压力、基质吸力和底滑面的摩擦力产生直接的影响。坡内水位的变动，土条饱和重量改变，从而引起了下滑力、土条底部孔隙水压力、由有效应力控制的土条底部摩擦力对抗剪强度的贡献等一系列的改变，进而影响了岸坡稳定。水位不同，边坡最危险滑动面位置也不同。

（1）静水压力的影响。

对于土质边坡，静水压力主要指孔隙水压力，孔隙水压力的改变主要影响土体有效应力 σ' 和基质吸力，对于库水位上升所浸没的土体以及地下水位线以下的土体受到水的浮托力作用，使其有效重力减轻，同时下滑分力增，孔隙水压力 u 和总应力 σ 均增加，由于孔隙水压力和总应力的增加值相同，因此被浸没的土体的有效应力不变，$\sigma'=\sigma-u$，因此在水库蓄水过程中，土体有效应力不变。但在库水的长期作用下，土体内的细颗粒被逐渐带走，土体结构改变，颗粒接触面积增大，有效应力 σ' 增加，但在长期浸泡作用下，土体软化以及胶结物质的减少使得土体的有效期强度参数 c'、φ' 值降低，根据莫尔—库仑准则：$\tau_f=\sigma'\tan\varphi'+c'$，有效应力 σ' 的增加使土体抗剪强度增加，但是有效内摩擦角 φ' 和有效黏聚力 c' 的减小使土体抗剪强度降低，综合影响下，土体的抗剪强度还是较之前降低，这就使得土质边坡前缘出现变形现象（刘波，2007）。

非饱和土的孔隙中不但充填有水，而且还有空气，水—气分界面（收缩膜）具有表面张力，在非饱和土中，孔隙气压力与孔隙水压力不相等，并且孔隙气压力大于孔隙水压力，收缩膜承受着大于水压力的空气压力，这个压力差值称为基质吸力。岸坡外水位升降可以引起岸坡内土体基质吸力的大小和作用范围的较大变化，从而导致岸坡土体的抗剪强度发生较大变化，影响岸坡稳定性。分析水位变动时岸坡的稳定性变化，应正确考虑土体基质吸力的这些变化。随着水位的变化，岸坡土体基质吸力的作用范围和它对抗剪强度贡献的大小都发生了较大变化，这些变化使水位上升之前的非饱和区岩土体抗剪强度有较大的改变，进而改变了岸坡安全系数的大小，除了改变基质吸力、影响抗剪强度外，还表现在改变滑面处的孔隙水压力，进而改变抗滑力的大小。另外，水位变动还会造成坡面处推力大小的变化（赵炼恒，2010）。

（2）动水压力的影响。

土质边坡中的动水压力由地下水的渗流造成，沿边坡方向存在水力梯度，在地下水渗流过程中，细颗粒被带走，土质边坡内部逐渐变得更加松散，形成较多的管道，同时在渗流过程中土体对水有阻流作用，相反地下水对土颗粒也存在一个拖拽力，尤其在水位骤降时，地下水位也随之降低，形成较大的水力梯度。因此，动水压力形成一个向坡外的推力，造成库岸边坡稳定性降低（王平卫，彭振斌，2007）。

（3）超孔隙水压力的影响。

对于饱和土，孔隙中充满水，这些水在稳定状态时有一个平衡的压力。当土体受到外力挤压时，土中原有水压力也会上升，上升的这部分压力就是超孔隙水压力。一般来说，超孔隙水压力都有消散的趋势，随着时间的推移会消散掉。但上层土层是不透水时，可能长期存在。在土质边坡内，当土体处于饱和状态而发生剪切变形时，土体内颗粒结构发生变形，土体孔隙内水受到挤压，产生超孔隙水压力，初期的表现为静水压力过大，使有效应力降低，从而降低土体抗剪强度，随着时间的推进，土体内超孔隙水压力逐渐消散，部分水从孔隙中溢出，向坡外渗流，又产生动水压力，带走细颗粒，使胶结物质减少，降低抗剪强度。

2. 岩质边坡地下水力学作用

对于岩质边坡，岩体中存在随机发育的大量裂隙，内部较易充水而产生静水压力。静水压力包括后缘拉张裂缝的静水压力，潜在滑动面的扬压力，水位下降会造成岩体内的动水压力。广义孔隙水压力作用于岩体结构面（潜在破坏面）上，表现在三个方面：①降低该面的正应力，减小摩阻力，进而降低崩滑体的抗滑力；②动水压力沿边坡临空面产生的推力增加了下滑力；③孔隙水压力的“水楔”作用，推动了裂隙的扩展过程，进而破坏岩体，使边坡发生渐进性破坏。

（1）静水压力的影响。静水压力是对孔隙水压力、裂隙水压力及浮托力等的总称。静水压力可以降低结构面的正应力，减小摩擦力，从而减小滑坡体的抗滑力。孔隙水压力对岩石裂隙有水楔作用，该作用加快了裂隙的扩展进程，使边坡发生渐进性破坏，主要是对不稳定块体的平推作用。由于水对岩体边坡稳定性的影响主要表现为地下水压力对潜在滑动面或岩体结构面的作用。由不同岩体组成的边坡，岩体结构面的展布特性不同，结构面上水压力分布则不一样。因此，岩体边坡的稳定性及变形特性与地下水压力的分布形式密切相关。Hoek 等认为岩体边坡中饱水和无水状态下安全系数可相差 0.5～0.8，尤其是当坡顶（面）裂缝与坡高之比在 0.65 左右时更为明显（Hoek K，1983）。

（2）动水压力的影响。动水压力是地下水在渗流过程中对岩土体颗粒施加的作用力。动水压力沿边坡临空面产生的分量使下滑力增大，从而降低了边坡的安全系数。它是一个体积力，其大小与流动水的体积、水的容重和水力梯度有关，计算公式如下（何满潮，2003）：

$$D=\gamma_w V_i \tag{4.9}$$

式中：D 为动水压力，kN；i 为水力梯度；V 为渗流体积，m^3，其方向与水流的方向一致。

结构面的填充物在水的浮力作用下，重量降低，动水压力稍大时，就会带走结构面中的填充物颗粒，潜蚀掏空岩块之间的填充物；同时动水还会磨平粗糙的岩石面，使其变得光滑，降低了岩石的摩擦系数，减小了岩体的抗滑力。此外，加上水在压实空隙中的增加，滑体的重量增加，使得下滑分力增加，降低了边坡的稳定性（薛娈鸾，2007）。

对于岩质边坡中的结构面来讲，无论是否有充填物，地下水产生渗透压力最终转化为作用在岩层上下壁面上的拖拽力 $t_0=bJ=b\gamma_w i$（b 为结构面开度；J 为渗透力；γ_w 为水的重度；i 为结构面处的水力坡度）精确计算水流对岩体的拖拽力较为困难，考虑到渗透率与拖拽力存在差别，因此取拖拽力的 1/2 为水流对上部岩层的拖拽力，拖拽力的存在也加大了岩体的下滑分力，使岩体稳定性降低（舒继森等，2012）。

3. 流固耦合相互作用

岩体水力学中，流固耦合是一个研究热点。岩体裂隙渗流场与应力场耦合特性是裂隙岩体渗流研究的核心问题。裂隙岩体渗流场与应力场的耦合作用主要表现在两个方面：地下水在裂隙中渗流产生的渗流作用力改变了岩体的初始应力状态；裂隙岩体应力状态的改变引起岩体变形并导致岩体裂隙几何参数尤其是裂隙开度的变化，地下水在岩体裂隙中的渗流通道随之发生变化，从而使岩体裂隙的渗透性变化，最终导致裂隙岩体的渗流场发生改变。裂隙岩体的这种渗流场与应力场相互作用是一个反复耦合的动态过程（刘才华，2006）。

裂隙岩体渗流场和应力场的耦合作用主要表现在两个方面：一是裂隙岩体在各种因素作用下其应力场发生变化，使岩体的位移场发生改变，导致岩体中地下水的渗流通道发生变化，继而改变岩体的渗流特性；二是地下水在岩体中的渗流对岩体施加静水压力和渗透力，使岩体的应力场发生重分布。岩体渗流场和应力场的这种相互作用使其处于一种动态平衡状态。岩体渗流介质模型一般分为等效连续介质模型、离散网络介质模型和双重介质模型，对于不同的岩体介质类型，渗流场与应力场的相互影响机理是不一样的。

4.6.4　库岸边坡稳定性评价

边坡稳定性评价一直是边坡工程的主要内容，也是边坡工程设计和施工的基础。边坡稳定性评价研究方法层出不穷，其中主要以刚体极限平衡法和数值分析法为主，而这些方法在设计参数的选取上都是按定值进行考虑的。然而，由于边坡受多种因素综合影响，其稳定性常表现出复杂多样性、不确定性等特征。随着数学方法的发展和计算机技术的进步，人工智能、神经网络、软件的应用等迅速发展，使边坡稳定性评价不断得到发展与完善。

4.6.4.1 传统评价方法

（1）工程地质类比法。工程地质类比法，又称工程地质比拟法，属于定性分析，其内容有历史分析法、因素类比法、类型比较法和边坡评比法等。该方法主要通过工程地质勘察，首先对工程地质条件进行分析。如对有关地层岩性、地质构造、地形地貌等因素进行综合调查、分类，对已有的边坡破坏现象进行广泛的调查研究，了解其成因、影响因素和发展规律等；并分析研究工程地质因素的相似性和差异性；然后结合所要研究的边坡进行对比，得出稳定性分析和评价。

（2）边坡稳定性图解法。在边被稳定性分析中，常使用各种图解法，它是属于定性的方法。由于图解法简单、直观、快速，因此该法常常用于规划阶段，或初步分析边坡稳定之用。用图解法分析，发现有问题的边坡应用计算验证。图解法分为诺模图法和赤平投影图法，诺模图法利用诺模图来表征与边坡有关参数之间的定量关系，从而求出边坡稳定性系数、稳定坡角和极限坡高，主要应用于具有圆弧性破坏面的滑坡；赤平投影图法利用赤平投影的原理，通过作图直观地反映出边坡破坏的边界，确定失稳岩土体的规模形态及其可能变形滑动方向等，从而对边坡稳定程度作出初步分析，并为力学计算提供基础，它主要用于岩质边坡的稳定性分析。

（3）极限平衡分析法。极限平衡分析法是土坡稳定性分析中发展最完善、最早出现的确定性分析方法。其基本方法是：假定边坡的岩土体破坏是由于边坡内产生了滑动面，部分坡体沿滑动面滑动而造成的。根据具体情况选择合理的满足莫尔-库仑准则的滑动面，形状可以是平面、圆弧面和其他不规则曲面。由静力平衡关系，从而达到定量评价的目的，并求出一系列滑动时的破坏荷载和最危险滑动面。其中包括普通条分法、改进条分法、毕肖普的改良方法、力平衡方法、Morgenstern－NR 及 priceVE 等方法，国内外土力学教程中主要介绍的各种极限平衡法如瑞典圆弧法、sarmaSK 法。

（4）块体单元法。块体单元法介于刚体极限平衡法和有限单元法之间，兼有两者的优点，工作量小，特别适用于如裂隙岩体那样的非连续介质问题，且块体元的应力精度与位移精度一致，因此按位移和应力求出的稳定安全系数比较接近。块体单元法以块体形心处的刚体位移作为基本未知量，即用分片的刚体位移模式逼近实际位移场，在块体单元之间设“缝”单元，反映结构的物理性质。根据虚功原理求出各块体形心处的刚体位移后，由缝单元两侧块体的相对位移确定缝面的变形和应力。块体单元法既保证了各块条的力和力矩的平衡，又考虑了它们的变形。而且，块体单元法可以反映非连续面两侧位移和应力可能不连续的特点，还提高了应力精度，使稳定安全系数的计算更为可靠，因此，块体单元法特别适用于具有软弱结构面岩体的稳定分析。

4.6.4.2 数值分析评价方法

（1）有限单元法。

有限单元法是边坡稳定性分析中用得较多的一种数值方法，它能满足静力平衡条件、应变相容条件，考虑了岩体的不连续性和非均质性，将无限自由度的结构体转化为有限自由度的等价体系，还能够模拟土体与支护的共同作用。它几乎适用于所有的计算领域，其最大优点是不但能进行线性分析还可以进行非线性分析。由于实际工程的复杂性，在运用有限单元法分析高边坡稳定性的时候，应该根据山体的岩质情况，以及施工开挖和支护进程，对高边坡的稳定性进行施工进度模拟分析，以确定施工和开挖完成期该高边坡的稳定性。此外，有限元强度折减法近年来受到国内外岩土工程界的青睐，取得了较好的成果。通过不断地增加强度折减系数，直至达到临界破坏，其折减的系数即为稳定系数。该方法不需要事先假定滑裂面的位置和形状，由程序自动求出滑裂面，而且能够模拟支护体和坡体的共同作用，还能够考虑到开挖工程中对边坡的影响。强度参数折减，即为达到了边坡极限状态，对黏聚力和内摩擦角的正切值进行折减，分别作为新的材料参数代入进行有限元计算。这样确定的临界折减系数即为边坡的安全系数。通过这种方法还可以同时得到临界滑裂面的位置。

(2) 无界元法。无界元法是 P Bettess 于 1977 年首次提出的方法。它可以看作是有限单元法的推广。它采用了一种特殊的形函数及位移插值函数，能够反映在无穷远处的边界条件，近年来已得到广泛的应用。其优点是：有效地解决了有限单元法的人为确定边界的缺点，在动力学问题、非线性问题中尤为突出；显著地减小了计算工作量，提高了求解精度和计算效率，目前常常与有限单元法联合使用。

(3) 离散单元法。离散单元法是由 P. A. Cundal 于 1970 年首次提出并应用于岩土体稳定性分析的一种数值分析方法。它将所研究的区域划分成一个个多边块体单元，单元之间通过接触关系，建立力和位移的相互作用关系，通过迭代，使每一块体都达到平衡状态，块与块之间没有变形协调的约束，但需满足平衡方程。离散单元法的原理比较简单，但在分析被结构面切割的岩质边坡的变形和破坏过程时却是非常有用的。它的一个显著优点是利用显示时间差求解动力平衡方程，可求解非线性大位移和非连续介质大变形问题。

(4) 其他数值分析方法。在边坡稳定性分析的数值方法中，还有连续介质快速拉格朗日法（FLAC 法）、块体介质不连续变形分析法（DDA）、集中质量法、剪切梁法、流形元法等。此外，各种新技术、新理论如数量理论、耗散理论、灰色系统理论、随机理论、突变理论、渗流分析等不断用于边坡问题研究，使边坡稳定性评价方法得到不断发展。

4.6.4.3 边坡稳定性评价的新方法

(1) 模糊综合评判法。模糊综合评判法最早由我国汪培庄提出，它应用最大隶属度原则和模糊变换原理，给出了一个综合的全面的评价。模糊综合评判法关键在于能否准确地建立评价模型，是否能准确建立模型的重点在于隶属度和各评价因子权重的确定，它为多因素影响的边坡稳定性分析提供了一种行之有效的手段。用该法评价边坡稳定性，隶属度与权重的确定是关键，隶属度又与各影响因素的参数直接相关，故对各因素的参数一定要测量准确，结果表明用该法确定权重简单，亦能较好反映边坡所处状态。边坡稳定性影响因素众多，大量工程实践证明，模糊不确定比随机不确定更为深刻，采用模糊评判法原理简单，能得到边坡稳定性等级分类指标，从而判断出边坡的稳定性情况。

（2）模式搜索法。模式搜索法先确定一个搜索起点，然后以该点为中心，以一定的步长在其上下左右各确定 1 点，计算这 4 点的安全系数。如果这些点中有安全系数值小于中心点的点，则以安全系数最小点为中心，以相同的步长重复上述过程，直到外围点不能再对安全系数起到减小作用为止，如此下去直至符合精度要求。该方法弥补了其他分析方法的不足，更符合实际。

（3）人工神经网络技术方法。人工神经网络技术方法具有自学习、自组织联想记忆功能和强容错性，运用网络存储的知识对边坡进行稳定性分析，为边坡稳定性智能化研究奠定了基础。人工神经网络是一种非线性动力学系统，具有较强的非线性映射能力。它可以对现有的工程经验进行自我学习，并将学习的结果存储在神经元的阈值和神经元间的连接权值中，给出启发式的推断结果。由于边坡稳定性问题是高度非线性的，因此在边坡岩体稳定性评价过程中，应根据实际情况选择参评因素，一方面要具有足够大的容量来学习记忆现有的工程经验；另一方面，神经网络也应该有足够强的泛化能力，能得出正确的结果。这就要求它具有能够同时处理确定性和非确定性信息的动态线性的功能，能识别出边坡的稳定状态。利用人工神经网络方法对边坡建立非线性网络结构，可以有效处理边坡工程中出现的一些非线性关系问题，较好地描述各参评因素之间复杂的非线性映射关系。人工神经网络的优点是可考虑定性描述和人为因素，用人工神经网络方法预测边坡岩体的稳定状态是可行的。

（4）遗传算法。遗传算法最早由 Michigan 大学的 Holland 等教授创立，是基于自然选择和基因遗传学原理，模拟自然界生物进化过程提出的一种自适应随机性优化搜索算法。边坡稳定性评价计算中，寻找最危险的滑动面位置进行设计时，可以使用遗传算法。该方法需要较高的理论基础，它克服了传统分析方法容易进入局部极小化的缺点，是一种全局优化算法。刘玉静基于遗传算法，建立了搜索岩土边坡稳定性评价最小安全系数和滑移面中心坐标与半径的数值方法。数值结果表明，遗传算法搜索到的边坡稳定最小安全系数与理论解是一致的。随着理论的完善和大量数据的收集，遗传算法的研究将得到积极的推广。

（5）可靠度法。边坡稳定评价中所涉及的许多参数是可变的，具有许多不确定因素：岩土性质的变异性、荷载及分布不确定性、计算模型不确定性等。近年来国内外工程界已对可靠度分析方法进行了系统研究，为边坡可靠性分析做了大量工作。可靠度法充分考虑了影响安全系数的各个随机要素（动水压力、浮托力、剪胀角和侧压力系数、各种荷载、黏聚力和内摩擦角等）的变异性，通过对各种因素的分析，结合边坡系统的实际情况描述边坡工程质量。

（6）复合法。随着科学技术的发展，学科之间相互渗透，采用两种或两种以上的方法对边坡进行研究成为一种需要。任何一种分析方法都有其局限性，将多种方法结合起来，取长补短，是一种合理的发展趋势。如将人工神经网络与遗传算法相结合对岩石边坡进行位移反分析；利用神经网络的高度非线性映射能力预报边坡的稳定性获得较大的容量和较强的泛化能力，加上用遗传算法的全局优化算法，进而提高边坡稳定的预报精度；利用有限元数值分析和极限平衡理论分析均质和非均质简单边坡；将边坡稳定性的条分法与有限元耦合分析方法（LE-FEM法）结合起来建立评价边坡稳定性系统质量指标的求解体系等。

4.6.5 库岸斜坡地下水致灾工程实例

水库蓄水后，斜坡地下水受库水位变化直接影响，库水对岸坡岩土体的作用主要表现在以下三个方面。①物理作用：水对斜坡的润滑作用、软化、泥化作用以及对岸坡的冲磨、淘刷机械作用，润滑、软化和泥化作用反映在力学特性上，使岩土体的强度降低；冲磨、淘刷机械作用使岸坡岩土体遭到了细观或宏观变形破坏。②化学作用：主要是通过水与岩土体之间的离子交换、溶解作用（湿陷）、水化作用（膨胀）、水解作用、溶蚀作用等使岩土体的微观或细观结构发生变化，一般的化学作用越强烈，其岩土体的强度越容易降低。③地下水渗流影响：库水位的反复升降变化对岸坡岩土体产生的动水压力降低了岸坡土体的稳定性，如降低土体的抗滑力、动水压力沿边坡临空面产生的推力使下滑力增加等都可降低岸坡岩土体的稳定性。

在物理作用、化学作用及地下水渗流等因素的作用下，库岸斜坡易出现变形破坏，常见的库岸变形模式有塌岸、滑坡崩塌等。

4.6.5.1 塌岸

（1）工程概况。水库塌岸是一个复杂的环境地质和工程地质问题，它对水库的安全运行和库周环境地质条件产生重要影响。在我国已建的正式蓄水运行的水库大多数都存在着塌岸和库岸再造现象。本节以瀑布沟电站库区塌岸研究为例，阐述水库塌岸。

瀑布沟水电站位于大渡河中游，距汉源县城28km。正常蓄水位850.00m，死水位790.00m，总库容53.37亿m^3，调节库容38.94亿m^3，为季调节水库，电站装机容量360万kW。瀑布沟水库主库（大渡河）回水77km，库区涉及甘洛县、汉源县和石棉县三个县境。

根据库区的地质环境条件，库区可分为库首、库中、库尾三段，不同库段稳定性及不良物理地质现象发育存在差异：

大坝至官地沱为水库首段，长22km，形成V形峡谷，谷坡陡峻，基岩裸露，河面狭窄，宽60～120m。基岩以下震旦统酸性火山岩、碎屑岩为主，次为澄江期花岗岩，官地沱附近还有上震旦统至古生界碳酸盐岩夹砂泥质岩。

官地沱至火厂坝为水库中段，长16km，该库段有汉源县城等多个较大集镇，河谷底宽阔，河面宽200～2000m，谷坡宽缓，阶地、漫滩、支流发育，两岸有流沙河、白岩河、西街河、料林河等支流汇入。第四系松散堆积广布，厚度达200m以上。

火厂坝至石棉县城为水库尾段，长39km，河谷时宽时窄，河面宽100～1000m，岸坡多下陡上缓。河谷阶地、漫滩断续分布。除第四系松散堆积外，岸坡基岩以下震旦统酸性火山岩、碎屑岩和澄江期花岗岩为主，次为上三叠统砂页岩。

瀑布沟水电站于2009年10月开始蓄水，至2011年5月水库水位经历了3次上升和消落过程。在此期间，水库库岸发生了一些地质灾害现象，诱因复杂，既有库水诱因的，也有库水与其他因素综合作用引起的，还有非蓄水诱因的其他因素综合作用引起的，对库周居民或移民生产生活设施、财产，以及公用工程、设施等造成危害和损失。调查表明，塌岸主要分布在水库中段，具体见表4.14。

根据统计，瀑布沟库区塌岸具有如下特点：①塌岸主要分布在崩坡残积、地滑堆积、冰积、洪积和冲积堆积体中；②塌岸主要发生在水库中段；该库段有汉源县城等多个较大集镇，大渡河总体向东流，河谷底宽阔，河面宽 200～2000m，谷坡宽缓，坡度 25°～35°，阶地、漫滩、支流发育，两岸有流沙河、白岩河、西街河、料林河等支流汇入。第四系松散堆积广布，厚度达 200m 以上，岸坡基岩主要是上震旦统至古生界碳酸盐岩夹砂泥质岩和中生界碎屑岩。由于南北向（在水库段呈北西向）的汉源—昭觉断裂、北西向的金坪断裂和北东向的杨家沟断裂、河南站断裂等的交汇、切割，河段显断陷谷特征，各断裂在晚更新世以前有一定活动，断裂带新活动性微弱，Q_1x 地层偶有褶皱、断层形迹。第四系等松软地层中，滑坡发育，其中以大中型土质滑坡居多，如桂贤滑坡、汉源滑坡、太平滑坡、麦地坡滑坡、大树大河沟滑坡等；泥石流和坡面水土流失严重，泥石流活动具有频度高、强度大、危害较大等特点，为库区大中型泥石流活动集中发育的区域。该库段区域地质条件较复杂，物理地质作用强烈，地质灾害现象发育，因此蓄水后塌岸较发育（图 4.46、图 4.47）。

图 4.46　共和安置点块碎石土塌岸

图 4.47　汉源—昭觉断裂影响带灰岩塌岸

表 4.14　　瀑布沟水电站库周岸坡 25 个塌岸分布表

库段	塌　　岸	数量
库首段	大树木甘青林子塌岸、顺河 S_{306} 塌岸、顺河娃娃沟塌岸、片马矛草坪水库塌岸	4
库中段	大树木家沟环湖公路塌岸塌岸、大树麦坪造田处前缘局部塌岸、大树银正海子塘蠕滑变形体、大树红岩子桂贤滑坡复活、大树安宁沟左岸环湖公路局部塌滑、大树安宁沟右岸环湖公路外侧沟坡局部塌滑、万工管山造田处水库塌岸、塌岸区青富青杠嘴高速公路段填方路堤及边坡塌岸、青富青杠嘴 108 国道公路开挖边坡蠕滑体、富泉矮子店塌岸区、富泉老虎岩局部塌岸、富泉兰家湾塌岸区、富泉寨子山 S_{306} 公路前缘塌岸、富林十三湾塌岸、富林鹞子岩 1、2 坡体塌岸、富林背后山塌岸、富林困牛凼 S_{306} 公路蠕滑体、河西金鸡岩塌岸、片马乡茅草坪塌岸、顺河大沟口人工取土岸坡塌岸	18
库尾段	丰乐大冲沟右岸塌岸、迎政乡双家坪滑坡影响区、向阳造地冲刷塌岸区	3

（2）问题产生背景。瀑布沟水库塌岸地质主要因素有库岸地形地貌特征、岸坡岩土体性质、岸坡结构、地下水作用、地质地震灾害作用及人类工程活动等。其中，库水的作用是关键因素之一。由于库水在风或其他外力作用下生产波浪，波浪的波高、波速和波向不同，对岸坡冲蚀与淘刷作用也存差异，库首和库尾段的波浪冲蚀作用不突出。库水升降表现为岸坡岩土体饱和、排水变化过程，或岸坡岩土体的浮托力、渗透压力变化过程。

（3）水库塌岸模式分类。根据调查分析将瀑布沟水库塌岸主要分为三种类型，即冲蚀—磨蚀型、坍塌型、滑移型。具体见表 4.15 和如图 4.48～图 4.51 所示。

表 4.15　　塌岸模式分类表

塌岸类型	塌　岸　特　点	塌　岸　实　例
冲蚀—磨蚀型	1. 岸坡物质一般为砂土、粉土、黏土类组成，容易被流水侵蚀； 2. 岸坡坡度较缓（一般小于 20°）； 3. 库岸再造过程具有缓慢性及持久性，再造规模一般较小	丰乐大冲沟右岸塌岸、向阳造地冲刷塌岸区
坍塌型	1. 一般水上部分岸坡坡度较陡（一般大于 40°），其自身的稳定性在天然状态下处于基本稳定状态； 2. 坍塌时垂直位移一般大于水平位移； 3. 塌岸具有突发性，特别容易发生在暴雨期和库水位急剧变化期； 4. 是山区河河流水库较为常见的一类塌岸模式； 5. 与滑移型塌岸模式相比，其塌岸规模不是太大	大树木甘青林子塌岸、大树安宁沟左岸环湖公路局部塌滑、顺河娃娃沟塌岸、顺河三角桩公路外塌滑、顺河大沟口人工取土岸坡塌岸、万工管山造田处水库塌岸区、万工炒米岗塌岸、市共和村共和安置点塌岸、富泉矮子店塌岸区矮子店、富泉老虎岩局部塌岸、富泉寨子山 S306 公路前缘塌岸、富林十三湾塌岸、富林鹞子岩 1、2 坡体塌岸、河西金鸡岩塌岸、片马矛草坪水库塌岸
滑移型	1. 滑移型是指在库水作用、降雨及其他因素的影响下； 2. 岸坡物质沿着软弱层带或潜在滑动面向库水方向发生一定规模滑移的库岸再造形式； 3. 一般有古老滑坡复活和深厚堆积体产生滑动； 4. 规模较大	大树木家沟环湖公路塌岸塌岸区、大树银正海子塘蠕滑变形体、大树红岩子桂贤滑坡复活、万工小湾头水库塌岸变形、万工金岩库岸塌岸、高速公路段填方路堤及边坡塌岸、富泉兰家湾塌岸区、迎政乡双家坪滑坡影响区

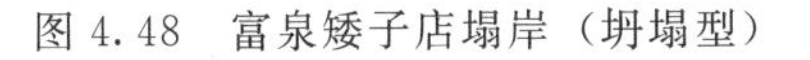

图 4.48　富泉矮子店塌岸（坍塌型）

图 4.49　万工管山造地塌岸（坍塌型）

（4）塌岸影响分析及处理。除个别塌岸区规模较大外，塌岸一般规模小，影响对象主要为库区居民或移民耕地、房屋，其次为坟墓、公路等，对规模较大的塌岸点，如矮子店塌岸，在勘察设计的基础上，开展治理工作。

图 4.50　向阳造地塌岸（冲蚀—磨蚀型）　　图 4.51　大沟口塌岸（滑移型）

4.6.5.2　金沙江溪洛渡电站库区星光三组变形体

（1）工程概况。星光三组变形体边坡位于云南省永善县境内，金沙江右岸，距溪洛渡坝址区 32.5～33.8km。受江水的强烈深切侵蚀，河道呈狭窄的 V 形谷，谷坡陡峻，整体上多基岩出露。

变形体边坡长约 1500m，高程为 410.00～1360.00m，高差达 950m，平均坡度约 37°，地形上缓下陡，斜坡上堆积的坡残积物较薄，一般 0.3～1.0m，基本为岩质边坡。变形体边坡总体上为陡倾坡内层状结构斜坡，边坡两侧被两条冲沟切割，呈三面临空状态，岩层走向（NNE）与河谷走向（NE）斜交，基岩完整出露，产状 N0°～21°W/SW∠60°～80°，整体为一陡倾顺层边坡。

变形体边坡下部高程 640.00m（浸水位以下）岩性主要为奥陶系湄潭组（O_1m）和大箐组（O_2d）薄—中层状的泥灰岩、泥质细砂岩及砂质页岩，性质较软弱。高程 640.00m（浸水位以上）为寒武系西王庙组（$\in_2x$）和二道水组（$\in_3e$）中厚—厚层状的砂岩、粉砂岩、白云岩及白云质灰岩，性质相对坚硬。

（2）问题表现。金沙江溪洛渡水电站于 2013 年 5 月开始下闸蓄水，2013 年 6 月该水库某库岸边坡坡体上随即出现 4 条裂缝，至同年 10 月裂缝变形量显著增加，坡体主要裂缝由 4 条增加至 9 条，且有继续破坏的趋势，给当地居民生活带来不便。根据现场调查统计，变形体具有如下变形特点：

1）坡体裂缝发育特征。具有一定规模的裂缝的延伸方向主要在 N20°E～N10°W 之间，与地层走向大体一致，表明变形有可能来自于坡体内部的基岩，且部分裂缝具有反坡台坎的现象（图 4.52），说明边坡具有拉裂—倾倒的可能。

2）岩层产状变化特征。通过现场勘查，变形体边坡岩层产状在空间上变化较大，正常岩层产状总体上为 N20°～30°W/NE∠75°～85°，而坡表岩体产状为 N0°～10°W/NE∠10°～45°。表明边坡一定厚度的岩体产生了的倾倒变形迹象。

此外，研究人员在变形体中部高程 959.00m 处发现有一当地村民采挖石材形成的天然“平洞”，洞长约 3m，高约 2m。通过对“平洞”的调查发现岩层有明显的倾倒弯折迹象，“平洞”岩体风化强烈，下部岩体在倾倒弯折作用下被压缩碎裂严重，并形成众多竖向的导水裂隙，“平洞”下部岩层产状为 75°∠43°，上部岩层产状为 30°∠10°～15°。

图 4.52 反坡台坎现象

通过对星光三组变形体现场工程地质调查及变形迹象分析绘成的变形体边坡纵剖面图如图 4.53 所示。

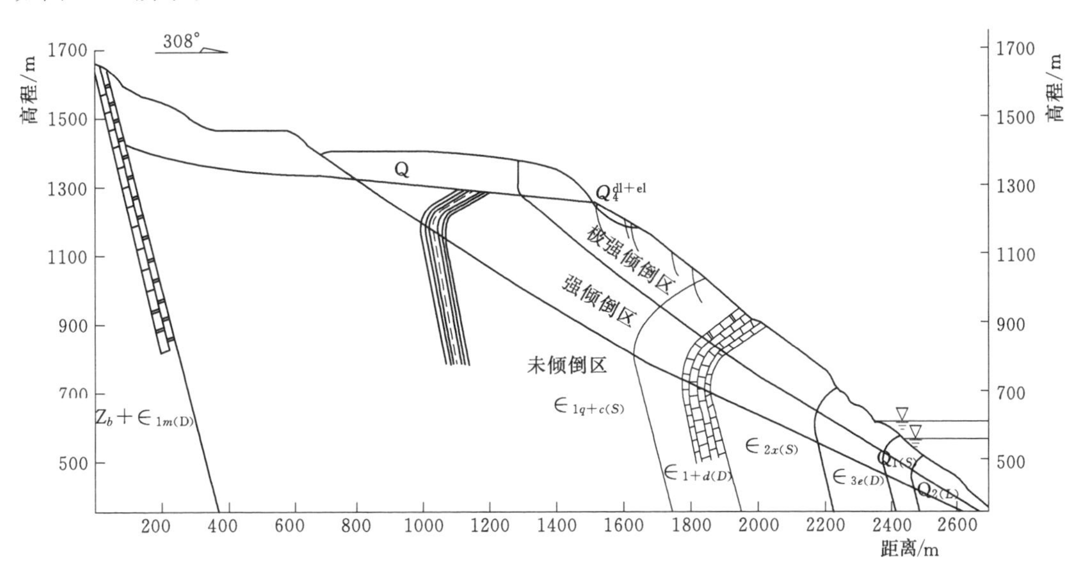

图 4.53 变形体边坡工程地质剖面图

(3) 问题产生背景。

1) 有利的地形条件。变形体边坡长约 1500m，高程为 410.00～1360.00m，高差达 950m，平均坡度约 37°，地形上缓下陡，斜坡上堆积的坡残积物较薄，一般 0.3～1.0m，基本为岩质边坡。变形体边坡总体上为陡倾坡内层状结构斜坡，边坡两侧被两条冲沟切割，呈三面临空状态，有利于边坡产生倾倒变形。

2) 坡体结构。从岩体结构看，变形体边坡岩体呈层状，上硬下软且风化严重，由于下部（浸水位以下）岩体软弱，易发生不均匀的压缩变形（愈近坡表愈大），使得上部（浸水位以上）岩体向临空面产生倾倒（下沉），并由边坡前缘逐渐向后缘推进。随着变形体的继续发展（库水位抬升），下部软弱岩体发生软化，岩体倾倒变形进一步加剧，当岩体弯曲到一定程度导致根部折断，形成断续分布的折断面，随着各层最大弯曲、弯折带部位相互贯通，并形成倾向坡外断续的折断面，边坡岩体沿该折断面发生蠕滑变形，形成了一定厚度倾倒变形体。

3）库水影响。2013 年 6 月 12 日坡体上发现裂缝时，对应的水位抬高 114m，初始裂缝发现于水库蓄水过程中；2013 年 10 月下旬至 12 月上旬，库水淹没高度由 135.00m 逐渐抬高至 155.00m，裂缝快速发展，主要裂缝条数增加，变形范围增大。裂缝产生和发展典型时段库岸淹没高度见表 4.16。

表 4.16　　典型时段星光三组岸坡的淹没高度统计表

日期 /(年-月-日)	库水位 /m	蓄水高度 /m	备　注
蓄水前	405	—	
2013-5-4	441	36	
2013-6-12	519	114	裂缝发现时间(据访问)
2013-6-19	533	128	现场调查,主要裂缝 3 条
2013-6-26	540	135	现场调查,变化不明显
2013-8-14	540	135	现场调查,变形范围基本无变化,但裂缝规模增大
2014-2-18	559	154	现场调查发现裂缝明显发展,主要裂缝由 3 条增至 9 条

结合水库蓄水过程与边坡的变形特征，星光三组坡体变形破坏与水库蓄水有较好的对应关系。

（4）控制因素。通过现场调查，该变形体边坡实质为一倾倒变形体，坡体变形可能来自于坡体内部的基岩，具有“拉裂-倾倒-弯曲-折断-重力坠覆”的变形特征。该倾倒变形体边坡变形发展情况与水库蓄水有着密切的关系，这是由于该变形体边坡特殊的岩性组合和坡体结构造成的。

在自然历史时期受河谷下切的影响，边坡应力重分布，由于岩性差异发生不均匀的压缩变形，形成一定规模的倾倒变形体边坡。后期由于水库蓄水，边坡下部软弱岩体浸水软化，导致边坡倾倒变形进一步加剧，随着水位线的继续抬升，边坡的倾倒变形破坏仍将继续。

（5）变形体稳定性分析。根据不同的蓄水阶段，计算模型主要选取边坡在蓄水前、蓄水至 560.00m 及蓄水位 600.00m 的三种工况进行数值分析，分析结果如下：

1）边坡总位移变化趋势。从三种工况边坡总位移云图（图 4.54）可以看出：

未蓄水时，边坡由于不均匀的压缩变形，边坡后缘表层岩体总位移量呈“下凹状”，表明该边坡在自然历史时期受河谷下切过程中发生明显的倾倒变形，在坡顶（高程 1370.00m 处）总位移量约为 1.0m。

蓄水至 560.00m 时，变形体总位移量有所增加，这是由于变形体下部软弱岩体浸水软化，物理力学参数有所降低的结果。变形整体趋势仍以倾倒（下沉）变形为主，变形顶部后缘产生最大位移量约为 1.2m，与未蓄水时相比增加约 20cm，这与 2013 年 6 月至今裂缝变化情况基本一致。

蓄水位上升至 600.00m 时，边坡位移总量仍会加大，但并没有产生较大的位移突变，表明该变形体边坡处于蠕滑阶段。

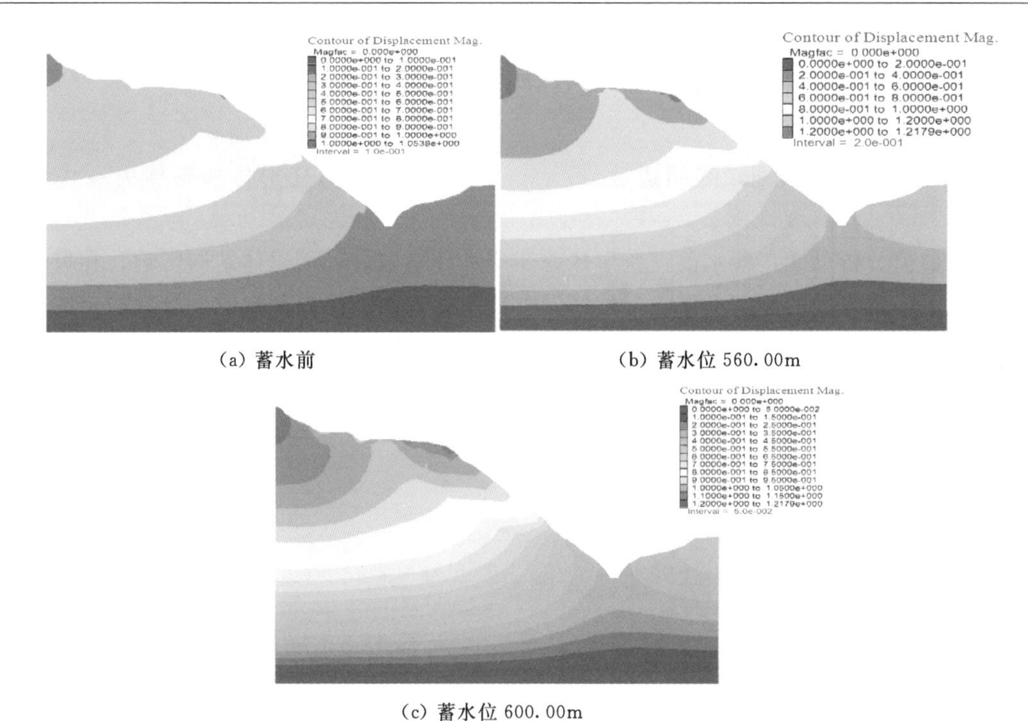

(a) 蓄水前　　(b) 蓄水位 560.00m

(c) 蓄水位 600.00m

图 4.54　不同蓄水位下的变形特征

2）边坡剪应力增量变化趋势。由三种工况边坡剪应力云图（图 4.55）变化趋势可以看出：未蓄水时，由于边坡坡脚陡缓交接的部位形成剪应力集中，形成潜在“滑带”，其

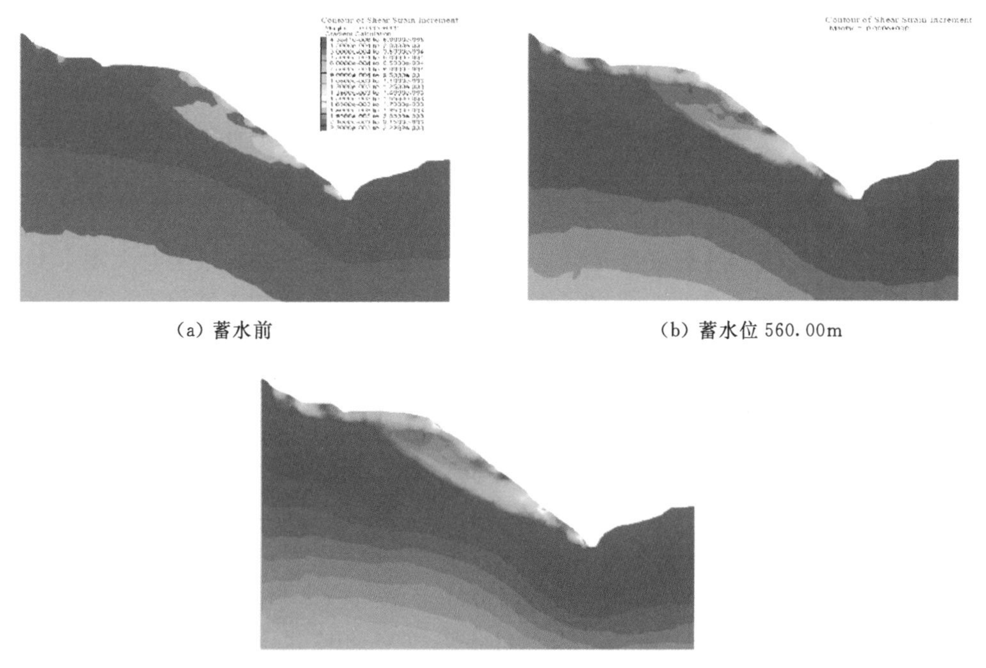

(a) 蓄水前　　(b) 蓄水位 560.00m

(c) 蓄水位 600.00m

图 4.55　不同蓄水位下的剪应力特征

主要发育在边坡强倾倒岩体之中，这表明边坡岩体沿折断部位可能发生剪切破坏。蓄水至560.00m时，边坡岩体内部（强变形区）剪应变范围有所增大，但并未贯通，表明目前该倾倒变形体发生整体失稳的可能性不大。蓄水至600.00m时，岩体内部剪切应变贯通率继续增加，但仍未贯通，表明边坡变形将进一步增大，但变形体的整体失稳仍有待演化。

通过数值分析可知，蓄水前，变形体总体应力环境较好，受岩体结构影响，在坡体中上部出现了一定程度的倾倒变形，与坡体深度成反比，在坡体内部形成一潜在稳定的“滑动带”；在蓄水560.00m之后，应力分布发生调整，坡脚、坡体内部倾倒变形岩体总位移量有所增加；在蓄水600.00m之后，边坡变形量将会再次加大，但“滑带”尚未贯通，边坡整体失稳仍需进一步发展演化。

4.7 水库诱发地震问题

4.7.1 概述

1936年美国的胡佛水库地区发生地震，才引起人们注意水库诱发地震的问题，但当时认为只是一个孤立现象。20世纪60年代情况发生了变化：1962年中国的新丰江水库发生了6.1级地震；1963年世界上库容最大的赞比亚和津巴布韦的卡里巴水库发生了5.8级地震；同年意大利的Vaiont水库发生地震的同时也出现山体崩塌和滑坡；1966年希腊的Kremasta水库发生了6.3级地震；1967年印度科依纳水库地区发生至今最严重的地震，地震强度为6.5级；1972年世界上大坝最高的苏联Nurek水库（坝高317m），发生4.5级地震，当时大坝尚未完工，但是地震却一个接一个地不断发生；1975年美国的Oroville水库发生5.8级地震，公众的忧虑迫使附近正在施工的Auburn水库停工，重新论证，修改抗震标准；1981年世界上最著名的阿斯旺大坝后的纳赛尔水库发生了5.6级地震。

这些地震大多数发生在弱震地区或地质构造稳定的地区，地震强度均超过历史上所记录的最大地震强度，这些地震强度足以造成人员伤亡和对建筑物，以至对大坝本身的破坏。1970年，联合国教科文组织成立了水库诱发地震问题研究的专家组，加强对这一问题的研究。地震学家认为，“因为到目前为止，还没有可实用的判断水库诱发地震风险的指标，所以，所有的‘大型水库’在某种程度上可以被认为，存在水库诱发地震的可能。”著名的地震学家洛德（曾任世界地震学会主席）在研究了水库诱发地震和大坝高度的关系后指出，两者之间存在正相关的关系。大坝越高，发生诱发地震的可能性越大。

迄今为止，全世界发生的水库诱发地震约有120例，不同学者统计的略有不同。在所有报道的水库诱发地震震例中，6级以上的有4座（见表4.17），在地震地质条件、地震序列、震源机制、诱震机理等方面研究程度较高的，除了4个强震震例外，还有Aswan、Manic-3、Nurek、Oroville、Monticello、Hoover（Mead Lake）、Jocasse等，这些震例的研究，对现行水库诱发地震危险性评价方法、水库诱发地震特征的认识、诱震机制理论及水库诱发地震预报方法和理论的研究起了主要作用。

表 4.17　世界上 6 级以上水库诱发地震情况

水库名称	库容 /亿 m^3	坝高 /m	震级	发震日期 /(年-月-日)	地震破坏情况
新丰江（中国）	115	105	6.1	1962-3-18	坝体局部开裂，极震区房屋破坏数千间，死亡 6 人，伤 80 余人
卡里巴（赞比亚）	1604	127	6.1	1963-9-23	
克雷马斯塔（希腊）	47.5	165	6.3	1966-2-5	房屋倒塌 480 间，死 1 人，伤 60 人
科伊纳（印度）	27.8	103	6.5	1967-12-10	科伊纳市绝大多数砖石房屋倒塌，死 177 人，伤 2300 人

虽然水库诱发地震的震级比较小，但由于震源浅，又紧邻水利工程，不仅可造成大坝、附近建筑物的破坏及人员伤亡（表 4.18），而且可以引起严重的次生灾害，如毁坝、洪水泛滥、断电等（表 4.19）。

表 4.18　各类水库受地震影响结果统计

坝　型	世界大坝登记现有坝总数（1984 年）	受地震影响的大坝数目	受损坏大坝数目	无损大坝数目	毁坏数目
重力坝	3953	26	8	18	0
拱坝	1527	41	7	34	0
多拱坝	136	3	1	2	0
支墩坝	337	6	3	3	0
土坝	37255	89	48	41	3
堆石坝	1590	15	8	7	0
尾砂坝		12	12	0	4
堤坝		3	2	1	1
槽坝		3	3	0	0
路坝		12	12	0	2
坝型不详		18	9	9	3
总计		228	113	115	13

表 4.19　水库大坝震害等级划分表（据许亮华等，2012）

震害等级	震害类型	震害轻重	修复难易	应急措施
基本完好	浅表裂缝	大坝基本完好，附属建筑物略有损害。	经过简单处理，即可正常使用	
局部损坏	少量局部裂缝、沉陷	局部裂缝，未贯穿上下游，沉陷量不大，一般不超过 50cm。附属建筑物遭受坏	短时间内，经一般修理仍可恢复使用	
中等破坏	多条贯穿裂缝、滑坡，沉陷、位移、渗漏	土石坝出现贯穿性裂缝，较大沉陷量，孔隙水压力上升，渗漏量增大，或局部滑坡。混凝土坝出现贯穿性裂缝，相邻坝段伸缩缝拉开或错动，扬压力上升，渗漏量增大及水质变化等	需要进行大修，1 年之内可恢复使用	应开闸放水。必要时可启动针对性的工程抢险措施

续表

震害等级	震害类型	震害轻重	修复难易	应急措施
严重破坏	出现多种震害类型，且问题严重	土石坝出现贯穿性裂缝，深度大，渗漏量不断加大，或滑坡面积大。 混凝土坝裂缝贯穿，扬压力不断上升，渗漏量增大等。 溢洪道（泄水洞）闸门遭受破坏不能自动开启，且修理困难。 坝基发生液化或不均匀沉降或出现断裂	须进行抗震加固设计，按基建程序进行大修。修复期1年以上	应启动工程抢险措施，以防止灾害的进一步扩展和次生水灾的发生
溃决	溃决、库水下泄	当震害达到“严重破坏”等级，出现多种震害类型时，若不能及时有效地进行工程抢险措施，或采取的工程措施不当，或水库上游来水量过大，有可能发展到漫坝、溃决、库水下泄，形成次生水灾	大坝工程应进行重建	一旦有可能溃坝时，应立即通知水库下游人民转移到安全地带，以避免人员亡

4.7.2 基于既有实例的水库诱发地震问题分析

4.7.2.1 水库诱发地震实例

（1）印度科依纳水库诱发地震。

印度科依纳（Koyna）水库位于印度孟买城以南230km的地方，库容量27.8亿m^3，水库面积116km^2。科依纳水库于1954年开工建造，1963年完工。科依纳水库大坝高103m，大坝体积130万m^3，大坝为粗石混凝土重力坝。印度科依纳水库不但大坝底下的地基十分理想，而且水库所在地区的地质结构完整，从地质板块学的观点来看，这座水库是建造在印度板块上，是印度—澳大利亚板块的一部分，于百万年前就已经形成。人们认为这种地质结构是最稳定的，即所谓的无震区，而且在水库建造之前，也没有地震的记载。大坝位于前寒武纪地质带上，地质条件非常优越。但就在这里却发生了至今为止记录在案的强度最大的地震。1963年科依纳水库竣工并当即蓄水启用。在这之后，附近地区就小震不断，在1964年和1965年之间，最高一周地震次数达40多次。水库在1965年蓄满水，之后地震次数增多，强度加大，到1967年，一周地震次数竟高达320次。在1967年9月13日发生了一次震级5.5级的地震，1967年12月11日在大坝附近发生了为震级6.5级的地震，震中烈度为Ⅷ度。这次地震的震源就在水库大坝附近离地面9～23km的地方。这次地震影响的范围很大，整个印度半岛的西半部分都能感觉到该次地震的影响。由于水库诱发地震而直接死亡人数约为177人，受伤人数超过1700人。该地区大批房屋倒塌或是受到严重损坏，成千上万的人无家可归。科依纳水库的大坝虽然没有因地震而倒塌，但受到严重损坏，水泥大坝两面出现了多处裂缝，有几处水都从裂缝处渗透出来，不得不采取多种措施补救。科依纳水库的发电机组和涡轮机受到严重的损坏。在地震发生之后，工程地质人员对该地的地质情况进行调查，发现原来认为是坚硬的玄武岩中，原来有许多中小断层。这些被认为是不活动的断层，在水库建造之后，又重新活动起来。由于水库大坝高度大，相应的水压也大，大量库水渗透进去，使岩石间的摩擦力大为减小，从而破坏了岩石间的应力平衡，造成了断层的运动，这种运动的结果便是地震。印度科依纳水库地震的一个重要的现象就是，只要一进入雨季，水库水位高涨，水压加大，水库地震就会发生。在印度科依纳水库诱发地震之前，人们认为水库诱发地震的强度不会超过6级。但是科依纳水库诱发地震之后，这个指标修正为6.5级。

（2）美国的Oroville水库诱发地震。

Oroville水库大坝高236m，水库库容43.65亿m^3，是美国最大的水库之一。Oroville水库所在地区很少有地震活动，只是在水库大坝周围50km的范围内发生过一些轻微的地震，记录的最强的一次地震发生在1950年2月8日，地震震级为5.7级，震中在水库大坝北边50km的地方，当时没有产生大的破坏，也就没有引起人们特别的注意。由于Oroville水库大坝高，库容大，在大坝建造之前，对地震问题还是颇为重视，1963年在距1940年震中1km远的地方，安装了地震仪来监测地震活动，寻找地震原因。Oroville水库从1967年11月完工开始蓄水，1968年9月蓄满。无论是在大坝建造时，还是在大坝建造成后，一直到大坝蓄满水后的1975年初，在方圆30km的范围内，地震仪只记录了一些轻微的地震，与过去的记录没有变化。在1975年6月28日，Oroville水库大坝的西南面发生了几次小的地震。人们当时不可能知道，这些小震是大地震的前兆，还以为是像往常一样，像在加利福尼亚州的一些地区发生的普通小地震。尽管如此，人们还是增添了几台可移动的地震仪。在7月人们就在这个地区观察到近20次地震。最大的一次的地震震级为4.7级。到7月底地震震级似乎有所减弱。8月1日清晨，位于贝克来的加利福尼亚大学的地震观测中心的警报系统响了。Oroville水库大坝附近发生了震级为4.7级的地震。在上午6：30左右，在Oroville水库大坝附近又发生了几次小地震。负责水库地震研究的科研人员认为，这是地震活动又重新活跃起来的表现，有可能会发生大的地震，这种可能性虽说不大，但是很实际。为此，一位值班的工程师对水库大坝及其他设施做了专门的检查。在检查过程中，也就是在8月1日中午稍后，发生了震级为5.7级的地震。震中距离Oroville水库的大坝仅10km。最后确定地震烈度为Ⅶ度。大坝上的加速仪测得的最大水平加速度为0.15g。地震地区的损失不是很严重。一些烟囱倒了，一些阳台的墙倒到大街上，一些结构不牢的房屋倒塌，水库大坝的设施没有受到损害。科研人员根据地震仪所得到的资料对地震活动进行了研究，得到的结果是：地震震源以60°的角度向西倾斜。震源中心的深度，在西部约为12km，在东部接近地面。岩石沿着震动面向北北偏西的方向发生了位移。如果人们把地震面向地面延长，就可在水库南面得到一条切线。几天之后地质工作者就在这假设的切线附近找到了断裂。人们挖了许多坑槽，发现这是一个存在了很久的地震面而形成的断裂。在最近的1万年中发生过多次垂直的活动。每次的位移只有几个厘米。根据野外的观察发现，这条到地面终止的断裂线有5km长，只是这个地区长满了草，不易为人们所发觉。根据这个发现，人们对这次地震是否是由水库建设而引起的作出了不同的推测。多数人的意见认为，地震是由水库建造和蓄水所造成的。毫无疑问，水库蓄水通过地壳里岩石的水，增加了额外压力，尽管这个压力的激励在扩散过程中减弱，但也许正好碰上了原来岩层中的断裂的薄弱处，也可以足够使原来小的裂缝扩大，从而诱发了地震。虽然这次地震对周围地区没有造成很大的损失，但是公众对这次地震却是十分关心，特别是对离Oroville水库大坝65km的、正在建设之中的Auburn水库大坝。Auburn水库大坝是加利福尼亚州Auburn－folson南部地区规划的一个重要组成部分。

Auburn 水库大坝是当时规划的世界上最大的双曲拱型大坝，在可行性研究时对水库地区的地质调查，结论是地震活动特别弱，而地层稳定，岩体坚硬。1968 年开始前期施工，到 1975 年 Oroville 水库地区发生地震后，Auburn 水库大坝工程就停止施工，重新对水库诱发地震进行调查研究。这次调查研究的结果是，原来认为不活动的断裂，还是有可能复活，重新开始活动。论证和讨论一直延续了 5 年，最后得出了 Auburn 水库地区水库诱发地震的最大震级可达 6.5 级，震中离大坝的最近距离可能为 3.7km，最大地震烈度可能达到Ⅷ度。根据这个研究结果，重新修改了大坝的设计和投资预算，Auburn 水库大坝才重新开工。

（3）美国胡佛水库诱发地震。

胡佛大坝建造在科罗拉多河上，坝高 142m，胡佛水库又称米德湖，水库容量为 350 亿 m^3，于 1935 年开始蓄水，为当时世界上最大的水库。米德湖这一带历史上没有地震记录。但是到 1936 年 9 月，当水库蓄水到 100m 深时，出现了第一次地震。此后地震活动随着水库水位的增高而增加。1937 年，水库水位上升到 100m，这年发生了约 100 次可感地震。1938 年在胡佛水库地区设置地震台网进行仪器观测，在这一年记录了 7000 次地震，其中一些地震是人感觉不到的。根据仪器观测，发现地震集中在米德湖附近方圆 35km 的地区之内，震中沿断层集中，震源深度平均小于 9km（根据 4 个观测台测定的震中位置，误差可小于 1km）。到了 1939 年 5 月，水库蓄满水已达 9 个多月，正常水位平均保持在 143m 左右，因蓄水增加的地面负荷达 350 亿 t，这时的地震活动达到了高潮，其中包括一次震级为 5 级的地震。在这之后的几年中，地震活动有所增加。从 1935 年开始蓄水的 10 年间，在 8000km^2 的范围内，共发生了约 6000 次地震。再之后，地震活动渐次率减，总的趋势是下降，但仍跟着水位变化波动，至今尚未完全平息。在 1972 年 8、9 月之间，米德湖附近地区又发生了两次震级为 4 级的地震，当时的蓄水为 400 亿 m^3。在地震发生之后进行的地质调查，证明这个地区的地质情况很复杂，岩石成分中有花岗岩、片麻岩、前寒武纪片岩、砂岩和灰岩，以及第三纪火山岩，并在地表出露许多断裂，特别是水库南缘的几条大断层，尤其重要。根据地质学家的意见，认为水库盆地的断层自上新世以来已入稳定状态，修建了大坝之后，米德湖水库的水负荷增加，使断层又复活起来。

（4）Vaiont 水库诱发地震和滑坡山崩。

在意大利北部阿尔卑斯山区，Vaiont 河流在石灰岩中塑造了一条又深又窄的峡谷。在 Vaiont 流入 Piave 河流的汇合处，这里河谷开阔，在汇合处上游 2km 的地方，建造了一座坝高为 285m 的水库大坝，为当时世纪上最高的拱形大坝。大坝于 1960 年完工。Vajont 水库大坝的主要目的是发电，防洪是第二位的。水库库区在大坝后由西向东延伸，设计水库蓄水能力为 1.66 亿 m^3。在水库的南边是 Monte－Toc 山，是个主要由石灰岩和破碎的泥灰岩组成的山体，山体不稳定。但是，当时大多数工程师和地质学家认为，尽管有发生较小的滑坡的可能性，由于山坡的上部陡峭，而下部的地层倾斜度小，所以大部分的山体还是稳定的。结论虽然如此，工程师们还是认为要对 Montetoc 山进行观测。1960 年 2 月，水库开始蓄水，工程师们就在山坡上设置标志，以便测量可能发生的山体位移。不久，工程师们就从观察中得出结论，只要水库的水位上升，Montetoc 山体就向下运动；随着水位上升速度的加快，山体就向下运动的速度也加快。如果库区的水位上升到距坝顶 25m，山体就向下运动的速度为 1cm/d。地震活动也与水库蓄水有关。1961 年，水库中的水被部分排空，地震活动几乎接近零。1962年4月，水库蓄水达到155m，发生了15次地震。1963年夏季降雨特别多，水库的水位在8月上升到以往未曾到大高度，距坝顶只有12m。紧接着，山体下滑运动加快，发出了警告的信息。当时采取了紧急措施，马上放水降低水库的水位到180m，在9月发生了60次地震。15天之后，10月1日22：41，Monte - Toc发生滑坡，滑坡的面积为地质学家估计的5倍。2.40亿m^3的岩石，以30m/s的速度滑入水库。这个滑坡的力量如此巨大，以致西欧和中欧的所有的地震站都记录了这次震动。岩石滑入水中，激起100m高的水浪，越过大坝冲向下游。巨浪卷走了Longarone城的几乎所有的居民，冲毁了其他三个村庄，造成1600人死亡。

（5）阿斯旺大坝水库诱发地震。

阿斯旺大坝位于阿斯旺镇南部7km。大坝为堆石大坝，坝高111m，大坝体积为4200m^3。阿斯旺大坝后的水库称纳塞尔水库，是为纪念已故总统纳塞尔。纳塞尔水库库容1640亿m^3，水库面积6500km^2。纳塞尔水库于1964年开始蓄水，到1978年，水库蓄水到达设计最高蓄水位177.80m。在这之后，水位一直保持在171～177m之间。1981年11月，发生了地震震级为5.6级的地震。在主震之前，发生了三次预震，在主震之后，发生了多次余震。震中分布在纳塞尔水库下的一个大范围内。震中的烈度估计在Ⅷ度，阿斯旺大坝处的烈度为Ⅵ度。1982年7月，又发生了同样强度等级的地震。阿斯旺大坝所在地区在历史上一直被认为是非地震地区。虽然一些科学家认为这是一次构造地震，但他们同时也认为，建造水库是诱发地震的原因之一。阿斯旺水库地震是在水库放水，水位降低时发生的。在发生地震之后，在瑞典专家的帮助下，在阿斯旺水库地区建立了地震观测台网。

（6）卡利巴水库诱发地震。

卡利巴大坝高125m，水库面积6649km^2，水库蓄水量达1750亿m^3。水库水位与沉积层上，同时发现有几条断裂，位置也已确定。1958年12月水库开始蓄水，这之后发生了多次地震，1959年发生22次地震，1961年发生15次地震，其中一次地震震级为4级，随后地震活动明显增加，仅1962年3月，就发生63次地震，1963年1—7月，发生61次地震。水库在1963年8月蓄满水。这时水库发生了一系列强烈的地震。最强的一次地震震级为6.1级，另一次地震震级为6.0级。被确定的10个震中均位于水库的最深处。主地震发生之后，发生了多次余震，以后几年，地震活动逐渐减弱。值得指出的是，在卡利巴水库建造之前，这里也是被认为是非地震地区。

通过各类已发表的文献和历史资料收集了1960—2009年期间发生在中国大陆地区$M_L \geqslant 2.9$级的40次水库诱发地震，分析了40次地震与坝高、库容、蓄水时间、最高水位时间、最大诱发地震强度和发生时间的统计关系，并得出了各个参数之间的统计结论，此结论可为中国大陆地区水库最大诱发地震强度和发生时间的预测，以及后续发展趋势的判定提供参考依据。

1962年3月19日，在广东河源新丰江水库坝区发生了迄今我国最大的水库诱发地震，震级为6.1级。

4.7.2.2　水库诱发地震的表现特征及危害

水库诱发地震的表现特征及危害主要有以下方面：

（1）震中一般分布在库坝附近。

（2）反复发生，成丛发生，有一定的周期性特征。

（3）虽然震级不高，但因震源浅，烈度高，有较强的破坏性。相同震级的水库地震震中烈度比起天然地震明显偏高Ⅰ～Ⅲ度（表4.20），所以，水库地震更易造成地表破坏。而且水库地震的震中一般都接近坝区，潜在隐患突出。但震源体积不大，烈度衰减快，影响范围较小。

表4.20　水库地震的实际烈度、计算烈度与震源的关系

水库名称	震级Ms	实际烈度	计算烈度	震源深度/km
新丰江	6.1	8	8	4.7
三峡	5.1	7	6	5.0
大化	4.9	7	6	3.5
参窝	4.8	7	5	6.0
丹江口	4.7	7	6	2.5
佛子岭	4.5	6	5	6.1
盛家峡	3.6	6	4	1.5
乌江渡	3.5	5	3	0.8
乌溪江	3.4	5	3	2.3
东江	3.2	5	3	0.9
柘林	3.2	5	3	4.5
前进	3.0	6	3	2.0
南冲	2.8	6	2	3.2
邓家峡	2.2	5	1	2.0

（4）水库地震与水位及库容有一定相关性，一般库容越大，震源越深（表4.21、表4.22）。

表4.21　发生水库地震的坝高优势值

坝高/m	水库总数	发生地震水库数量	所占百分比/%
≤50	204	9	4.4
50～100	95	10	10.5
100～150	79	6	7.5
>150	30	5	16.6

表4.22　发生水库地震的库容优势值

库容/亿m^3	水库总数	发生地震水库数量	所占百分比/%
≤10.0	289	13	4.6
10.0～50.0	71	10	14.0
>50.0	48	7	14.6

（5）地震活动与库水位密切相关。地震活动峰值在时间上均比水位或库容峰值有所滞后。水位发生急剧变化时，特别是水位产生急剧下降的时候，往往会产生较强的地震，如图 4.56 所示。这些现象充分说明水库诱发地震主要与蓄水过程相关。这也表明水库诱发地震有一个明显的孕震过程，水向岩石的渗透及岩石的破裂等都需要时间。

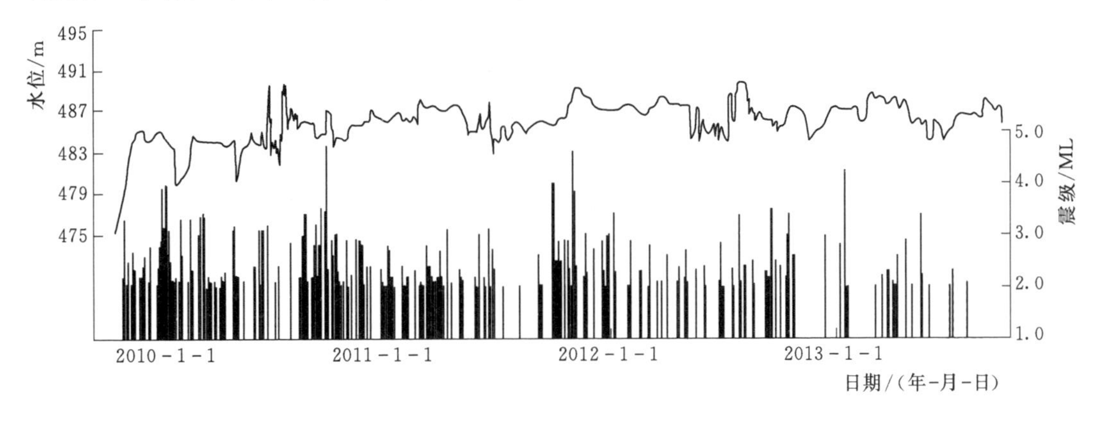

图 4.56　贵州董箐水库库水位变化与水库地震的关系

（6）从发震趋势来看，由于水库蓄水引起内外条件变化，水库蓄水初期发震较多；随着时间的推移，逐步得到调整后趋于平衡。因而地震频度和强度将随时间的延长呈明显下降趋势。

（7）对已有震例的研究表明，库区岩性是诱发地震最明显的相关因素之一对中国 30 余座诱发地震水库库区主要岩性的分析表明，这些水库库区的岩性以灰岩、花岗岩、砂页岩等为主，而这几类岩性在中国现有的大型水库中所占比例并不是很高，尤其是以石灰岩、白云岩类为主要岩性的水库，虽然只占到全部大型水库的 4%，却有 50% 水库地震发生在这类岩性中。采用 GIS 空间分析技术，对诱发地震水库库区岩性、断裂、渗透条件等因素进行叠加分析，结果表明在灰岩、碳酸岩等岩溶地貌发育的区域，易于发生水库地震，如图 4.57 所示。

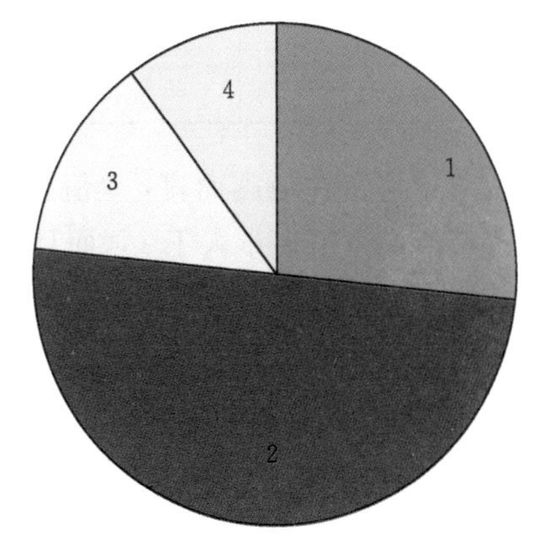

图 4.57　诱发地震水库库区岩性分布

1—花岗岩（性脆）；2—灰岩（岩溶）；3—砂岩、页岩类（裂隙）；4—变质岩、凝灰岩等其他岩类

综合国内外诱发地震水库的库区岩性分析结果表明，库区岩性是诱发地震最明显的相关因素之一，碳酸盐岩等岩溶发育地区水库诱发地震的概率明显大于其他岩性区；构造复杂，节理发育等造成渗透条件好的库区也易诱发地震。脆性材料的断裂韧性低，延性材料的断裂韧性高，花岗岩、玄武岩和片麻岩类等坚硬性脆且裂隙发育的结晶岩类易诱发水库地震，而碎屑岩、砂页岩、泥岩等软岩构成库盆的水库不易诱发地震。脆性岩类在各期构造运动的作用下，往往容易发生脆性变形，形成大量断层、节理和破碎带等。灰岩类还有易溶于水的习性，形成多层大小溶洞、暗河、天井等，从而使完整的地层遭到破坏，岩石的结构强度降低，浅部的应力、应变和重力分布变得更不均一，这

样有利于在构造力、重力和岩体自重的作用下变形、储存能量，最后成为发生各类水库地震的有利部位。砂页岩、黏土岩分布广的库区或库底泥质沉积物较厚的地区，则不易于诱发地震。

（8）水库诱发地震具有明显的波谱特征。水库地震的高频能量丰富，多数伴有可闻声波。国外有观测到优势频谱为 70～80Hz 甚至更高的报道。

（9）水库诱发地震与天然地震相比，具有以下显著的区别：

1）水库诱发地震往往具有较高的 b 值，即地震活动的频率随震级的升高而迅速下降。

所谓水库地震序列特征，指的是地震 b 值（b 和 A 为大于震级 M 的地震次数 N 与震级 M 的古登堡—里克特公式 $\lg N = A - bM$ 中的常数）、主震 M_0 和最大余震 M_1 的关系，以及前震—余震震型，见表 4.23。

表 4.23　　　　水库地震数字特征

水库名称	主震级数 M_0	最大余震震级 M_1	$M_0 - M_1$	M_1/M_0	b
米德湖	5.0	4.4	0.6	0.88	1.44
蒙大拿	4.9	4.5	0.4	0.92	0.72
曼格拉	3.5	3.3	0.2	0.94	0.96
卡里巴	6.1	6.0	0.1	0.98	1.03
克雷马斯塔	6.2	5.5	0.7	0.89	1.12
科依纳	6.5	5.4	1.1	0.83	1.28
新丰江	6.1	5.2	0.9	0.87	1.04

对于构造性地震而言，b 值在 0.5～1.5 范围内变化，其中大部分在 0.7～1.0。通常水库地震的 b 值多半大于 1（而且其前震 b 值高于余震 b 值），这一事实可以把水库地震和天然地震区别开来。b 值表明介质强度甚至比天然地震余震者还低，可以认为是库水使介质强度进一步降低所致。

2）水库诱发地震余震活动衰减缓慢。例如我国新丰江水库诱发地震，活动时间持续至今。2012 年 2 月 16 日又发生了 4.7 级余震。主震 t 天后，余震次数 $n(t)$ 可以下式表示：

$$n(t) = n_1 t^{-p} \tag{4.10}$$

式中：n_1 为常数；p 为衰减速度。

所有天然地震的 $p > 1.3$，而水库诱发地震尤其是构造型地震则总是小于 1.3，且一般情况下小于 1。例如我国新丰江水库诱发地震 $p = 0.9$；我国丹江口水库诱发地震活动的 $p = 1.1$，相同地区的天然地震 p 值可达 1.92。

3）水库诱发地震的地震活动度（A 值）高。由于水库地震一般频度较高，空间分布十分密集，因此单位时间、单位面积内的地震次数多、地震活动度高。例如，新丰江水库的 A 值，比苏联加尔姆地区（世界上构造地震 A 值较高的地区之一）的 A 值要高两个数量级。

4.7.3 水库诱发地震的孕灾条件及控制要素

由于大型水库人为地改变了局部自然环境，往往导致地震的发生。水库诱发地震的作用过程是复杂的，水库蓄水后，改变了库区的地应力状态，同时，库水渗透到地下岩体或已有的断层中，对岩土体起到润滑和腐蚀作用，造成岩土体力学性质的改变，或促使断层产生新的滑动，从而诱发地震。

大部分研究学者认为，水库蓄水增加的与地壳荷载相比增量是非常微小的，除非地应力处于临界状态，否则水库荷载很难起诱发地震的作用。水库水头压力增加了岩体内部的空隙水压力，一方面可促使构造破碎带中软弱物质的软化和泥化；另一方面可使破碎带的地下水向深部循环，如破碎带宽，渗透性又大，则循环深度就越深。渗透压力随深度的增加而增大，可能导致岩体深部软弱结构面的变形和破坏而诱发地震。

由于水库地震的发震机制还不是十分明确，因此人们对水库地震尚存在不同认识。一种认识是水库地震是由于水库蓄水"触发"的；另一种认识是水库地震既有水库蓄水的"触发"作用，但更多的是"诱发"作用。

水库区水文地质条件对水库诱发地震的发生产生重要的影响，不同的水文地质条件具有不同的渗透特征，为库水向深部入渗提供了通道。国内水库诱发地震的水文地质特征归纳见表 4.24。

表 4.24　　国内部分水库诱发地震区的水文地质条件简表

水库	岩性	水文地质条件
丹江口	碳酸盐岩	库坝区水文地质条件较为复杂断裂节理密集，破坏了岩层完整性，在灰岩区岩溶发育，连通性好有利与库水渗漏和循环
南水	碳酸盐岩	中部北部灰岩区断层、节理发育，岩溶也较普遍，透水性较好，库水有向下渗漏的通道，而在东，南地区透水性差，形成了相对的隔水区域。库区有较多温泉
黄石	碳酸盐岩	水库坐落于向斜构造上，向斜核部为泥页岩，具有良好的阻水性，两翼为碳酸盐岩，节理断层非常发育，库区具一倒虹吸式的地下水循环
柘林	碳酸盐岩	大坝位于向斜的东部转折端，库区断裂构造发育，附近发育有一大温泉，位于一延伸较深的活动断层附近
参窝	碳酸盐岩	库区内褶皱、断裂发育、岩性不均一、岩石完整性差
石泉	花岗岩	库区范围分布有一系列规模巨大的断裂和褶皱带，不同区域岩性结构不同，水力分布状态不一，测定的地下水反映异常
皎口	凝灰岩	水库位于山区，坝区河床上覆盖砂砾石层，下伏灰岩，库区仅分布有一些小断层
岩滩	碳酸盐岩	水库处于岩溶环境，漏斗、溶洞、地下河密度大，被多组断层、裂隙切割，岩体破碎，为地下水提供了良好的通道
乌溪江	火山岩	库区岩石一般坚硬性脆，节理较为发育，大规模的断裂构造少见
乌江渡	碳酸盐岩	库区上游 1km 处有隔水性较好的断层，断裂构造十分发育，岩体支离破碎，库区附近岩溶，暗河发育，并且与地质构造关系明显
大化	碳酸盐岩	水库位于褶断带的中部，坝附近有 4 条较大的断层，坝区地貌上有峰林洼地和岩溶谷地，溶洞，落水洞，地下河发育，岩体渗透性强，该区岩溶相当发育，库区发育有 5 条受断层控制的地下河

续表

水库	岩性	水文地质条件
东江	碳酸盐岩	位于赣桂地洼系内，库区地质构造形迹纵横交错，组合极为复杂，褶皱和断裂构造发育，有岩浆活动形迹，灰岩地段岩溶发育，库心孤岛上有一巨大溶洞
龙羊峡	花岗闪长岩	位于黄河上游，共和盆地的东北隅，周围分布有一系列深大断裂，断裂构造十分发育，地貌线性明显，温泉发育
铜街子	碳酸盐岩	库区处于四峨山背斜上，区域内多组构造相互复合，断层发育
漫湾	花岗岩	库区岩石类型较多，为致密块状结构，岩性坚硬，节理裂隙发育。陡倾角平推断层纵横交错，有利于库水往深部渗透。水库主要储水部分均为V形河谷，水库呈线状
水口	花岗岩	库区构造复杂，有多组不同方位的断裂分布，岩层多属花岗岩和火山岩，并有与活动断裂呈明显依存关系的温泉分布
隔河岩	碳酸盐岩	库区破裂带发育，沿断裂带分布有众多泉水，地表和地下岩溶发育，类型繁多，溶洞、地下暗河比比皆是
东风	碳酸盐岩	水库位于两断层交汇处，区内碳酸盐岩广布，溶岩发育，地下岩溶形态以垂直洞穴和水平溶洞为主，某些地段可见大型洞穴
天生桥一级	泥岩、砂岩、灰岩	第四系覆盖层在库区广泛分布，砂、泥岩呈不等厚互层状产出，在灰岩分布区域岩溶现象广为分布
大桥	花岗岩、流纹岩	库区发育有两组规模较大的断裂体系，断裂构造发育，破碎带宽且活动性强，地质活动频繁
小浪底	砂岩、粉砂岩	库区周边构造复杂，分布有多条断层，水库蓄水后会淹没一些断层。区域内的构造为走滑型
三峡	花岗岩	结晶岩区小断裂、较大断裂发育，但渗透性和聚积能力较差，沉积岩区分含水岩组与非含水岩组，岩溶规模不大。主要断裂带的渗水性、导水性一般
紫坪铺	泥岩 砂页岩	库区断裂构造发育，对地下水的富集有很大影响。地下水类型为碎屑岩类孔隙水和碳酸盐岩岩溶水两类

4.7.4 水库诱发地震机理分析

水库蓄水后，水渗入到断层或裂隙面中降低了面间强度，使库区局部出现应力不平衡，在初始应力作用下，首先在某些较小的参差面上达到破裂应力水平而发震，这相当于前震。大量微震使地壳浅层的微裂隙得以串通，从而形成规模较大的裂隙，库区基岩原不连续的微裂隙被贯通，并逐渐向深部发展，有利于库水向更深更远部位渗透，使面间总强度再度降低，应力进一步集中于最大的参差面上，当应力超过其强度时便发生大错动，这相当于主震。大震后又出现许多新的参差面待调整，这相当于余震过程（李碧雄等，2014）。

图 4.58 和图 4.59 分别表示天然地震和水库诱发地震的诱震机制。确切地说，水库诱发地震是天然地震中能量转换为机械能之前的过程（全部或部分）和库水的作用效应相结合的产物（马俊红，2011）。

水库蓄水对库底岩体产生三种效应，即水的物理化学效应、水体的荷载效应和水的力学效应——孔隙水压力效应（张倬元等，1994）。

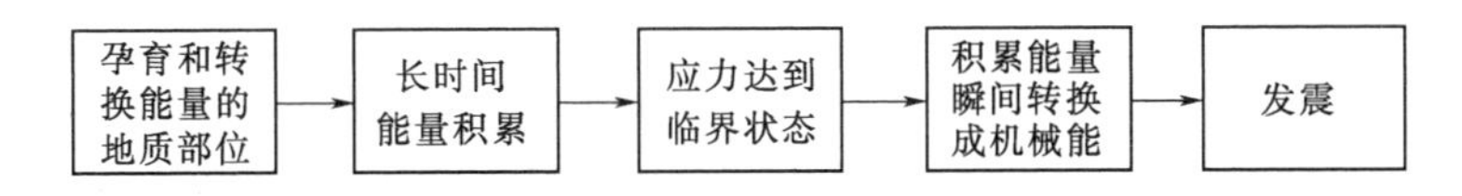

图 4.58　天然地震的诱震机制

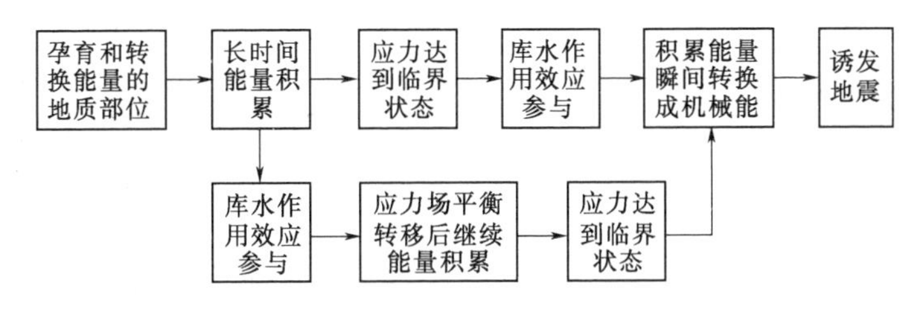

图 4.59　水库诱发地震的诱震机制

4.7.4.1　地下水的荷载效应

岩石的破坏满足库仑破裂准则：

$$\tau=c+\sigma\tan\varphi$$

式中：c 为岩石黏聚力；φ 为内摩擦角。假设水库蓄水前坝基岩石中原始构造应力的大小主应力分别为 σ_1 和 σ_3，蓄水后水体重压即流体静压对坝基增加了垂直向压力，产生静水压附加应力 σ_w：

$$\sigma_w=\gamma h$$

式中：h 为蓄水深度。

由图 4.60 可列出蓄水前岩石截面 AB 上的正应力 σ 和剪应力 τ 分别为

$$\left.\begin{aligned}\sigma&=\frac{\sigma_1+\sigma_3}{2}-\frac{\sigma_1-\sigma_3}{2}\sin\varphi\\ \tau&=\frac{\sigma_1-\sigma_3}{2}\cos\varphi\end{aligned}\right\}\tag{4.11}$$

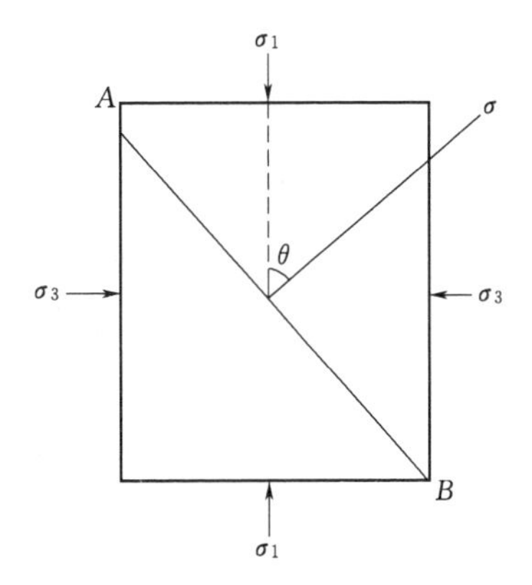

图 4.60　岩石应力状态及可能破裂面示意图

蓄水后，垂直向主应力增加为 $(\sigma_1+\sigma_w)$，截面上的正应力 σ 和剪应力 τ 变为

$$\left.\begin{aligned}\sigma&=\frac{(\sigma_1+\sigma_w)+\sigma_3}{2}-\frac{(\sigma_1+\sigma_w)-\sigma_3}{2}\sin\varphi\\ \tau&=\frac{(\sigma_1+\sigma_w)-\sigma_3}{2}\cos\varphi\end{aligned}\right\}\tag{4.12}$$

此时应力状态莫尔圆半径增加（图 4.61），当 $\Delta\sigma_w$ 增加到某一值时，莫尔圆与破裂线相切，表明 AB 截面上的正应力 σ 和剪应力 τ 满足库仑准则，从而产生破裂滑动引起地震，这就是水库蓄水后静水压作用诱发水库地震的机制（太树刚等，2012）。

水库荷载可以产生以下几种效应和作用：

（1）弹性效应。水库荷载使库基岩体发生弹性位移，从而使岩体承受的弹性应力增加，这种变化是快速响应的。

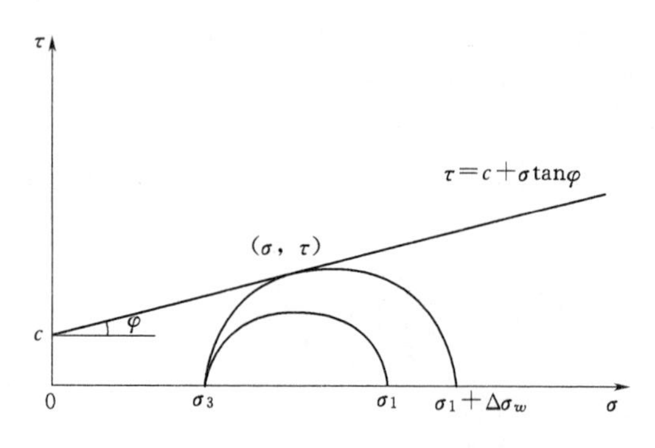

图 4.61 静水压力 $\Delta\sigma_w$ 影响下应力状态摩尔圆图示

(2) 压实效应。在饱和的岩石中，由于弹性应力的增加而使岩体中的孔隙被压缩，孔隙体积减小，孔隙水压从而升高，这种响应亦较迅速。

(3) 扩散效应。由于水库蓄水造成一定的水头压力，迫使库水沿裂隙向孔隙压较小的部位运移。这种扩散作用与压实作用造成的孔隙压力变化有联系。

(4) 抬高地下水位作用。在水库蓄水以前，地下水位埋深很深，以致使地表浅层的库基岩石处于不饱和状态。当水库蓄水以后，库水向不饱和的岩体渗透，最终使地下水位被抬高。

弹性效应是水库荷载对库基的直接效应，而其他三种效应是在水库荷载的条件下，库水对岩石介质的物理特征和对水文地质条件的影响。水库荷载的意义在于触发已积蓄的构造应变能，水库蓄水使水库边缘形成附加水平引张应变环分布。因此，如果当地初始最小应力 σ_3 与附加张应力接近平行，特别是初始构造应力已接近岩石破裂的临界值时，附加张应变就可能产生诱发地震的作用。附加引张应变可以部分地抵消断裂面上的正应力，从而使构造应力更易于造成断裂错动和地震（丁原章，1989）。

4.7.4.2 地下水的孔隙水压力效应

根据太沙基有效应力原理，孔隙水压力的增加会降低有效应力，使岩石抗剪强度降低从而导致岩石的破坏。孔隙水压力的增加有两种方式，其一是岩体的压缩导致孔隙水压力的增加，可以称之为不排水效应；其二是库水在裂隙中渗流的过程中形成扩散孔隙水压力，可以称之为扩散效应。

假设水库蓄水前坝基岩石中原始构造应力的大小主应力分别为 σ_1 和 σ_3，蓄水前岩石截面 AB 上的正应力 σ 和剪应力 τ 仍为前述公式所示。假设蓄水前岩石是干燥的，则岩石的孔隙压力接近于 0，蓄水后，孔隙压力增加为 p_p。根据有效应力定律，大小主应力分别变为 $\sigma_1'=\sigma_1-p_p$ 和 $\sigma_3'=\sigma_3-p_p$，此时，岩石截面上的正应力和剪应力为

$$\left.\begin{aligned}\sigma&=\frac{(\sigma_1-p_p)+(\sigma_3-p_p)}{2}-\frac{(\sigma_1-\sigma_3)}{2}\sin\varphi\\\tau&=\frac{\sigma_1-\sigma_3}{2}\cos\varphi\end{aligned}\right\}\tag{4.13}$$

此时，图 4.62 中的应力状态莫尔圆向左移动，当 p_p 增加到某一值时，莫尔圆与破裂线相切，表明 AB 截面上的正应力和剪应力满足库仑准则，从而产生破裂滑动而引起地震。此即水库蓄水后孔隙压力增加诱发水库地震的机制（太树刚等，2012）。

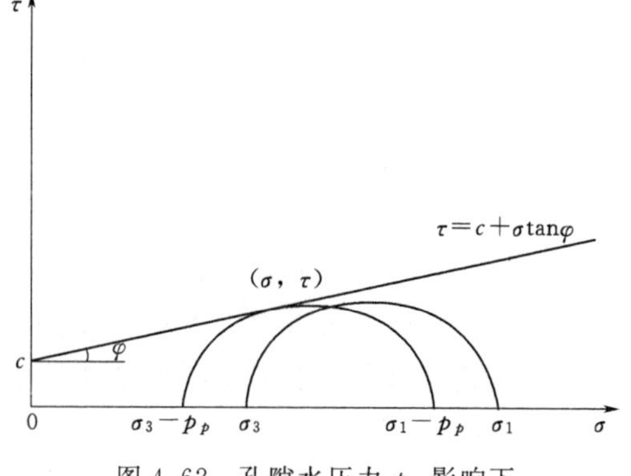

图 4.62 孔隙水压力 p_p 影响下应力状态莫尔圆图示

另外，孔隙水压力只在具有一定渗透率的饱和裂隙中扩散才能诱发地震，该渗透率称为孕震渗透率。当裂隙的渗透率太低时，水难以在其中渗透，而当渗透率太高时，裂隙中的流体为非达西流体，不能建立较高的孔隙水压力（刘素梅，2015）。

4.7.4.3　地下水的物理化学作用

（1）润滑软化作用。实验证明，为水所饱和的岩石强度比干燥状态下的强度要低得多（表 4.25）。一般来说，孔隙大、胶结差的沉积岩，特别是含泥质和亲水矿物较多时，水的软化作用较大。

表 4.25　干燥与潮湿状态下岩石的抗压强度对比（据李忠权等，2010）

岩石	干燥状态下岩石抗压强度/MPa	潮湿状态下岩石抗压强度/MPa	强度降低率/%
花岗岩	193～213	162～170	16～20
闪长岩	123.5	108	21.8
煌斑岩	183	143	12
石灰岩	150.2	118.5	21
砾岩	85.6	54.8	36
砂岩	87.1	53	39
页岩	52.2	20.4	60

（2）应力腐蚀。试验研究证明，在石英中增加水分会显著缩短达到破坏所需时间（图 4.63）。在库水位不太高时应力腐蚀作用可能是一种诱发地震的机制（李碧雄等，2014）。

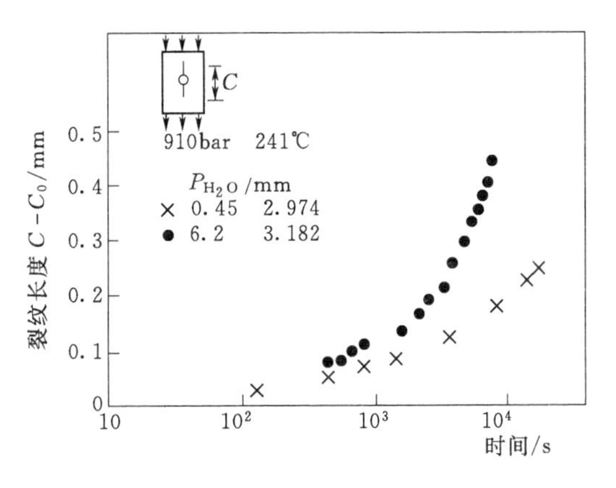

图 4.63　从裂缝增长速率得出的石英中应力腐蚀效应的证据（据 Martin，1972）

（3）吸水膨胀作用。某些岩石具有吸水膨胀作用，这对诱发地震的作用是不可忽视的。例如阿尔及利亚的乌德夫达水库，其下部有石膏岩，水库地震可能与石膏岩浸水膨胀有关（余朝庄，1980）。

4.7.4.4　水库诱发地震的水文地质结构

研究表明，水库诱发地震与库区的地层岩性、地质构造有着密不可分的联系，库水的渗漏效果也直接取决于库区的岩石与构造。

（1）岩体渗透稳定性。岩体渗透稳定性包含了岩体力学性质和渗透特性两方面的内容，表示在渗流作用下岩体的稳定性。岩体渗透稳定性的分类，暂且根据震中岩体性质的统计结果，分为高、中、低三类：岩溶发育的碳酸盐体渗透稳定性最差；花岗岩、玄武岩、片麻岩等为中；砂岩、页岩、泥岩等最好。传统水文地质学以地下水在岩体的赋存形式把含水岩体分为孔隙含水层、裂隙含水层、岩溶含水层等，并根据渗透性大小分为含水层和隔水层。对含水岩体的这种划分，没有考虑岩体的力学性质。渗透性高的岩体，并不都易于诱发地震。岩体渗透稳定性综合反映了岩体渗透性的各向异性、非均匀性和力学性质，更适合于用其评价岩体在渗透作用下的稳定性（易立新，2004）。

（2）岩体组合。不同的岩体组合会直接影响到库水作用的效果。若水库区的岩石均为致密的不透水层，致使库水无法向基岩发生渗漏，那么也就不存在前面提到的水的各种作用；若水库区的岩石透水性均很好，很可能会导致无法建立一个较高的孔隙水压力。因此，入渗到基岩中的库水，在裂隙中能否保持一定的压力，即是否具备一个封闭环境也是一个重要条件。在南冲水库和前进水库，库尾部位渗漏的库水，由于周围岩石具备封闭条件，明显地抬高了地下水位，增高了岩石中的裂隙水压力，而诱发了地震。但同是在这两个水库，靠近坝址处渗漏的库水，由于不具备封闭条件，只出现库水向坝下游河谷的漏失，而没有诱发地震。

大量的实例均显示，水库诱发地震更易发生在岩性复杂的地区，这也是不同岩体组合对水库诱发地震产生不同影响的一个证据。

（3）断层类型与渗透结构。断层是水文地质结构的另一个重要组成部分。对于断层的分析，可从其类型与渗透结构两方面去讨论。

1）断层类型。断层通常可分为正断层型、走滑断层型和逆断层型三大类。由于区域构造应力是诱发地震的一种初始应力（胡毓良等，1979），水的作用对于不同类型的断层有不同的影响结果，因而不同类型的断层对水库诱震可能性有较大影响。

正断层型时由于 σ_v 与垂直方向的最大主应力叠加，侧压力效应使水平的最小主应力增值仅为 $0.43\sigma_v$，摩尔圆加大并稍向右移，结果是更接近于包络线，即稳定条件有所恶化（图 4.64）。

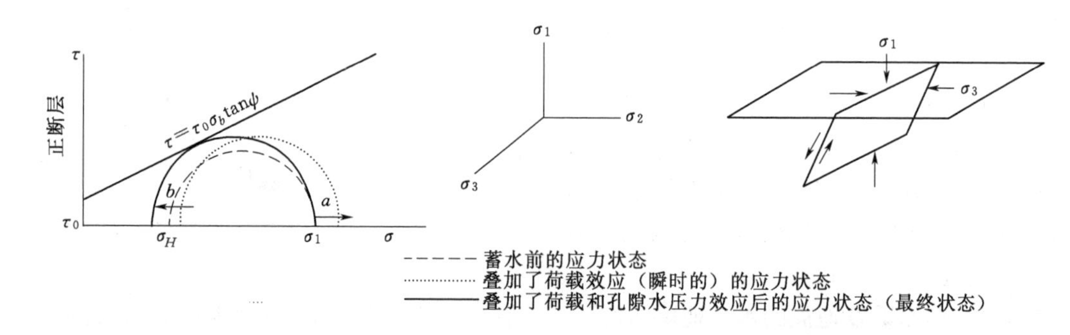

图 4.64　正断层型时荷载效应对于岩石稳定性的影响

走滑断层型 σ_v 叠加于垂直的中间主应力之上，莫尔圆大小没有变化，但水平的最大、最小主应力同时都增加了 $0.43\sigma_v$，致使莫尔圆右移，使稳定状况稍有改善（图 4.65）。

逆断层型则由于 σ_v 与垂向的最小主应力叠加，而水平的最大主应力的增量仅为 $0.43\sigma_v$，结果是莫尔圆减小并右移，稳定状况大为改善（图 4.66）。

孔隙水压力效应同时使最大最小主应力减小一个孔隙水压力增值。令其值近似等于 γh（γ 为水的容重，h 为水库水深），则其值近似等于 σ_v。其结果是在三种应力状态下都使摩尔圆大为左移，亦即大大接近于包络线，即使震源岩体稳定性恶化。

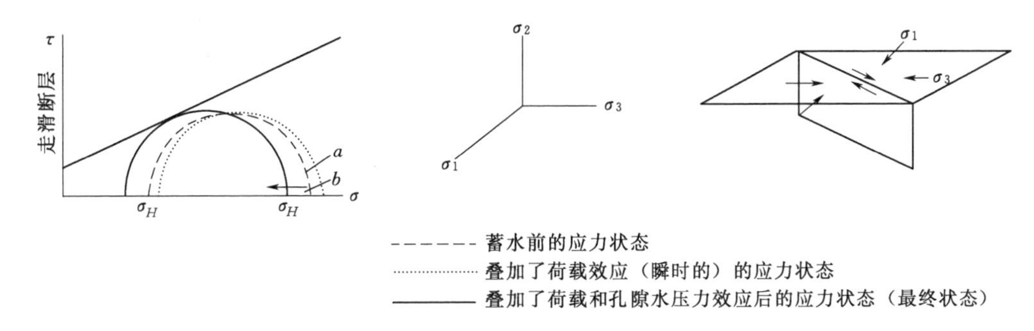

图 4.65　走滑断层型时荷载效应对于岩石稳定性的影响

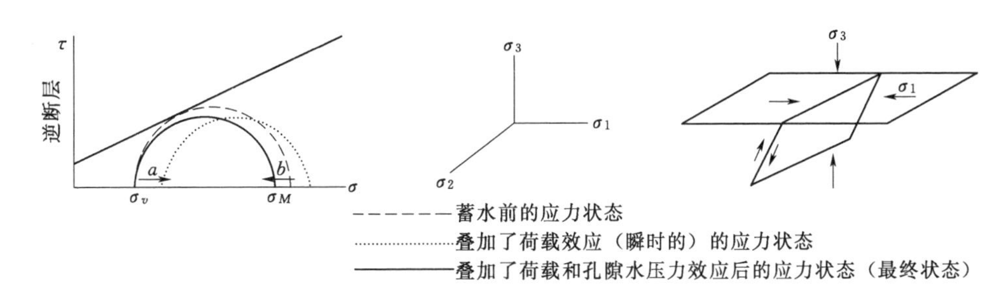

图 4.66　逆断层型时荷载效应对于岩石稳定性的影响

上述两种效应叠加后，震源岩体稳定性最终变化如下：

正断层型强烈恶化；走滑断层型因为荷载效应使摩尔圆离开包络线的距离小于孔隙水压力效应，使之接近包络线的距离，故最终结果是有所恶化；逆断层型的摩尔圆因荷载效应使之离开包络线的距离大致等于孔隙水压力效应使之接近包络线的距离，但是荷载效应使改变了的摩尔圆小于原始摩尔圆，所以最终稳定程度稍有改善（张倬元等，1994）。

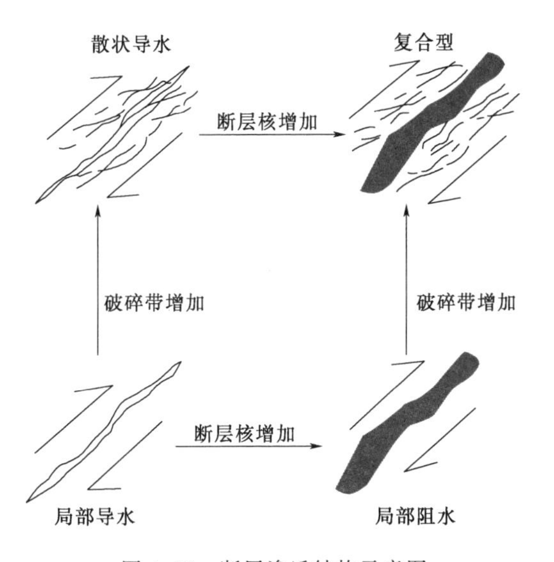

图 4.67　断层渗透结构示意图

2）断层渗透结构。“断层带的物质组成和渗透性明显分为断层核（滑动面、断层泥）和断层破碎带（破碎带、次级断裂、断层褶皱）两部分。一般情况下，断层核为隔水层，断层破碎带为含水层和导水带。所以可以根据这两部分的相对比值评价断层的水文地质性质，比较沿断层走向上和不同断层间的导水性。如图 4.67 所示，断层带水文地质结构按断层核和断层破碎带性质及相互关系分为 4 类，分别为局部导水、局部阻水、散状导水和复合型。”

4.7.4.5 水库诱发地震的初始应力

区域构造应力是水库诱发地震的一种初始应力，但在水库诱发地震中还有两点事实是不能忽视的：

（1）发震水库并不局限于构造活动区，从统计上看，发生在构造稳定的弱震或无震区的震例并不少。一些活动性较高的地区，目前却未发现水库诱发地震的震例。

（2）震源机制的资料表明，不少水库地震发震的主压应力轴是近于垂直的，是一种陡倾角的倾向滑动。即使在新丰江水库，1962年3月19日6.1级主震的主压应力方向与区域构造应力方向相一致。但在1972年所测定的207个微震，其中约80个其主压应力轴是垂直或比较接近于垂直的。这与区域构造应力场是不一致的。

上述事实说明，区域构造应力可能不是唯一的初始应力。垂直方向的主压应力也许就是重力应力。因此，可以推测岩体本身的重力也可能是一种发震的初始应力。另外，初始应力是否一定处于临界状态，正如上面所述，许多水库地震发生在构造上比较稳定的弱震或无震区，没有迹象说明它们处在高应力或临界状态。再则，如果处于“一触即发”的临界状态，那么水库蓄水后应当一触而发生主震，而不应当有很长的前震期（胡毓良等，1979）。

4.7.5 基于主控要素的水库诱发地震类型划分及特征识别

根据不同的分类标准，水库诱发地震的分类也不尽相同。目前水库诱发地震分类主要是以地质活动的特征及其变化、水库区的地质条件、地震成因和动力源等为依据的。

4.7.5.1 按响应时间分类

根据水库蓄水后是否立即发生地震可把地震分为两种重要的类型：快速响应型和滞后响应型。一般来说，快速响应型主要是由水体荷载效应引起；滞后响应型是水体荷载、孔隙水压力以及水—岩物理化学作用的综合作用引起。

根据部分资料统计，大多数的水库诱发地震都属于快速响应型，见表4.26。

表4.26 水库诱发地震滞后时间（从蓄水时算起）

滞后时间/a	发生地震水库数量/座	所占比例/%
<1	41	69
1～3	9	15
3～5	5	13
>5	5	13
合计	60	100

4.7.5.2 按震源机制分类

图4.68表示了水库诱发地震的两种震源机制。

（1）卡里巴-克里马斯塔型。地震活动与库水位波动相关性不明显，震源机制解为倾滑型（正断层型），水库位于下降盘。

（2）科依纳-新丰江型。地震活动与库水位波动明显相关，但震动峰值滞后于水位峰值，震源机制解属走滑型（平移断层型）。

（3）努列克型。地震活动对水库充水速率降低极为敏感，震源机制解为逆冲、走滑兼

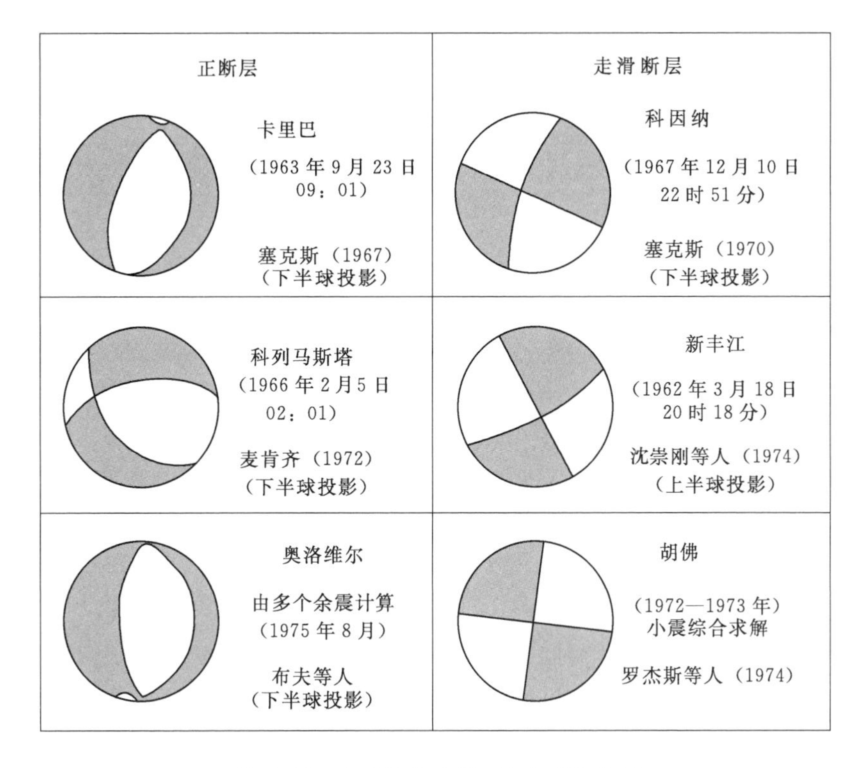

图 4.68　水库诱发地震的两种震源机制

而有之。诱发地震则产生于逆冲断层上盘。

4.7.5.3　按地震序列分类

从序列特征上，可把水库诱发地震分为前震—主震—余震型、震群型和孤立型三类，有人把前两者分别相当于茂木清夫的第Ⅱ和第Ⅲ类模型。构造型水库诱发地震一般为前震—主震—余震型；震群型地震一般没有明显的主震，但可有几个活动高潮期，如佛子岭水库地震等。天然地震为茂木Ⅰ型。孤立型地震很少见，常发生在岩溶区。该类型地震有突出主震，余震次数少且与主震震级相差较大（如图 4.69 所示）。

4.7.5.4　按形成条件的主控因素分类

根据水文地质结构的要素，可将水库诱发地震分为断裂控制型、岩溶塌陷型，以及特殊水文地质结构控制下的水库地震类型。

（1）断裂控制型。断裂控制型水库地震的主控因素是库区发育的断层，按地震结果的影响还可进一步细分为破裂增强型和破裂减弱型。

破裂增强型是指蓄水导致构造应力加速释放和地震活动加剧，如中国广东新丰江水库、印度柯依纳水库等。破裂减弱型是指在库水的影响下，原来处于黏滑状态的断层变为蠕滑，导致地震活动减弱，如美国安德逊和格兰峡水库、中国台湾曾文水库等。一般来说，断裂控制型水库地震往往使库区地震原有地震水平增强，破裂增强型水库地震占断裂控制型水库地震总数的 93.55%。

该类型地震因岩体强度大，又积累了较高的应变能，当库水沿断裂带向深部集中渗透，促使破裂面强度降低，造成能量急剧释放而诱发地震。这种构造型的水库诱发地震一

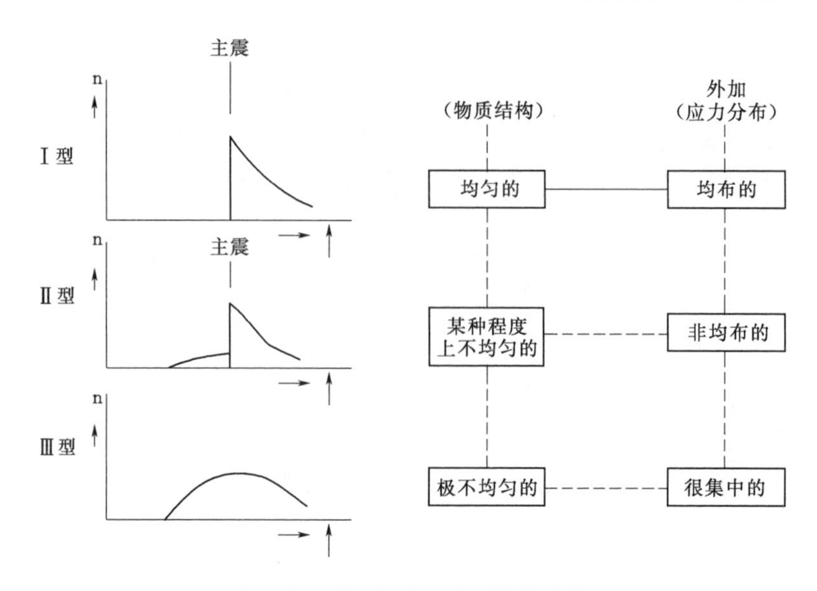

图 4.69 茂木清夫的地震序列分类

般都具有震级大、频度高、延续时间长、震源较深等特点，在地震序列上多属前震—主震—余震型。发震条件主要是：①有区域性或地区性断裂带通过库坝区；②断层在上更新世以来有明显的构造活动；③沿断裂带有地震活动的记载；④断裂带有一定规模和导水能力，库水能渗向深部等。据已观测到的实例，这类地震的特点是：①震中位于断裂带附近；②震源深度一般 3～5km，深的约 8km；③震级较高，已发生的最强为 6.5 级；④蓄水深度或水压力大小与发震的相关性不明显。

（2）岩溶塌陷型。岩溶塌陷型水库诱发地震是由于水库蓄水引起的岩溶洞穴、岩溶管道、地下暗河的围岩等出现的重力失稳现象，可进一步细分为两种类型：塌陷型和气爆型（图 4.70）。

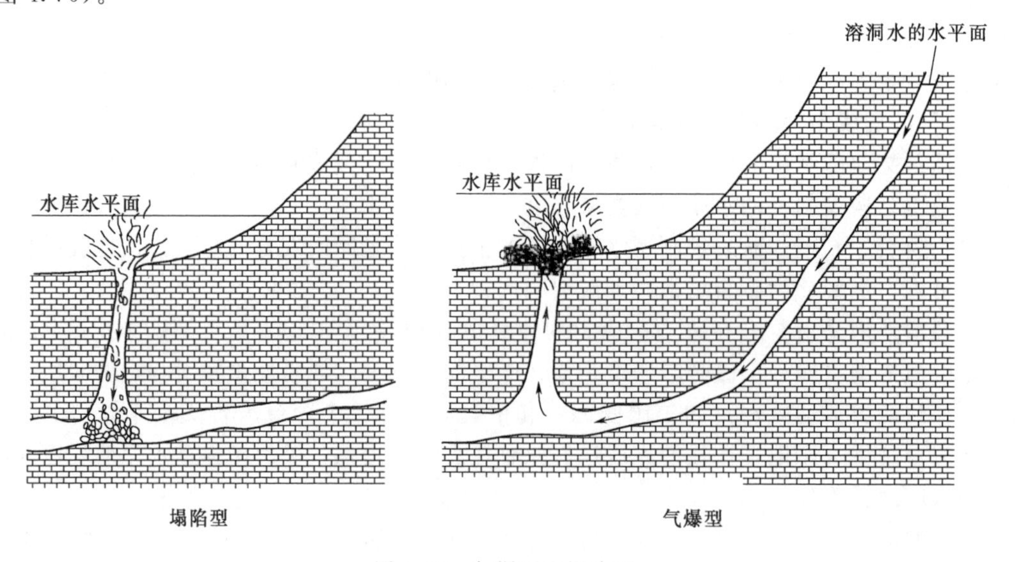

图 4.70 气爆型和塌陷型

岩溶塌陷型水库地震震级一般低于4.5级，发震条件主要是：①库坝区及其附近有大面积的碳酸盐岩分布，特别是未变质的质纯、厚层块状灰岩；②岩溶发育，有管道系统，蓄水前已有天然岩溶塌陷和诱发地震的记载。这类地震的特点是：①震中常位于岩溶发育的峡谷河段，无明显迁移现象；②库水位与发震的相关性密切，发震时间滞后于库水位到达某一库水位的时间短；③震级较低，大多在4级以下；④震源深度浅，深的一般只1～2km；⑤常为单发、多发的震群型地震，没有明显的前震和余震。

气爆型是由于库水位急剧上涨，迅速淹没某些岩溶管道系统，造成水和被围堵气体在其中冲击振荡，引起局部岩溶崩塌和气爆活动而伴生地震。而塌陷型的发生，是由于水库区存在一定的初始构造应力，水库蓄水后，库水作用引起局部应力的调整，使洞顶、洞壁以及溶洞之间的局部地段应力作用增强，进而产生地震。

在大地构造部位及气候条件均相同的情况下，下列几个特定的构造部位有利于形成岩溶管道系统：①背向斜核部；②断裂带附近；③沉积间断面附近。

发生在我国的乌江渡水库地震、邓家桥水库地震和黄石水库地震等均属这一类型。

4.7.6　水库诱发地震灾害预测与防治对策

防震抗震和减轻地震灾害主要通过四种途径实现，水库诱发地震的对策也同样包括四个方面的内容。

（1）控制地震的发生。目前人类还无力阻止地震的发生，甚至对微小的地震，仍然没有足够的能力制止其发生。由于水库诱发地震的形成机制尚未完全搞清，实际上难于做到控制水库诱发地震的发生。这个问题与控制一般地震一样，有待进一步研究。

（2）预测预报地震。地震的孕育和发生是随机过程，因此，预测预报地震必然是具有概率含义的判断。

（3）对大坝进行抗震设防。我国对一般工程建筑的地层设防原则是“小震不坏，中震可修，大震不倒”。水库大坝设计应有特殊的要求，通常对当地地震基本烈度提高1度或2度作为给定的地震烈度。大坝不同部位所诱发的震害是不同的（表4.27），故此，对大坝进行抗震设防时，结合实际情况有针对性进行抗震设防。

表4.27　水库大坝震害类型

震害部位		震害类型
坝体震害	土石坝	在坝顶、坝坡出现与坝轴线平行的纵向裂缝；在坝头、坝顶出现与坝轴线垂直的横向裂缝；在坝坡出现弧形裂缝或坝体滑坡，坝体沉陷、测压管水位上升、坝体渗漏量增大及水质变浑等
	混凝土坝	大坝头部出现水平裂缝，在坝头、坝顶出现与坝轴线垂直的横向裂缝，相邻坝段伸缩缝拉开或错动，扬压力上升、渗漏量增大及水质变化等
坝基震害		砂土液化、不均匀沉陷、地裂缝、地震断层、地基渗漏等
边坡震害		裂缝、滑坡、崩塌、泥石流、堰塞湖等
泄水建筑物震害		溢洪道（泄水洞）的进水塔、闸墩、边墙、胸墙裂缝，闸门变形不能正常工作，起闭控制系统的设备被破坏，电源断电

（4）组织社会力量进行抗震救灾。为了减轻水库诱发地震造成的危害，像其他地震灾害一样，要动员全社会各方面力量进行抗震救灾工作。为此，一切抗震救灾和各项对策都必须在政府的统一领导和部署下，有组织地开展。

4.7.7 水库诱发地震工程实例

水库诱发地震是人类兴建水利水电工程引起的地震活动，它的发生对工程安全构成威胁，严重时还可能引起较大的环境灾害。目前，尽管人们对于水库诱发地震形成机理还有不同观点，但对库水在诱发地震中起着重要作用这一认识是得到公认的。大渡河铜街子水电站从 1992 年 4 月 5 日蓄水以来至 1995 年 5 月，在库区及坝区附近共发生过 6148 次地震，其中最大为 3.5 级，具有典型的水库诱发地震特征。

（1）工程概述。铜街子水电站位于四川省乐山市新华乡，系大渡河梯级开发中的最末一个电站，为河床式重力坝，最大坝高 82m。总库容 2.0 亿 m^3。水电站装机容量 60 万 kW，多年平均发电量 32.1 亿 kW·h。工程以发电为主，兼有漂木和改善下游通航效益。工程于 1985 年开工，1992 年 12 月第一台机组发电，1994 年 12 月竣工。

坝区位于大渡河高山峡谷到丘陵宽谷的过渡带，坝址正处于峡谷出口处。河谷宽 400m，左岸岸坡平缓，右岸较陡，两岸冲沟发育。坝址出露地层为二叠系峨眉山玄武岩和沙湾组页岩。大坝建基面以下分布有连续的软弱夹层及层间错动带，断层、裂隙发育。河谷左右各有一个深槽。左深槽深 70m、宽 40m，充填物为冲积、洪积层，并有 20m 厚的沙层。右深槽深 30m、宽 80m，充填物为冲积层。谷底分布有 4 条断层，斜贯整个枢纽区。地震基本烈度为Ⅶ度。

（2）铜街子水电站水库诱发地震特征。铜街子水库 1992 年 4 月 5 日开始蓄水。翌日，大坝上游 850m 处的三分向地震仪即记录到库区地震。此后，随着蓄水水位的逐渐升高，地震的频度和强度也逐渐增大，到 1992 年 7 月 17 日在水库大坝下游福禄一带发生迄今为止库坝区的最大地震事件，Ms3.5 级。其后地震活动略有减少，而到 1994 年 12 月地震活动再次强烈。

铜街子水库地震活动在空间上广泛散布于大坝上游 6km 至下游 7km 的大渡河沿岸一带，但从中可以区分出三个相对震中密集区，分别位于大坝及其下游福禄镇一带和上游铜茨一带。

位于水库下游约 5km 福禄镇一带，呈近椭圆形展布，长轴方向为 NNW 向。本区地震虽然密集程度小于大坝区，活动持续时间也不算很长（自 1992 年 7 月开始到 1992 年 12 月底基本结束），但库坝区内的最大历史地震和最大诱发地震事件，全都发生于该区之内，这表明本区有着独特的应力环境，既有利于天然地震活动，也十分有利于诱发地震的产生。

统计资料表明，库坝区内诱发地震的震源深度最大为 27.7km，最小只有 0.05km，且随蓄水时间的延长深度有逐渐加深的趋势。但从总体来看，绝大多数发生在 P_1y 灰岩顶板以下 0～5km 范围内。库坝区内两次最大的诱发地震（1992 年 7 月 17 日的 3.5 级和同年 8 月 28 日的 3.3 级），其震源深度约为 1.2km，恰好位于 P_1y 灰岩与 P_2u 玄武岩的界面附近。

铜街子水库地震活动与库水位相关性良好。自 1992 年 4 月 5 日蓄水以后，4 月 6 日便出现了一些微震活动。但大量的地震活动是自库水位于6月14日达到高程465.00m之后开始的，而且自此以后，地震活动与库水位变化的正相关对应关系表现得十分明显，几次较强的地震活动皆在库水位的峰值时出现，并形成了以1992年8月为顶峰的第一次活动高潮。

上述现象表明，465.00m是一个临界高程。当库水位高于该高程时，库坝区岩体结构面就将在附加的孔隙水压力的叠加作用下失稳破裂，从而导致地震活动的发生。

1）地质背景。铜街子水电站地处青藏断块东缘，属中高山峡谷与低山丘陵的过渡地带，马边地震带北侧，历史地震活动微弱，属Ⅵ度区。呈近南北向弧形展布的五渡溪—利店区域性大断裂是区内最大的断裂构造，它将研究区分为特征迥异的东、西两部分。西区地层由前震旦系至二叠系组成，褶皱、断层主要呈近南北向展布，且规模较大。东区地层较平缓，基本由二叠系、三叠系组成，构造则以呈近南北向、北东向和少量北西向展布的短轴背斜、向斜和规模不大的断裂为特征。

铜街子坝区地应力凯塞尔效应测试资料、邻区马边一带的天然地震震源机制解均表明，该区最新构造应力场的最大主应力呈NWW向，三向应力状态接近潜在走滑型。在现今区域构造应力场条件下，五渡溪—利店断层南北两段活动性有明显差异，南段NWW向的利店断层具有不太强烈的以反扭走滑为特征的现今活动性，而呈近NS—NNE走向的北段则没有这类活动性。在此特定的地质条件下，铜街子水库坝区所在部位恰是一个局部构造应力集中区，从而为该区地壳岩体内较高地应力的形成提供了基本条件。

铜街子水库蓄水后与库水直接接触的地层除第四系外，主要有阳新灰岩（P_1y），峨眉山玄武岩（P_2u），P_2s黏土岩，T_1（$f+t$）碎屑岩等。从区域水文地质资料可知，阳新灰岩喀斯特作用强烈，在库区铜茨—五渡溪一带大渡河岸边分布有暗河2条，大泉（流量大于50L/s）11处，是区内透水导水能力最强的含水层。其他地层的透水、导水能力与P_1y灰岩比较起来要弱得多。

铜街子水库库区内P_1y灰岩总体是向北、向东倾斜，在南、西部出露位置较高，接受降水入渗补给，向大渡河排泄，水库蓄水后对其水动力场影响不大。

铜街子水库大坝建在一个近NS向大型宽缓复式背斜（两翼倾角8°左右）核部P_2u玄武岩之上，背斜轴向北倾伏，顺大渡河谷延伸至青杠坪一带倾伏而在地表逐渐消失；因而背斜核部的P_1y灰岩出露于大坝南侧的库区范围内直接与库水相通，直接接受库水的渗入补给，向东和北东方向倾伏插入盆地之下，被其上的$P_2\beta$—T_1（$f+t$）巨厚的弱透水层覆盖而形成承压水盆地。在此种水文地质结构条件下，水库蓄水后库水位的抬升，必将使地下水沿该含水层向北和向东地下深处渗流和传导水压。因而，铜街子水库区存在顺层型向地下深处和外围地区渗流和传导空隙水压的水文地质结构。

2）成因分析。工程区P_1y灰岩沉积厚度350m左右，其上、下分别为透水性微弱的P_2u玄武岩和O—C碎屑岩，因而呈层状产出。而自大坝上游1km处库区内出露的P_1y灰岩，向北北东随平缓的喻坝背斜倾伏插入盆地之下，被其上覆的P_2u—T_1（$f+t$）巨厚的不透水层覆盖而形成承压水盆地。据区域地质资料，在福禄一带，P_1y灰岩顶板深埋于地表以下1200m处。

P_1y灰岩在地表喀斯特发育强烈，从大渡河的河谷发育情况推测可能存在深度有限的深部喀斯特，显然在地表及近地表是透水性强的含水层。根据对四川盆地深埋于地下储存于二叠系和三叠系中（主要是碳酸盐岩）卤水的研究成果，卤水的成因既有随沉积作用封存下来的沉积水（古海水），也有后期甚至现代的大气降水渗入参与；而降水则主要是沿盆地边缘出露于地表的相应地层顺层渗入的，这其中也包括本区出露的 P_1y 灰岩。由此说明本区 P_1y 灰岩在地下深处的渗透性亦强于其上、下层位的非可溶岩层。位于河床之下的 P_1y 灰岩显然是一个承压含水层。

水库蓄水后，库水通过出露于库区的 P_1y 灰岩补给该承压含水层，以能量传递的方式使该承压含水层内的水头迅速抬升，增加作用于 P_1y 灰岩中断裂面上的空隙水压力，使断裂面上的抗剪强度弱化，在一定的地应力环境条件下即可造成地震活动。

3）小结。鉴于水库诱发地震机制的复杂性和目前科技发展水平尚处于探索研究阶段，难以做到较确切的认识、预测和评价，但在前期监测和研究的基础上，从所处地质环境初步分析，其形成机制可概括为：有利的区域地下水循环条件，独特的地应力环境和较强的孔隙水压力效应等的综合作用。据水库诱发地震研究资料，其诱震强度常低于当地自然地震水平。据本次研究成果认为：坝区附近最大诱震水平在 3.5 级左右，可能延续时间 18 年，从 5 年运行中出现两次诱震高潮期，其最大震级均在此水平范畴，初步分析仅就水库诱发地震而言，对坝工建筑物不构成大的威胁。

4.8 特殊水文地质景观问题

4.8.1 概论

水库淹没区库水位的抬升，改变了库区地下水的水动力条件。对于排泄于河谷处、区域型水文地质结构控制下的深部循环地下水，库水将驱动浅层地下水“入侵”其中。

受深大导水断裂和区域型汇水褶皱控制，深部地下水具有远源补给，循环深、径流时间长的特点，因此具备矿化度、温度高的特点，显示其特殊的水资源价值。天然条件下，河谷区淡水与深部地下水维持着一种平衡，为一动态变化的咸淡混合带，如图 4.71 所示。库水抬升后将大幅度提高浅层水水位，原始的混合平衡特征，如混合带位置、浓度都将重新分布（图 4.72）。深部地下水淹没改变了其天然排泄方式，对依赖深部地下水带来的经济价值的周围居民，以及不能替代的人文景观都产生影响。

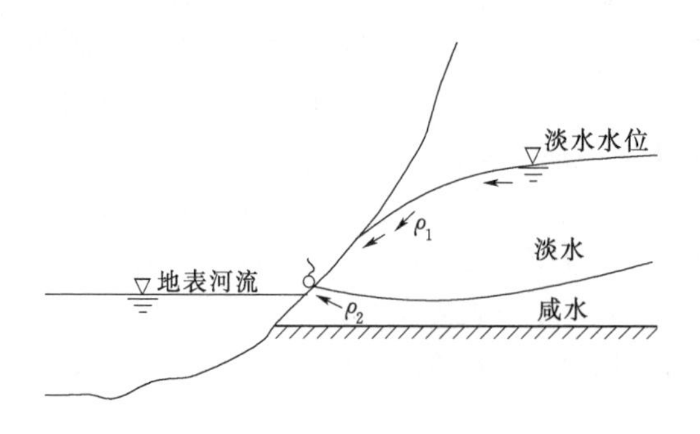

图 4.71 天然条件河谷排泄区咸淡水流运动情况

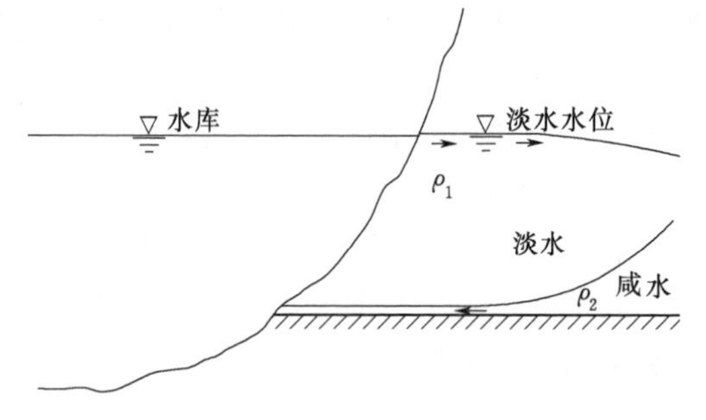

图 4.72 蓄水后河谷排泄区咸淡水流运动情况

藏东芒康盐井一带，深部盐卤水在澜沧江河谷区承压排泄，孕育出了独特的晒盐工艺，是古代制盐工艺的“活化石”。而因修建水电站、水库等，蓄水后使得该地区地表水水位大幅抬升淹没了热卤水的天然露头，驱使淡水“入侵”含水层，使得芒康古盐田面临着巨大挑战与生存危机。漆继红等对盐井盐卤水形成机理就恢复进行了研究；2015 批准的国家自然科学基金项目《多源同汇地下水流系统水动力弥散混合特征砂槽模型研究》提出利用砂槽模型对河谷区多源地下水混合特征及演化进行模拟研究。

刘红运对江娅水库温泉的形成机理、温泉的水化学特征进行了分析，并提出库水淹没对其影响；而李忠等人则对怒江泸水电站对跃进温泉的危害进行了评述，但都没有对温泉淹没恢复利用的具体工作方式进行分析。王能峰等人从水文地球化学的角度对大岗山水电站坝址区大岗山温泉系统进行研究，其温泉系统受摩西断裂控制，水库蓄水将淹没部分温泉露头；曲孜卡断裂穿拟建古水电站低坝方案坝址区，断裂处曲孜卡泉自流排泄，温度可高达76℃；水库蓄水淹没温泉需要进行原地恢复。漆继红等（2008）对热水成因机制进行了初步探讨。

4.8.2 模式划分

根据区域性水文地质结构类型及特征，将问题形成模式划分为三种：深大导水断裂控制型、区域型汇水褶皱控制型及复杂地形盆地控制型（表4.28）。

表4.28 问题形成模式特征表

控制结构	结构亚类	控制因素	模式描述	实例
区域性水文地质结构	深大导水断裂	断裂、结构面空间展布	深大断裂导通地下水的深部运动；热水在流动中增温，发生较为完善的水-岩作用；另有一组导通地下水出露河谷的断裂或结构面与之组合	大岗山温泉；芒康曲孜卡热泉
	区域型汇水褶皱	（1）褶皱汇水结构；（2）含水层与隔水层组合；（3）有利的侵蚀减压部位	区域性规模褶皱，含水层上下均为隔水层；构成地下水区域性流动的通道，隔水顶板兼有热储盖层的作用，含水层的特殊成分亦能通过热水溶出；河流切穿褶皱汇水部位，使得地下水减压排泄	西藏芒康盐井温泉；江娅温泉
	复杂地形盆地	地形及含水介质性质	重力驱动地下水流系统，地形高处构成势源，地形底处构成势汇	华北平原相关水电站

中国西南地区深大断裂极为发育，地下水向深部循环并增温；在其高温、高压环境下地下水—岩作用变得强烈，地下水矿化度升高，并携带上深部围岩的特征。此类型地下因为具有高温，含有特有矿物成分而具有一定的研究、经济价值，如找矿、温泉开发等。热水出露需要一定的地质结构，河流的切割减压，结构面导通等方式可使热水具备上升溢流的通道和动力条件。如大岗山温泉模式、西藏盐井盐卤水模式。

（1）深大导水断裂控制型。深大导水断裂规模巨大，走向延伸数百千米，深部常延入基底，断裂带周围岩石破碎易导水。大气降雨和地表水体通过断裂带渗流进入深部地层，在高温高压环境中循环加热，并与围岩发生水—岩反应，成为热载体赋存在地球内部。随着深部热水的压强不断增大，一旦遭遇破碎断裂带时就会快速上升，循着裂隙上升涌出地表，形成温泉。

如图4.73所示大岗山温泉出露水文地质概念模型，深部导水断裂F_1接受大气降雨和地表水体补给，大量水通过这种类型断裂进入深部地壳，同时深部热水资源也依靠F_1的纵深长大才能涌出地表。破碎的断层易被河流切割和剥蚀，在西南地区常形成河谷，这样就会形成分布在河谷两侧的温泉，受深大导水断裂控制。

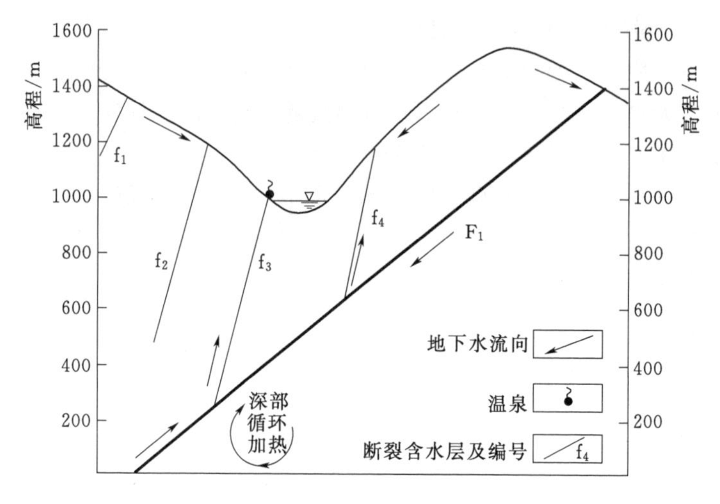

图4.73　大岗山温泉成因水文地质概念模型

（2）区域性汇水褶皱型。

含水层和隔水层相互组合形成有利于富集和储存地下水的地质构造，如常见的砂岩和灰岩构成的平缓开阔的向斜构造。区域性规模的褶皱可延伸数百公里，褶皱翼段高山区接受大气降雨和地表水体补给，在非可溶岩夹可溶岩的岩层组合类型控制下，顺着有利通道向水头较低区域径流，形成区域性的岩溶水流。长距离的径流过程中，地下水不断获得地热增温，又与岩石发生水岩作用，矿化度升高。由于河水的深度切割，水头压力释放，在河谷两岸，水头压力释放，沿垂向的裂隙节理汩汩流出（图4.74）。

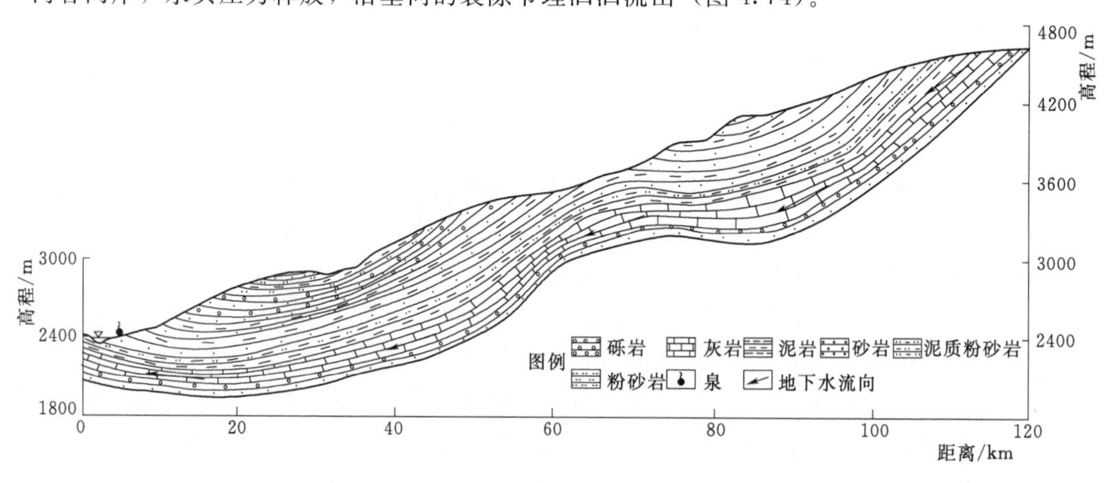

图4.74　盐井盐温泉成因水文地质概念模型

如图 4.75 所示，在上下为砂岩的岩性组合下，倾缓的向斜构造在数百公里外接受补给，沿灰岩地层长距离渗透径流，在河谷切割向斜构造处出露，这种深部水循环类型受区域性汇水褶皱型控制。

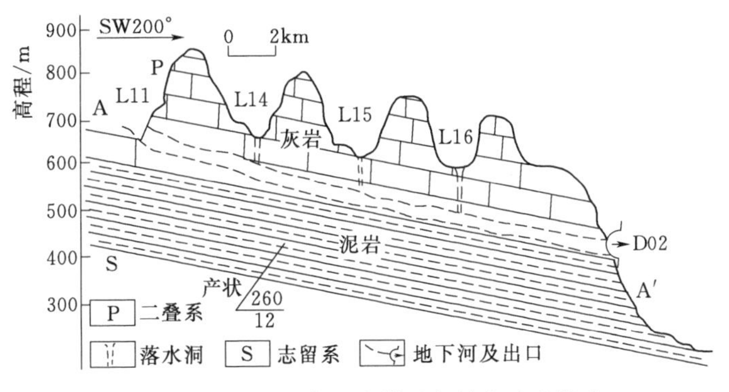

图 4.75　沿河县高山乡附近向斜山地型模式

潘晓东、梁杏等（2015）对黔东北高原斜坡地区岩溶地下水系统模式进行划分，基于地貌及蓄水构造对分析其特点，其中向斜山地型结构如图 4.76 所示。岩溶地下水系统在向斜两翼出露隔水层，与下伏岩层一起构成岩溶水系统隔水边界，受到岩石层面的控制，岩溶地下水沿层面自两翼向向斜核部进行汇集，汇水条件良好。

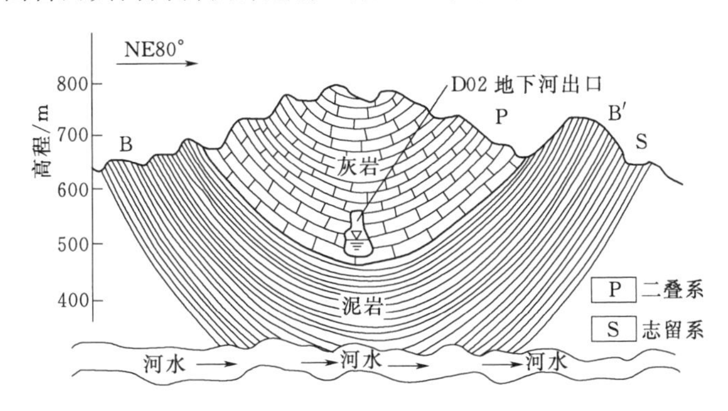

图 4.76　沿河县高山乡附近向斜山地型结构

另一类型背斜槽谷型系统核部寒武系白云岩，岩层薄脆，受到两侧挤压岩石已碎，裂隙成网状密集发育。背斜两翼碎屑岩构成隔水边界，岩溶地下水系统边界相对清楚。平行于背斜轴部纵张裂隙发育，构成岩溶地下水的主径流带，如图 4.77 所示。此两种模式中岩溶水受到褶皱汇水构造的控制，但并未提及系统中岩溶水深部运移发生区域性流动的特点。实际上，如果向斜模式中有一个良好的盖层加之向斜规模具有区域性，此结构就能形成区域性的岩溶水流，如图 4.78 所示；而背斜模式类似与川东南的格挡式构造，实际上在背斜系统中本来就具有区域性水流，带有较高水温度及矿化度的特点，如图 4.79 所示。

1963 年 Tóth 利用解析解获得均质各向同性潜水盆地中地下水流系统，结果出现不同级次的嵌套式地下水流系统——局部的、中间的及区域的。随后，Freeze 等（1967）利用数值解研究了层状非均质、各向异性介质以及断裂等影响下的水流系统。1980 年，Tóth 提出了“重力穿透层流的概念”，将地下水流系统理论全面推广到非均质介质场。在

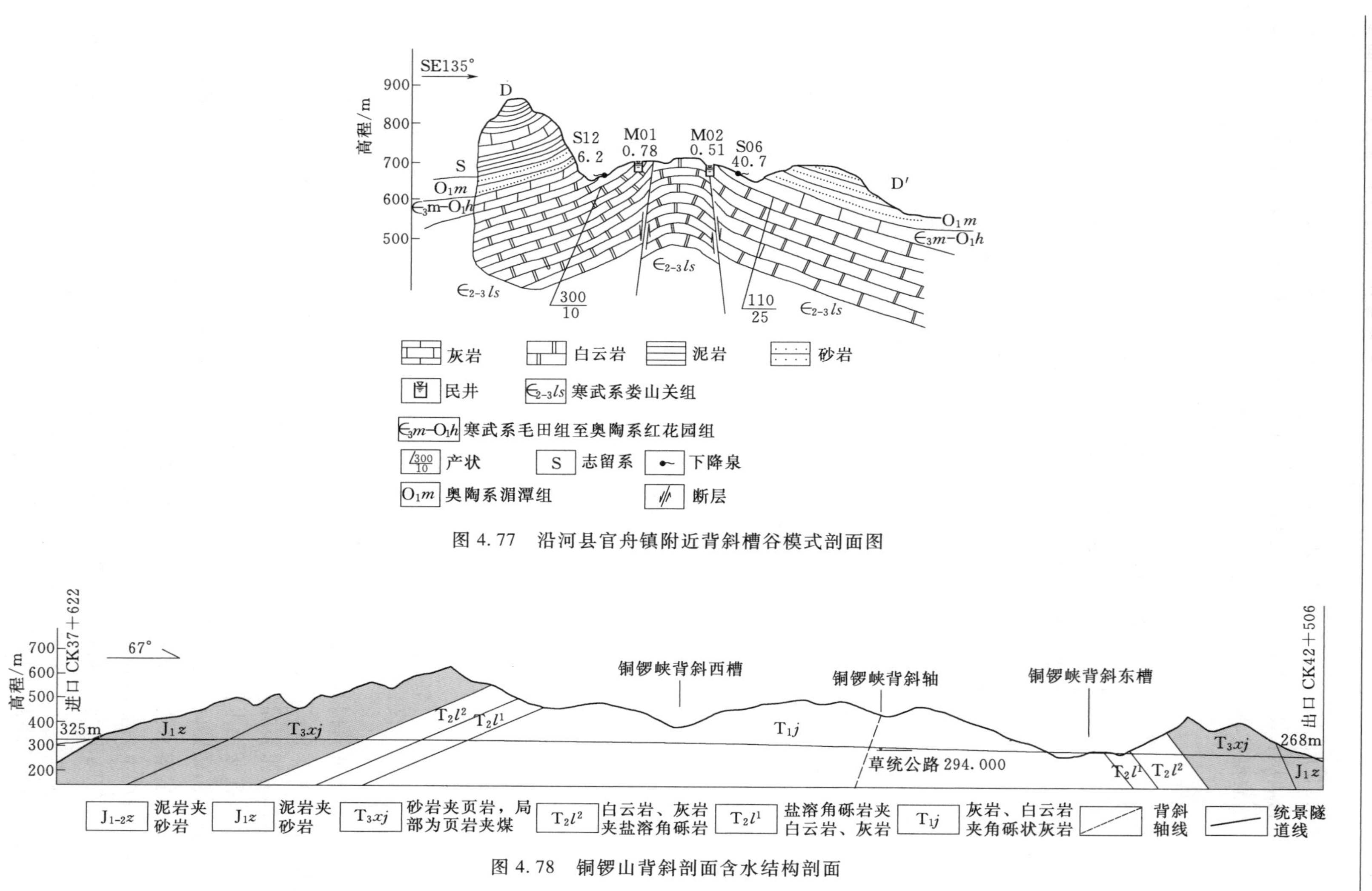

图 4.77 沿河县官舟镇附近背斜槽谷模式剖面图

图 4.78 铜锣山背斜剖面含水结构剖面

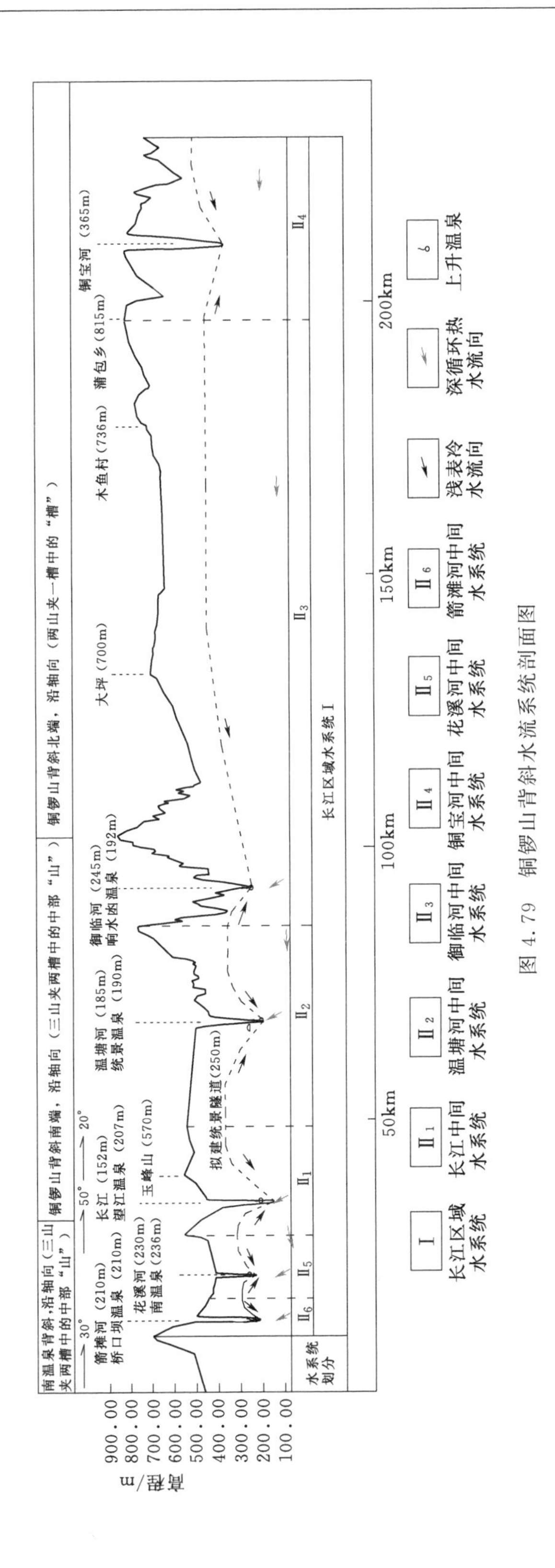

图 4.79　铜锣山背斜水流系统剖面图

鄂尔多斯盆地地下水勘查中，侯光才等（2008）利用 Packer 定深分层取样技术收集水头和水化学和同位素资料，初步研究认为白垩纪盆地北部沙漠高原区的地下水循环模式可以用此地下水流理论来刻画。中国地质大学蒋小伟、万力、王旭升（2013）利用数值模拟对此研究区的水流系统，年龄分布等进行了研究。基于水化学、同位素及其伴生现象的分析，Hou 等（2008）给出了鄂尔多斯盆地四十里梁东西两侧剖面地下水循环示意图，如图 4.80 所示。

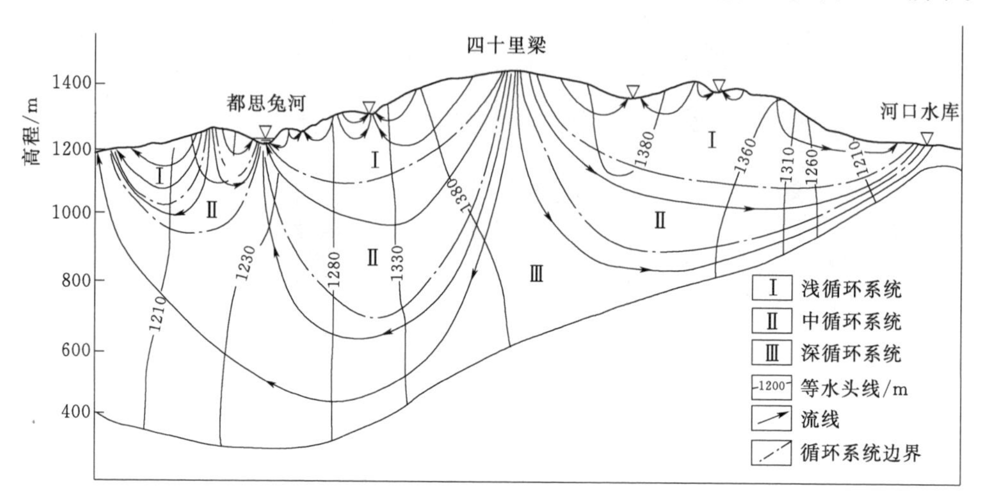

图 4.80　十里梁东西两侧剖面地下水循环示意图

4.8.3　研究工作方式

4.8.3.1　区域性汇水结构研究方式

此类特殊水文地质问题研究首先需要对区域性汇水结构特征进行调查分析。主要采用地层穿越对岩性及岩层空间展布、岩层间接触关系进行认识，形成汇水结构概念模型；并采用地下水出露特征调查，结合水化学及同位素技术对此类地下水的循环深度，水—岩作用特征，地下水年龄等信息进行分析；形成水文地质概念模型。如图 4.81 所示。

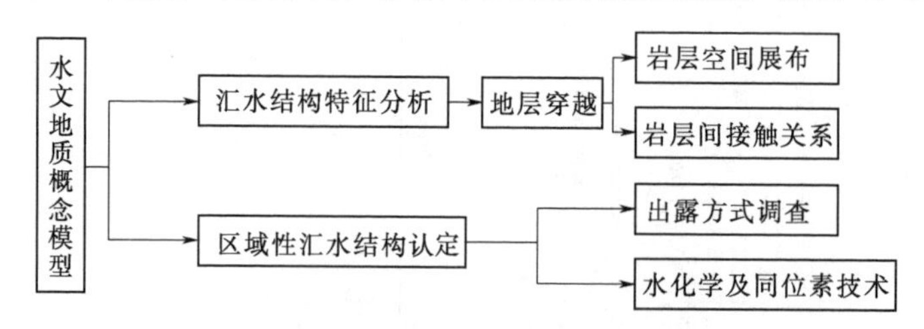

图 4.81　区域性汇水结构特征研究思路

4.8.3.2　混合特征演化特征研究

数学模型结合物理模拟是研究混合特征演化的最有效手段，也能对淹没后恢复利用措施提供有力根据。

预期成果是在前人实验的基础上设计出砂槽模型，通过控制咸、淡水的水头高度、咸水密度以及渗流介质等要素，定性分析与定量分析相结合，刻画以淡水作为入侵主体的突变界面形态、NaCl 浓度空间分布及演化过程并推导出咸淡水混合突变界面的解析方程。砂槽模型设计方案如图 4.82 所示，试验成果通过光学法进行处理，进行色阶分离，如图

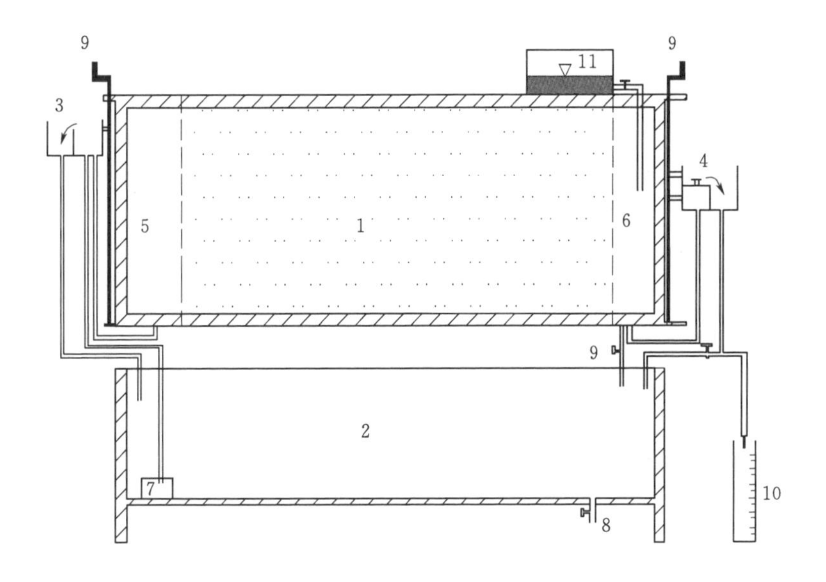

图 4.82　咸淡水混合特征砂槽模型装置

1—模拟含水层；2—储水箱；3—淡水供应系统；4—咸水供应系统；5—淡水供水箱；6—咸水供水箱；7—水泵；8—排水口；9—升降装置；10—量筒；11—咸水补给箱

4.83 和图 4.84 所示。结合灰度值与水中浓度对应对照试验，可以将色阶灰度值转化为浓度分布，借此量化试验条件下排泄区浓度分布特征。淡水侵入盐水将形成一浓度渐变的过渡带，过渡带的浓度分布、形态与入侵条件、盐水浓度及两种水体的水量相关。这与图 4.85 所示意的咸淡突变界面存在本质差别，但突变界面的位置、形态和过渡带浓度的分布存在一定的性关性，可以用于过渡带特征的辅助分析。

图 4.83　理的 RGB 模式图像

图 4.84　色阶分离调整后的灰度值分布情况

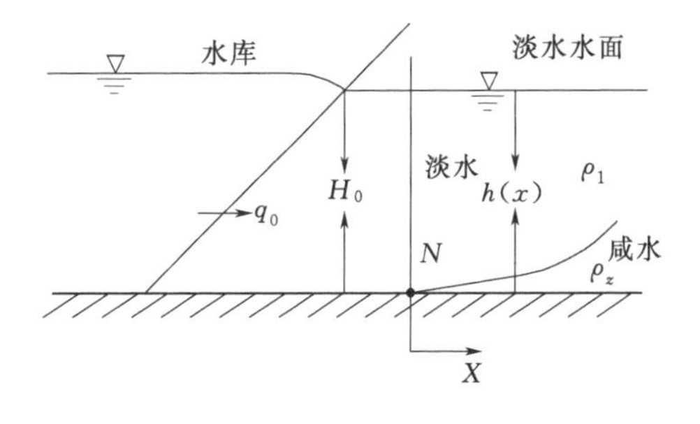

图 4.85　河谷排泄区咸淡水突变界面示意图

4.8.3.3　水流特征模型

梁杏（2012）等人采用给定流量上边界的数值模拟，通过改变入渗补给强度（W）和介质渗透系数（K），分析了入渗强度和渗透系数比值 $R(W/K)$ 对地下水流系统的影响。得到不同入渗强度及渗透系数下模拟得出的地下水流系统分布，如图 4.86 和图 4.87 所示。

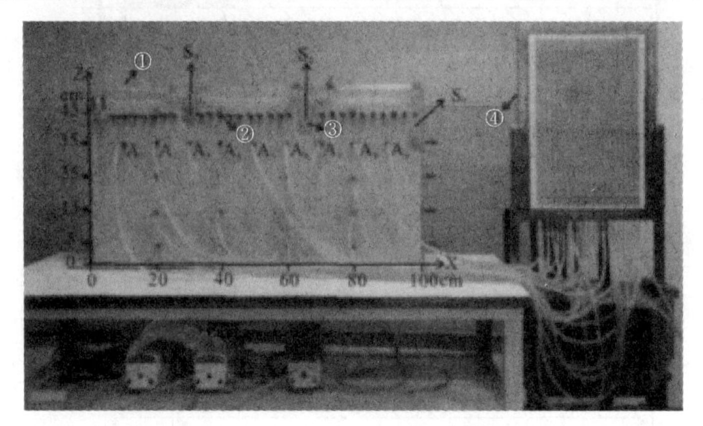

图 4.86　地下水多级水流系统砂槽模型（据梁杏等，2008 修改）

①可控降水装置（与蠕动泵连接）；②水流示踪点；③模拟河谷（汇势）④测压板（与测压点连接）

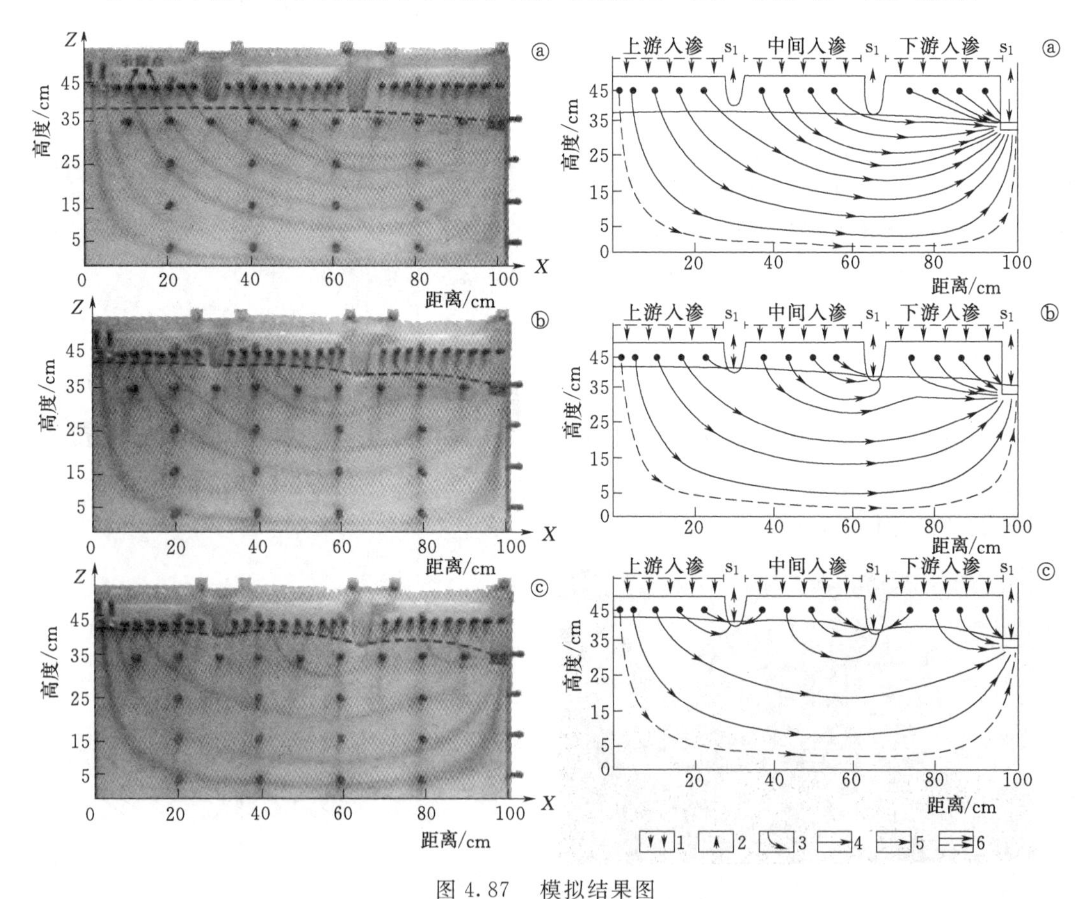

图 4.87　模拟结果图

ⓐ—第 1 组实验；ⓑ—第 2 组实验；ⓒ—第 3 组实验

1—降水入渗；2—河流排泄；3—流线（点线为毛细水带流线）；4—局部水流系统流线；5—中间水流系统流线；6—区域水流系统流线（短划线为半流量流线）

此物理模型的优点在于增加了降水条件，将地下水源、汇特征统一展示于同一模型中，能同时模拟区域水流（咸水）、局地水流（浅层淡水）特征。而在两水流系统同一排泄区通过水位的抬升可以模拟水库蓄水条件，此模型思路来研究排泄区范围内咸淡混合地下水流场的特征是物理模型的展望方向。

4.8.4　古水电站库区盐井盐田淹没问题

4.8.4.1　概述

盐卤水以盐温泉形式出露于盐井乡澜沧江河谷地带，集中沿澜沧江两岸分布，其出露范围顺岸长约 1.5km，宽度约 300m。盐卤水水化学类型均为 Na－Cl 型，具有温度较高、高矿化度和承压自流的特点，其涌出水头略高于江水水位。

盐温泉于基岩裂隙内出露，左岸出露层位为三叠系上统夺盖拉组砂岩（T_3d），右岸为侏罗系中统花开左组底部紫红色砂泥岩（J_2h），现场调查，现场调查泉水总流量约为 38.7L/s（图 4.88）。

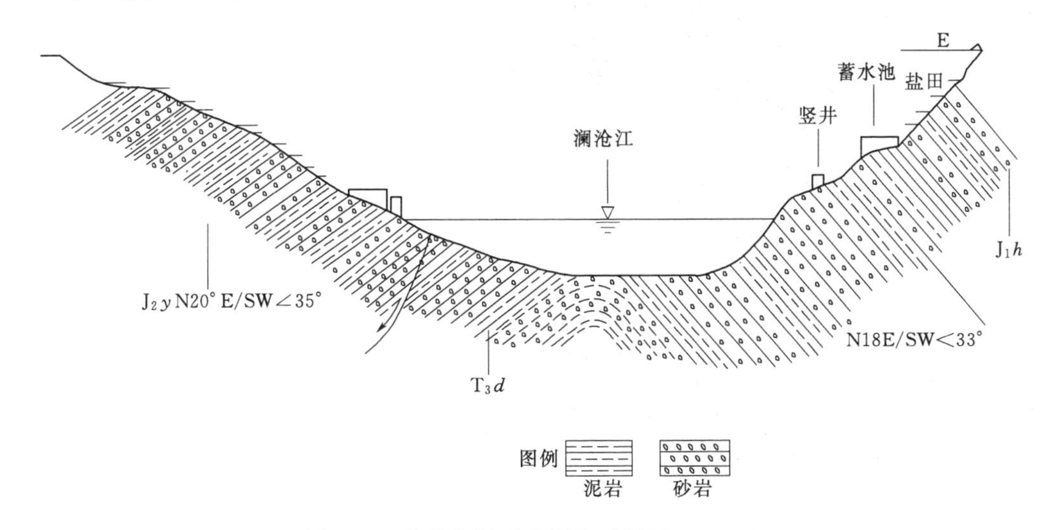

图 4.88　盐井点剖面示意图（漆继红，2009）

4.8.4.2　成因类型分析

芒康—盐井复式向斜北部高山可溶岩区为一广阔的拗陷带，盐井盐卤水出露区就处于该拗陷带向南延伸的盐井—泗水背斜。该背斜为芒康—盐井复式向斜的次级背斜，核部张性纵节理发育，上覆盖层被流经此处的澜沧江切割后揭露了裂隙通道，盐卤水沿核部的纵张节理排泄于地表。盐井盐卤水属于区域径流系统地下水，非断裂成因，而是受区域性褶皱控制。

距离盐井盐温泉出露区最近的外围温泉是上游距离盐温泉区约 3.5km，出露于澜沧江右岸的曲孜卡泉。该泉流量现场调查可达 10.5L/s，温度最高可达到 71.5℃，水化学类型为 HCO_3－Na 型。该泉水涌出部位较为集中，仅在曲孜卡藏家乐南侧约 50m 处的第四系堆积物（*pal*Q）陡坎下出露，承压性不明显。泉水受研究区域内的边界断裂：竹卡—起塘牛场断裂所控制，矿化度低且无明显承压性（图 4.89、图 4.90）。

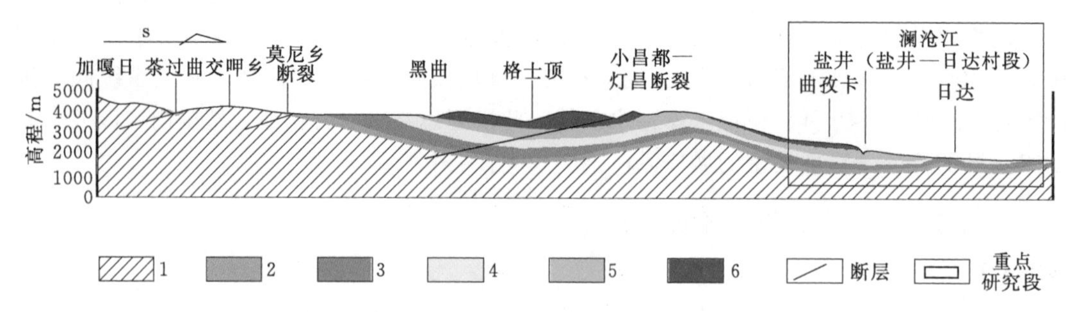

图 4.89　西藏盐井温泉循环模式剖面图

1—T_3j 以前地层；2—侏罗系及其以上地层；3—甲丕拉组（T_3j）；4—波里拉组（T_3b）；5—阿堵拉组（T_3a）；6—夺盖拉组（T_3d）

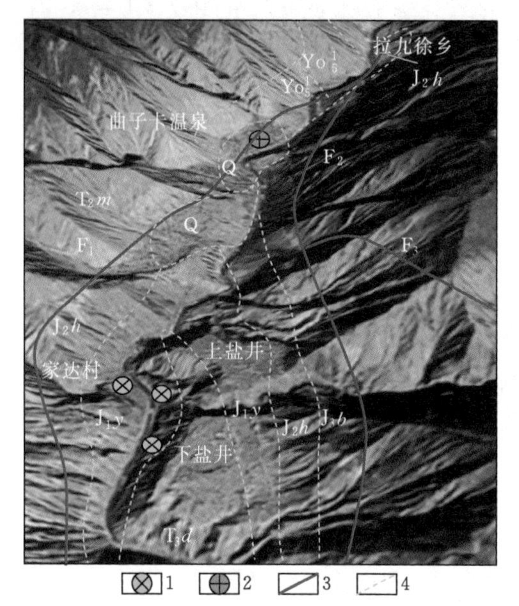

图 4.90　曲孜卡泉处出露位置（漆继红，2009）

1—盐泉区；2—热泉区；3—料层；4—地层分界线

4.8.4.3　问题综合评价

拟建古水水电站位于云南省境内澜沧江上游河流末段，距离上游盐井约 20km 处，为澜沧江上游规划河段八级梯级开发方案的第一级，也是规划河段的龙头水库，其上游与西藏古学梯级衔接。

古水水电站的水库部分延伸至西藏境内，其水库回水将淹没位于其上游河段距离水电站位置约 20km 的河谷、西藏芒康境内盐井乡被称为“千年盐井”的盐温泉及其盐田，破坏地下盐卤水的天然开采方式。

若水库蓄水后淹没了盐卤水的天然排泄区，会导致地下盐卤水—地表水系统水动力状态发生变化，盐卤水、江水混合带位置向地层深部发生移动，混合带下纯盐卤水储藏的位置变得更深；江水入渗量增大，原混合带位置上的盐卤水被进一步淡化。

为恢复盐卤水的开采，在水库蓄水后，可采用的人工取水措施对地下盐卤水—地表水系统的水动力状态进行改变。水库蓄水后，盐卤水于河谷岸边的天然露头被库水淹没，采用钻井采水，管道输送的方式恢复对盐卤水的利用（图 4.91），其布井位置、井深、开采量的大小对所采盐卤水的品质、持续开采盐卤水至关重要。因此提出了查明蓄水后，以及采用人工措施开采盐卤水时对地下盐卤水—江水系统水动力状态、盐卤水、江水混合情况的要求。

水库蓄水后库水淹没了盐卤水的天然排泄区，破坏了盐卤水的天然开采方式。拟使用人工钻井取水恢复对盐卤水的开采。人工方案的设计包括布井位置的选择，井深的设定及开采量的控制。

4.8.5　雅安大兴水环境工程岩溶渗漏问题

雅安大兴河道及湿地综合整治工程位于雅安市雨城区东南约 4km 的大兴乡和姚桥镇境

内，是集防洪、环境保护、旅游为一体的综合整治工程，通过建设两座景观坝解决大兴水电站闸坝下游到尾水渠末端（约 3km）的河道断流问题，修复水生态，改善雅安市城市的投资环境和人居环境。

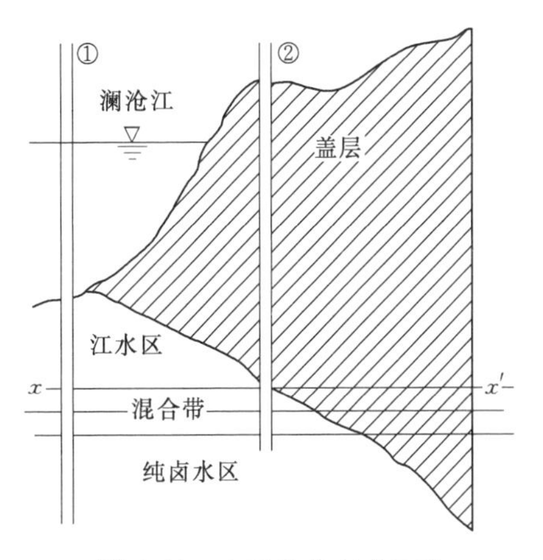

图 4.91　人工采水方式示意
①—蓄水区钻孔；②—水库岸边钻孔

区内出露基岩为白垩系上统灌口组（K_2g）的一套红层地层，为紫红色泥岩、泥质粉砂岩及粉砂质泥岩夹泥灰岩、多层钙芒硝矿，可分为 6 个工程地质岩组（K_2g①、K_2g②、K_2g③、K_2g④、K_2g⑤、K_2g⑥）。由于钙芒硝矿属于可溶岩，其在地下水作用下易形成溶蚀孔洞。通过地表地质测绘、物探测试及连通试验成果，河道部分河段存在因钙芒硝矿溶蚀而形成的沿层面渗漏通道，在景观坝建成以后，存在库水沿钙芒硝矿溶蚀通道向大兴电站尾水渠渗漏问题。

4.8.5.1　溶蚀发育特征

2014 年，大兴电站下游减水甚至脱水河段河床发现疑是溶洞，在汛期时附近水流呈漩涡状流入洞口（即 1 号渗漏点），在大兴大桥附近大型电站尾水渠段可见水流喷出。2014 年 10 月，雅安市水利局对河道内 1 号渗漏点进行了混凝土封堵处理。

根据地表地质调查：河道区 K_2g②、K_2g③层中钙芒硝矿溶蚀现象普遍发育，地表调查共发现 5 处大的漏水点。其中大兴大桥上游约 170m 发育 2 处（K_2g②层），桥下游约 70m 靠右岸发育 3 处（K_2g③层）。1 号漏水点在 2014 年 10 月已封堵过（图 4.92），在水流作用下，在封堵下游侧又形成了新的溶蚀空洞（图 4.93）。2 号漏水点处溶蚀孔洞发育规模较大，宽约 6～8m，可见深度约 1m，枯水季节可见上游流水流入（图 4.94）。3～5 号漏水点集中分布于雅兴大桥下游约 50m 处，其中，3 号漏水点为紫红色泥岩塌陷形成的数处空洞（图 4.95），长约 0.5～1.5m 不等，宽约 0.2～0.4m，可见深度约 1m，4 号、5 号规模均较小，可见小股水流流入（图 4.96、图 4.97）。

图 4.92　1 号漏水点（已封堵）与 2 号漏水点

图 4.93　1号漏水点（已封堵）

图 4.94　2号漏水点处溶蚀空洞

地表调查表明，河道内岩层产状一般为 N10°～20°W/NE∠10°～15°，但在2号漏水点溶蚀空洞附近粉砂质泥岩中岩层产状变为 N10°～20°W/NE∠25°～35°。在该段内钙芒硝矿集中成层分布且多与薄层粉砂质泥岩互层，推测为下部钙芒硝矿、含钙芒硝粉砂质泥岩经地下水长期溶蚀以后形成孔洞塌陷，使得渗漏通道上方薄层粉砂质泥岩在自重力作用下岩层产状变陡，同时导致大兴大桥下游泥岩地层在河床表部产生多处塌陷。

图 4.95　3 号漏水点空洞

图 4.96　4 号漏水点

图 4.97　5 号漏水点

根据位于 2 号漏水点下游约 70m 处 ZK01 钻孔（孔深 29.61m）揭示，0～2.5m 为紫红色泥岩，2.5～29.61m 为钙芒硝矿与薄层粉砂质泥岩不等厚互层，钙芒硝矿约占岩芯的 50%～60%，该孔钻进过程中未发现有溶蚀孔洞，但钻孔岩芯在存放几天后钙芒硝矿就由柱状崩解成粉末状。另据业主提供的大兴大桥地质勘察报告资料：3 号桥墩 ZK08 孔（孔口高程 558.07m，孔深 32.5m）在孔深 17.2～17.8m 揭露溶蚀孔洞，直径为 0.6m；4 号桥墩 ZK10 孔（孔口高程 562.35m，孔深 30m）在孔深 21.08～21.38m 揭露出溶蚀孔洞，直径为 0.3m。发育高程约 540.27～541.27m，该高程以下未揭示溶蚀孔洞。

根据地表测绘成果，为进一步查明芒硝矿成层发育的 K_2g②、K_2g③层地下溶蚀孔洞及渗漏通道的分布位置、发育特点等，在河道内布置了三条物探勘探剖面，其中顺河布置了两条剖面（Z1 剖面、Z2 剖面），横河布置了一条剖面（H 剖面）。三条剖面的交点分别为 Z1 - 288m 交 H - 48m，Z2 - 44m 交 H - 220m，剖面布置如图 4.98 所示。

图 4.98　物探剖面布置示意图

图 4.99 为 Z1 剖面的高密度电法反演成像色谱图，通过分析可知，总体上，反演成像色谱图呈现层状结构，表层视电阻率值大部分分布在 150～900Ω·m 之间，多为砂卵砾石，其中含水多的砂卵砾石视电阻率值较低；下覆红层视电阻率值分布在 1～900Ω·m 之间，①桩号 117～294m 段，高程 533.00～550.00m 范围内有一低阻异常区，视电阻率值 1～14Ω·m 之间，局部呈封闭状，推测该异常区是含水的溶蚀空洞；②桩号 378～720m 段，高程 535.00～550.00m 范围内有一低阻异常区，视电阻率值 10～50Ω·m 之间，推测该区域为透水层，岩体较破碎或溶孔溶隙较发育。

综合分析上述地表地质调查、钻探勘探、物探测试成果等资料，该河道区溶蚀孔洞的发育具有以下特点：

(1) 溶蚀孔洞发育段。主要集中分布于大兴大桥上游 170m 至下游 70m 范围内，溶蚀孔洞规模较大且连续分布，普遍发育于河床下 10m 范围内，部分可达河床下 20m，即在高程 530.00m 以下不甚发育。

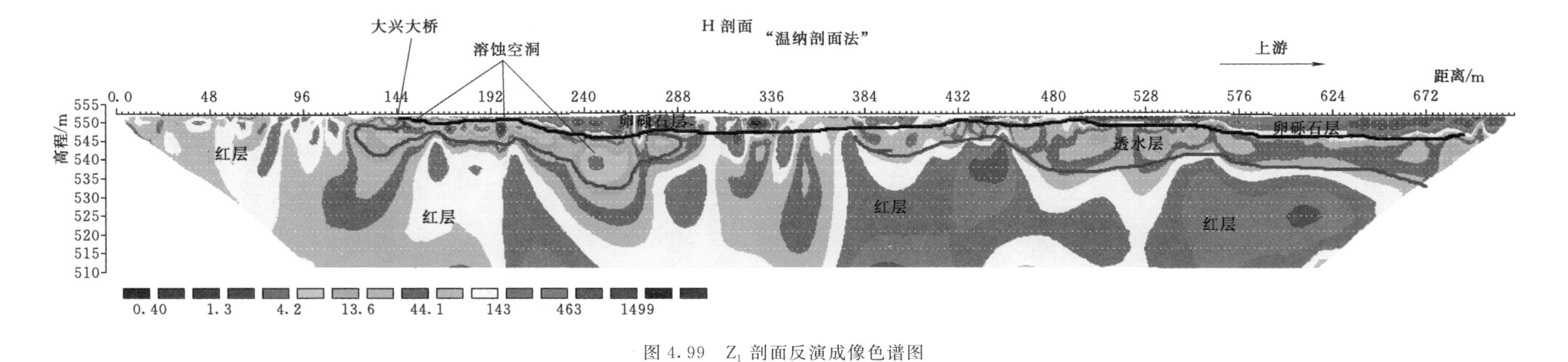

图 4.99　Z_1 剖面反演成像色谱图

Z_1 剖面在河道右岸顺河向上游方向布置，地形起伏不大，剖面长度为 720m

该段对应岩性为 K_2g②层上部粉砂泥质或泥质钙芒硝矿与薄层含钙芒硝粉砂质泥岩不等厚互层，以及 K_2g③层底部含粉砂泥质钙芒硝，钙芒硝矿呈层分布，是本区钙芒硝矿集中分布的层段。

该段内溶蚀孔洞集中发育，且相互连通性较好，地表调查的5处渗漏点也位于该范围内；物探测试显示地下溶蚀孔洞发育，规模较大，连通性较好，与地表地质调查也相吻合。

（2）溶蚀孔洞较发育段。分布于大兴电站消力池—大兴大桥上游170m、大兴大桥下游70～370m范围内，溶蚀孔洞发育数量较少，分布不连续，连通性也差。溶蚀孔洞局部发育于河床下5～10m范围内。

该段对应岩性为 K_2g①层顶部、K_2g②层中下部、K_2g③层中上部，K_2g①层顶部局部地段分布有斑点状或透镜状钙芒硝，成层性差，K_2g②层中下部发育呈层状分布及蜂窝状或杏状钙芒硝矿，K_2g③层中上部钙芒硝矿呈斑点状或透镜状分布，成层性差。

地表调查未发现该段有明显漏水点，且枯水季节河道表部水流正常，未见水流流量变小现象（图4.100），宏观判断此区域渗漏量较小，即不存在连通性较好的渗漏通道。

物探资料表明：河床以下约5～10m范围内有溶蚀孔洞发育，但溶蚀孔洞规模较小，沿河道方向各自封闭，连通性较差，与钙芒硝矿发育特征基本一致。

图4.100　电站下游300～400m河道区段水流全貌

（3）溶蚀孔洞不发育段。分布于大兴大桥下游370m以下河道。钙芒硝矿呈少量的斑点状或浸染状分布，局部呈透镜状，成层性差。该段河道河床分布 K_2g④、K_2g⑤、K_2g⑥层。根据地表地质调查及钻探揭示，该河段溶蚀孔洞不发育，地表亦未发现有漏水点分布。

4.8.5.2　渗漏通道分析

根据业主提供的四川省雅安市喜峰工程地质勘察院有限公司连通试验成果：2014年10月18—19日，该公司利用高锰酸钾作为示踪剂对河道1号漏水点进行了连通试验，投入高锰酸钾后15min，大兴电站放水冲沙，尾水渠水位突然下降，几乎同时观测到“漏水洞”处水位也突降。5min后发现大兴电站尾水渠有三处水流颜色突然泛红，持续约

20min。由此判断，河道“漏水洞”（1号漏水点）与电站尾水渠出水点是相通的。成都院地质人员于2016年1月21日、1月29日利用高锰酸钾作为示踪剂也进行了两次连通试验，在2号渗漏点分别投入1kg和5kg高锰酸钾示踪剂，观测约40min，未发现有新的出水点。

依据地质测绘、钻探、物探及连通试验成果，综合考虑岩层走向、钙芒硝矿的发育特征、地表渗漏点的分布、地下溶蚀孔洞的发育特点等，分析判断河道主要渗漏区域位于大兴大桥上游约170m至桥下游70m范围内。钙芒硝矿、含钙芒硝粉砂质泥岩经地下水长期溶蚀以后形成孔洞，沿层面方向已部分连通形成渗漏通道。大兴电站尾水渠修建以前，该区域溶蚀通道处于封闭状态。但在大兴电站尾水渠建成以后，由于尾水渠底板高程低于原主河床约5m，与河道相比形成一个低邻谷，渗漏通道在该处可以形成出水口。洪水期间在青衣江水流冲刷侵蚀下，芒硝矿沿层面溶蚀，漏水洞及渗漏通道规模进一步扩大，最后贯通形成通道向尾水渠渗漏。

4.8.5.3　渗漏防治措施建议

鉴于该河道区渗漏区域内已存在确定性的渗漏通道，一级景观坝建成蓄水后，存在河道水库向低邻谷大兴电站尾水渠渗漏问题。此外，在有压地下水流作用下芒硝矿易产生溶蚀，从而使原有封闭孔洞进一步相互贯通，形成新的地下水流渗漏通道。建议河道防渗措施如下：

（1）对钙芒硝矿集中溶蚀孔洞发育段及可能渗漏区域库周应加强防渗处理。建议防渗处理深度应穿过溶洞发育连通层以下一定深度，截断与库外地下水的水力联系。对于钙芒硝矿较发育的河段需进行防渗处理，建议防渗处理深度达钙芒硝矿溶蚀发育段以下，低于尾水渠底板高程一定深度范围，防止钙芒硝矿在地下水流长期作用下产生进一步的溶蚀而形成新的渗漏通道。

（2）建议对已发现渗漏点进行有效的回填处理，截断库水渗漏的直接通道。

（3）右岸尾水渠内侧为覆盖层岸坡，景观坝蓄水后，存在库水沿覆盖层渗漏问题，建议采取相应的措施。

（4）因河道区地下水硫酸根离子含量高，对普通水泥拌制的混凝土具有强的硫酸盐腐蚀性，防渗材料应具有抗硫酸盐腐蚀性。

第5章　枢纽区典型水文地质问题

5.1　概述

水电站是将水能转换为电能的综合工程设施。它包括为利用水能生产电能而兴建的一系列水电站建筑物及装设的各种水电站设备。有些水电站除发电所需的建筑物外，还常有为防洪、灌溉、航运、过木、过鱼等综合利用目的服务的其他建筑物。这些建筑物的综合体称为水电站枢纽或水利枢纽。

水电站枢纽的组成建筑物大致有以下6种：

（1）挡水建筑物。用以截断水流，集中落差，形成水库的拦河坝、闸或河床式水电站的厂房等水工建筑物。如混凝土重力坝、拱坝、土石坝、堆石坝及拦河闸等。

（2）泄水建筑物。用以宣泄洪水或放空水库的建筑物。如开敞式河岸溢洪道、溢流坝、泄洪洞及放水底孔等。

（3）进水建筑物。从河道或水库按发电要求引进发电流量的引水道首部建筑物。如有压、无压进水口等。

（4）引水建筑物。向水电站输送发电流量的明渠及其渠系建筑物、压力隧洞、压力管道等建筑物。

（5）平水建筑物。在水电站负荷变化时用以平稳引水建筑物中流量和压力的变化，保证水电站调节稳定的建筑物。对有压引水式水电站为调压井或调压塔；对无压引水式电站为渠道末端的压力前池。

（6）厂房枢纽建筑物。主要是指水电站的主厂房、副厂房、变压器场、高压开关站、交通道路及尾水渠等建筑物。这些建筑物一般集中布置在同一局部区域形成厂区。厂区是发电、变电、配电、送电的中心，是电能生产的中枢。

枢纽区水文地质问题，常遇见的有深基坑地板突水、地下洞室与隧洞等涌水灾害，以及坝基渗漏、边坡雾化等问题。

5.2　枢纽区异常承压水问题

5.2.1　概论

长期的地质过程中，峡谷区岩体由于构造运动、卸荷作用、风化作用等的影响，其内部和表面往往积累了大量的各种类型的不连续结构面，如节理、断层、地层错动面、卸荷裂隙、风化裂隙等。这其中裂隙不仅是岩体中的软弱结构面，同时也是地下水流的重要通道，控制着岩体的变形、强度以及裂隙内地下水的水动力条件、赋存规律等。使整个岩体的连续性和完整性受到破坏，该型地下水也表现出强烈的不均一、各向异性及突变性。水电工程枢纽区往往处于裂隙基岩的深切河谷地带，在这些地段的勘察钻孔钻进过程中，经常会揭露裂隙型承压性地下水体，岩体中存在的微裂纹、孔隙和节理裂隙等非连续面为承压水提供了存储空间和运移通道，这使得在具体研究中必须考虑承压水的渗流及承压效应。承压水形成于特定的地质环境条件下的适宜水文地质结构中。自然条件下，承压水以其自身的水文地质规律在地质环境中循环交替，与自然环境和谐相处（许模等，2000）。

而当人类工程活动涉及承压水分布地区后，势必对承压水所处的地质环境产生影响，改变其水文地质条件，同时这种改变也将反作用于工程建筑物。承压水对水电工程的影响主要表现在两个方面：一方面是承压水的高水头产生的扬压力会对坝基的抗滑稳定性造成一定影响；另一方面承压水在其形成、运动过程中经溶滤、离子交换等作用形成的复杂化学成分往往会对混凝土产生侵蚀破坏作用。峡谷区承压水按分布位置可分为岸坡承压水和河床承压水。承压水的形成与特定的地质环境相关联，承压水的类型及其动态变化特征等是需要研究的内容。因此，对峡谷区承压水形成条件及发育特征进行研究，并合理地评价其对工程的影响，提出相应的防治措施与建议，对类似工程安全施工及正常运营具有重要的参考意义。

5.2.2　国内外研究现状

承压水是充满于两个隔水层之间的含水层中的地下水，传统认识上形成承压水的埋藏条件是上下均有隔水层，中间是透水层，其次是水必须充满整个透水层；承压含水层的顶面承受静水压力是其基本特点（张人权等，2011）。承压水充满在两个隔水层之间，补给区位置较高而使该处具有较高的势能，由于静水压力传递的结果，使其他地区的承压含水层顶面不仅承受大气压力和上覆岩土的压力，而且还承受静水压力，其水面不是自由表面。补给区位置一般较高，通过含水层出露地表接受补给，补给区地下水表现为潜水类型，水由补给区进入承压区，受隔水层限制，通过静水压力的传递，使含水层充满水，补给区往往小于分布区。潜水受重力影响，具有一个自由水面（即随潜水量的多少上下浮动），一般由高处向低处渗流。承压水受隔水顶板的限制，承受静水压力，有一个受隔水层顶板限制的承压水面和一个高于隔水层顶板的承压水位（即补给区和排泄区水位的连线）。承压水是由静水压力大的地方流向静水压力小的地方。此类型承压水主要分布于：①堆积平原冲、洪积含水层；②山间盆（谷）地冲积含水层；③沿海地带滨海平原冲、海积层（秦夏强，2008）。基岩自流盆地中的承压水如图 5.1 所示。

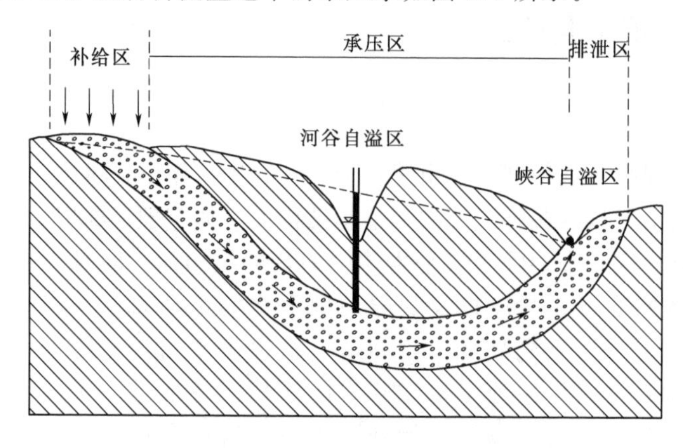

图 5.1 基岩自流盆地中的承压水

Hubbert 通过地下水流体势的数学分析得出的河间地块示意流网，第一个明确指出无压地下水存在垂直运动，在排泄区地下水表现为上升水流。Tóth 在此基础上，形成地下水流系统理论，并被广大学者接受与认可。区域地下水流经深循环流向排泄区，在深切河谷地带地下水出溢之前其总势能都大于位置势能，甚至大于局部地下水流系统水位或河水位，具有较大的压强势能，这样，当钻孔深入到这些具有区域水流的介质中，钻孔中就会出现“承压水”现象，其实这不完全是承压水，而是地下水流动系统排泄端的上升水流；并且在这些深切峡谷地段钻进，随着钻孔深度增大孔内地下水位会不断抬升，这是因为河谷排泄区深度越大，地下水总势能会越高。同样，在盆地地下水流系统中，区域地下水流系统排泄区往往伴生耐碱植被、盐湖、肥皂孔、自流井的分布，区域地下水流上升排泄端在承压性、水化学、温度等方面均与潜水有明显区别（梁杏等，1991；蒋小伟等，2013）。如图 5.2 所示。

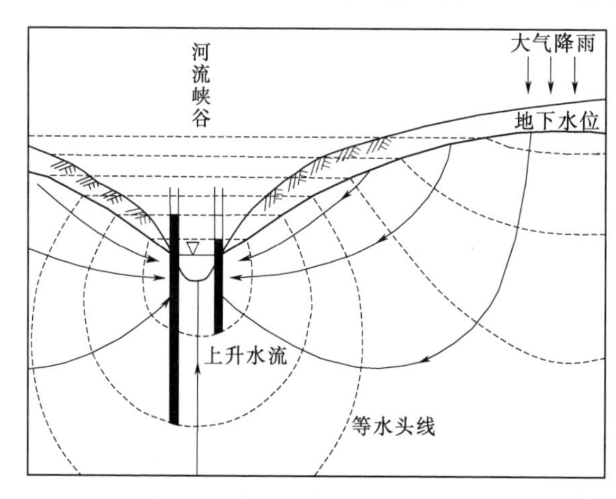

图 5.2 区域深循环地下水流在排泄端峡谷河床出现的“承压”现象

当岩体中发育的裂隙稀疏而不均匀时，导水裂隙相互隔绝或仅局部连通，构成若干个独立的含水裂隙系统。储存于其中的地下水不构成统一的整体，缺乏统一水位，属脉状裂隙水。当钻孔揭露到这种脉状裂隙带时，孔内会出现自流“承压水”现象，其实这是一种“假承压”现象，不是真正的所谓承压含水层中的承压水。裂隙介质中所谓的承压水多属此类脉状水的假承压，如图 5.3 所示。

其中水电工程枢纽区承压水问题，是工程水文地质问题中较为特殊的一类，并且在峡谷坝区钻孔勘探中较为常见。目前的研究手段一般局限于传统的地质方法进行定性分析，

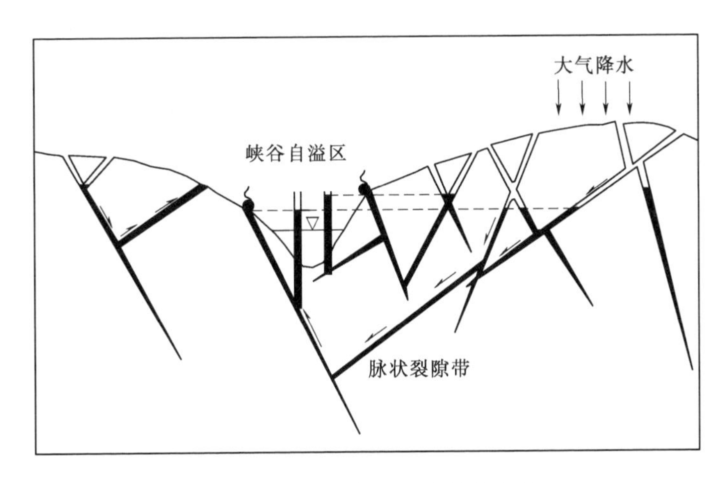

图 5.3　峡谷区裂隙水假承压模式图

对承压水含水介质及水流系统定量化或半定量化研究不多见。

在官地水电站枢纽区玄武岩中发育两层承压水，储存于裂隙密集带内，承压水含水层与隔水顶底“板”渗透性差异大；上下层承压水水化学、同位素之间差异明显，两层承压水流量、水头均为衰减过程，对坝基稳定性及防渗造成一定影响（许模等，2000；胡瑾等，2000）。沙湾电站坝基泥质白云岩中发育承压水，储存于向斜核部及其附近地层拉张裂隙带内，上部受泥质白云岩阻隔，成脉状承压水，承压水与河水、潜水水化学、同位素之间差异明显，承压水流量在可研与施工期间变化不大，无衰减过程，承压水对围堰基坑涌水及坝基安全造成危害（成体海等，2008；秦建等，2013）。江垭水库坝址区下伏岩层由隔水与含水岩层互层构成，江垭向斜内部存在深循环承压热水的含水层。该层在江垭向斜下游南翼出露地面接受大气降水补给，通过向斜轴部的深循环，在其北翼大坝上游娄水河谷排泄，出露承压热水，初步分析承压热水为坝区岩体抬升主要原因，对枢纽区建筑物存在潜在威胁（王兰生等，2007）。铜街子坝区玄武岩中所发育承压水受应力释放型浅生时效变形构造影响，储存在缓倾角断层与近水平层间错动带组合内，坝基岩体渗透性不均匀，存在强弱更迭现象，承压水与潜水水化学组分、温度差异明显（张伯华，1992）。其培坝区河床断层带附近揭露自流井，勘察表明在垂向上存在不同的承压含水带，伴有气体逸出；承压水主要储存于花岗片麻岩碎裂带内，其流量与降水、地表水联系不明显，水化学差异较大。承压水具低温热水特征，水头及流量较为稳定，受相对隔水的河床覆盖层阻隔，形成承压富水带（李晓等，2012；邓争荣等，2012）。溪洛渡巨型水利工程枢纽区在河谷底部发现存在两种性质的承压水，一种为裂隙不均匀导致假承压的局部水流系统；另一种为构造盆地内区域水流系统的高温承压水（梁杏等 2002；周志芳等，2003）。

从上述实例可以看出，目前峡谷区承压水成因较为复杂，承压水化学组分及温度表现特殊，成因多为上文 3 种机制或其组合形成。承压水对河谷区水电工程中坝基的稳定性、混凝土的侵蚀作用等方面造成不利影响。

5.2.3　类型划分及特征

（1）岩层内裂隙发育差异控制。典型有官地水电站、沙湾水电站、刘家峡坝区、南河大坝等。主控因素为由于同一含水岩组岩体透水结构差异，受局部弱渗透层位的隔水作用，在裂隙发育的透水层位内形成承压水（表5.1）。

（2）构造结构面组合控制。典型有铜街子坝区、其培坝址区、江垭水库。在构造作用影响下，含水层内或不同含水岩组组合形成层状或脉状承压水；其中铜街子坝区承压水为浅生时效变形构造作用影响而成，其培坝址区承压水为断层构造作用影响而成，江垭水库坝址区为江垭向斜一翼深循环承压热水排泄区，受向斜绕轴承压排泄上升水流影响而成（表5.2）。

表5.1　裂隙发育差异控制类型

工程	承压水成因
官地	在玄武岩中发育两层承压水，上下承压水水化学、同位素之间差异明显。储存于裂隙密集带内，承压水含水层与隔水顶底“板”渗透性差异大。上下承压水流量、水头为衰减过程
沙湾	在泥质白云岩中发育承压水，承压水水化学与河水、潜水差异明显。储存于向斜核部及其附近地层拉张裂隙带内，上部受泥质白云岩阻隔，成脉状承压水，承压水与河水、潜水水化学、同位素之间差异明显。承压水流量在可研与施工期间变化不大，无衰减过程

用传统裂隙水流系统分析承压水为上升水，忽略了水文地质结构影响，存在局限性，如官地电站坝址区承压水若是被解释为地下水系统在河谷排泄上升流的话，其承压水头及流量应较为稳定。但是相反，实际流量为衰减过程。在西南高切河谷地带多为地下水的排泄区，受河流侵蚀作用影响其地下水径流交替较快，但存在水化学异样明显的承压水，很可能为区域或中间地下水流系统向河谷区排泄过程中，在临近及河谷下方受局部隔水“作用”阻隔，形成承压水系统，此作用或是河谷独特的水文地质结构。

表5.2　构造结构面组合控制

工程	承压水成因
铜街子坝区	在玄武岩中发育承压水，受应力释放型浅生时效变形构造影响，储存在缓倾角断层与近水平层间错动带组合内，坝基岩体渗透性不均匀，存在强弱更迭
其培坝址区	在河床断层带附近揭露，在垂向上存在不同的承压含水带，伴有气体逸出，储存于花岗片麻岩碎裂带内，承压水流量与降水、地表水联系不明显，水化学差异较大。承压水具低温热水特征，水头及流量较为稳定，受相对隔水的河床覆盖层阻隔，形成承压富水带
江垭水库	坝址区下伏岩层由隔水与含水岩层互层构成，岩层走向NE40°～70°，与河流方向近于正交，倾向SE（下游微偏右岸），倾角38°左右。其中泥盆纪云台观组（D_2y）厚约173m的石英岩夹薄。 层页岩下伏在大坝坝基100m以下，它是江垭向斜深循环承压热水的含水层。该层在江垭向斜下游南翼出露地面接受大气降水补给，通过埋深达1800m。 向斜轴部的深循环，在其北翼大坝上游娄水河谷排泄，出露承压热水，水温36～53℃

5.2.4　问题识别、评价及对策措施工作路线

水电工程中，工程建筑物与地下水及岩土体之间的作用因素复杂，而且在不同的条件下和不同的工程部位，其因素组合和主控因素也有所不同。枢纽区异常承压水问题的控制因素为岩体结构面特征及组合方式，也是正确评判承压水成因机制及其影响的关键，具体

工作路线如图 5.4 所示。

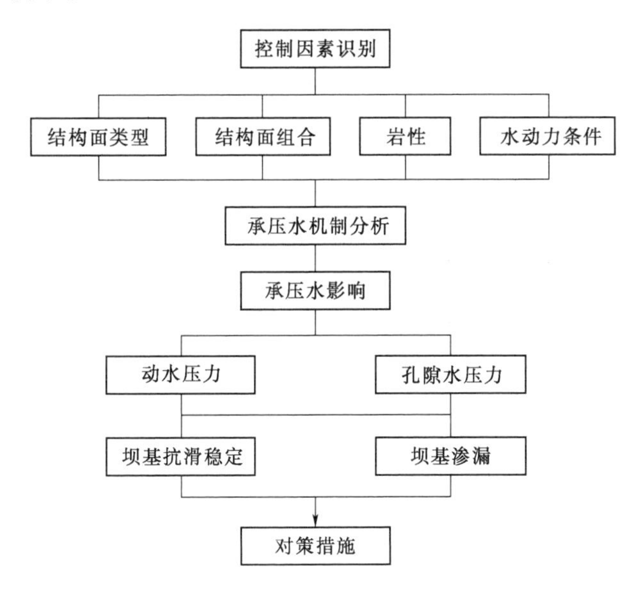

图 5.4　识别及评价工作路线图

承压水可能会导致坝基动水压力的改变，使孔隙水压力减小，造成坝基的承载极限发生改变，从而影响坝基的抗滑稳定性。扬压力的增加导致隔水层的渗透破坏，引来坝基渗漏。不同的结构面特征，如埋深、范围、厚度等，以及结构面组合在不同坝型中影响机制及破坏模式是多样的。但控制水库蓄水后形成较高承压水，及坝基承压水的顶托问题是治理承压水问题的目标。对其采取“排”“灌”结合，以“排”为主的处理措施，在帷幕灌浆的基础上，通过加强排水实现减压效果，对控制和降低坝基承压水扬压力，解决坝基顶托问题是可行的。

5.2.5　大岗山水电站枢纽区承压水问题

5.2.5.1　简介

大岗山水电站位于大渡河中游石棉县挖角乡境内，坝址区位于桃坪至挖角的峡谷段，为大渡河干流规划的第 14 个梯级电站。

大渡河大岗山段峡谷位于大渡河中下游，地貌区划属川西南高山区中部，紧邻川西高原区向川西南高山区的过渡区域。西侧的贡嘎山是区内北东向和北西向两组断裂彼此交织形成的菱形断块，在第四纪以来差异性强烈抬升形成的断块山。区域内山顶面海拔一般为 3000.00～4000.00m，地势总体呈西部高东部低、北部高南部相对低的分布特征。

受太平洋、印度洋与青藏高原大气环流的影响，研究区气候为以亚热带季风气候为基带的山地气候，冬季温暖干燥，春末夏初干旱多风，夏季闷热。据四川省气象局资料显示，该区平均气温为 17.2℃，最高温度 40.2℃，最低温度－15.0℃。如图 5.5 所示。

降雨量从时间分配来看，存在季节性的差异较大，5—9 月期间的降雨量占全年降水量的 86.3%。另据石棉县气象局多年日降雨统计数据，5—9 月石棉县平均月降雨日数均在 16d 以上，高出了该月非降雨日数，侧面反映了该区汛期降雨的连续性特征。

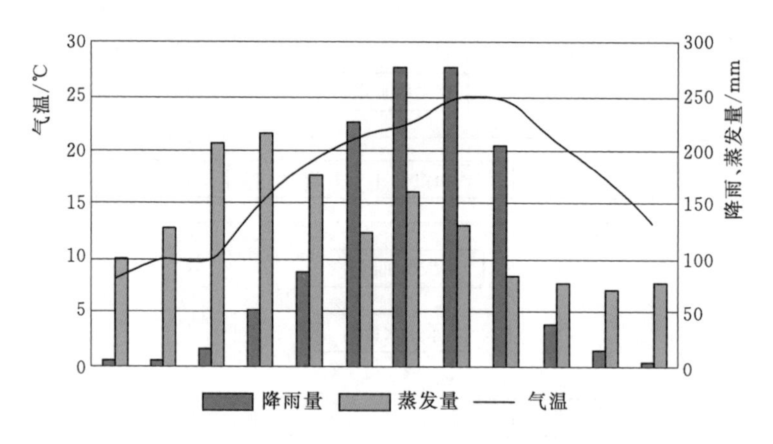

图 5.5 研究区气象要素曲线图

在区域上大岗山及其外围属大渡河流域中游下段，河谷形态具有深切曲流河谷地貌特征。区内水系网的河流级序可分为干流大渡河及其三级支流，两岸支流各具特点；左岸水系主要呈树枝状，而右岸水系主要呈格状与平行状，右岸支流总体比左岸较长。区内河系的发育受区域性大断裂（大渡河断层、磨西断层）控制明显，总体显示出主要受川西高原区域强烈抬升、区域构造及岩性控制的水系发育特征。

（1）区域地质构造。

区域构造线方向主体为 SN—NNW，由大量平行紧密线状的断裂和褶皱清晰地表现出来。与区域内强烈的断裂构造形成鲜明对照的是，区内褶皱构造不太发育，而形成区域规模的断层在该区内多达十余条，且大部分延伸长、规模大，这些断裂的发育构成了区内主要构造格局，其规模不但较大，并具有明显的多期活动性和晚近活动的特征，如图 5.6 所示。

（2）河谷区地质环境特征。

研究区位于黄草山断块西缘，西距大渡河断裂 4km、磨西断裂 4.5km，东距金坪断裂 21km，河谷区不存在区域性断裂发育，构造形式以沿脉岩发育的挤压破碎带、断层和节理裂隙为特征（肖颖，2011）。

研究区断层主要有三组：近 SN 向、NNW 向和 NNE 向，多沿辉绿岩岩脉发育（约 68%），断层破碎带宽多在 0.1～3m 之间；其中，近 SN 向断层最为发育（许俊，2012）；NNW 向断层次发育，断面倾向 SW，倾角中等-陡，以 F_1、F_2 断层规模较大，破碎带宽度不小于 1m，其余都小于 1m（多数为 0.3～1m）；此外，研究区还发育 NE 向、NEE 向、NW 向、NWW 向和近 EW 向断层断层大多沿辉绿岩脉及其与花岗岩的接触面发育（吴铸，2011）。

河谷区的节理构造具有多种成因，其中包括：晋宁—澄江期花岗岩侵位时由岩浆冷凝收缩形成的产状水平或近于水平的原生层节理，以及上凸状及下凹状弧形节理；有印支—燕山期构造运动三个构造变形幕的构造应力作用而形成的陡倾角、中等倾角和缓倾角构造节理；还有由后来表生地质作用形成的卸荷节理等。大岗山地区河谷节理构造优势方位见表 5.3。

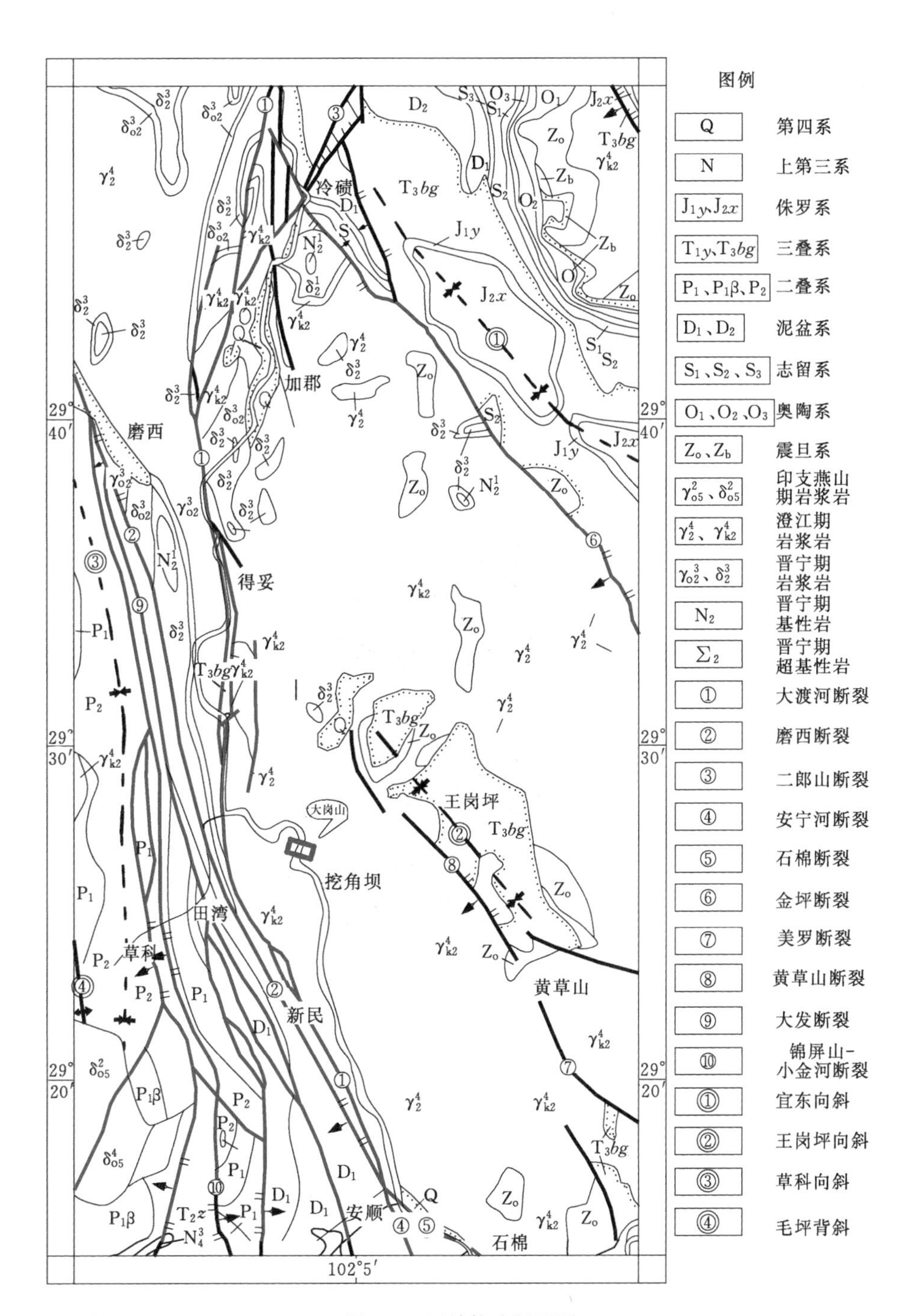
图例
Q 第四系
N 上第三系
J_1y、J_2x 侏罗系
T_1y、T_3bg 三叠系
P_1、$P_1\beta$、P_2 二叠系
D_1、D_2 泥盆系
S_1、S_2、S_3 志留系
O_1、O_2、O_3 奥陶系
Z_o、Z_b 震旦系
γ_{o5}^2、δ_{o5}^2 印支燕山期岩浆岩
γ_2^4、γ_{k2}^4 澄江期岩浆岩
γ_{o2}^3、δ_2^3 晋宁期岩浆岩
N_2 晋宁期基性岩
Σ_2 晋宁期超基性岩
① 大渡河断裂
② 磨西断裂
③ 二郎山断裂
④ 安宁河断裂
⑤ 石棉断裂
⑥ 金坪断裂
⑦ 美罗断裂
⑧ 黄草山断裂
⑨ 大发断裂
⑩ 锦屏山-小金河断裂
① 宜东向斜
② 王岗坪向斜
③ 草科向斜
④ 毛坪背斜
冷碛
加郡
磨西
得妥
大岗山
挖角坝
王岗坪
田湾
草科
新民
黄草山
安顺
石棉
29°40′
29°30′
29°20′
102°5′

图5.6　区域构造纲要图

表 5.3 大岗山地区河谷节理构造优势方位

节理组	节理组优势产状	节理组极密产状	节理组发育程度	备注
1	SN/E∠60°～80°	N35°E/306°∠74°	最发育，最显著	陡倾
2	N10°～30°W/SW∠65°～75°	N81°W/188°∠81°	最发育，最显著	陡倾
3	N15°～30°E/NW∠60°～70°	N10°W/260°∠78°	发育，显著	陡倾
4	N0°～35°E/SE∠35°～50°	N10°W/80°∠44°	较发育	倾角中等
5	EW/N(或 S)∠70°～85°	N9°W/261°∠62°	不太发育	陡倾
6	缓倾角裂隙	N11°W/17°∠21°	局部发育	缓倾
除上述 4 陡 1 中 1 缓等 6 组构造节理外，弧形节理也较发育，它们多为原生层节理被改造而成				

大岗山河谷地带出露的岩石主要为澄江—晋宁期中深成花岗岩和浅成辉绿岩脉，以及少量由这些岩石经热液和构造作用改造而形成的热液蚀变岩和动力变质岩（包祎，2011），第四系松散堆积层零星分布于古夷平面、浅割沟底和河谷地带，其特征如图 5.7 所示。

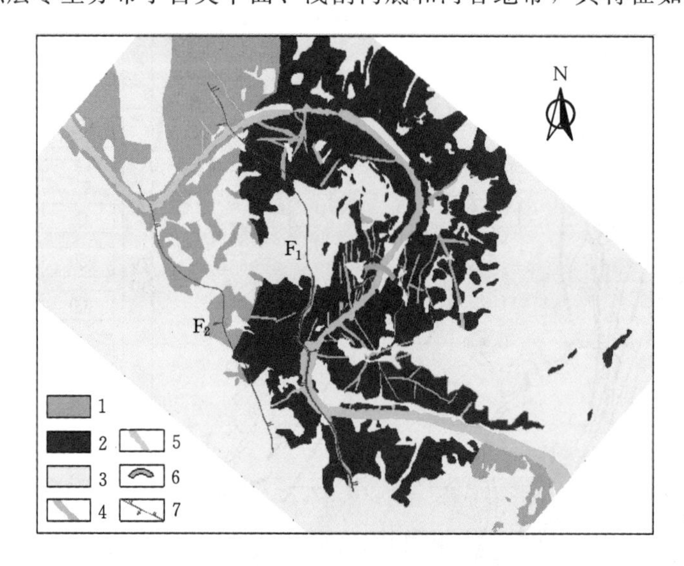

图 5.7 大岗山地区地层岩性分布图

1—黑云正长花岗岩（$\gamma_{k2}{}^{4-4}$）；2—黑云二长花岗岩（$\gamma_2{}^{4-1}$）；3—第四系堆积物；4—辉绿岩脉（β）；5—大渡河；6—大岗山水电站坝址；7—主要断层

5.2.5.2 异常承压水表现

区域性承压热水的水位动态变化特征主要包括承压孔的流量动态变化特征和深部裂隙承压水对地震及固体潮的动态响应分析。

（1）承压孔流量变化动态特征。由表 5.4 可知，开孔初见流量一般处于稳定流量的 5 倍以上，从初见流量至相对稳定涌水量之间衰减较快，表明承压孔存在不同的自流阶段，承压含水裂隙介质中的裂隙水存在不同的承压泄流机理，在开孔涌水初期流量主要表现为承压含水裂隙内高压水流在短期内弹性释放的泄流特点，这种流量的弹性释放主要来自三个方面：一是地下水自身的弹性释放；二是承压水储存介质（裂隙）的弹性释放；三是连通的裂隙及死端裂隙的地下水流随着压力的减小而汇集到钻孔中所形成的流量增大效应。

表 5.4　　承压孔流量动态变化特征表

孔号	孔口高程/m	揭露深度/m	开孔流量/(L/min)	长观流量/(L/min)
501	946.04	96.70	38	2.4～8.5
46	171.05	142.2	4	0.15～0.48
2	970.94	94.02	470	18～27
507	947.01	179.4	110～120	
		184.5	130	
503	943.45	161.75	7	
		170.05	38	
		173.75	60	
		197.9	70	
38	971.74	189.47	1	
3	975.50	65.00	470	54
211	968.65	170.00	10	10
		353.99	48.1	
		422.05	600～700	
201	957.62	115.04	55.9	8.04～11

(2) 深部裂隙承压水对地震及固体潮的动态响应分析。研究区位于鲜水河断裂构造的NNW向磨西断层下盘，区内D211钻孔开口高程为968.65m，井深501.17m，套管深度25.97m，以下为裸眼；观测层位95.82～501.17m，水温在35℃左右，稳定水头高度+40.27m,稳定涌水量10L/s。D211（地震观测川-02）自开孔以来水位呈下降趋势，1988年4月以前水位动态曲线平稳，最大年变幅度小于0.06m，1988年9月至1992年底年变幅度增大，最大年变幅度为0.107m。该钻孔受地表水及气压影响较小，河水位和气压影响分别为+3.2mm/m，-0.21mm/mmbar，对固体潮汐及地震的响应较为敏感（胡先明等，2000）（图5.8、图5.9）。

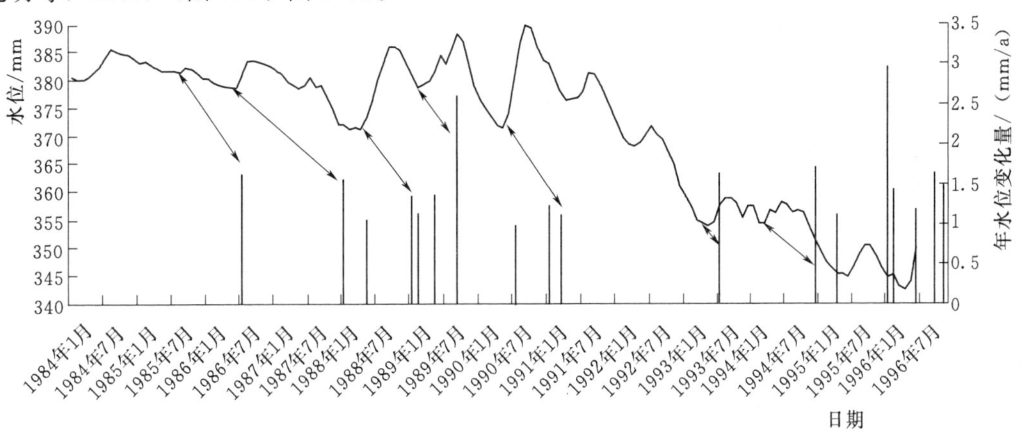

图5.8　D211孔长观水位动态变化特征

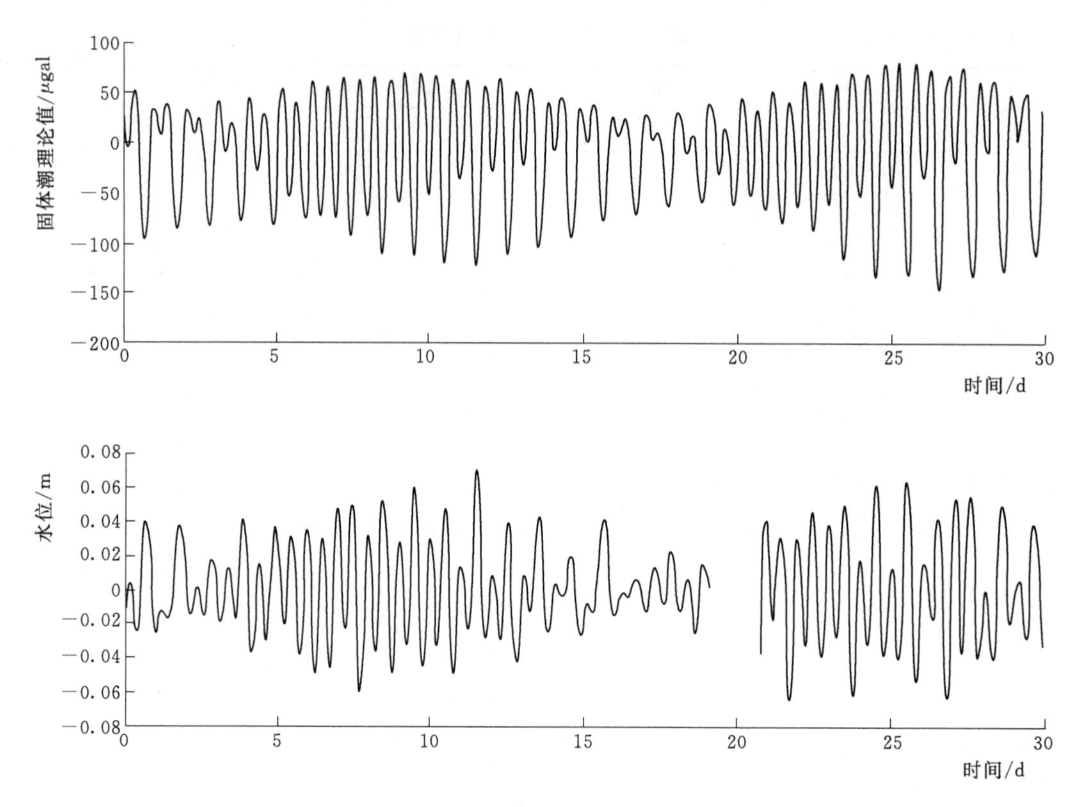

图 5.9　D211 水位与固体潮理论值对比图（2013 年 4 月）

5.2.5.3　承压水的控制结构分析

“异常”承压水的控制结构为大岗山谷坡水文地质结构。大岗山段谷坡水文地质结构具有岸坡陡倾角脉状含水结构（断层、岩脉）与缓倾展布的脉状、裂隙密集带含水结构围限组合的特征。研究区裂隙岩体为地下水的主要含水介质，按水文地质结构类型划分，河谷区主要发育有两种水文地质含水结构，即脉状含水结构、裂隙网络含水结构。

1. 脉状含水结构发育特征

脉状裂隙含水结构主要由断层破碎带及其影响带、岩脉裂隙带构成，根据倾角的不同，又可分为缓倾展布脉状型和陡倾展布脉状型。其渗透介质与裂隙网络状含水结构相同，以裂隙介质为主，透水性比裂隙网络状含水结构较强，多与裂隙网络相连通，是地下水运移主要通道，也是构成不同含水层地下水间的水力联系通道。脉状渗透裂隙含水结构具有明显的各向异性，其延伸方向的渗透性明显大于垂直延伸方向的渗透性，裂隙水往往沿着脉状发育方向运移。

（1）断层发育特征。

按照断层发育的规模，大岗山段河谷区断层可分为三级，即主控断层、次级断层和小断层。主干断层总体特征表现为具有一定的延伸长度（一般贯穿整个大岗山，延伸长度在数公里以上）和一定厚度的断层破碎带（破碎带宽度达数米），破碎带物质多由孔隙发育较好的各类构造岩组成，因而这类断层带的导水性表现得尤为突出，往往形成区内主要的导水和储水通道（表 5.5）。

表5.5　主断层含水结构特征表

编号	产状	破碎带宽度/m	充填物质	胶结状况	风化程度	密实程度	地下水活动	断面起伏	导水性
F_1	N13°E/NW<66°	3～5m	角砾70%，岩屑25%，泥5%	差	强	疏松	平洞PD12内渗水，地表发育断层泉	波状粗糙	强
F_2	N10°～30°W/SW∠66°	一般1～3.5m，局部仅0.1～0.3m	碎裂岩、片状岩、角砾岩、糜棱岩	差	强	疏松	发育断层沟	波状粗糙	强

F_1、F_2两条主控断层贯穿整个大渡河大岗山段Ω形河湾，均沿辉绿岩脉发育，岩脉及断层带中多呈角砾岩化、劈理化型破碎特征；旁侧花岗岩亦有一定程度的破裂，裂隙较为发育，局部多为裂隙密集带。平洞揭露F_1破碎带处裂隙水呈线状涌出且水量较大（PD12平洞16.0m及25.0m处最强），在地表发育断层带上发育有裂隙下降泉，表明主控断层裂隙带在区内导水特性最强。

(2) 岩脉发育特征。河谷区辉绿岩脉型脉状裂隙含水结构的几何特征主要包括岩脉的产状特征、延伸长度、宽度和空间组合形态。

通过对平洞揭露及地表的辉绿岩脉（709个测位点）进行统计分析，结果表明河谷区辉绿岩脉主要优势产状有4组：①产状为N6°E/NW∠61°；②产状为N35°E/NW∠66°；③产状为N63°W/SW∠81°；④产状为N1°W/NE∠62°。可见区内辉绿岩脉走向主要为近SN—NE，倾向NW，少量倾向NE，倾角较陡，多大于60°，此外仅有少量辉绿岩脉走向NWW，倾向SW。

2. 总体延伸长度及宽度特征

根据目前的勘探条件，在地表上揭露的辉绿岩脉延伸规模不一，短的约为40m，长的可达1400m，多数分布在100～200m。由于岩脉的实际延伸长度无法通过平洞完全揭露，因此唯有通过其宽度对其发育规模进行统计分析。通过对河谷区平洞及地表辉绿岩脉的统计分析表明，岩脉宽度差别较为明显，小的处于1～2cm，宽的则会超过20m；其中岩脉宽度小于50cm的岩脉约占总数的42.7%（150个），随着岩脉宽度规模的增大，其个数总体上呈减少的趋势，如图5.10所示。

3. 岩脉带内部裂隙发育及破碎结构特征

通过调查，河谷区岩脉中发育的裂隙主要有三组：第一组为走向近SN，陡倾，与辉绿岩脉和花岗岩接触界面近平行，这一组最发育；第二组为走向近SN，缓倾，与辉绿岩脉和花岗岩接触界面近垂直，这一组较发育；第三组与辉绿岩脉走向不同，其内部裂隙有一组走向近EW（NWW），陡倾。

第一、第二组裂隙的发育主要控制了岩脉导水作用的方向性，第二、第三组裂隙的发育主要控制了岩脉垂向导水作用。由于这一组最发育，并且岩脉和花岗岩接触界面近平行延伸，这种特性决定了岩脉延伸方向成为导水能力最大的方向。

5.2.5.4　系统特征及成因机制

1. 库区结构面特征分析

由于大渡河大岗山段河谷区的地质构造环境较为特殊与复杂，岩体内构造结构面形式

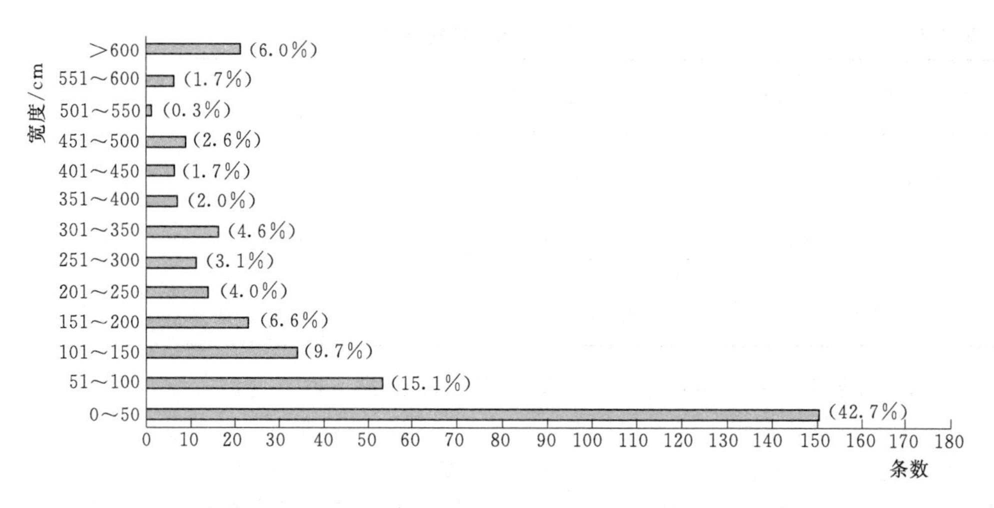

图 5.10　岩脉宽度统计直方图

主要有断层，以及具有一定延伸长度、产状平缓的缓裂和构造裂隙。在岸坡表层，由于风化、卸荷作用影响较大，局部发育有密集均匀、无明显方向性、连通性较好的层状风化裂隙水，一般风化壳规模有限，风化裂隙含水层水量不大，就地补给就地排泄。在基岩内，由断层（破碎带及影响带）、岩脉和裂隙分别构成了脉状裂隙含水结构及裂隙网络含水结构；这种类型的裂隙含水系统之间没有或仅有微弱的水力联系，表现出强烈的不均匀性及各向异性。

2. 承压水承压机制模式分析

（1）承压水埋藏分布规律。河谷区收集 97 个钻孔，其中 26 个钻孔揭露承压水，如图 5.11 所示，在谷底岩体高程 900.00m 以上无钻孔揭露承压水，这主要是谷底浅表岩体受风化卸荷作用影响程度较大的原因。研究区地壳强烈抬升，大渡河河谷下切速度快，造成两岸谷坡陡峻，再加上应力场的不断调整，使谷底岩体受卸荷的强烈影响，在一定程度上

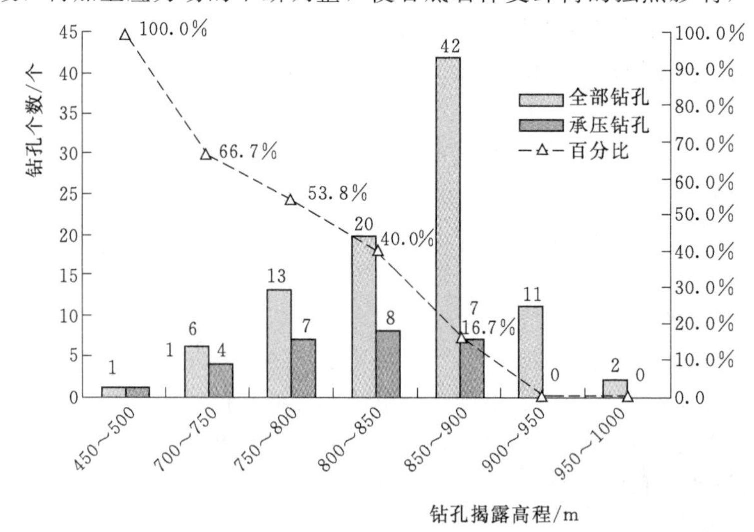

图 5.11　河谷区钻孔揭露高程统计直方图

增大了各方向导水裂隙的隙宽及数量。由于卸荷风化作用是由表及里的影响，致使浅表层岩体导水裂隙的增多，导水能力增强，增大了由表到深部的裂隙水渗透能力，并减弱了浅部岩体的不均匀性，因此在谷底表层不能构成裂隙水的承压条件。

在高程900.00m以下，随着钻孔揭露高程的降低（揭露深度加大），出现承压孔的概率会迅速加大，在800.00m以下承压水揭露概率会达到50%以上，表明承压水在河谷深部是普遍存在，不是偶然条件下产生的。这是因为随着深度的增加，风化卸荷作用会随之减弱，构造裂隙介质的各向异性及不均匀性会不断增大，岩体的导水能力也会不断衰减，形成承压水的储存环境就越有利。

（2）承压储水空间分析。据谷底钻孔揭露，各钻孔不同高程均有中—缓倾角裂隙密集带发育，但分布不均，带间距离离散性较大，发育程度不同。横向上各孔中—缓裂隙密集带、中—缓倾角小断层带一般不能相连，但存在与岸坡SN向、NE向、EW向等陡倾角导水脉状裂隙带连通的特点。根据区内构造特征，推测此类中—缓裂隙密集带及缓倾角小断层带延伸长度一般较短，一般不超过10m。承压水钻孔中—缓裂隙密集带及中—缓倾角小断层带主要特征的统计结果表明：其倾角多在10°～35°，密集带厚度变化较大，隙面多平直，粗糙、新鲜，普遍附钙膜。

岩脉、断层裂隙带是岩体裂隙水的导水廊道，地下水储水量较大，径流较顺畅；由于研究区陡倾角岩脉及其伴生断层与中—缓倾角岩脉分支、花岗岩内断层裂隙带多数以“丁”字形及“十”字形组合形成脉状裂隙水通道，在谷底新鲜岩体内缓倾角岩脉、断层裂隙带中就比较容易发育承压裂隙水。勘探钻孔竖直进入岩体，由于岩脉及其伴生断层倾角较陡，而岩脉分支、花岗岩内断层裂隙带倾角为中—缓，因此，钻孔就较容易揭露中—缓倾角岩脉分支、中—缓倾角断层裂隙带及缓倾角裂隙密集带内的裂隙承压水。

（3）承压水承压机制模式分析。依据揭露裂隙承压水钻孔的30次测压水位、承压高度分别与裂隙承压含水带埋深进行回归分析，由图5.12可知，而承压带埋深与测压水位线性回归程度较差，R^2 仅为0.0772。这与一般裂隙水流系统在河谷地带随钻孔深度增大测压水位增高的现象表现不同，表明大渡河大岗山段河谷地带裂隙承压水的承压机理与裂

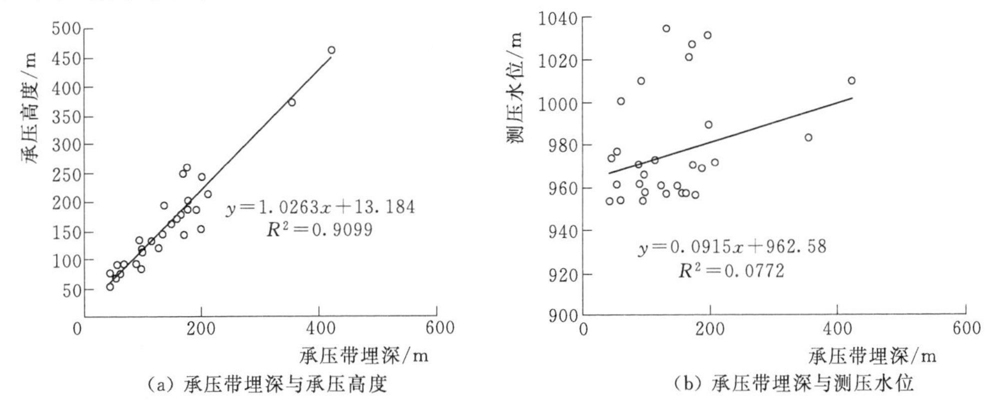

(a) 承压带埋深与承压高度　　(b) 承压带埋深与测压水位

图5.12 揭露承压含水带埋深与承压高度及测压水位关系图

隙水流系统在河谷带排泄而引起的承压效应是有区别的。

钻孔揭露裂隙承压水含水带的埋深与承压高度随之增大，线性回归程度较为显著，R^2 为 0.9099；这表明承压裂隙水承压机制的主控因素为大岗山独特的河谷水文地质结构，承压水头的承压势能主要来自岸坡裂隙水的水力传导作用，而不是区域上升水流总势能超过位置势能所产生压强势能的释放。同时，岸坡构造裂隙水水位受构造裂隙含水结构发育特征控制，可形成 1040.00～1100.00m 的高水头，而所有揭露承压水水头高程多在 950.00～1040.00m，低于岸坡构造裂隙水水头。若承压水承压性能由区域水流控制，则揭露的承压高度可能超过岸坡构造裂隙水，这与实际条件不符合。表明裂隙水具有承压性是由谷坡独特的水文地质结构引起的，与区域地下水的区域上升水流关系不大。

由图 5.13 可知，测压水位与裂隙承压含水带分别集中分布在高程 940.00～980.00m 段与高程 750.00～900.00m 段内。大渡河大岗山段河床高程为 945.00m 左右，由此表明大渡河作为区域排泄基准面，在排泄高程上影响着地下水水流的流动与承压裂隙水的承压势能。

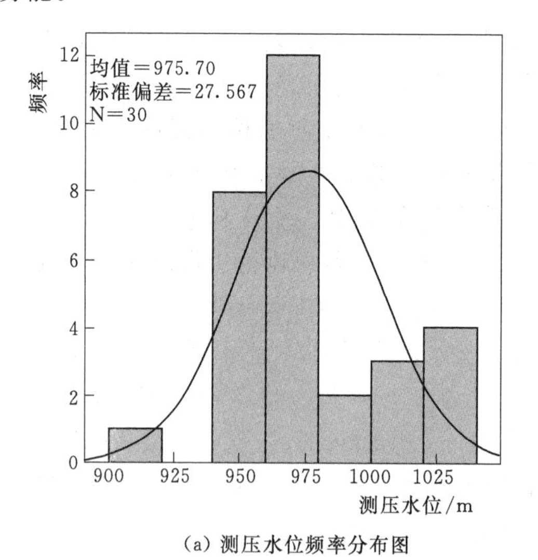

(a) 测压水位频率分布图

(b) 承压含水带高程频率分布图

图 5.13 裂隙承压水的承压特性频率分布特征

研究区承压水均有温度高的特点，主要是因为区域地下热水在大渡河河谷区沿岩脉及其伴生断层上升，上升途中在脉状导水通道内与浅部循环的冷水混合，浅部混合较轻即冷水占主导作用。随着深部的增加，混合的热水含量越高，其温度及水化学特征也逐渐接近热水（图 5.14）。

在大岗山段河谷区承压水部分具有中低温热水的特点，其中钻孔揭露（D211 等）或以温泉（大岗山坝区北侧 W2 桃坪温泉）的型式出露，从承压裂隙水温度与承压高度及测压关系特征也可以看出这种特点，水温与承压高度线性相关程度较好（R^2 为 0.7609），而与测压水位相关程度较低（R^2 为 0.3091），表明承压高度越大，温度也会随之增大的规律。

承压高度、水温度与承压特性关系表明，河谷区承压水的承压机理与控水裂隙结构有

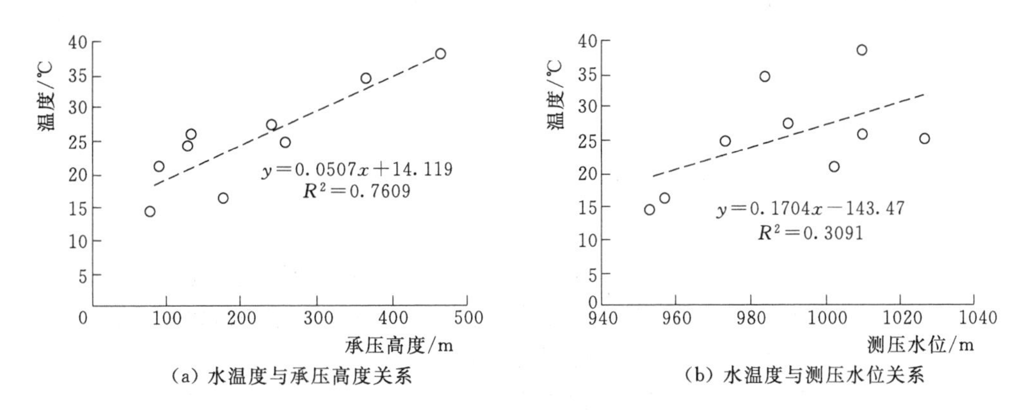

图 5.14　河谷裂隙承压水温度与承压关系特征图

较大的关系，具体表现为裂隙系统与河谷地形特征控制着该类型承压水的成因，而区域水流系统上升水流的承压效应对其影响相对较弱。裂隙型谷坡水文地质结构具有非均匀性及各向异性，致使岸坡构造裂隙水的水位主要受构造控制，导致在坡内一定深度存在高水头构造裂隙水，受峡谷地带岸坡与谷底较大的地形差影响，陡倾角脉状含水结构（断层、岩脉）形成区内裂隙水的主要渗透途径和储存空间；在陡倾角裂隙脉状含水构造发育的情况下，裂隙型河谷区局部水流系统径流深度往往要比均匀介质河谷区深得多，即河谷地带虽然存在着区域上升水流的排泄，但在岸坡局部水流控制带内其水力特征更偏向于岸坡型局部裂隙水系统（图 5.15）。

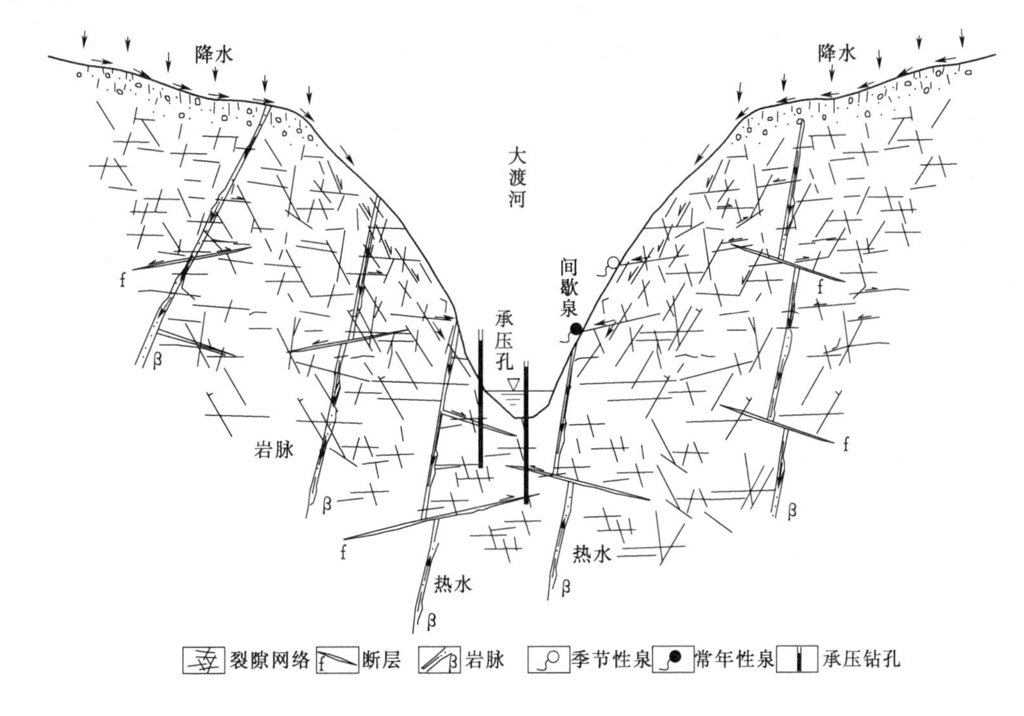

图 5.15　河谷区承压裂隙水形成的模式图

研究区内缓倾展布的脉状含水结构在局部相较陡倾角裂隙较为发育，尤其以大角度与陡倾角主干导水脉状含水结构交错的缓倾角裂隙带及断层更为发育；由此可见大岗山段河谷水文地质结构由岸坡陡倾角脉状含水结构（断层、岩脉）与缓倾展布的脉状、裂隙密集带含水结构围限组合所构成，故处于位置较低的河床裂隙水在岸坡相对较高的水头压作用下便具备了承压性，由此可见大渡河大岗山段峡谷区揭露的裂隙水承压性受谷坡水文地质结构与岸坡构造裂隙水的高水头控制。

5.2.6 官地水电站坝址区裂隙承压水实例

1. 工程概述

官地水电站是雅砻江卡拉至江口河段水电规划五级开发方式的第三个梯级水电站。上游与锦屏二级水电站尾水衔接，下游接二滩水电站。工程枢纽区位于四川省凉山彝族自治州西昌市与盐源县接壤地带，距西昌市公路里程约 80km。

枢纽建筑主要由碾压混凝土重力坝、泄洪消能建筑、引水发电系统等建筑物组成。电站正常蓄水位 1330.00m，坝顶高程 1334.00m，最大坝高 168m，装机容量 4×600MW。

2. 问题表现

枢纽区为高山峡谷区，河谷为基本对称的 V 形谷，谷坡陡峻，临江坡高大于 700m。左岸即为弧长 4.75km 的河湾所围限的河间地块，地形坡度 40°～50°，无明显的冲沟发育。右岸地形坡度 35°～40°，自上而下发育有竹子坝沟、渡口沟、灰玄沟等三条切割较深的冲沟。

枢纽区出露地层主要为二叠系上统玄武岩组（$P_2\beta$），下游将涉及二叠系下统平川组（P_1p）灰岩及砂岩，枢纽区岩体结构面主要发育Ⅳ、Ⅴ级结构面，尤其是Ⅴ级结构面构成的裂隙网络，枢纽区结构面方向分散，根据平洞揭示，坝区导水裂隙主要为新构造断裂网络中 NWW、NEE 和 NNW 三组，在 XD02 加深洞内，与岸坡方向平行的 NWW—近 EW 向缓裂较发育，并可见其与 NEE 向和 NWW 向陡裂组合，形成一些地下水渗流活动较强的区段（图 5.16）。

勘探揭示枢纽区在河床右侧及右岸岸坡有裂隙承压水的分布，根据其埋藏分布条件，可分为上部承压水系统和下部承压水系统。上部承压水系统埋藏浅，揭露时水头较低，无 H_2S 气味，水质类型为 HCO_3 - Ca - Na · K 型；下部承压水系统埋深较大，揭露时水头高，流量大，具有较浓的 H_2S 气味，水质类型为 Cl - Na · K 型。承压水的存在无疑可能对坝基抗滑稳定或地下洞室带来危害。因此，研究枢纽区裂隙承压水的赋存条件、水化学特征及对工程的影响很有必要。

3. 裂隙承压水基本特征

（1）上部承压水。在Ⅶ—Ⅴ线之间河床右侧及右岸岸坡 5 个钻孔揭露有上部承压水（图 5.17）。据河床右侧及近河床岸坡钻孔揭露，承压水顶板埋深 26.13～37.75m，顶板高程 1158.48～1202.66m；底板埋深 39.27～56.44m，高程 1139.29～1189.58m。含水体厚 13.14～18.6m，孔口涌水量 0.21～9.2L/min，水温 11～19℃，比同期河水水温略高，水头 31.38～48.70m，孔口压力 0.05～0.1MPa，水位 1204.15～1234.04m。

据地下厂房探洞 XD02 下支洞中 X322、X324 孔（孔口水平埋深分别为 330m、270m，垂直埋深分别为 303m、264m，孔口高程均约 1235.00m）揭露，每孔均有多段承压水，

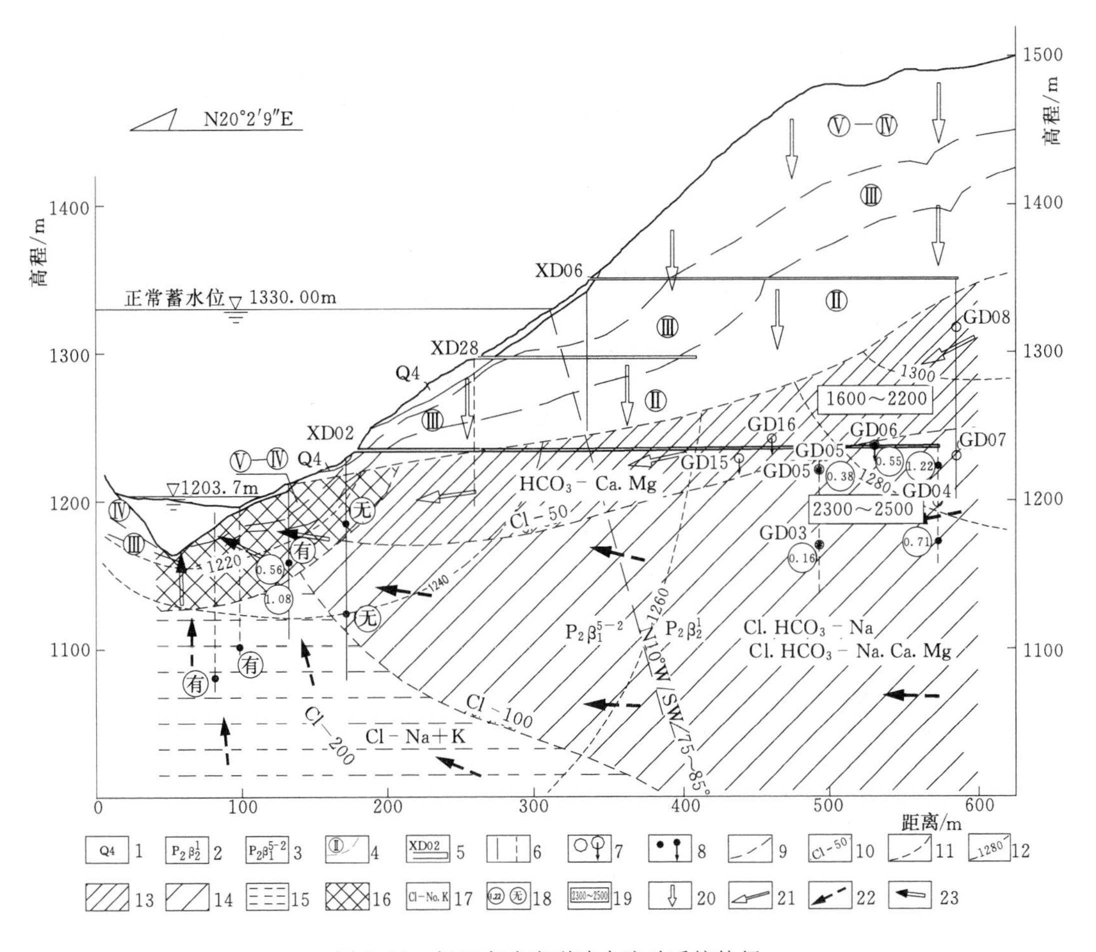

图 5.16　坝区玄武岩裂隙水流动系统特征

1—第四系堆积；2—上统玄武岩中段第一层；3—上统玄武岩下段第五层第二小层；4—岩类及分界线；5—平洞及编号；6—剖面线钻孔及剖面 350m 以内投影钻孔；7—本次研究水样及滴水样点（2005 年 12 月—2006 年 1 月）；8—前人研究水样及滴水样点（1994 年 12 月—1996 年 8 月）；9—地下水位线；10—Cl^- 等值线（mg/L）；11—地下水流动系统分界线；12—地下水等水位线；13—局部流动系统交替强烈带；14—区域流动系统交替缓慢带；15—区域流动系统交替滞缓带；16—区域排泄带混合交替带；17—分区水化学类型；18—水中 H_2S 及其含量（mg/L）（1994 年 12 月—1996 年 12 月）；19—δD 同位素估算补给高度范围（m）；20—包气带垂直下渗水流向；21—地下水强径流；22—地下水弱径流；23—地下水混合径流

在开孔 0.3～2.91m 即有承压水冒出孔口，钻孔附近平洞上游壁声波孔沿 EW/N∠30°～40°裂隙有承压水流出，流量 0.5～2L/min，其水化学特征与钻孔中承压水特征相似，推断 X322、X324 孔口已在承压含水体内，其顶板高于 1235.00m。底板最低高程约 1160.00m。含水体单段厚度 10.5～23.21m，总厚度 72.8m（X322 孔大于 80.29m）。水头 8.6～66.05m，孔口压力 0.0081～0.083MPa，水位 1238.27～1245.80m。孔口涌水量 16.9～41L/min，水温 18℃。从上述资料可以看出：水位由山里向山外逐渐降低，说明其补给来源为右岸，向雅砻江排泄。在 X324 和 X309 孔之间有深孔 X325，其孔深 200m，孔底高程 1100.00m，该孔未发现承压水，说明上部承压水为裂隙含水网络。

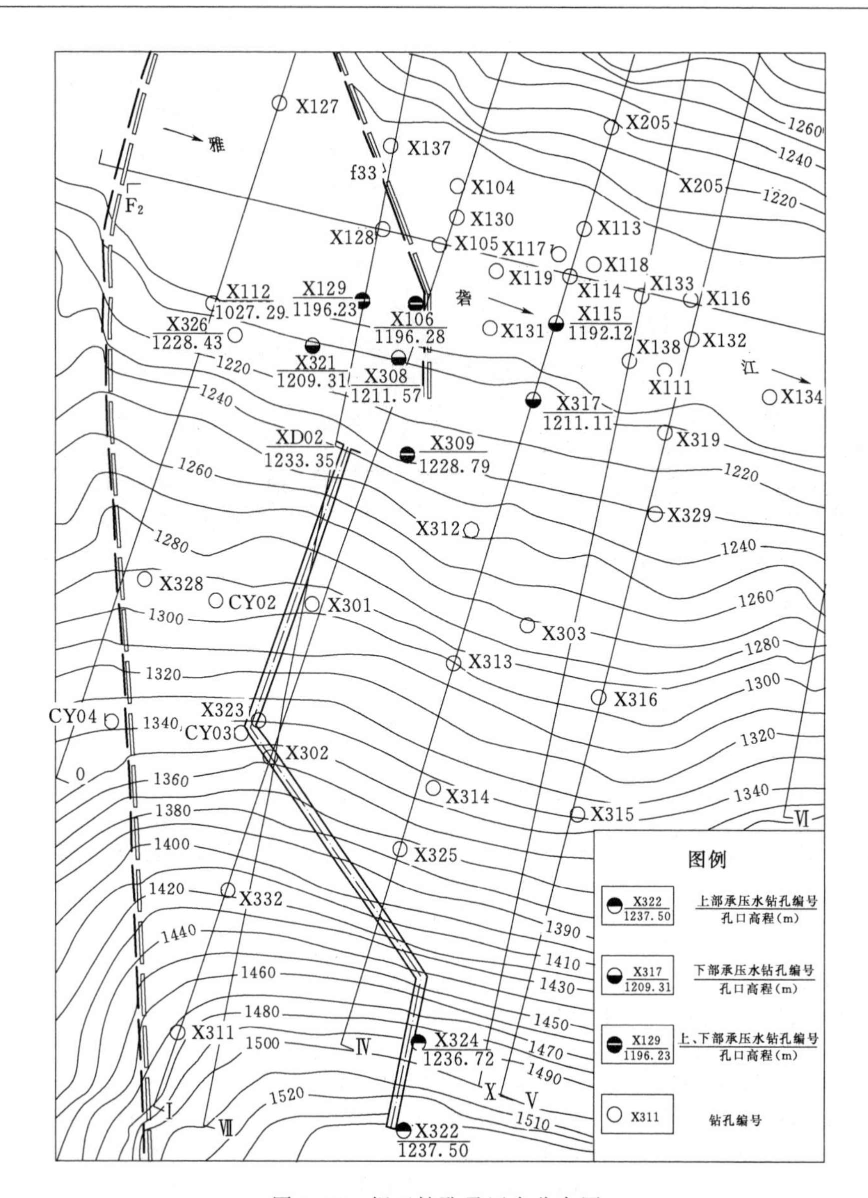

图 5.17 坝区钻孔承压水分布图

据 X322、X324 孔长观资料（1996 年 8 月至 1997 年 4 月）：其压力和流量随时间有一定变化，但总体上较稳定，最大压力 0.16MPa，目前大致在 0.05～0.1MPa 变动，流量最大 140L/min，目前在 40～100L/min，并且 X322 孔（靠山里）流量和压力比 X324（靠山外）均略大。

据 6 组化学成分分析，上部承压水化学成分的一个显著特点是 H_2S 含量低，为 0.16～0.71mg/L，个别 1.22mg/L，无 H_2S 气味。pH=7.76～8.0，个别高达 9.4，矿化度 187.95～275.89mg/L，Cl^- 含量 31.37～78.97mg/L，$Na^+ \cdot K^+$ 含量一般 19.94～40.42mg/L，个别达 118.91mg/L。其水质类型为 HCO_3^-—Ca^{2+}—$Na^+ \cdot K^+$ 型及 Cl—HCO_3^-—Ca^{2+}—$Na^+ \cdot K^+$ 型。

据氢氧同位素测试：$\delta^{18}O=-12.94‰\sim-13.95‰$，潜水为$-11.83‰\sim-13.47‰$。总体看，上部承压水$\delta^{18}O$略低于潜水，显示潜水与上部承压的关系密切，说明它们在相近的高程范围接受降水补给，潜水水样取自地表高程为1350.00m及其以下的钻孔中。因上部承压水$\delta^{18}O$略小于潜水，故推测上部承压水应在1350.00m及其以上高程接受降水补给。

氚浓度T一般为7～10Tu，据氚浓度衰减曲线，承压水形成时间大致为1976—1978年（X129孔上部承压水达30.2Tu，可能形成于1963年），大致有18～20年、局部有30余年的封闭历史；而潜水氚浓度多为17～20Tu，应为20世纪90年代后形成的，显示其循环交替能力较强。

（2）下部承压水。

在坝区右岸及河床右侧共7个孔发现下部承压水（图5.17）。

1）分布范围。上游边界位于竹子坝沟下游，距Ⅰ线约50～100m，下游边界位于Ⅳ—Ⅴ线之间，距Ⅰ线70～140m，顺河长约120～250m，横向上起源于右岸止于河心偏右岸，X321、X129、X106孔有1段下部承压水，X308、X309、X115、X317孔均有两段下部承压水。第一段顶板埋深54.85～135.33m，高程1075.78～1173.94m，底板埋深61.27～139.3m，高程1071.81～1142.38m。含水体厚度3.97～33.7m，大者大于40m。第二段下部承压水顶板埋深89.38～147.80m，高程1063.31～1137.41m，底板埋深94.45～124m，大者大于155m，高程1068.12～1134.34m，最低高程小于1055.95m，含水体厚度5.07～8.95m，大者大于10m。以Ⅰ线埋深较浅，为54.85～58.95m，向上、向下游埋深增大，横向上承压水顶板高程总体上从右岸向河床降低，埋深变浅。

2）承压水水位、流量及动态特征。据勘探揭露，初始孔口压力和涌水量变化较大，第一段承压水初见涌水量11～50L/min。孔口压力0.11～0.55MPa，水位1203.82～1251.29m，涌水水头60.72～151.20m。第二段下部承压水初始涌水量2.6～8.2L/min，水位1215.82～1244.44m，涌水水头90.71～161.49m。第二段承压水水位与第一段相近或略高，第二段承压水头大于第一段水头。以Ⅰ线流量压力最大，向上下游减小，水位由岸坡向河床逐渐降低。

长观资料显示：①流量及压力总体上随时间增加而减小，局部有起伏，一般表现为一段时间平稳后的上升和下降；另外，当揭露到上部承压水时对下部承压水的压力影响不大，说明上下部之间水力联系较弱；②同高程的X308孔和X317孔在揭露承压水后不久，其压力即趋于一致；③H_2S味随时间推移明显变淡；④暴雨前后一段时间内流量及压力均无明显变化。

3）承压水水化学特征。承压水揭露时均有浓烈的H_2S味，最大含量4.04mg/L，水温高于同期河水温2～3℃。水质分析表明：矿化度290.4～519.35mg/L，pH=9.0～10.17，$Na^{+}+K^{+}$含量116.84～201.94mg/L，Cl^{-}含量为199.14～253.53mg/L，个别较小为73.19mg/L，水质类型为$Cl^{-}—Na^{+}\cdot K^{+}$型。随时间推移，H_2S逐渐减少，气味变淡，Cl^{-}、$Na^{+}+K^{+}$含量降低。H_2S主要是由于玄武岩中铁铜硫化物在地下水作用下脱硫且环境又相对封闭的条件下形成的；矿化度低系玄武岩溶解性极差，与地下水的离子交替作用微弱所致；而Cl^{-}含量较高则可能与火山碎屑物质或杏仁状玄武岩中杏仁体成分有关。

氢氧同位素分析表明，初见时承压水氚浓度 $T=1\sim2\text{Tu}$，个别 $4\sim5.8\text{Tu}$，$\delta^{18}\text{O}=-14.38‰\sim-15.49‰$，据中国科学院贵阳地球化学研究所于津生等人（1980 年）对川西藏东地区 $\delta^{18}\text{O}$ 高程效应研究，其梯度值为每 100m 高差 $-0.26‰$，据此推算该区承压水接受降雨补给高程明显高于潜水，两者相差约 340m。潜水水样取自地表高程 1350.00m 及以下的钻孔中，其接受大气降雨补给高程应在 1350m 左右，因而推测下部承压在高程 1700m 左右接受大气降雨补给。原地矿部岩溶所对在距官地约 70km 的雅砻江锦屏二级水电站氢氧同位素的研究结果，$\delta^{18}\text{O}$ 高差梯度值为每 100m 高差 0.263‰，与本次推算依据十分接近，因而由每 100m 高差 $-0.26‰$ 的梯度值推算出的下部承压水补给高程为 1700.00m 是可靠的。

据氚浓度衰减曲线，下部承压水推算其形成年龄在 43 年以上，表明承压水循环交替微弱。

4）储存环境。据地表调查及平洞、钻孔揭露，承压水顶底板及上下游边界均无大的控水构造。承压水顶底板及上下游岩体较含水岩体完整性好，渗透性较含水岩体弱，从而构成了裂隙式承压含水系统，完整性和渗透性的差异主要是由玄武岩裂隙发育不均一性所引起，而含水裂隙（第⑥组）主要发育于右岸，这可能是左岸及河床左侧未发现承压水的主要原因。

5）补给、径流、排泄特征。从承压水的分布及侧压水位由山里的向河床逐渐降低的特点分析，承压水源于右岸，向雅砻江运移。据氢氧同位素测试成果，其接受大气降水的补给高程在 1700.00m 左右，地下水年龄 40～50 年，其径流缓慢，补给水量有限，与上游河水及库水无联系。从长观成果看，上、下部承压水间水力联系微弱，从 H_2S 味浓这一特点分析，其环境相对封闭，排泄不畅。

4. 承压水对大坝的影响及工程处理

河床右侧上部承压水顶板埋深 37.75m，高程 1158.48m，距建基面深约 8m，底板埋深 56.44m，高程 1139.79m，距建基面深约 26m，侧压水位高程 1207.18m。上部承压水具有埋深相对较小、无 H_2S 味、水头较低，流量较小的特点，主要是由 EW/N$\angle30°\sim40°$顺坡向裂隙构成的裂隙含水网络，未形成稳定的承压含水层。其补给来源于右岸，接受大气降水的补给高程在 1350.00m 及其以上，降水沿陡倾裂隙入渗至下部发育的顺坡向中缓倾裂隙密集带，逐步转化为裂隙承压水，由山里向河床方向运移。因其起压高程低于水库正常蓄水位，与竹子坝沟库水有水力联系，且在河床部位埋深浅，故与大坝抗滑稳定关系密切。建议河床部位防渗帷幕应穿过上部裂隙承压水，并采取有效措施防止承压水向下游渗漏，加强幕后排水。

下部承压水顶板埋深 89.75m，高程 1106.53m，距建基面深约 60m。下部承压水初见流量及孔口压力相对较大，水头较高，但埋深大，环境封闭，且在高程 1700.00m 左右接受大气降水补给，与河水及库水均不会发生水力联系，预计对大坝稳定影响不大。

为防止承压水向下游渗漏，主要采取固结灌浆或帷幕灌浆处理。灌浆时，根据涌水部位的地质条件、涌水量、压力、高程、压水试验及吸浆特点来确定具体的处理措施。灌浆水灰比确定为 1∶1、0.7∶1、0.5∶1 等 3 个比级，采用小孔径孔口封闭自上而下分段循环纯压式灌浆。灌浆压力为设计压力加涌水压力。

5.3　坝基及绕坝渗漏问题

大坝建成后，水库水位升高，库水可沿坝基或坝肩岩体中的裂隙、孔隙渗透至坝下游，通常称为坝基或绕坝（坝肩）渗漏。这种渗透水流可形成作用于坝基底面向上的扬压力，同时还可能造成侵蚀、流土、管涌，这些都会给坝基岩体稳定带来很大的危害。

5.3.1　基于既有实例的渗漏问题分析

湖南省花垣县小排吾水库，是 1966 年修建在强岩溶地区的一个土坝水库，由于坝址正好位于北东向断裂与北北东向断裂斜拉的岩溶裂隙发育的复合部位，水库建成蓄水后，坝肩和库区曾出现多次塌陷，坝基及绕坝渗漏十分严重，最大渗流量达 4.18m^3/s，不仅使工程一直不能正常蓄水运行，而且还危及大坝安全（秦林，1992）。广东省深圳市岭澳水库，大坝基岩为泥盆系中统桂头组细粒长石石英砂岩夹泥岩，岩体风化强烈，渗透系数 $K=1\times10^{-3}\sim1\times10^{-5}$cm/s，因左岸坝基全风化岩石未做帷幕灌浆，导致在正常水位条件下渗漏量达 200 万 m^3/a，占到其库容的 40%（张津生，1998）。

黄河小浪底水利枢纽工程于 1999 年 10 月 25 日下闸蓄水，10 月底发现右岸 1 号排水洞内排水孔出现渗水。在水库水位上升期间，左岸 2 号排水洞、4 号排水洞、以及地下厂房周围的 30 号和 28 号排水洞都出现了一定量的渗漏水，并且随着水库水位的上升，渗水量也随之增大。2003 年“华西秋雨”，造成黄河流量增大，库水位急剧上升，水库自 2003 年 10 月 15 日出现最高水位 265.48m 之后，库水位一直在 257.00m 以上，其间，在库水位波动不大甚至有所降低的情况下，坝后水塘的出水量却出现较大增加（陈康，2006）。

5.3.2　基于主控要素的类型划分

5.3.2.1　枢纽区水文地质结构

王思敬（1990）指出：进行坝址区岩体渗流分析，必须建立坝基水文地质结构模型。作为水文地质结构中的单元结构，称为渗透结构模型，它取决于该单元体中决定渗透特性的结构面类型和组合特征。可以划分为裂隙型、层状型、断裂型、断层型、溶隙型等几种基本类型。

坝基水文地质结构决定了坝基渗流特征，包括流向、渗压、渗流集中部位等基本条件。坝基水文地质结构模型的构成应是坝基各部位岩体渗透结构单元的有规律的组合。同时，在水文地质结构模型中还需要反映水的“来龙去脉”，即补给、径流和排泄条件。

5.3.2.2　枢纽区渗漏模式

王家骏（1990）以湖南省几座病漏水库为例，将浅切型岩溶纵向河谷坝基的岩溶渗漏类型划分为管道式渗漏、溶带式渗漏、洞隙式渗漏、沟槽式渗漏和裂隙式渗漏等五种。其中最严重的是管道式渗漏和溶带式渗漏，其次是沟槽式渗漏和洞隙式渗漏。相关情况见表 5.6～表 5.8。

表 5.6　工程坝基渗漏情况

工程		渗漏类型	实测最大		渗漏主通道和结构面关系
			渗漏量 /(m^3/s)	流速 /(m/s)	
小排吾	夯彩泉地下河	管道式	>1.73	0.08~0.21	沿小排吾断层挤压带及$\in_1 q^{1+2}$薄层灰岩发育
	坝下泉	管道式	0.4	0.35	主要沿$\in_1 q$薄层泥灰岩及白云岩发育
	溢洪道泉群	洞隙式	0.15	—	主要沿$\in_1 q^{4+5}$薄层泥灰岩发育
肖家山坝基6条管道		管道式	0.144~1.8	—	主要沿顺河向断裂面发育
东风左坝肩 F2-W10W11泉		溶带式	0.016~0.025	0.013	沿F_2上盘挤压破碎带发育
三江口F_3断层带等		溶带式及沟槽式	正在施工	0.006	沿F_3上盘挤压破碎带发育
王家厂		管道式	0.0~0.3	0.20~0.30	沿红层钙质砾岩层面发育

表 5.7　五种主要渗漏类型的基本特征

渗漏类型	基本特征
管道式	渗漏主通道为管道状溶洞、裂隙状溶洞或溶井、落水桐等。 充填最少，渗流速度最快，渗漏量最大。 地下水等水位线沿管道中心有比较明显的凹槽，渗漏流量和水库水位升降基本同步
溶带式	渗漏主通道为溶槽和断层破碎溶蚀带，一般都有充填，随溶带充填性状不同，其渗漏量、渗流速度和渗漏性质具有显著的差别。 渗漏量一般不大，地下水等水位线图沿渗漏中心有不明显或比较宽缓的低槽。 坝基渗漏量和水库水位关系多表现为滞后型
洞隙式	渗漏通道主要为较大的溶隙以及沿溶隙串珠状分布的溶洞和溶管等，延伸长度较大，连通较好，渗漏量也较大
沟槽式	渗漏通道主要由一些溶沟、溶槽等组成，大多有充填，渗漏量较小
裂隙式	渗漏通道为溶隙、小溶沟溶槽，大多有充填，渗漏量小

表 5.8　枢纽区渗漏典型水利水电工程

序号	工程	地理位置	河流	地质与水文地质条件及渗漏通道	渗漏模式	备注
1	小排吾水库	湖南花垣	兄弟河	岩层主要为单一的灰岩，岩层中裂隙比较发育，而坝址正好位于北东向断裂与北北东向断裂斜接的岩溶裂隙发育的复合部位，水库建成后，坝肩和库区曾出现多次塌陷。主要渗漏通道位于水库北西侧，顺岩层中裂隙渗漏	裂隙型	(秦林，1992)
2	岭澳水库	广东龙岗		大坝基岩为泥盆系中统桂头组细粒长石石英砂岩夹泥岩，岩体风化强烈，渗透性很大，渗漏主要通过桩号0+000~0+229.5左、右坝肩全风化岩石这两部分的坝基是岭澳水库大坝渗漏的主要通道		(张津生，邵天星，1998)
3	小浪底水利枢纽	河南山西	黄河	F_{236}和F_{238}断层带以南、主防渗墙上游的左岸地区是断层影响带和岸边卸荷带的重叠区，基岩中的裂隙渗透性大，导水性较好，库水可直接进入该上游北岸区内的T_{13}、T_{12}和T_{11}基岩透水层，透水层与河床砂砾石层直接接触，形成了地下水渗流通道	裂隙型	(陈康，2006)

续表

序号	工程	地理位置	河流	地质与水文地质条件及渗漏通道	渗漏模式	备注
4	海子水库	北京平谷	蓟运河	主坝及水库右岸岩性以泥晶白云岩为主，岩溶不发育。南副坝及水库左岸岩性以硅质灰岩为主，夹薄层泥质灰岩，受区域构造影响，节理裂隙十分发育，岩溶在硅质灰岩中比泥质灰岩发育。渗漏主要集中在南副坝处，表现为坝基渗漏和南坝肩的绕坝渗漏		（郭铁柱等，2009）
5	野三河水电站	湖北恩施	野三河	坝址出露三叠系大冶组薄层、极薄层灰岩夹极薄层页岩，地层走向北东向，与河流流向近正交，为横向河谷。主要沿右岸岩溶管道渗漏		（陈汉宝等，2010）
6	招徕河水库电站	湖北长阳	招徕河	左岸最大的岩溶为硝洞岩溶系统，库水从河床溶洞 K_{321} 进入岩溶管道，“倒灌” 至硝洞的深部岩溶系统，在坝下游裂隙岩溶出露		
7	西北口水库	湖北宜昌	黄柏河	坝址区岩层为寒武系灰岩，地质构造简单，属单斜构造，产状平缓。所见构造规模都较小，未见大的断裂。右岸较发育沿岸边裂隙和卸荷裂隙发育的溶洞，渗漏主要集中在右坝肩山体背水坡与溢洪道左边墙结合处		
8	麒麟观水库电站	湖北五峰	南河	位于灰岩地区，溶洞、洼地、落水洞较发育，地层由三叠系嘉陵江组中下部薄层状泥质灰岩夹中厚层灰岩组成，岩层走向近东西，倾向北，为纵向河谷。左坝肩至陈家屋场约500m范围内，ZK_{11}、ZK_{16} 均有溶洞揭露，钻孔地下水位较低，显示出强岩溶区水文地质特点，渗漏部位集中在左坝肩一定范围内的岩溶管道中		
9	十三陵水库	北京昌平	东沙河	坝址的地质条件较差，坝轴线处为第四纪覆盖层，砂卵石和黏性土层状分布，最大埋藏深度达56.2m，覆盖层由三个强透水层，两个相对隔水层组成，其中第一个隔水层在接近坝头西侧处尖灭，坝基渗漏严重。坝两端及坝基基岩均为侏罗纪的安山岩和角砾岩，节理裂隙发育，有挤压破碎带。坝址区还存在大宫门古河道形成的渗漏通道		（郭晓军，2013）

5.3.3 问题综合评价与对策措施

5.3.3.1 渗漏通道调查

陈汉宝（2010）总结了位于湖北省西南岩溶区的几座水库渗漏的经验教训，提出要十分重视前期勘察和分析工作，不要放过疑点。对于强岩溶化地层，不能单纯采用钻孔压水试验成果（透水率）来评价岩体的渗透性。要设计切实可行的防渗处理措施，并且把握处理的时机，尽可能在蓄水前完成。

5.3.3.2 解析计算方法

在渗漏计算中，根据不同的渗漏通道和不同的渗透条件，可选用不同的渗漏计算公式，表5.9列出了各公式的适用条件。

表 5.9　　渗漏量计算公式

渗漏部位	公　式	适用条件
坝基渗漏	$Q=K(H_1^3-H_2^3)^{0.515}B/(3L)^{0.515}$	坝基渗透计算的修正紊流公式
	$Q=KBH\dfrac{T-D}{L+T+D}$	
	$Q=b_1K\left(\dfrac{H_1+h_2}{2}\right)\dfrac{H}{li}=b_1KJ\left(\dfrac{H_1+h_2}{2}\right)$	潜水
	$Q=KBH\dfrac{M}{2b+M}$	单一含水层，水平厚度不大
	$Q=\dfrac{H}{\dfrac{2b}{K_2M_2}+2\sqrt{\dfrac{M_1}{K_1K_2M_2}}}$	双层$\dfrac{K_1}{K_2}<\dfrac{1}{10}$，$M_1<M_2$
	$Q=K_{cp}M_1\dfrac{M}{2b+M_1}$ $(K_{cp}=\sqrt{K_{水平}K_{垂直}}\cdot 2b)$	多层结构，各层K值相差小于10倍
	$Q=KM\sqrt{\dfrac{H}{2b+M}}$	裂隙较大，地下水呈紊流
绕坝渗漏	$Q=0.366KH(H_1+H_2)\lg\dfrac{B+r_0}{r_0}$	潜水，均一渗漏，水平隔水层
	$Q=B-q=B-K\dfrac{M(2H_1-M)-H_2^2}{2L}$	古河道砾类土及含巨粒类土层渗漏
	$Q=b_1K\left(\dfrac{H_1+h_2}{2}\right)\dfrac{H}{l_i}=b_1KJ_i\left(\dfrac{H_1+h_2}{2}\right)$	潜水
	$Q=0.732KHM\lg(B/r_0)$	潜水
	$Q=b_iKM(H/l_i)$	潜水
	$Q=KH(H_1+h_1)$	潜水近似，渗漏段长度不详
	$Q=2KMH$	承压水近似，渗漏段长度不详
	$Q=KH(h_1+h_2)$	潜水（粗略计算）
	$Q=0.732KHMT\lg(B/r_0)$	承压水
	$Q=2KMT$	承压水（粗略计算）
	$Q=K(H/L)T$	承压水
坝基、绕坝渗漏	$Q=AKI$	粗略计算
	$Q=qB=K\dfrac{H_1-H_2}{L}\dfrac{M_1+M_2}{2}B$	古河道渗漏量估算
	$Q=Bq=BK\dfrac{H_1^2-H_2^2}{2L}$	断层构成的渗漏通道
	$Q=BK_iH$	水库段各段、风化带

5.3.3.3　数值模拟方法

张立杰（2003）采用 Visual MODFLOW 对哈尔滨市磨盘山水利枢纽区渗流场进行了三维数值模拟研究，分析了左岸不同长度防渗对水库渗漏量及坝基渗透稳定性的影响。冯瑞（2012）同样基于 Visual MODFLOW 三维渗流软件，模拟了青海省贵德县境内黄河干流，某坝址区绕坝渗流的三维渗流场，获得建坝蓄水后无防渗墙、设置防渗墙条件下的渗漏量及渗透坡降，分析坝肩渗透稳定性。Li（2008）使用 MODFLOW 模拟了辽宁省宽甸县蒲石河某坝的坝基和绕坝渗流量，模拟了不同蓄水条件、防渗帷幕工程措施的 21 种工况，

骆祖江（2011）以地下水三维非稳定流理论为基础，在系统分析金沙江乌东德水电站坝址区地质、水文地质特征的基础上，概化出了乌东德水电站坝址区的水文地质概念模型，建立了能充分反映坝址区三维水文地质体结构和功能的地下水三维非稳定流数值模型，研究了模型稳定且快速收敛的求解方法，并分别对天然情况和蓄水情况下的坝址区渗流场进行了模拟预测，在此基础上，根据水均衡原理计算出了天然情况和蓄水情况下坝基和左、右岸坝肩的渗漏量，极大地提高了计算结果的置信度。

谢红强（2001）运用三维有限元方法，研究了紫坪铺水利工程右岸条形山脊的渗流浸润面、水力坡降以及主要地下洞室的外水压力分布，并对计算域外天然地下水补给防渗帷幕及排水系统的不同施工质量对渗流场特性的影响进行了分析。Uromeihy and Barzegari（2007）使用基于有限元方法的 PLAXIS 软件模拟了伊朗 Chapar - Abad 坝的坝基渗流。

5.3.4　典型实例

5.3.4.1　卡基娃水电站

卡基娃水电站位于四川省凉山州木里县境内的木里河上游，木里河系雅砻江中游右岸最大支流，发源于甘孜藏族自治州理塘县以北的沙鲁里山脉。其上游又称无量河，下游与卧落河汇合后称小金河，在洼里附近注入雅砻江。卡基娃水电站上游与规划的上通坝电站、下游与正在施工的沙湾电站衔接。

1. 坝址区地质与水文地质条件

坝址区两岸基岩多裸露，出露基岩为奥陶系下统人公组（O_1r）厚层状变质石英砂岩夹千枚化板岩，根据变质石英砂岩和千枚化板岩的工程地质特性的差异，又将人公组分为 4 个亚层：

（O_1r^1）：灰—深灰色千枚化板岩夹变质石英砂岩。

（O_1r^2）：灰—深灰色厚—巨厚层变质石英砂岩夹千枚化绢云、砂质板岩，千枚化板岩和变质石英砂岩的比例约为 1∶15。为右岸主要地层岩性，左岸坡脚部分出露，该层厚度 310m。

（O_1r^3）：灰—深灰色千枚化绢云、砂质板岩夹中厚—厚层变质石英砂岩，千枚化板岩和变质石英砂岩的比例约为 15∶1，为左岸主要地层岩性，该层厚度 180～250m。

（O_1r^4）：灰色厚—巨厚层变质石英砂岩夹千枚化绢云、砂质板岩，该层千枚化板岩和变质石英砂岩的比例为 1∶15。分布于坝址左岸高程 2800.00m 以上，该层厚度 250m。

坝址区木里河是该区域的最低侵蚀基准面，河床为两岸地下水的排泄带。坝区地下水类型主要为基岩裂隙水，零星分布的松散岩层赋存孔隙水。

坝址区右岸及河谷出露的变质石英砂岩夹千枚化绢云、砂质板岩层 O_1r^2 及左岸 2800.00m 高程以上出露的变质石英砂岩夹千枚化绢云、砂质板岩层 O_1r^4 为含水地层，其中 O_1r^2 为坝址区的主要含水岩层。左岸出露的千枚化绢云、砂质板岩层 O_1r^3 及右岸亚地滑坡底部出现的千枚化板岩层 O_1r^1 为弱含水层，在 O_1r^3 中夹中厚—厚层变质石英砂岩，因而呈现出局部为含水（图 5.18）。

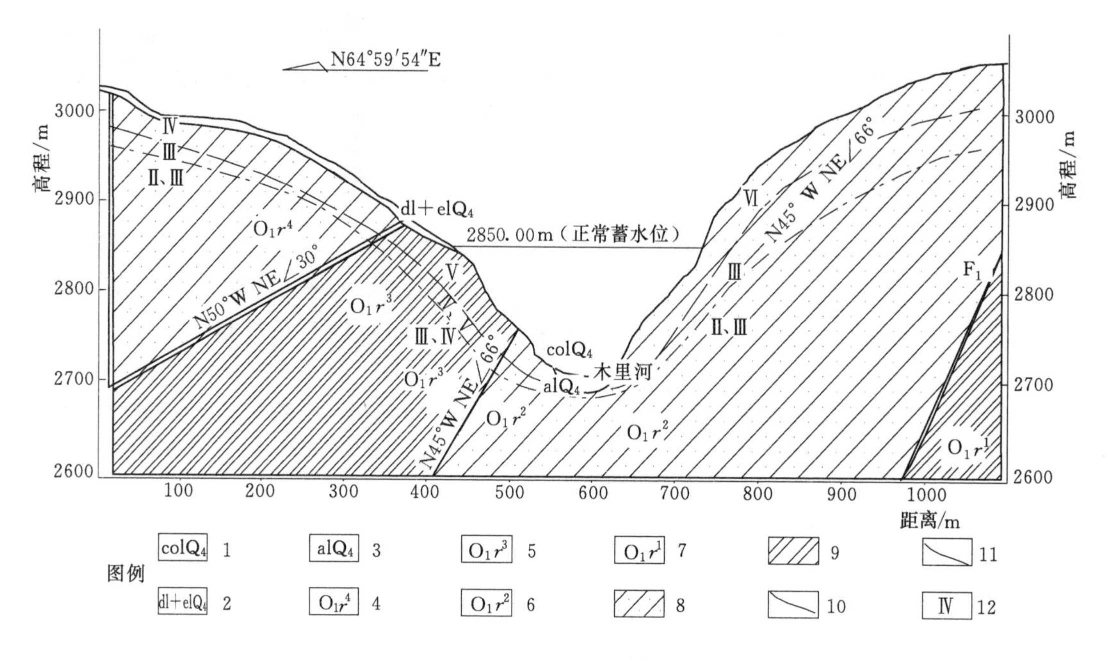

图 5.18 坝址区地层含水性示意图

1—块碎石；2—块碎石土；3—砂卵石；4—奥陶纪变质石英砂岩；5—奥陶纪变质千枚化板岩；6—奥陶纪变质石英砂岩；7—奥陶纪千枚化板岩；8—砂岩含水岩组；9—相对隔水岩组；10—覆盖层/基岩界线；11—卸荷带下限；12—围岩类别

2. 坝址区渗漏分析

坝址区由石英砂岩与千枚化板岩互层所构成的层状含水岩组，两岸岩层风化裂隙与砂岩层构造裂隙较发育，在水库蓄水条件下，坝址区地下水渗流场会有较大的变化，存在着库水绕坝和坝下渗漏问题，需要对坝址区蓄水前后的地下水渗流场进行模拟分析。

（1）模拟范围与边界条件。通过对坝区水文地质条件的分析，模拟范围选择与边界条件分析如图 5.19 所示。

模型边界条件刻画如下：

1）河流定水头边界：木里河流分布带作定水头边界处理，模拟范围内水位为 2705.00～2685.00m，坝址处水位为 2702.00m。

2）西侧边界（右岸）：以亚地断层为边界，由于该断层为一压性断层，滑动带宽约 10m，带内岩石破碎、糜棱岩化。断层带上盘为人工组（O_1r）2 段石英砂岩，下盘为瓦厂组（O_1r）板岩，在断层带附近见有小泉水出露，定为一隔水断层。断层带浅层受风化影响，上部风化裂隙发育，可以接受侧向补给。

3）东侧边界（左岸）：在左岸取高程约 2960.00～3100.00m 等高线为边界，设为已知流量边界。

4）北部边界：木里河右岸为磨坊沟，该沟切割较深，常年流水，设为已知水头边界；河左岸地下水流动方向与边界基本平行，为水力零通量边界（为隔水边界）。

5）上边界：为开放的潜水面边界，模拟域范围接受大气降雨入渗补给；模拟域外，

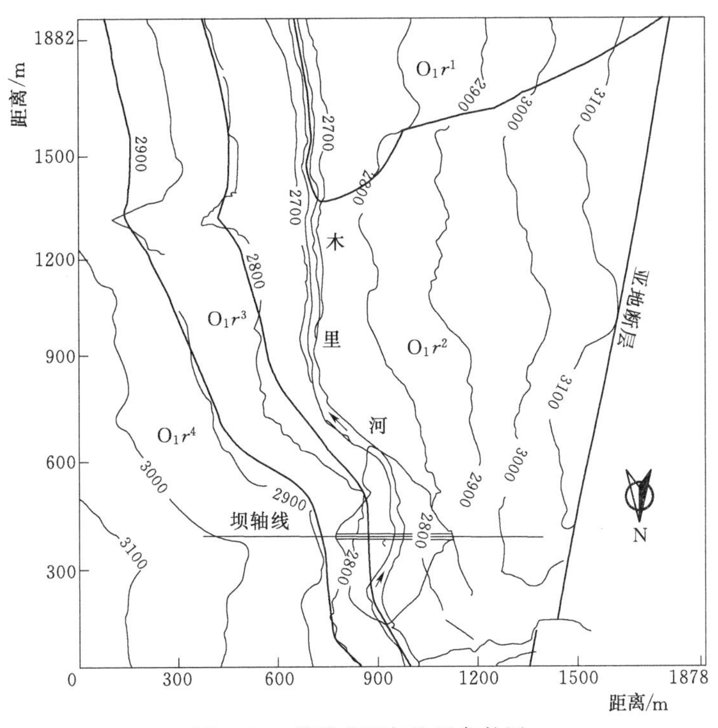

图 5.19 模拟范围与边界条件图

左右岸汇水范围内的降水对模拟区有一定的补给作用。

6）底部边界：坝址区河谷水位为 2702.00m，根据渗透系数随埋深增加而迅速减小特征，我们取河谷下埋深 350m 深度（即高程 700.00m 处）作为隔水边界，此深度岩层的渗透系数非常小。

（2）渗透系数分区与取值。根据单孔压水试验资料及其对石英砂岩和千枚状板岩渗透系数分析，地表附近的岩体受风化卸荷作用影响强烈，岩体裂隙发育，渗透性好，而深部岩体风化卸荷作用的影响弱，岩体渗透性差。因基岩裂隙岩体渗透系数具有随着埋深的增加而减小的趋势，整体成负指数函数关系递减，分岩层与深度取值如图 5.20 和表 5.10 所示。

表 5.10　模型渗透系数分区和取值表（均值）　单位：m/d

O_1r^2	K	O_1r^3	K_x	K_y	O_1r^4	K	O_1r^1	K	河床	K
1	0.20	1	0.14	0.14	1	0.25			1	0.50
2	0.12	2	0.05	0.10	2	0.15			2	0.25
3	0.09	3	0.04	0.08	3	0.10			3	0.10
4	0.08	4	0.03	0.06	4	0.08	1	0.005	4	0.08
5	0.06	5	0.025	0.05	5	0.06			5	0.06
6	0.04	6	0.02	0.04	6	0.04			6	0.04
7	0.02	7	0.01	0.02	7	0.02			7	0.02
8	0.009	8	0.005	0.005	8	0.009			8	0.009

注　各层分区编号由地表向深部序号增大。

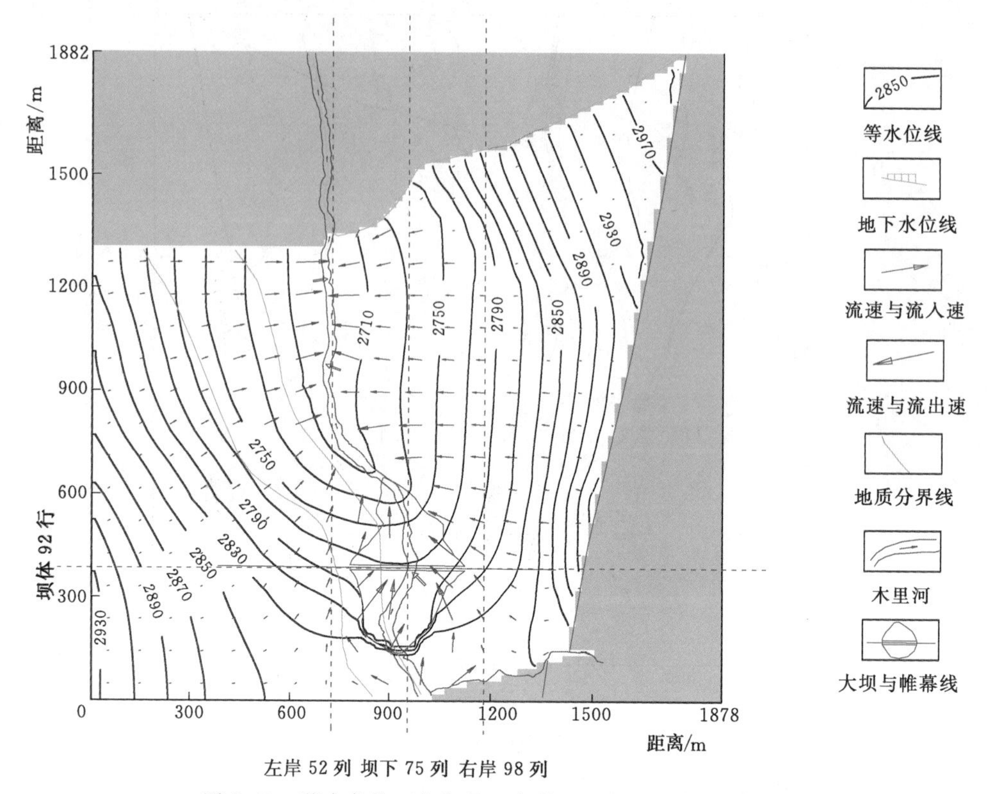

图 5.20 蓄水条件（方案Ⅰ）高程 2800.00m 平面流网图

砂岩层（O_1r^2、O_1r^4）按照各向同性介质赋值；板岩层（O_1r^3）根据产状特点切层渗透性（模拟时的 X 方向）相对较弱，取顺层渗透系数的 0.5 倍；O_1r^1 埋深较大，为相对隔水岩层，渗透系数取 0.005m/d。

（3）蓄水条件下坝址区地下水渗流场模拟。根据面板堆石坝的设计与大坝帷幕的初步设计，蓄水条件的模拟分为以下几种状况（表 5.11）：

方案Ⅰ：按照设计要求，大坝面板防渗，坝下防渗深度 80m，坝肩防渗长度左肩 130m，右肩 105m，深度约 80m；防渗体的渗透系数取 0.005～0.001m/d。

方案Ⅱ：调整坝下防渗深度，取 50m 和 110m 两种工况，进行比较模拟。

表 5.11　　不同模拟方案参数取值表

设计方案		坝肩防渗长度/m	坝下防渗深度/m	防渗帷幕渗透系数/(m/d)
Ⅰ	Ⅰ-1	130～105	80	0.005
	Ⅰ-2	130～105	80	0.001
Ⅱ	Ⅱ-1	130～105	50	0.005
	Ⅱ-2	130～105	110	0.005
Ⅲ	Ⅲ-1	110～85	50	0.005
	Ⅲ-2	150～125	110	0.005

方案Ⅲ：调整坝肩防渗长度和深度，坝肩长度取 110～85m 和 150～125m，深度取 50m 和 110m 两种工况，进行比较模拟。

下面仅就方案Ⅰ模拟流网图与渗流量进行讨论。

将方案Ⅰ条件代入模型计算，得出蓄水条件下（方案Ⅰ）坝址区地下水渗流场模拟结果与图系。图 5.20 为蓄水条件高程 2800.00m 平面流网图，图 5.21 为蓄水条件（方案Ⅰ）坝下纵剖面流网图，图 5.22 和图 5.23 分别为蓄水条件（方案Ⅰ）左右岸纵剖面流网图。两种条件不同部位渗漏量见表 5.12。

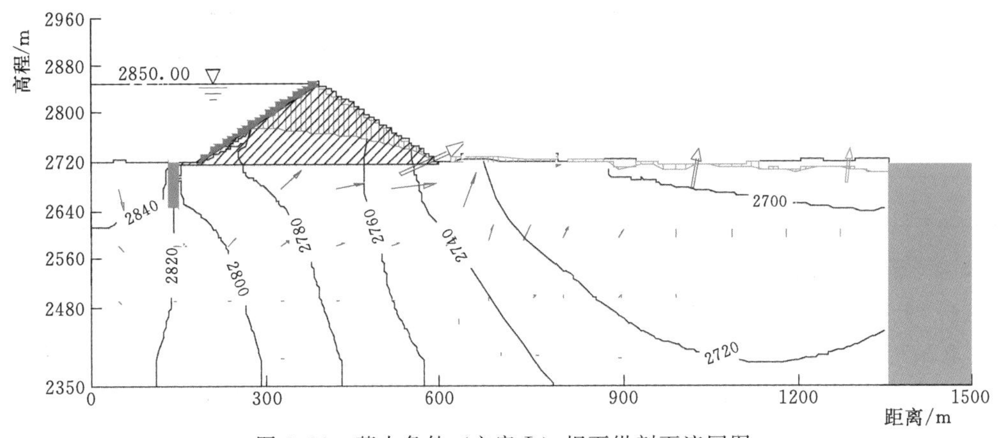

图 5.21　蓄水条件（方案Ⅰ）坝下纵剖面流网图

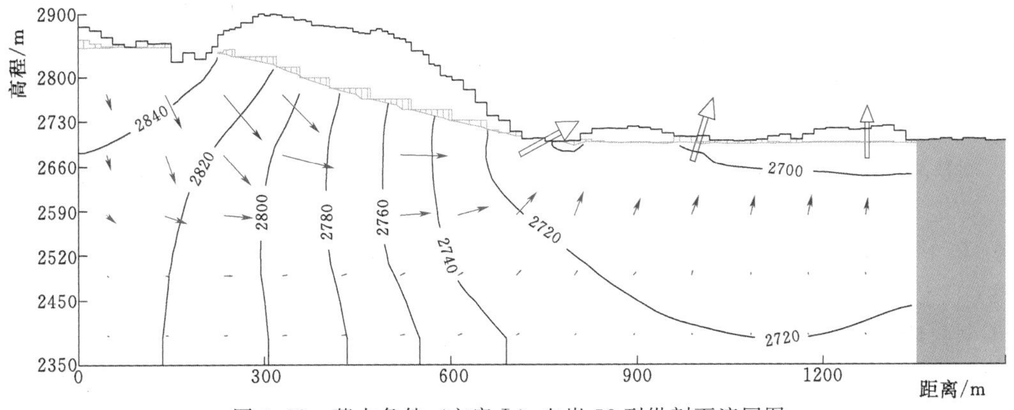

图 5.22　蓄水条件（方案Ⅰ）左岸 52 列纵剖面流网图

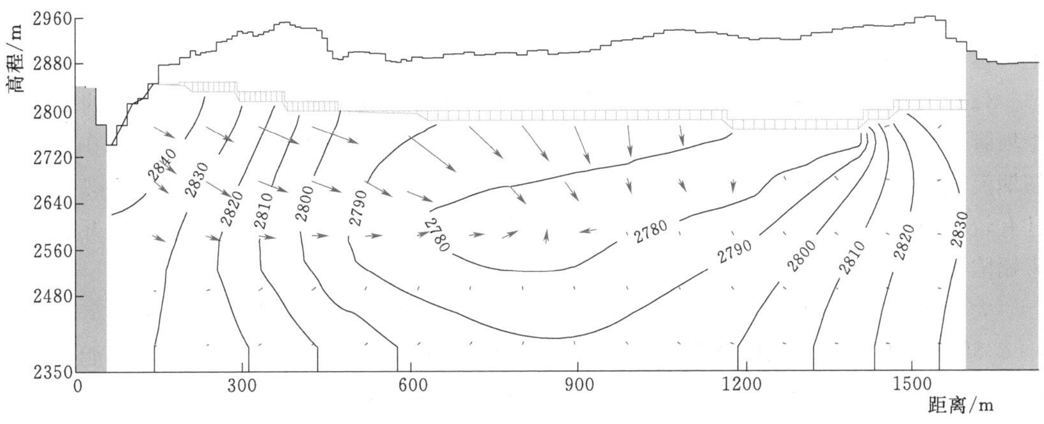

图 5.23　蓄水条件（方案Ⅰ）右岸 98 列纵剖面流网图

经模拟计算得出现状设计条件下，当防渗帷幕渗透系数为0.005m/d时，通过坝下（原河谷区，蓄水后新增河谷区）、左右坝肩（坝肩下与饶肩）渗流量为6994.86m^3/d，其中坝下渗漏量占总渗漏量的85%；当防渗帷幕渗透系数为0.001m/d时，坝下与绕坝渗漏量减少4.4%，为6700.94m^3/d。

表5.12　蓄水条件（方案Ⅰ）模拟坝址区渗漏量结果　单位：m^3/d

方案Ⅰ	坝下渗漏量			左岸坝肩渗漏量	右岸坝肩渗漏量	渗漏总量
	建坝左下区渗漏量	建坝右下区渗漏量	原河谷下渗漏量			
Ⅰ-1	1308.6	2143.9	2587.4	571.17	383.79	6994.86
Ⅰ-2	1193.3	2020.3	2505.2	577.7	404.44	6700.94

5.3.4.2　泸定水电站

（1）工程概述。泸定水电站位于四川省泸定县境内，为大渡河干流水电梯级开发的第12级电站，工程任务主要为发电。水库正常蓄水位为1378.00m，总库容2.195亿m^3，调节库容0.22亿m^3，具有日调节性能，装机容量920MW。工程等别为二等工程，工程规模为大（2）型，挡水和泄洪建筑物级别为1级，永久性次要水工建筑物按3级建筑物设计，引水建筑物、发电厂房按2级建筑物设计。电站枢纽主要由黏土心墙堆石坝、两岸泄洪洞和右岸引水发电建筑物等组成。

黏土心墙坝坝顶高程1385.50m，最大坝高79.50m，坝顶长526.7m，上、下游坝坡1∶2，坝顶宽度12.0m。坝体分为心墙、坝壳堆石、反滤层、过渡层四大区，坝体防渗采用黏土心墙。坝基河床段采用110m深防渗墙下接帷幕灌浆，两岸采用封闭式防渗墙的防渗方案。

泸定水电站大坝于2008年12月开始防渗墙施工，2009年11月7日大渡河截流；2009年11月11日大坝基坑开挖；2010年3月19日下游围堰填筑至设计高程；2010年5月31日上游围堰填筑至设计高程；2010年7月开始坝体填筑，2011年3月6日1号导流洞下闸封堵；2011年4月25日大坝填筑至设计高程（1383.50m）；2011年8月17日通过水电水利规划设计总院组织的蓄水验收，2011年8月20日开始蓄水。首台机组（4号机组）于2011年10月1日投产发电，3号机组于2011年10月3日投产发电，2号机组已于2012年5月5日发电，1号机组于2012年6月6日投产发电。目前上游库水位接近正常蓄水位1378.00m。

（2）坝基渗漏问题的发现及处理过程。2013年3月31日，下游距坝轴线约448m、距坝脚下游约200m的右岸河道约高程1306.00m发现渗水，对应坝桩号约0+240。涌水初期流量约5L/s，至2013年4月15日，涌水区地面发生塌陷，流量目测增至约200L/s，且有较多的灰黑色细颗粒涌出，以后流量在188～212L/s。涌水点附近出现地面开裂、河床塌陷等变形。

大坝下游河道涌水后，2013年4月28日至6月28日，防渗墙下游未完成的0+250～0+288段覆盖层进行补强帷幕施工。2014年7月25日至2015年2月4日，对可能存在渗漏通道的坝基0+235～0+285防渗墙内及墙外下游排进行灌浆施工。2015年8月11日至2016年4月，坝基0+250～0+256强透水带段灌浆施工。

(3) 基本地质条件。坝址区出露的基岩为前震旦系康定杂岩，主要岩石类型为闪长岩、花岗岩及花岗闪长岩等，岩石多已变质或混合岩化，条带状、片麻状等构造发育。此外，坝址区尚有后期侵入的辉绿岩脉、石英脉等，多呈脉状分布于闪长岩、花岗岩中，受构造作用，岩脉多呈挤压破碎带产出。

坝址区河床覆盖层深厚，层次结构复杂。据钻孔揭示，河床覆盖层一般厚度120～130m，最大厚度148.6m（SZK16孔），按其物质组成、层次结构、成因、形成时代和分布情况等，自下而上（由老至新）可划为四层七个亚层。

坝址区小断层及挤压破碎带较发育。主要优势方向有四组：①N40°～50°E/NW∠60°～70°；②N45°～50°E/SE∠65°～70°；③N85°～90°E/SE∠45°～50°；④SN/W∠60°～70°。地表调查延伸长度一般15～40m，平洞揭示可见长度一般3～10m，带宽一般3～20cm，局部交汇部位30～50cm，由碎裂岩、碎裂岩、片岩碎粉岩、少量角砾及泥组成，挤压较紧密。

坝址区岩体浅表部以弱风化为主，强风化局部发育，岸坡强风化水平深度6.5～22m；弱风化上段水平深度一般60～70m，局部达155m，河谷垂直深度一般20～30m；弱风化下段水平深度一般大于100m，局部200m以上，河谷垂直深度一般大于30m。由于应力的重分布，在平行于岸坡方向，受谷坡最大应力作用，岩体表浅部裂隙面均有不同程度的张开、松弛，普遍充填次生泥膜、岩屑。谷坡强卸荷水平深度一般15～20m，弱卸荷水平深度50～70m，河床坝址区地下水基本类型主要为基岩裂隙水和第四系松散堆积层孔隙潜水。

基岩裂隙水主要赋存于两岸风化卸荷裂隙介质中，坝址区左、右岸平洞的风化卸荷带内沿裂隙多见渗滴水现象。基岩裂隙水受岩性及构造控制，其埋藏、补给、运移、排泄条件复杂，含水裂隙（带）之间水力联系较差，主要受大气降水下渗及地下水侧向补给，以地表水或泉的形式由两岸向河谷、向下游排泄。孔隙潜水赋存于第四系松散堆积层中，由于覆盖层结构的不均匀性，前期勘察钻进过程中曾出现短时承压现象，如SZK4孔（位于坝轴线上游约55m）在孔深108.4m见承压水高出同期河水位3.14m，SZK17孔（位于坝轴线下游161m）在孔深93.31m见承压水高出同期河水位约1m。据钻孔地下水位长观资料，坝址区两岸地下水位埋藏较深，地下水水力坡降较平缓。弱卸荷垂直深度一般小于30m。

(4) 渗漏及通道分析。坝下游渗漏水来源有三种：库水通过坝基、绕坝渗漏及两岸山体地下水和浑水沟沟水渗入。从库水、量水堰以及涌水点、浑水沟的水质分析成果对比，量水堰和涌水点水样的pH值、Cl^-、SO_4^{2-}、HCO_3^-、Ca^{2+}、Mg^{2+}、$Na^+ + K^+$等离子含量、总矿化度及水质类型与库水基本相同，而与浑水沟的水质相差较大，水质分析成果表明渗漏水主要来源于库水。从各观测孔水位与库水位关系曲线分析，坝下游1号、2号、3号、5号、6号、8号观测孔水位与库水位相关性好，说明坝下游①层中的地下水与库水存在较为密切的水力联系，其来源于库水的可能性大。右侧4号和7号观测孔水位与库水位相关性相对较弱。浑水沟流量较小，2013年5月1日测得浑水沟流量约2.4L/s，沟水在排水涵道进口前约20m全部渗入地下，相对于涌水点渗漏流量约200L/s和量水堰约400L/s流量所占比例很小，因此，渗漏水主要来源于库水渗漏。综合以上分析，渗（涌）水与库水相关性好，且渗漏来源中的两岸地下水及浑水沟水渗入量占总渗漏量的比例小，所以，渗漏水源主要来源为库水渗漏。

2013年3月31日于右岸在量水堰下游约186m发现渗水，涌水点坐标 $X=3313814.9$，$Y=521975.9$，高程约1306.00m，位于坝轴线下游448m（对应坝桩号0+236），距大坝坡脚约209m。初期涌水携带较多泥沙，逐渐发展出现河岸坡塌陷，在2013年4月18日处理前形成两个相连的塌陷坑，坑中渗水呈上升状且含泥沙。从涌水点的发生发展过程、形成塌陷坑后水的流动状态以及反压施工后仍涌水含沙的现象分析，涌水处下部有较高的承压水头，为承压水。分析涌水处②-2层透水性不均一，水库蓄水后②-2层下的①层透水性强，水压力较高，在渗流作用下逐渐将上部土层中的细粒带出地表，经过近一年半的作用，最后形成集中的管涌通道。

库水向坝下游渗漏的可能途径有右岸绕坝渗漏、左岸绕坝渗漏、沿坝基防渗体系及其下部基岩渗漏。从观测孔LJZK01、LJZK02、LJZK03、LJZK05、LJZK06、LJZK08及LJZK09等孔承压水位可知①层下部形成较大范围水位偏高的承压水区域，这与下游右岸涌水处的渗水呈上升状态的现象相吻合。据观测孔资料，4号及7号观测孔位于近坝下游右岸，两孔的深度较大，已经揭穿②-2层，其水位在1320.00m左右，低于涌水点附近的3号和9号观测孔水位。水位监测资料表明，4号、7号观测孔水位与库水位相关性相对较弱，随库水位变幅波动较小，右岸绕渗不明显、防渗效果相对较好。

2号、3号、6号和9号观测孔水位在1345.00～1348.00m，为坝下游监测孔水位最高部分，基本沿涌水点成一高承压水位带，且水位变幅与库水位显著相关，表明对应大坝防渗体系部位存在通过①层与涌水点连通的渗漏途径可能性较大。

左侧的1号和8号观测孔在②-2层及以上地层钻进中孔内水位与河水位基本一致，揭穿②-2层后出现承压水，承压水位在1332.00～1335.00m，较高水位带低10m左右，与库水位相关性较为显著，表明坝下游①层存在较高承压水头，存在沿防渗体下部沿①层渗漏的可能性。在桩号0+252防渗墙下游进行灌浆造孔中，孔深86.8m测得水位1352.00m，说明该部位防渗体系存在缺陷，是可能的渗漏途径之一。

大坝下游围堰防渗墙底高程1273.00m，已经进入②-2层中，大坝挡水后下游围堰防渗墙仅上部局部拆除，据监测资料位于坝基防渗墙下游侧浅部渗压计各测点水位在：1313.28～1317.09m范围，地下水类型主要为潜水；而LJZK01、LJZK02、LJZK03、LJZK05、LJZK06、LJZK08及LJZK09的水位大致在1335.00～1345.00m，为①层承压水，其水位高程及地下水埋藏类型与坝轴线—下围堰的浅部地层中地下水明显不同。大坝下游河岸涌水主要来源于坝轴线较深部位。

前期勘探及涌水后补充勘探显示，坝轴线至涌水出口的河床覆盖层地层结构相同，即底部为强透水的①层、中部为中等透水的②-2层和③-1层、上部为强透水的④层。由于在下游围堰轴线至涌水点的观测孔反映出的较高承压水多分布在较深部位的①层中，而该层的透水性强、埋深较大、其上部的②-2层透水性相对较弱，因此，坝轴线部位渗漏部位也较深的可能性尤为大；推测坝轴线的①层及附近基岩为渗漏途径的可能性大。

综合以上分析，坝下游河岸涌水处渗漏水主要来源于在坝轴线较深的部位，可能的深部渗漏途径有：沿河床防渗墙下的帷幕薄弱部位通过①层渗漏、沿防渗墙下基岩薄弱部位通过①层渗漏、沿左岸较深部位临近河床的基岩通过①层渗漏。观测孔 LJZK02、LJZK03、LJZK06 及 LJZK09 一线承压水位最高，涌水点也分布在此线附近，按最短渗流路径分析在以上观测孔和涌水点对应的坝桩号附近存在渗漏可能性。

（5）处理措施及效果。2013 年 3 月 31 日开始发生涌水现象，大量的粉细砂被渗水带出；2013 年 4 月 18 日开始进行反压（滤）处理，反压滤施工期间施工的影响及渗水不集中，无法测量渗水含沙情况，目测处理过程中，渗水含沙量逐渐减少；2013 年 8—9 月在涌水反压后设置了排水孔，此后涌水处渗水含沙更少。2014 年 3 月由于处理垫高处渗水沿挡墙下渗出，减压管无水流出，池中沉积的沙很少，后在挡墙外再一矮挡墙，挡墙之间压实后，池中减压孔开始流水，涌水点大部分渗水从池中流出，含沙很少。涌水点量水堰测得流量在 220L/s 左右。从上述涌水点处理过程可知，大坝下游河道涌水点初期有大量粉细砂带出，涌水点土层及其上游的深部土层已经发生管涌破坏；经实施反压滤、设置排水孔等处理措施后，涌水含沙量逐渐减少，涌水点管涌现象得到初步抑制。

2014 年 7 月 25 日至 2015 年 2 月 3 日进行坝基重点部位（桩号坝 0＋235～0＋285）进行补强帷幕灌浆（防渗墙轴线一排和防渗墙下游排）（二期处理），同时对左岸（桩号坝 0＋38～坝 0＋77）基岩灌浆进行补强。二期处理施工完成后效果不明显，根据灌浆施工钻孔过程中涌水涌砂情况，先在防渗墙内 QZ－13－1（桩号0＋250）与 QZ－18－1（桩号 0＋256）两孔进行声波对穿测试，根据测试成果确定将坝 0＋250～0＋256 段作为实验区（三期处理）；三期处理施工于 2015 年 12 月 2 日开始，灌浆施工完成后于 2016 年 5 月 29 日完成两个检查孔 JCK－Ⅰ、JCK－Ⅱ钻孔取芯及压水试验，检查孔 JCK－Ⅰ 0～55m 孔深透水率为 6.45～4.34Lu，55～110m 孔深透水率为 4.35～1.78Lu；检查孔 JCK－Ⅱ 75～120m 孔深透水率为 2.45～1.62Lu。

根据补强灌浆施工（桩号坝 0＋235～0＋285）灌浆前压水试验资料，灌浆施工压水试验成果显示，防渗墙底接触段基岩的透水性强。防渗墙内排孔一般在防渗墙底的灌浆量最大，除个别孔外，一般 1m 灌浆段的注灰量大于 2000kg、最大 5697.9kg（桩号 0＋277）。这一现象与该部位压水试验吕荣值大的结果基本吻合。灌浆施工过程中，在坝下游观测孔 LJZK11 孔及涌水处渗水短时间变浑的现象；另外，FX－19 号孔（桩号 0＋256m）从 55.0m（基岩面以上）、FX－17 孔（0＋253.6m）自 70.3m（基岩面已下）出现涌水现象，涌水压力较大，涌水量流量较大，涌砂现象严重，FX－19 孔口涌砂总量 17m^3，FX－17 孔口涌砂总量 4m^3。上述灌浆施工过程中出现的串浆现象表明：0＋235～0＋285 段防渗墙底以下的基岩部分段透水性较强、且与下游涌水存在较为密切的水力联系，也印证了 0＋235～0＋285 段深部为主要渗漏途径之一的判断。FX－19 孔、FX－17 孔灌浆施工中出现涌水涌砂现象，涌砂量较大，最大达 17m^3，对孔附近地基稳定产生了不利影响。根据物探钻孔取芯及压水试验资料，在陡岩段基岩岩体强卸荷、较破碎、局部分布断层破碎带，存在一定范围的强卸荷松动破碎带，带内强透水。综上所述，坝轴线桩号 0＋230～0＋285 段补强灌浆压水试验及钻孔取芯和物探试验显示该段防渗墙下基岩卸荷松动、较破碎，存在一定范围的强透水带。二期及三期处理施工完成后，据检查孔资料，满足灌浆施工要求；据监测资料，坝下游观测孔水位及涌水点渗流量降低不明显，涌水点渗水为清水。

（6）分析评价及建议。采用技施阶段计算参数，模拟涌水后下游坝基面实际渗压状态的坝坡稳定计算成果表明，中国水利水电科学研究院 stab 程序计算的各剖面安全系数较技施阶段均有减小，除剖面 2－2（0＋079.31m）外，其他剖面稳定安全系数均满足规范要求。剖面 2－2 正常水位遇 246cm/s^2 地震工况沿坝基②－3 粉细砂及粉土层的组合滑面稳定安全系数为 1.1，小于规范要求的允许安全系数 1.2。考虑②－3 粉细砂和粉土层范围小呈透镜状分布及三维效应，结合 Autobank 程序计算成果综合分析，大坝整体稳定。采用部分监测成果进行的应力应变反演分析成果表明，采用反演参数计算的大坝应力变形与设计参数计算结果接近，坝体坝基应力变形符合一般工程规律。根据坝体坝基渗流成果及下游河道涌水后的补充监测成果进行的渗流反演分析表明，模拟右岸基岩接触带附近存在强透水区域时，下游坝基渗流计算水头与下游长观孔的承压水头宏观相近，水头损失主要由坝下游覆盖层②－2 层承担；覆盖层②－2 层计算的渗流梯度统计平均值为 0.159～1.422，大于其临界抗渗坡降 1.15，存在渗流破坏的可能。

截至 2016 年 8 月，坝后渗漏量为 320L/s，涌水量 108.2L/s（水质清澈）。防渗墙下游各测点实测值水位分别在：1316.00～1317.00m 范围内波动；坝后偏右岸长观孔承压水位在 1334.00～1344.00m 之间，与库水位的相关性较好。坝顶沉降 14.18cm，坝体最大沉降 122.23cm，位于高程 1325.00m0＋251.00m 桩号。大坝位移顺河向最大 11.37cm，坝轴向最大位移 4.48cm。监测成果表明，目前大坝的应力变形随时间变化比较平稳，分布符合一般规律；但下游右岸存在与库水位相关性较好的高承压水带。

考虑目前坝基补强灌浆对坝下游涌水未见明显减渗效果，且右岸坝基防渗墙下强透水带 0＋230～0＋260.5 段仅对 0＋250～0＋256 段进行了补强灌浆，建议继续对 0＋230～0＋250、0＋256～0＋260.5 段进行补强灌浆，以期封堵渗漏通道、对坝下游涌水起到明显减渗效果。建议补强灌浆完成后，视灌浆效果确定是否对整个防渗线作进一步全面排查。建议补充坝基深层监测仪器。坝基 0＋253 桩号深孔渗压计目前未实施，建议尽快按设计便函要求进行 0＋253 桩号深孔渗压计施工。坝基灌浆廊道 0＋071m 结构缝渗水未进行处理，建议按设计文件建议进行处理。目前下游河道涌水含砂减小，涌水出口无塌陷，但在高水头作用下坝基覆盖内部会出现不可避免的颗粒移动现象，坝基内部渗漏通道将继续扩大，可能进一步危及坝体安全。考虑在高水头作用下补强帷幕灌浆未见明显效果，为保证补强帷幕灌浆效果，建议适时研究在低水位条件下进行坝基防渗体系缺陷处理的可行性。考虑初期蓄水后坝基补强帷幕灌浆水头高、覆盖层深厚、地层结构复杂，施工难度大，结合涌水后坝基补强灌浆施工过程中出现的涌水涌砂、涌水水质变浑等异常现象，基于目前补强帷幕灌浆后涌水流量未见明显减小的情况，为了更清楚地了解灌浆效果、进一步对防渗体系进行精细排查，建议相关单位提交正式的坝基防渗体系施工报告、高水头深孔帷幕灌浆施工研究报告。建议加强大坝监测及其数据的分析工作，便于判断渗漏变化趋势。密切关注坝下游地区尤其是 5 号观测孔附近的涌水、管涌、塌陷等现象，及时分析判断其变化趋势并进行有效的处理。建议加强现场巡视，沿河道、坡体检查是否有新的渗水点出现，发现异常立即通知相关单位和部门，以确保电站运行安全。建议密切关注坝体变形、坝体及坝基渗流现象。

5.3.4.3　紫坪铺水利枢纽工程绕坝渗漏

1. 工程概述

紫坪铺水利枢纽工程位于成都市西北约60km的岷江上游，是一座以灌溉和供水为主，兼有发电、防洪、环境保护、旅游等综合效益的大型水利枢纽工程，是都江堰灌区和成都市的水源调节工程，属国家“十五”期间基础设施建设重点工程项目之一，是国家实施西部大开发的标志性工程。2001年3月29日，经国家计委批准正式开工建设。2002年11月26日顺利实现大江截流，2005年9月成功下闸蓄水，2006年5月4台机组全部投产发电。工程坝址位于龙门山和成都平原的交界附近，控制流域面积22662km^2，占岷江上游流域面积的98%。多年平均年流量469m^3/s，年径流总量148亿m^3，占岷江上游总径流量的97%；控制了上游暴雨区的90%，上游泥沙来量的98%。坝址右岸为三面被河曲围抱的条形山脊，左岸与下游白沙河相邻，河间分水岭宽为965m。工程挡水建筑物为钢筋混凝土面板堆石坝，最大坝高156.00m，坝底宽度417.79m，坝顶长度663.77m，坝顶高程884.00m，正常蓄水位877.00m，汛期限制水位850.00m，死水位817.00m。正常蓄水位相应的库容为9.98亿m^3，总库容11.12亿m^3。枢纽区水工建筑物都布置在右岸，由2条泄洪排沙隧洞、1条冲沙放空隧洞、4条引水发电隧洞、坝后地面厂房和紧邻坝端的开敞式溢洪道组成。

2. 地层岩性和构造发育特征

坝址区地层由三叠系上统须家河组含煤砂页岩系组成多个不等厚韵律层，每个韵律层大体由底部含砾中粗粒砂岩开始往上部逐渐递变为细砂岩、粉砂岩、泥质粉砂岩和煤质页岩。坝区主要构造为沙金坝向斜、F_3断层、F_{2-1}断层和层间剪切带等。其中沙金坝向斜位于大坝坝轴线一带，右岸向斜两翼地层对称完整，左岸向斜NW翼被F_{2-1}断层破坏。F_3断层规模较大，位于坝轴线下游约360m处，即泄洪排砂洞出口和溢洪道冲刷段。据16号、28号平洞揭露，产状为N50°～70°E/NW∠50°～75°，宽55～87m，由挤压片理、糜棱岩、断层泥和砂岩构造透镜体组成。坝区与水工建筑物关系密切的层间剪切错动带有8条，宽约2～38m，顺层发育于煤质页岩中。坝区节理裂隙主要见于坚硬厚层砂岩中，以构造裂隙为主，主要有3组，裂隙在表层25～55m的风化卸荷带内多有一定程度张开和次生夹泥充填。

3. 地下水埋藏与分布特征

坝区地下水的基本类型以基岩裂隙水为主，岩体的含水透水性受岩性构造和风化卸荷等因素所控制。砂岩裂隙较发育，具有一定含水、透水性能；煤质页岩、泥质页岩等岩性软弱，受构造挤压易形成断层和层间剪切错动带，含水、透水性弱，常构成相对不透水层。它们交互成层构成坝区多层裂隙含水系统。据前期勘察和施工开挖揭露，地下水主要赋存和运移于层间剪切错动带（或断层）上盘、向斜核部或裂隙密集带部位的砂岩裂隙中，多表现为滴水、线状流水，少有股状流水，总体出水量不大，在层间剪切错动带上盘、向斜核部附近相对活跃，表明层间剪切错动带具隔水作用，将砂岩层分隔成若干个含水层。

4. 废旧煤洞和洞室开挖对地下水的影响

坝区有300多年的采煤历史，前期访问调查中发现22个小煤窑，这些小煤窑往往在厚层砂岩中挂口，进入煤质页岩中沿煤层或煤线顺层开采，有的采用竖井向河床深部采挖。据物探资料解译，坝区在不同部位、不同高程存在多层煤洞，分布最低高程749.00m左右，有的互相连接形成采空区。在坝区施工全面开挖后，新揭露的煤洞点达134处，遍布整个坝址区，这些煤洞口有的在砂岩中，有的在煤质页岩（层间剪切错动带）中，部分洞口有地下水流出，如左岸坝坡高程744.00m附近的FMD77号煤洞。又如1号导流洞在桩号0＋265m处钻孔击穿原PD11探洞时，洞内积水从孔眼中射出，初始流量达15L/s，在F_3断层带（桩号0＋640m～0＋704m）多处遇到煤洞，见地下水大量涌出，致使塌方严重。上述现象表明，废旧煤洞或采空区的存在，使原本水力联系微弱的多层含水构造体系遭到破坏，造成含水层之间的水力联系加强，部分煤洞成为集中的渗流通道和储水池，从而一定程度上改变了地下水原有的埋藏和渗流体系。

5. 地下水动态特征及变化规律

（1）河水位动态。根据坝区岷江水位站1991—1995年河水位动态观测资料整理得出：①坝址区河水位多年平均值为743.00m，其中5—10月为高水位期，11月至次年4月为低水位期；②年均雨季高水位744.00m，年均非雨季低水位742.00m，年内水位变幅一般3m，年内最大水位变幅5m；年内水位呈一峰一谷型，多年变化较稳定；③年内月均水位变幅出现3个变化段：6—9月为水位急剧变化段，水位变幅值0.26～0.15m；3月为水位变化平稳段，水位变幅小于0.05m；10月、4月、5月为水位缓慢变化段，水位变幅0.06～0.17m。

（2）地下水位动态特征。坝区地下水位总的变化趋势与坝区地形变化一致，较地形和缓；坝区地下水总体向岷江排泄，右岸呈放射状流线特点指向岷江，左岸地下水流向总体指南西方向，也流入岷江；各岩性层水流运动方向基本一致，多层状含水系统的流动特点不明显，即相对隔水层（页岩层）的隔水性没有在水位上有明显特征；地下水水力梯度约为20%，在坝址区右岸岷江转弯段水力梯度较小约为4%。这是河弯型三面排泄基准面控制的结果。

6. 岩体渗透性分析和渗透性分区

（1）砂岩的渗透特特征。砂岩是坝区地下水的主要载体，坝区砂岩主要发育顺层、纵切、横切等三组裂隙，各组裂隙的产状和发育情况随所在构造部位而有所变化，将砂岩分割成近方形块体，发育较稳定、延伸长，对岩体的渗透性起主导作用。统计分析可以发现：①坝区砂岩的平均渗透系数随埋深增大呈指数规律衰减；②分层统计表明，渗透系数的大小随深度的变化与野外裂隙定性观察结果相同，存在四个垂向分带，即：强风化卸荷带埋深0～50m，弱风化卸荷带埋深50～80m，浅埋带（微新岩体带100～140m），深埋带（＞140m）；③从渗透系数分级统计可以看出，对砂岩渗透性起决定作用的是中、强透水两级岩体，决定了砂岩的“平均渗透系数”的大小，微透水、弱透水两级渗透系数极小，而强透水岩体在坝区中出现的概率极低。为了考察砂岩渗透性与岩性相变、地质构造的关系，压水试验资料分析表明，不同砂岩层的渗透性不存在明显的差异。不同粒度的砂岩，如中粗砂岩、细砂岩、粉砂岩，甚至泥质粉砂岩的平均渗透性也不存在决定性的差别。这不仅说明坝区砂岩孔隙形式以构造裂隙为主（在脆性岩石中的分布相对均匀），而且在统一的构造应力场下，不同粒度的砂岩中的裂隙在发育密度和张开度之间存在某种均衡：密度大，则张开度小；反之，亦然；不同砂岩渗透性的“偏大估值”存在明显不同，如中粗砂岩的渗透性上限为0.73m/d，细砂岩为0.45m/d，粉砂岩为0.36m/d，泥质粉砂岩为0.12m/d。中粗砂岩和泥质粉砂岩相差5倍，表明不同岩性砂岩中，极强透水的宽大裂隙的发育程度是有较大差异的：岩石粒度越大，则其发育宽大裂隙的概率越大。

（2）页岩（层间剪切带）的渗透特征。以煤质页岩和泥质粉砂岩挤压形成的层间剪切带，其渗透性通常具有一定的各向异性，表现在垂直于层面方向上的渗透性远比顺层方向的渗透性小，由钻孔压水试验计算的渗透系数主要反映的是页岩在顺层方向的渗透性（K_h），而垂层方向的渗透性（K_v）应该通过特殊的钻孔试验来判断。根据ZK47等几个钻孔的压水试验资料，煤质页岩、泥质页岩渗透系数一般小于0.05m/d，其平均值与泥质粉砂岩和粉砂岩差别不大，说明层间剪切带顺层方向上具有一定的渗透性。试验采用非稳定流抽水，试验成果显示，观测孔CG2中$T_3^3xj_{12}$-③、④层地下水基本不变，CG1中$T_3^3xj_{13}$-①砂岩层水位最大降深26cm，表明坝区$T_3^3xj_{13}$-①微新砂岩层具有一定导水性，渗透系数为0.0669m/d；而层与层之间由于层间剪切带起着明显的阻水作用，水力联系较弱，据此判断层间剪切带的垂层渗透系数应小于0.00864m/d。

（3）岩体渗透性分区。坝区出露岩性为砂岩和煤质页岩互层，砂岩中裂隙较发育，渗透性较强，煤质页岩透水性微弱，浅表岩层由于风化卸荷作用透水性增强，总的趋势是随深度增加透水性减弱，但规律性不强。根据钻孔压水试验资料，结合本工程防渗要求，横剖面上将岩体渗透性可分为Ⅳ区。透水率$q \geqslant 100$Lu区：属强透水区，分布在右岸条形山脊端部强卸荷带的$T_3^3xj_{14}$-①层砂岩中。透水率$q=10 \sim 100$Lu区：属中等透水区，主要分布于河床部位向斜核部，深度可达到105m左右，两岸强卸荷带砂岩中多分布。透水率$q=5 \sim 10$Lu区：属弱透水上带，主要分布于弱卸荷带和向斜核部。透水率$q=3 \sim 5$Lu区：属弱透水下带，主要分布于微新岩体中。透水率$q<3$Lu区：该区左岸一般分布于100～125m深度以下，局部埋深大于160m；河床部位埋深大于70～140m；右岸条形山脊一般位于70～100m深度以下。160m勘探深度内未见透水率$q<1$Lu的相对隔水层界面。

7. 地下水渗流系统

根据坝区地层岩性、地质构造、岩体渗透性、河流水系及废旧煤洞等因素对地下水的赋存和运移的影响，从地下水的补给、径流、排泄以及渗流场的变化角度出发，将坝区地下水渗流系统划分为右岸沙金坝条形山脊裂隙水系统和左岸库首至白沙河河间地块裂隙水系统。

（1）右岸沙金坝条形山脊裂隙水系统。作为区域性的地下水最底排泄基准面的岷江，在沙金坝形成近180°的弧形拐弯，将坝区右岸须家河组（T_3^3xj）的砂页岩山体切割成一个三面环水的独特河间地块，其北西、北、东的边界均为岷江，南西方向是区域地表分水岭的中高山地区（地下水补给区），南部由F_3断层构成其阻水边界。该系统地下水受大气降水入渗补给，主要赋存空间为第$T_3^3xj_{12}$、$T_3^3xj_{13}$、$T_3^3xj_{14}$层砂岩中的构造裂隙。地下水埋深较大，除临江及冲沟附近以外，地下水大都赋存在砂岩的风化卸荷带以下的微新岩体中，浅表部位赋存风化裂隙水，并缓慢补给下部含水层。平面上，由于F_3断层的阻水作用和南西部高地势区的地下水补给，因此，地下水受控在三个方向上向岷江排泄；垂直方向上，由于系统在构造上为形态基本完整的沙金坝向斜，以及砂岩中层间剪切带的存在，层状砂岩含水层之间水力联系较弱，地下水并且以顺层流动为主，表现出多层地下水流的特点，因此具有一定的承压性。但由于废旧煤洞的存在，这种地下水的运移方式受到一定程度的破坏。水库正常蓄水后，大坝上游系统北西及北部的岷江水位将抬高130m以上，地下水渗流场也因此产生较大变化。首先，地下水位抬高，埋深减小，局部地区与风化裂隙水带连成一体，更有利于接受大气降雨的入渗补给；其次，上下游水头差的剧烈增加，将极大地增加地下水的径流速度；第三，建成后的大坝与F_3断层之间的距离仅有100m左右（电站厂房亦在此范围内），地下水受控在此相对狭窄的范围内集中排泄，将会使此处成为地下水的强径流区，地下水流速和水力坡度都会大大地增加。

（2）左岸库首至白沙河河间地块裂隙水系统。左岸库首岷江和白沙河之间的河间地块，包括尖尖山飞来峰构造的三叠系砂页岩基座部分。其北东方向为中高山区，存在区域上的北东向地表分水岭，因此，其北东边界为一可移动水力边界，其他边界均由岷江及龙溪河、白沙河等地下水排泄基准面构成。该系统地下水主要的赋存空间为T_3^3xj砂岩中的构造裂隙，地下水埋深较大，除临江及冲沟附近以外，地下水大都赋存在砂岩的风化卸荷带以下的微新岩体中，浅表部位存在风化裂隙水，并缓慢补给下部含水层。与右岸沙金坝裂隙水系统不同的是，河间地块在构造上为同斜紧闭向斜或单斜构造，顺层压扭性逆冲断层发育，岩层和断层产状均为大倾角（50°～70°）倾向北西，加之砂岩中层间剪切带的存在，因此，地下水以北东—南西沿构造线方向的顺层流动为主，并具有承压性，相对而言，沿北西—南东方向的穿层地下水径流要微弱得多，有利于防止库水向邻谷（白沙河）的渗漏。地下水主要接受大气降雨入渗和北东方向侧向径流的补给，向岷江及龙溪河、白沙河排泄，前期勘探表明其间存在稳定的地下水分水岭。在左岸这种特殊的水文地质结构前提下，水库正常蓄水后，除地下水分水岭水位会抬高并向库首方向偏移以外，地下水的径流模式将不会产生大的变化。

8. 设计渗控方案

根据坝区水动力场研究成果，设计上采用防渗帷幕、排水洞和排水孔及反滤联合渗控方案。根据渗控设计方案，大坝和两岸坝肩防渗帷幕灌浆施工已经完成，灌浆孔排距1.5m，孔距2m，坝基孔深89～155m，两岸坝肩孔深按设计深度和高程控制。分Ⅲ序施工，Ⅰ序孔施工最大灌浆压力限为2.0MPa，Ⅱ、Ⅲ序孔限为2.5MPa。考虑两岸坝肩废旧煤洞较多，也难以彻底查清，为避免沿尚未发现的煤洞集中渗漏危及工程安全，根据地质建议，防渗帷幕部分深入到原采煤能力可能达到的深度以下，即深入到天然河水位750.00m以下。当灌浆遇废旧煤洞和漏浆严重段时，采取了降压、浓浆灌注、间隙灌浆等措施，确保灌浆效果。大坝和两岸坝肩防渗帷幕完工后，采用钻孔取芯、压水试验和物探测井等方法对其质量进行了综合检测，并将废旧煤洞和漏浆严重段作为检测重点。检查孔岩芯裂隙中普遍见有水泥结石，胶结良好，岩芯完整性较未灌浆前明显提高，钻孔压水试验透水率（q）基本小于3Lu，如右岸条形山脊防渗帷幕14个单元60个检查孔1307段压水只有7段超过3Lu，对大于4.5Lu的段进行补灌处理。物探测井岩体声波波速达3800～4200m/s，较灌前波速提高了10%左右。上述综合检测成果表明，防渗帷幕质量满足设计要求，能起到防渗减压效果。

根据坝区水文地质结构，结合枢纽建筑物和防渗排水系统布设，建立坝区地下水位长期观测网。坝区长观孔地下水位观测始于2005年5月9日，水库于2005年10月1日下闸蓄水，蓄水前后地下水位长观曲线和库水位曲线表明，右岸坝后地下水位与库水位有一定相关性，但变幅不大，说明坝区防渗排水系统起到了显著的效果，但局部地下水位仍较高，应适当增设或加深排水孔，以降低渗透水压对建筑物和边坡稳定的不利影响。左岸地下水位与库水联系较密切，可能与帷幕质量和库水绕渗有关，应加强水位监测和帷幕检测，采取相应补救处理措施。

紫坪铺水电站正常水库蓄水位 877.00m，相应下游河水位为 747.00m，上下游水头差 130.0m，因此水库正常蓄水后，必将对坝基、坝肩等部位形成巨大的扬压力和渗透力。除了大坝外，工程建筑物集中布置在右岸条形山脊（由东向西依次为开敞式溢洪道、4 条引水发电洞及地面厂房、冲沙放空隧洞和 1、2 号泄洪排沙隧洞），水库正常蓄水后，右岸单薄条形山脊地下洞室群等水工建筑物及周边岩体内亦会形成巨大的扬压力和渗透力，直接影响到枢纽建筑物的安全和稳定性。为了确保大坝工程和右岸建筑物在水库运行期的安全和稳定性，降低地下水渗透力对建筑物的有害作用，在坝基、坝肩和右岸单薄河间地块设计布置有防渗帷幕、排水孔系统，为了探讨水库运行期坝区整体的优化防排水方案，达到综合防渗降压的效果，共设计模拟了两套（22 种）防渗帷幕、排水孔系统方案，见表 5.13。

表 5.13　防排水组合方案简表

方案	帷幕渗透系数 /(m/d)	组合	简要说明
第一套方案	0.001	a_1	无帷幕、无排水，上游水库水位 877.00m，下游河水位 747.00m
		a_2	坝基、坝肩、右岸条形山脊处有帷幕，帷幕底高程：坝基（孔 ZK50～ZK48）处 640m→右岸溢洪道处 780m→右岸山内 780m，坝基（孔 ZK51～ZK52）处 626m→左岸坝肩 814m。右岸条形山脊处无排水
		a_3	帷幕设置同 a_2。右岸条形山脊处有一排纵向排水孔，排水孔的出水高程为 757.00m，孔间距为 3m，孔深 19m；高程 757.00m 以上无排水
		a_4	坝基、坝肩、右岸条形山脊处无帷幕，排水孔的设置同 a_3
		a_5	坝基、坝肩、右岸条形山脊处有帷幕，帷幕设置同 a_2。右岸条形山脊处有一排纵向排水孔、一排横向排水孔，排水孔的出水高程均为 757.00m，孔间距均为 3m，孔深均 19m；高程 757.00m 以上无排水
		a_6	坝基、坝肩、右岸条形山脊处有帷幕，帷幕设置与 a_2 的区别只是帷幕在趾板终端沿山脊走向加长 50m；排水孔的设置同 a_5
		a_7	坝基、坝肩、右岸条形山脊处有帷幕，帷幕设置是在 a_6 基础上在左岸坝肩趾板终端处帷幕沿原帷幕线加长 50m。排水孔的设置同 a_5
		a_8	帷幕设置同 a_2。右岸条形山脊处有一排纵向排水孔、一排横向排水孔，排水孔的出水高程均为 757.00m。考虑排水孔均失效 50%，即排水孔间距加大，取 6m，孔深仍为 19m；高程 757.00m 以上无排水
		a_9	帷幕设置同 a_2，考虑帷幕失效，即所有帷幕的渗透系数取为 0.002m/d。排水孔的设置同 a_5
		a_{10}	帷幕设置同 a_2，考虑帷幕失效，即所有帷幕的渗透系数取为 0.01m/d。排水孔的设置同 a_5
		a_{11}	帷幕设置同 a_2，考虑帷幕失效，即所有帷幕的渗透系数取为 0.0185m/d。排水孔的设置同 a_5

续表

方案	帷幕渗透系数/(m/d)	组合	简　要　说　明
第二套方案	0.01	b_1	帷幕和排水设置同 a_2
		b_2	帷幕设置同 a_2。右岸条形山脊处有一排纵向排水孔，排水孔的出水高程为 835m，孔间距为 3m，孔深 37m；高程 835.00m 以上无排水
		b_3	坝基、坝肩、右岸条形山脊处无帷幕。排水孔的设置同 b_2
		b_4	帷幕设置同 a_2。右岸条形山脊处有一排纵向排水孔、一排横向排水孔。纵向排水孔的出水高程为 835m，孔间距均为 3m，孔深均 37m，高程 835.00m 以上无排水。横向排水孔从纵横排水孔相交处起向外至 324m 段出水高程为 835.00m，孔间距均为 3m，孔深均 37m，高程 835.00m 以上无排水；横向排水孔 324～404m 段出水高程为 800.00m，孔间距均为 3m，孔深均 35m，高程 800.00m 以上无排水
		b_5	帷幕设置同 a_6。排水孔的设置同 b_4
		b_6	帷幕设置同 a_7。排水孔的设置同 b_4
		b_7	帷幕设置同 a_2。右岸条形山脊处有一排纵向排水孔、一排横向排水孔，纵向排水孔的出水高程为 835.00m，孔深均 37m，高程 835.00m 以上无排水。横向排水孔从纵横排水孔相交处起向外至 324m 段出水高程为 835.00m，孔深均 37m，高程 835.00m 以上无排水；横向排水孔 324～404m 段出水高程为 800.00m，孔深均 35m，高程 800.00m 以上无排水。考虑排水孔均失效 50%，即排水孔间距加大，取 6m
		b_8	帷幕设置同 a_2，考虑帷幕失效，即所有帷幕的渗透系数取为 0.013m/d。排水孔的设置同 b_4
		b_9	帷幕设置同 a_2，考虑帷幕失效，即所有帷幕的渗透系数取为 0.015m/d。排水孔的设置同 b_4
		b_{10}	帷幕设置同 a_2，考虑帷幕失效，即所有帷幕的渗透系数取为 0.02m/d。排水孔的设置同 b_4
		b_{11}	帷幕设置同 a_2，考虑帷幕失效，即所有帷幕的渗透系数取为 0.02m/d；同时也考虑排水孔失效（同 b_7），即排水孔间距取为 6m

9. 小结

（1）坝区为深切割中低山地貌，降雨和地表径流丰富，广泛分布的 T_3^3xj 碎屑岩和北东向断裂构造决定了本区水文地质条件的基本格局，三叠系上统须家河组（T_3^3xj）砂页岩及其地质构造对坝区地下水的形成、分布和补给、径流、排泄特点起着决定性的控制作用。

（2）野外调查和水文地质试验资料统计表明，T_3^3xj 中的泥页岩及挤压剪切带（包括 F_3 断层）透水性极差，具有较明显的阻水意义，T_3^3xj 砂岩裂隙水以顺层运移为主，垂直层面方向水力联系微弱。

（3）坝区岩体的渗透性受地层岩性组合、地质构造、风化卸荷作用等因素的控制，砂岩的渗透性垂向变化明显，ω 值反映出渗透系数随深度呈指数衰减，强风化卸荷带（埋深 0～40m）渗透系数较大为 0.2～1.5m/d，弱风化卸荷带（埋深 30～80m）渗透系数较小为 0.05～0.2m/d，浅埋带（埋深 80～140m）渗透系数很小为 0.01～0.05m/d，深埋带（新鲜岩体）的渗透性极小。砂岩渗透性具有非均质各向异性的特点。

（4）坝区地下水可划分为右岸沙金坝向斜裂隙水系统、左岸库首至白沙河河间地块裂隙水系统。二个系统岩体介质的空隙性和地下水在其中的赋存运移模式具有各自不同的特点，构成二个独立的地下水流动系统。坝区地表水、地下水的水化学和同位素特征与所处的地貌、地质构造及坝址区裂隙水系统条件相吻合，对混凝土均没有腐蚀性破坏作用。

（5）根据坝址区裂隙水系统水文地质条件分析，结合多个地下水剖面二维流数值模拟计算表明：①现有防渗设计条件下，坝下渗漏和左右坝肩绕坝渗漏量很小，对工程施工和枢纽运行没有危害性；②右岸坝下防渗帷幕对降低水工建筑物区的地下水水头、减少地下水渗透压力效果显著；③左岸河间地块在正常水文气象状况下，存在高于正常蓄水高程877.00m地下水分水岭，不存在左岸库首向邻谷白沙河渗漏的可能性。

（6）根据反演计算，坝区右岸 T_3^3xj 岩体渗透系数、渗透张量、当量渗透系数与其地层岩性、地质构造、风化卸荷作用等水文地质特征相一致，渗透系数张量具有明显的非均质各向异性的特点。T_3^3xj 岩体中页岩的渗透性较小，砂岩的渗透性较大。

（7）防渗方案分析计算成果表明，防渗帷幕是控制渗流场变化的关键因素，排水孔间距加大和延长帷幕对整个渗流场影响不大。第一套方案中的方案 a_5 和第二套方案中的方案 b_5 最佳。但考虑到施工中做到帷幕的渗透系数为 0.001m/d 很难，甚至不可能，故推荐第二套方案中的 b_5 方案为紫坪铺水电站坝区防排水方案。该方案可以有效地降低水工建筑物表面的扬压力和岩体内的渗透力，改善坝区岩体地下水渗流场，既有利于工程的整体经济效益，又有利于工程整体的安全和稳定。另外由于页岩的渗透性较小，在页岩区帷幕的防水效果和排水孔的排水效果都不明显。因此排水孔最好尽量布设在砂岩中。

（8）根据坝区水动力场和防渗方案分析成果及建议，设计上采取了防渗帷幕与纵横排水洞、孔相结合的防排水系统，排水洞、孔的布设充分考虑了页岩阻水、砂岩导水的特性。

（9）结合坝区水文地质条件的特点和现有水工建筑物、及防排水布局，建立了地下水的长期观测网。目前长观资料成果表明，右岸坝后地下水位与库水位有一定相关性，但变幅不大，表明坝区防渗排水系统起到了显著的效果，但局部地下水位仍较高，应适当增设或加深排水孔，以降低渗透水压对建筑物和边坡稳定的不利影响。左岸地下水位与库水联系较密切，可能与帷幕质量和库水绕渗有关，应加强水位监测和帷幕检测，必要时采取相应补救处理措施。

5.4　深厚覆盖层区坝基基坑降水

5.4.1　概述

在我国四川西部地区，处于地貌二级、三级阶梯过渡区，地貌为皆属高山峡谷型地貌，区内金沙江、雅砻江、大渡河、岷江、白龙江等皆属高山峡谷型河流，河谷多呈V形或U形。河床之下一般为深切槽谷，基岩深埋，河谷广泛沉积有厚度很大的覆盖层，即通常所谓的河谷深厚覆盖层。

所谓河谷深厚覆盖层，一般指堆积于河谷之中，厚度大于30m的第四纪松散沉积物。它具有结构松散、岩层不连续的性质，岩性在水平和垂直两个方向上均有较大变化，且成因类型复杂，物理力学性质呈现较大的不均匀性。因此，河谷深厚覆盖层是一种地质条件差且复杂的地基，而且在西南地区的河谷区域广泛发育此类覆盖层。现代社会电力需求的急剧增长，使得当今的水利水电工程建设，不得不面临地基条件差且复杂的难题。一般而言，水利水电中的河谷深厚覆盖层问题主要研究的是其物质组成特征及岩组划分，讨论其工程地质性质对建坝的适宜性。前人大量研究表明，坝址区深厚覆盖层的形成时代、物质组成、结构特征的不同导致不同的工程地质特性。

由于地质构造原因，西南地区大规模的水电建设不可避免遇有大量的深厚覆盖层问题。在河床深厚覆盖层上建坝，面临很严重的坝基稳定性和渗漏问题。经过多年的研究论证和实际施工，如今无论是国内还是国外已经有不少在河床深厚覆盖层上成功建坝的例子，在建坝及防渗方面为我们积累了很好的总结相关问题的经验。

在深厚覆盖层地区的建坝工程中，不单单是要考虑到建坝时坝基的稳定性和建好后坝址区的防渗，也要考虑到坝址区基坑开挖时遇到的稳定性和降水问题。众所周知，水电施工的基坑开挖是在上下游形成围堰堵水的基础上进行的。然而，围堰并不能保证将基坑两端的水完全堵截在外，这是基坑涌水的主要来源。而水电坝基基坑往往具有长、深的特点，这增加了其基坑排水的复杂性。世界闻名的三峡大坝仅坝顶长度就达到了3035m，此类问题的施工难度显而易见。但是，对相关资料的查阅发现，目前只有很少的专家学者对这类问题进行研究讨论，这样的情形使得我们有必要对我国在水电建设中遇到的相关问题及解决办法进行一些适当的总结，以期对此类问题可以有更深入的研究，提高深厚覆盖层建坝过程的基坑安全性。

本节立足于前人对深厚覆盖层所做的大量翔实的研究，先对深厚覆盖层的基本性质特征进行分类，探讨其不同性质条件下的工程地质特性。本节主要是研究西南水电建设中深厚覆盖层的基坑降水问题，因此对于深厚覆盖层最主要的研究对象是其与水有关的特性。弄清深厚覆盖层的工程地质特性，根据深厚覆盖层的特点进行相应的基坑开挖及基坑涌水预测就可以避免出现工程事故。深厚覆盖层的基坑降水，可根据对水量的预测选择合适的方法进行基坑排水。即要严防出现基坑水害事故，也要注意控制施工成本。在我国的经济建设大潮中，对高层建筑或其他大型工程的基坑降水已经形成比较完善的应对技术手段。在对深厚覆盖层的基坑降水中，既充分考虑了深厚覆盖层不同的工程性质，也考虑了其水源、渗漏方式等特点，以土建工程中的基坑降水为依据设计适用的降水方式，防止基坑水害事故的发生。

5.4.2 基于既有实例的深厚覆盖层区坝基基坑降水问题分析

5.4.2.1 降水问题产生背景

我国西南地区部分河流深厚覆盖层广泛分布，对水电开发过程中所揭露的各地段覆盖层厚度进行统计，结果见表5.13。由表5.13可见深厚覆盖层在大渡河、金沙江、岷江、雅砻江等河流中普遍发育。目前收集到的大渡河全流域36个水电站中，有34个水电站的河谷覆盖层厚度达到或超过30m，深厚覆盖层所占比例达到95%。可以说，深厚覆盖层在西南河流中普遍发育。

据杨天俊（1998）研究成果，大多数河段覆盖层纵向上可分为三层：底部为晚更新世冲积、冰水漂卵砾石层；中部为晚更新世以冰水、崩积、坡积、堰塞堆积与冲积混合为主的加积层，厚度相对较大；上部为全新世正常河流相堆积。一般而言，受第四纪地壳运动的影响，河床的正常覆盖层厚度一般小于30m，堆积物年龄一般小于2000年。而根据表5.14所列，西南地区许多河流覆盖层厚度都大于30m。同时，多个水电站大量的测年资

表 5.14　　我国西南地区主要河流深厚覆盖层情况一览表（据金辉，2008）

地名	覆盖层厚度/m	所在河流	地名	覆盖层厚度/m	所在河流	地名	覆盖层厚度/m	所在河流	地名	覆盖层厚度/m	所在河流
双江口	70	大渡河	沙坪	50	大渡河	大岗山	20.9	大渡河	太平驿	80	岷江
独松	80	大渡河	龚嘴	70	大渡河	巴拉	30	大渡河	渔子溪Ⅰ	75	岷江
巴底	130	大渡河	铜街子	70	大渡河	达维	30	大渡河	渔子溪Ⅱ	68.4	岷江
丹巴	80	大渡河	马奈奈	130	大渡河	卜寺沟	30	大渡河	紫坪铺	18.5	岷江
猴子岩	70	大渡河	汉源	81	大渡河	马脑顶	60	岷江	鱼嘴	23.8	岷江
长河坝	87.1	大渡河	赵修庙	91	大渡河	飞虹桥	73.4	岷江	龙街	69	金沙江
黄金坪	130	大渡河	安宁	95	大渡河	钟坝	>104	岷江	新庄街	37.7	金沙江
泸定	98.7	大渡河	道班	130	大渡河	玉龙	92.5	岷江	乌东德	59	金沙江
硬梁包	76	大渡河	野坝	130	大渡河	兴文坪	62.5	岷江	白鹤滩	59	金沙江
龙头石	70	大渡河	柑子林	80	大渡河	映秀	62	岷江	溪洛渡	40	金沙江
老鹰岩	70	大渡河	新民	86	大渡河	中滩铺	64	岷江	向家坝	81.8	金沙江
安顺场	73	大渡河	冷碛	84	大渡河	漩口	33	岷江	虎跳峡	250	金沙江
冶勒	420	大渡河	加郡	112	大渡河	磨刀溪	100	岷江	锦屏	47	雅砻江
瀑布沟	63	大渡河	得妥	50	大渡河	彻底关	85	岷江	二滩	38.2	雅砻江
深溪沟	49.5	大渡河	金川	57.8	大渡河	沙坪	83.1	岷江	米鳝沱	50.7	雅砻江
枕头坝	48	大渡河	下尔呷	25	大渡河	福堂	92.5	岷江	官地	35.8	雅砻江

料表明，上述几大江河河床覆盖层下伏的基岩河槽一般形成于距今 2 万年前左右，中部多成因覆盖层形成年龄一般为 15 万～20 万年，其堆积时代早于二级阶地且往往构成二级阶地的基座。该异常堆积序列既不同于典型的上叠阶地，也不同于典型的内叠阶地，表明现今河床基岩河槽在 20 万年前就已形成，全新世河水并未切穿晚更新世覆盖层。而按传统的观点，现今的谷底应该形成于现今的某个时间，河床堆积物形成的年代通常情况下应晚于一级阶地。

近年来钻孔资料显示上述河流深厚覆盖层以下的谷底基伏面大多呈典型的 V 字形，部分为 U 形谷，谷底岩体其表层存在一个明显的厚度一般为 15～40m 的风化卸荷松弛带，而风化与卸荷需要一个长期过程。因此，这些特点表明，具有深厚覆盖层的河床，其谷底形成时发生过强烈的侵（下）蚀事件，而且这些侵蚀事件应该发生在距今相当长的一段时间以前，并非发生于现今。也就是说，地质历史时期曾经发生过一期甚至多期次的侵（下）蚀事件，使河流深切到比现今河床高程低数十米甚至上百米的位置，然后经历一个长时期的堆积过程形成河床深厚覆盖层，现代河流大多数地段是在原堆积的深厚覆盖层的基础上发育演化的。

5.4.2.2　深厚覆盖层基本特征——以大渡河为例

大渡河干流在不同的河段上，河谷堆积层的结构、组成各不相同（图 5.24）。例如，位于上游高山峡谷中大金（川）河段，不仅河谷堆积层厚度达 130m，而且层次繁多，可分 10 余个层，且结构复杂（图 5.25），是典型的“结构型”多层性加积层，冲击砂砾石与粉砂层多次重复出现，有规律的叠加，蚀积相卵石层的最大单层厚度约 20m，年代较新。河床下 30m 深处乌木^{14}C 的绝对年龄为 3000 年左右，60m 深处为 1 万年左右。

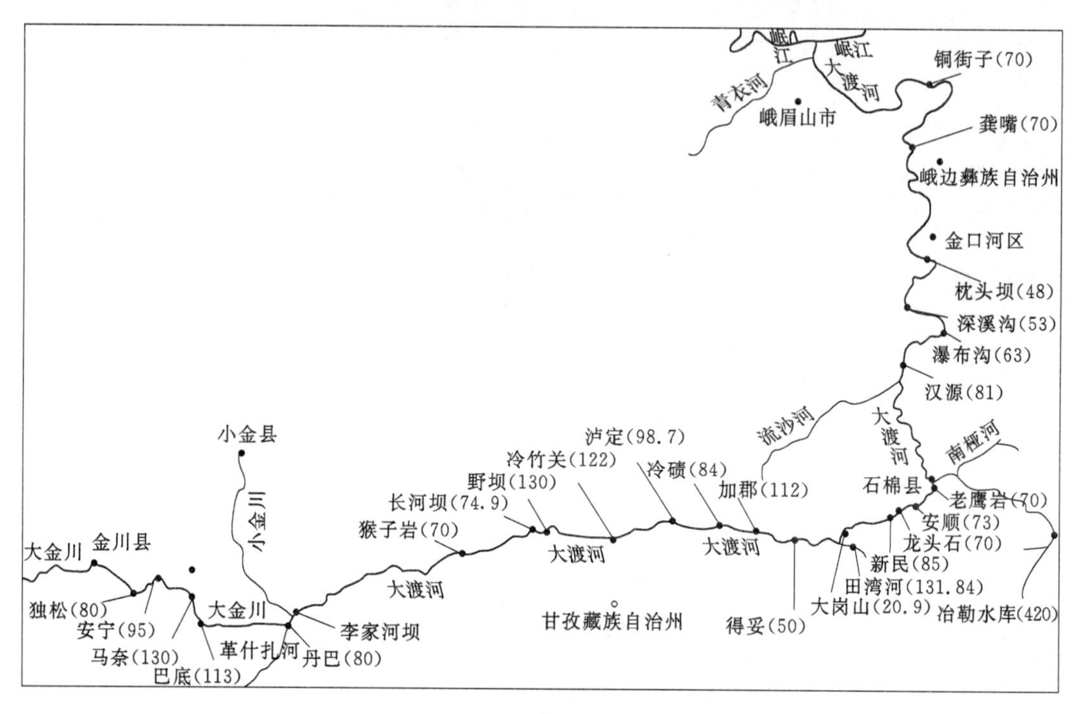

图 5.24　大渡河深厚覆盖层空间分布

中游泸定、石棉、汉源一带，峡谷与带状盆地相间，河谷堆积层也比较深厚，达80～90m，结构也比较复杂。该河段的大岗山为新构造上升区，深切河曲里的河床冲积漂卵石层结构单一，厚度仅 10～20m，打枝麻河床覆盖层如图 5.26 所示。而且该地堆积年代新，在高程 40.00m 的阶地堆积物中乌木^{14}C 绝对年龄为 2110 年左右。

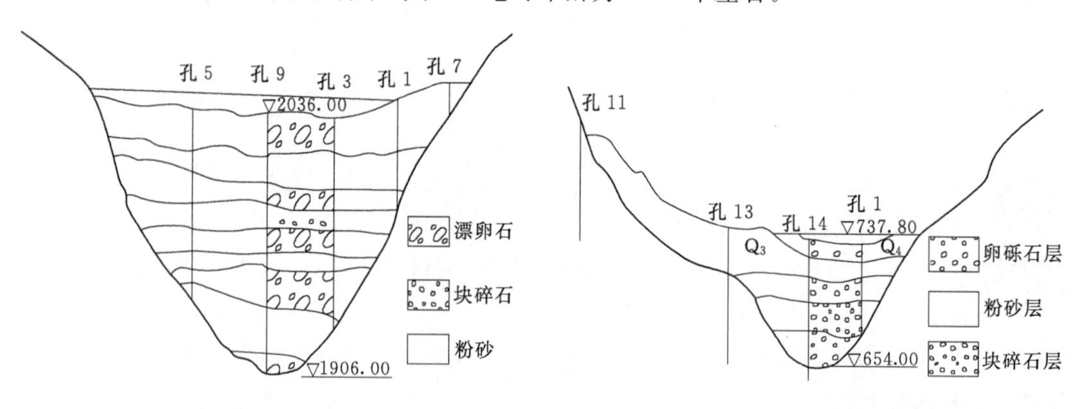

图 5.25　马奈河床覆盖层剖面（据石金良，1986）　图 5.26　打支麻河谷覆盖层剖面（据石金良，1986）

下游河段，根据龚嘴和铜街子水电站勘探和施工开挖证明，深切谷横断面与谷底基岩形态复杂，纵向上也起伏不平，河床的覆盖层最厚达 70m（图 5.27）。

在瀑布沟水电站坝址区，大渡河由北向南急转东流，形成向右岸凸出的河湾，河谷深切，岸坡陡峻，山体雄厚，为典型V形峡谷地貌。坝址右岸岸坡主要为浅变质玄武岩，小断层及构造裂隙发育，有不同程度的蚀变，岩体完整性较差；坝址左岸山体为花岗岩，岩体坚硬、完整。坝址区河床覆盖层多为架空结构，孔隙比一般为 0.19～0.37，平均为 0.28。其地层分布由下向上分别为：漂卵石层、卵砾石层（Q_4^{1-1}）、含漂卵石层夹砂层透镜体（Q_4^{1-2}）和漂（块）卵石层（Q_4^2）。

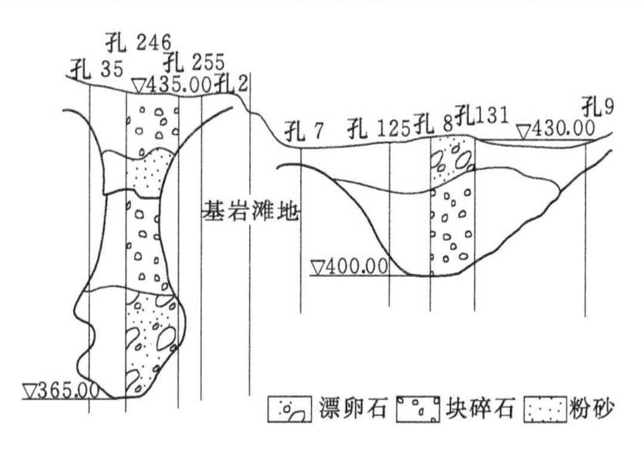

图 5.27　铜街子河谷剖面（据石金良，1986）

瀑布沟电站覆盖层厚 63m，其成分较为复杂，由老到新分为四层漂卵石层（Q_3^2），一般厚10～15m，该土层较密实卵砾石层（Q_4^{1-1}），分布于河床底部，残留厚度 22～32m，结构密实，含漂卵石层夹砂层透镜体（Q_4^{1-2}），分布于左岸 I 级阶地及河床堆积层中部，上叠于卵砾石层（Q_4^{1-1}）之上；漂块卵石层（Q_4^2），为现代河床上部及漫滩堆积物，厚 10～25，表层有透镜状砂层分布。

5.4.2.3　深厚覆盖层水文地质问题

水电建设的坝基建设过程中，需要在预建坝基位置处开挖建设基坑。同时，在基坑上下游位置处还要建设堵水围堰和临时泄洪道。在建设基坑时，往往会对深厚覆盖层进行适当的开挖以满足建坝稳定性要求。以大峡水电站二期基坑开挖为例——大峡水电站覆盖层最大厚度为 37.5m，而基坑开挖深度最大达到了 37m，这种建设基坑无论是从深度上还是体积上都是很可观的（刘晓黎，1997）。本节对深厚覆盖成工程地质特性的研究不在于讨论其建坝适宜性的问题，而是从水文地质的角度，考虑与基坑涌水有关的问题。

（1）坝基变形。河床覆盖层层次结构复杂，夹有多层砂层透镜体，各层厚度不一，物理力学性质差异大，对坝体、心墙及防渗墙的应力分布及变形带来不利影响。

（2）渗漏和渗透稳定。河床覆盖层颗粒粗、孤石多、局部架空明显、渗透性强、抗渗透破坏能力低、存在接触冲刷和管涌破坏。

（3）砂层液化。河床覆盖层所夹砂层透镜体多顺河流方向分布于近岸部位，厚度一般小于 2m，最厚可达 13m 左右。砂层透镜体主要分布于第③层（Q_4^{1-2}）底部，坝轴线上下游均有分布，同时在左岸近岸部位的 Q_3^2 漂卵石层中也分布有砂层透镜体，遇地震时可能会产生砂层液化问题。

5.4.2.4　深厚覆盖层涌水控制要素

河谷深厚覆盖层主要由漂块石、卵砾石、碎石土、粉细砂等组成，颗粒组成偏粗大，颗粒级配曲线均呈由粗粒为主体的陡峻型结构到平缓型的细粒结构，通常情况下缺乏中间粒径。统计表明，其组成物质中，漂卵砾石干密度最大（$>2.20g/cm^3$），块碎石次之，粉细砂的干密度最小（$<1.60g/cm^3$）；相应漂卵砾石的孔隙比最小，一般小于 0.30，粉细砂的孔隙比最大，一般大于 0.70。粉细砂不均匀系数低，一般小于 5，属均匀土；块碎石以粒径 20～60mm 的碎石含量为主，不均匀系数大（>250）；漂卵砾石不均匀系数在

31.6～149.1。粒径分布不均，级配范围较块碎石窄。

大量试验资料表明，河谷深厚覆盖层均有较强的透水性。不论是含泥块碎石、砂性土，还是漂卵砾石，其渗透破坏类型均与其密实度及颗粒级配组成密切相关，主要有流土和管涌两种类型。含泥块碎石一般情况下，渗透系数为 10^{-3}～10^{-5}cm/s 数量级，临界坡降为 0.1～0.8，多属流土型破坏。松散砂卵砾石通常为 10^{-2}～10^{-3}cm/s 数量级，临界坡降为 0.1～0.4，呈管涌型破坏。砂性土多 10^{-2}～10^{-3}cm/s 数量级，临界坡降为 0.1～0.3，呈流土型破坏（陈海军，等，1996）。坝基含水介质分两类：一类为覆盖层第四系坡积、洪积及崩积物，其与河水联系密切；另一类为覆盖层下伏岩体中的裂隙网络介质。

如大渡河瀑布沟电站覆盖层内地下水类型可归结为第四系松散堆积层孔隙潜水，受大气降水补给，河床部位地下水与河水位基本一致，通过现场试验测得河床含漂砂卵碎砾石层透水性强，且地下水与河水存在较强的水力联系，覆盖层渗透试验成果见表 5.15。由表 5.15 可知，各层渗透系数值差异不大，一般 K 值在 2.3×10^{-2}～1.04×10^{-1}cm/s 范围内，均属强透水层。勘探和试验表明，各层中均有局部架空层分布，架空层 K 值为 1.16×10^{-1}～5.8×10^{-1}cm/s 而砂层透镜体透水性能良好，渗透系数最大可达 353.12m/d。

表 5.15　　河床覆盖层渗透试验成果统计

层　位	渗　透　系　数		分　级
	一般值	架空值	
①漂卵石层（Q_3^2）	3.47×10^{-2}～1.04×10^{-1}	1.74×10^{-1}～2.89×10^{-1}	强透水
②卵砾石层（Q_4^{1-1}）	3.47×10^{-2}～1.04×10^{-1}	3.47×10^{-1}～5.78×10^{-1}	强透水
③含漂卵石层（Q_4^{1-2}）	2.3×10^{-2}～4.6×10^{-2}	1.16×10^{-1}～1.74×10^{-1}	强透水
④漂块卵石层（Q_4^2）	2.3×10^{-2}～5.78×10^{-2}	1.16×10^{-1}～1.74×10^{-1}	强透水

坝基覆盖层颗粒粗大，除上、下游透镜状砂层为弱透水外，粗粒层各层次具强透水性，局部架空部位透水性极不均一。坝基下覆盖层无相对隔水层分布，建坝蓄水后将形成坝基渗漏的主要途径。再者，由河床深厚覆盖层的物质组成可以看出，覆盖层各单层之间的物质组成、颗粒大小及颗粒排列方式均存在着一定的差异，因此覆盖层具明显的非均质性，各单层渗透系数各异同时，注意到，在每一个单层中，介质不同位置由于该层中漂卵砾石的排列方式不同，会造成每一个单层中介质渗透系数随空间位置的变化，即介质的各向异性。

5.4.3　深厚覆盖层成因类型分析

深厚覆盖层的形成与所属河流阶地的形成时间和下切速度有关，与该区域的地质构造运动和气候变化紧密相关。谢道在（2013）在研究新疆叶尔羌河阿尔塔什水电站坝址深厚覆盖层成因时将其成因分为了四类：①“气候型”加积；②“构造型”加积；③泥石流加积作用；④地形地貌因素。

对深厚覆盖层成因的研究在近 20 年有了较快的发展，特别是在我国西部大开发战略提出之后，西部水电开发加速，在深厚覆盖层建坝问题就成为水电开发的难题之一。工程建设者和众多学者在研究深厚覆盖层的工程地质性质和物理力学性质等的同时，也对深厚覆盖层成因进行深入研究（郑达，2013）。石金良（1986）通过对大渡河深厚覆盖层的研究，提出大渡河覆盖层形成具有“构造型”加积和“气候型”加积等形式。罗守成（1995）认为深厚覆盖层的形成与新构造运动、冰川作用、活断裂、地质灾害等有关系，并认为“厚度超过150～200m者，多与第四纪构造活动断裂相关”；王运生，黄润秋（2006）等认为“中国西部现在河流演化史是在三级阶地形成后，经历强烈侵蚀一次，将谷底下切到现今河床以下的基覆界面，然后进入堆积期，随着冰川的消融，河流在回填堆积体基础上重新间歇性下切，分别形成二级阶地、一级阶地及现今的漫滩和河床堆积，深厚覆盖层也应该是在这过程中堆积形成的”；许强等（2008）认为对深厚覆盖层的构造成因、崩滑流堆积及气候成因的认识可对局部地段的深厚覆盖层作出合理地解释，但并不能很好地揭示河谷深切和深厚覆盖具有区域性乃至全球性的原因。区域性的河谷深切和深厚堆积事件可能与全球气候变化和海平面升降有直接的联系，冰期、间冰期全球海平面大幅度升降是导致河流区域性深切成谷并形成深厚堆积的主要原因。余波（2010）在不同类型的深厚覆盖分析收集到的工程地质资料基础上，将全国深厚覆盖层分为了四类：①东部缓丘平原区冲积沉积型；②中部高原区冲洪积、崩积混杂型；③西南高山峡谷区冲洪积、崩坡积、冰水堆积混杂型；④青藏高寒高原区冰积、冲洪积混杂型。毫无疑问，这种归纳带有很强的区域性，不能很好表现不同深厚覆盖层在工程性质上的不同。

因此，根据前人研究，本节综合考虑深厚覆盖层所在河谷的谷型特征和其成因，通过判断其是U形河谷还是V形河谷，根据勘察资料判断其成因是气候堆积形成、构造堆积形成还是冲洪积堆积形成或者地貌堆积形成，将不同类型的深厚覆盖分为表5.16所列的八种类型。不同类型的深厚覆盖层的成因特征不一、表现形式不一，在大坝基坑开挖时要充分考虑到其不同特点的基坑特征。不仅如此，不同类型深厚覆盖层对坝基渗漏关系重大。

表5.16 深厚覆盖层分类表

谷形 \ 成因类型	气候堆积（Ⅰ）	构造堆积（Ⅱ）	冲洪积（Ⅲ）	地貌堆积（Ⅳ）
U形谷	U-Ⅰ	U-Ⅱ	U-Ⅲ	U-Ⅳ
V形谷	V-Ⅰ	V-Ⅱ	V-Ⅲ	V-Ⅳ

5.4.4 深厚覆盖层类型特征及识别

在对河床深厚覆盖层的研究中，首先需要通过钻孔或实测剖面资料对其进行分层。一般来讲，主要是根据各层不同的颗粒大小和级配关系进行划分。在我国的深厚覆盖层开挖中，对于覆盖层中出现软弱夹层需要特别注意，其不仅可能造成基坑建设中渗漏失稳事故，严重的可能会影响到坝体的稳定性和运行后的水库渗漏灾害。

根据西南地区深厚覆盖层的基本特征及水电工程相互作用关系，初定深厚覆盖层区坝基基坑降水技术路线如图5.28所示。首先要根据研究区的实际勘察情况确定研究区深厚覆盖层的特征类型，根据不同类型进行相应的降水工程性分析，选择合适的降水方式。一般而言，为应对极端天气状况或特殊工况，降水工程要在经济可行的同时预留一定的安全抽水量。

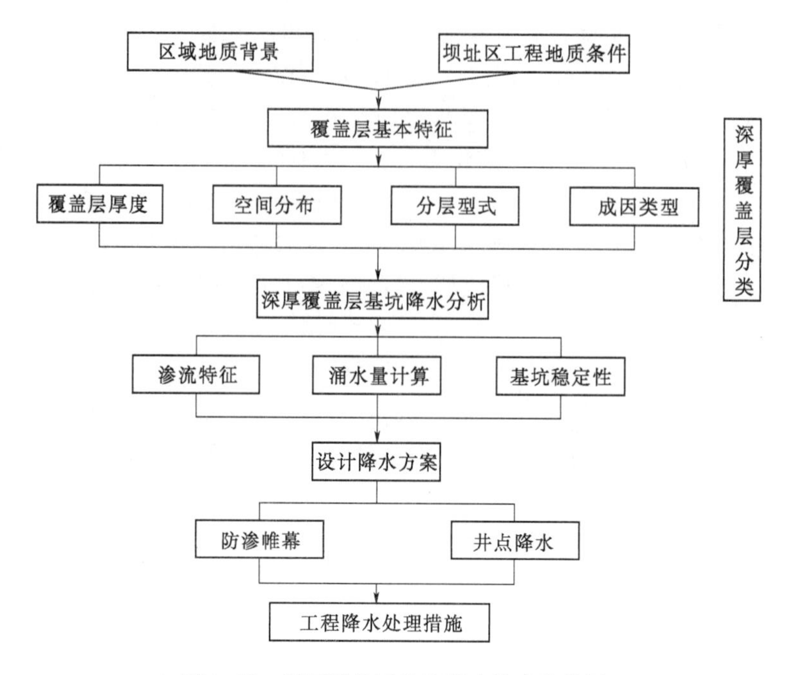

图 5.28 深厚覆盖层基坑降水技术路线图

5.4.5 深厚覆盖层基坑降水问题综合评价及措施

5.4.5.1 降水问题综合评价

1. 流场分析

渗流计算是在已知模型参数和定解条件下求解渗流控制微分方程，以获得渗流场水头分布和渗流量等渗流要素。渗流计算按求解方法分一般有解析法、数值法和电模拟法。1856 年，法国工程师 Darcy 通过试验提出了线性渗透定律，为渗流理论的发展奠定了基础；1889 年 H. E. 茹可夫斯基首先推导出渗流的微分方程。1922 年巴甫洛夫斯基正式提出了求解渗流场的电模拟法，为解决比较复杂的渗流问题提出了一个有效工具，渗流理论的发展与研究逐步成熟完备。目前，渗流模型的建立和具体工程问题的求解等方面是国内外研究的重点。

在渗透理论中，描述饱和土中渗透的基本定律就是著名的达西定律。1856 年，达西（Darcy）在设计第戎城（Dijon）的公共供水工程时，通过试验得出：

$$v=-k\frac{\mathrm{d}h}{\mathrm{d}s}$$

达西定律又称线性渗透定律，适用于各向同质稳定流条件下的水流计算。对于水在粗颗粒土，例如砾石、卵石的孔隙中流动时，水流的形态可能发生变化，随着流速增大，呈紊流状态，渗流不再服从达西定律，类似于管道水流。对于大颗粒土，存在大孔隙通道，在高渗透坡降下可能渗透变成紊流。在黏土中，水与颗粒表面的相互作用也可能是流变方程偏离牛顿定律。

在渗流数值分析中，渗透系数是最基本也是最重要的参数，它反映了渗透性能的强弱，它与土的种类，土颗粒的级配，土的密实度，渗透液体的动力黏滞系数及温度等因素有关。渗流数值分析结果的准确性依赖于所依据的数值模型的仿真性和计算参数的准确性，任何一方有偏差都不能得到符合实际的计算结果。

2. 渗流破坏

渗透变形是指在渗透水流的作用下，土体失去部分承载力及渗流阻力而发生变形现象，渗透变形的进一步发展将导致渗透破坏，直接威胁基坑构筑物的安全。

建筑施工中，在地下水位较高的透水土层（如砂类土和粉土）中开挖基坑时，由于坑内外水头压力差别较大，较易产生管涌、潜蚀、流砂和突涌等渗透破坏现象（陈海军，任光明，1996；张永波，2000），示意图如图 5.29、图 5.30 所示，导致边坡或基坑坑壁失稳，影响建筑体的稳定性。渗透变形是指地基土体在渗透水流的作用下，当渗透力达到一定值时，土体颗粒发生移动或土的结构、颗粒成分发生变化，从而引起土体变形的现象，其进一步发展将造成渗透破坏，直接威胁水工建筑的安全。

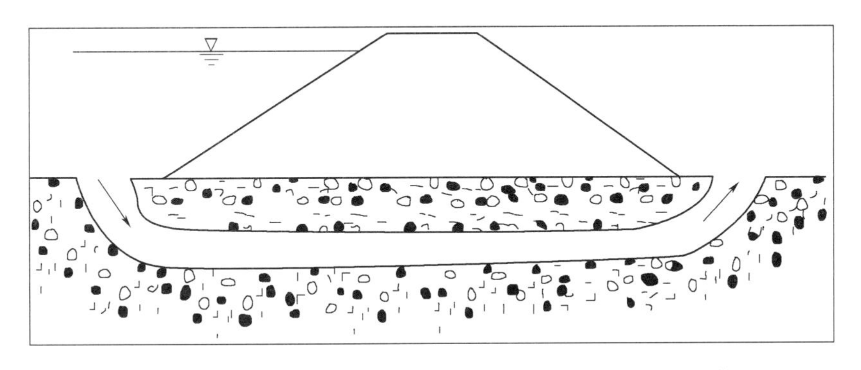

图 5.29　管涌

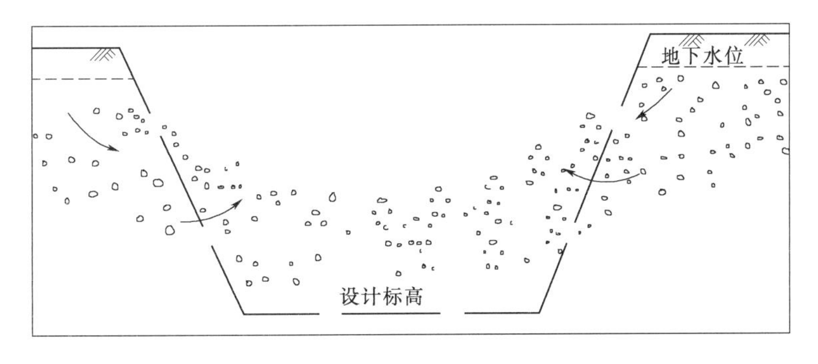

图 5.30　流砂

当基坑底部有承压含水层时，开挖基坑导致基坑底部隔水层厚度变薄。当基坑底部隔水层承受不住承压含水层的压力时就会导致基坑突涌。发生突涌的临界条件为

$$\gamma M=\gamma_w H$$

式中：γ 和 γ_w 分别是覆盖层和地下水的重度；H 相对于含水层顶板的承压水头值；M 是基坑开挖后隔水层的厚度，如图 5.31 所示。

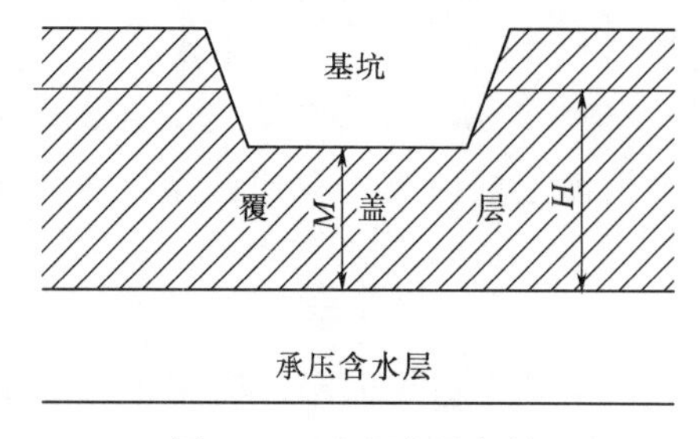

图 5.31 基坑突涌条件

为了达到基坑干地施工的标准，必须保证基坑内地下水位低于基坑设计标高一定距离。在黄金坪水电站中（王正楠，邓潇，2014），设计为低于防渗墙顶部 2m 以上。基坑降水的要求要结合坝址区的具体情况来设计，必须因地制宜。

3. 涌水量计算

在水电坝基建设时，需要在坝基建设区上下游一定距离内建设堵水围堰，并在坝基一侧或两侧岩体中建设泄洪洞使河水绕开建设基坑。但是，上下游围堰对水的堵截作用并不能达到滴水不漏的效果。在围堰的两侧，水位高低不同，高水位差导致水经过围堰底部覆盖层渗漏如基坑。根据以往经验，围堰渗漏的水量是基坑涌水的主要来源。此外，泄洪洞穿越岩层如果裂隙发育或者后期防渗处理不到位也会出现水漏向水头低的建设基坑中。除了这两种最主要基坑涌水来源外，区域降水和基坑建设中的废水也会在基坑内造成壅水。总之，基坑水源主要以上下游围堰渗漏为主要来源，是重点考虑对象。

根据达西定律，流量 Q 与过水断面 A、水力梯度 i 及透水性质 K 有关（张人权，2010；李万军，2013）：

$$Q=KAi$$

或者

$$v=\frac{Q}{A}=kAi \tag{5.1}$$

式中：K 为渗透系数，cm/s；i 为水力坡度；v 为渗透速度，cm/s。

表 5.17 是常见的几种土的渗透系数参考值。

表 5.17　　常见的几种土渗透系数参考值

土类	k/(m/s)	土类	k/(m/s)	土类	k/(m/s)
黏土	$<5\times10^{-9}$	粉砂	$10^{-6}\sim10^{-5}$	粗砂	$2\times10^{-4}\sim5\times10^{-4}$
粉质黏土	$5\times10^{-9}\sim10^{-8}$	细砂	$10^{-5}\sim5\times10^{-5}$	砾石	$5\times10^{-4}\sim10^{-3}$
粉土	$5\times10^{-8}\sim10^{-6}$	中砂	$5\times10^{-5}\sim2\times10^{-4}$	卵石	$10^{-3}\sim5\times10^{-3}$

对于覆盖层地区的渗透系数的计算要根据覆盖层钻孔注水试验，采用下述公式进行：

$$K=\frac{0.366Q}{LS}\lg\frac{2L}{r} \tag{5.2}$$

式中：K 为渗透系数，m/d；Q 为稳定注水量，m^3/d；L 为试验段长度，m；S 为孔中水头高度，m；r 为钻孔半径，m。

对于覆盖层渗漏量估算采用下式进行：

$$Q=KBH/(2b+T) \tag{5.3}$$

式中：Q 为渗漏量，m^3/d；K 为平均渗透系数，m/d；B 为渗透层平均宽度，m；H 为堰前水位深度，m；$2b$ 为堰基宽度，m；T 为渗透层平均厚度，m。

根据基坑水源的分析，基坑涌水总的水量 $Q_{总}$ 是所有涌水来源之和，用公式表达如下：

$$Q_{总}=Q_{渗}+Q_{降}+Q_{废} \tag{5.4}$$

式中：$Q_{渗}$ 为渗漏水量，包括上下游围堰渗漏水量和泄洪洞渗漏水量，m^3；$Q_{降}$ 为区域大气降水水量，m^3；$Q_{废}$ 为基坑建设中的废水量，m^3。

除解析法以外，Modflow 等数值模拟在涌水量计算中也得到了广泛应用。

5.4.5.2　深厚覆盖层基坑降水措施

建筑工程基坑常用降水方法有很多，归纳起来有两大类，即采用防渗帷幕“堵水”和降水井“降水”。在一些基坑涌水较大的区域，则往往两种方法混合使用，来达到降低地下水水位的目的（王华俊，2013；冯晓蜡，2005）。水电大型基坑降水中广泛采用的方法基本沿用建筑工程中的方法。

1. 防渗“堵漏”

在地下水位较高的透水土层（例如砂类土和粉土）中开挖基坑时，由于坑内外水头压力差别较大，较易产生管涌、潜蚀、流砂和突涌等渗透破坏现象，导致边坡或基坑坑壁失稳，影响建筑体的稳定性。因此，研究合理的渗流控制措施是具有十分重要的意义。提高抗渗透能力主要从两方面入手：一方面是提高坝基本身抵抗渗透破坏的能力；另一方面是降低渗透破坏力，即降低坝基出逸段坡降。遵循“前堵后排，防排结合，反滤层保护渗流出口”的渗流控制原则。

渗流控制措施按其作用，分为截渗措施（截水槽、防渗墙、着底式灌浆帷幕、冻结帷幕）、减渗措施（上游铺盖、悬挂帷幕）、排渗措施（水平排水褥垫、排水暗沟、减压井）、压渗措施（透水盖重层）、反滤措施（反滤层、过渡区）等五种。其中截渗及减渗措施通称为防渗措施，其作用是延长渗径、减少渗流量或截断水流、降低渗流水力梯度和渗流速度，通常按布置型式不同分为水平防渗措施及垂直防渗措施两大类。

（1）水平铺盖防渗。

主要有全部清除法、铺盖法、衬砌法、淤填法。它用于相对不透水层埋藏较深，透水层较厚，临水侧存在滩地，并且河道比较顺直不至于引起冲刷或崩岸时，做防渗铺盖可以延长渗流的路径，减小渗流的渗透坡降。其长度应通过计算确定，所用的材料有黏土或复合土工膜、编织涂膜土工布等。这种措施比较适合于土基的相对均质性较好且土基的渗透性不是太强的情况，对于砂砾或多层地基，采用延长水平渗径的途径来控制渗流，效果不是太明显。

（2）垂直防渗措施。

垂直防渗特别适用于浅层透水地基，以形成封闭防渗体系，也可用于地层下部深处有一层相对隔水层存在（其下仍为较厚的透水土层），以形成半封闭式的防渗体系。主要有开挖回填法（截水槽）、连锁板桩法（板桩墙）、冻结土壤法（冻结帷幕）。垂直防渗技术按其作用机理，分为置换、填充、挤密、固结和化学作用等；按成墙原理可分为置换、灌注两大类，按墙体材料又可分为刚性的和柔性的。按照防渗深度和范围，分为着底式（完整式、完全式）、悬挂式（不完全式）、箱式三种。着底式防渗措施底部与不透水层相接，能完全截断砂砾层，因此防渗效果好。悬挂式垂直防渗措施沿底部产生加密流网现象，防渗效果比着底式差，随着距不透水层距离加大，防渗效果显著降低，并加大防渗体底部水力梯度，从而增加发生内部管涌与接触冲刷的危险。因此，只宜采用承受水力梯度大的板桩及混凝土防渗墙等作为悬挂式帷幕，出口处做好反滤层、盖重，并要核算其底部及下游出口渗透稳定性。箱式帷幕应用于深厚砂砾地基中，沿建筑物基础形成箱式防渗体。由于箱式防渗体要承担巨大的地下水浮托力，只有用于不奎高水位或低水头建筑物的地基防渗。

2. 降水方式

在建筑工程的应用施工中，常见有明沟排水、轻型井点降水、喷射井点降水、电渗井点降水、管井降水、辐射井点降水、自渗井点降水以及综合井点降水。考虑西南河谷深厚覆盖层特点，明沟排水、管井降水、辐射井点降水为较为适宜的方法，条件复杂时可考虑综合井点降水。

（1）明沟排水。

1）排水方法及适用条件。明沟排水是指在基坑内设置排水明沟或渗渠和集水井，然后用水泵将水抽出基坑外的降水方法，明沟排水简称明排。一般适用于土层比较密实，坑壁较稳定，基坑较浅，降水深度不大，坑底不会产生流砂和管涌等的降水工程。选用明沟排水降水时，应根据场地的水文地质条件、基坑开挖方法及边坡支护形式等综合因素分析确定（图 5.32）。

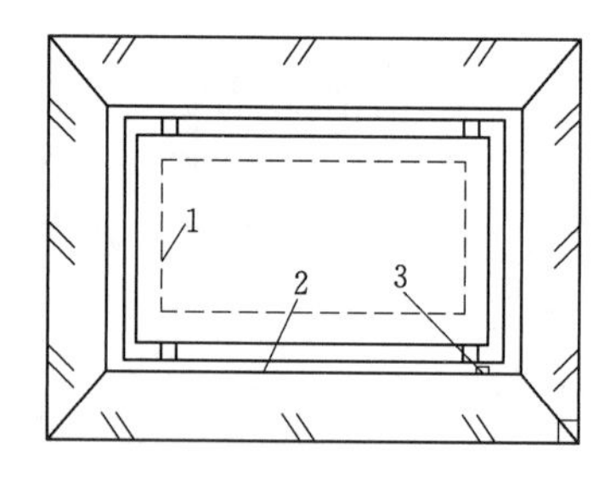

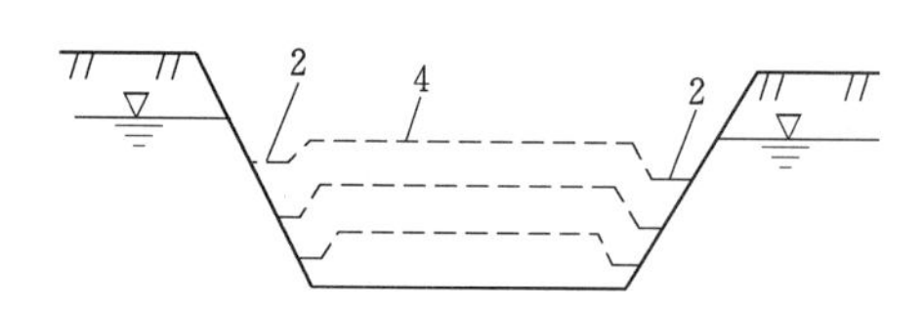

图 5.32　基坑内明沟排水

1—基坑内线；2—排水沟；3—集水井；4—挖土面

2）明沟排水工程的布置。基坑内明沟排水方式随着基坑的开挖，当基坑深度接近地下水位时，沿基坑四周基础轮廓线以外，基坑边缘坡脚内设置排水沟或渗渠，在基坑四角或每隔 30～40m 设一直径为 0.7～0.8m 的集水井，沟底宽大于 0.3m，坡度为 0.5%～1.0%，沟底比基坑低 0.3～0.5m，集水井低比排水沟底低 0.5～1.0m。集水井容积大小决定于排水沟的来水量和水泵的排水量，宜保证泵停抽后 30min 内基坑坑底不被地下水淹没。随着基坑的开挖，排水沟和集水井随之分级设置和加深，直至坑底达到设计标高为止。基坑开挖至预定深度后，应对排水沟和集水井进行修正完善，沟壁不稳时还须利用砖石干砌或用透水的砂袋进行支护。

若基坑宽度较大时，为加快降水速度和降低基坑中部的水位，可在基坑的中部设置排水沟，沟宽宜小于 0.3m，沟深小于 0.5m，沟内填入级配砂石，使之既能引水，又不会影响基坑降水地基的强度。当基坑深度较大，在坑壁出现多层水渗出时，可在基坑边坡上分层设置排水沟，以防止上层水流对边坡的冲刷而造成塌方。需要采用上述方法前，应做好基坑开挖范围和边坡支护的设计。

（2）管井降水。

1）管井降水的原理及适用条件。管井降水方法即利用钻孔成井，多采用单井单泵（潜水泵或深井泵）抽取地下水的降水方法。当管井深度大于15m时，也称为深井井点降水。管井的直径比较大，出水量大，适用于中、强透水含水层，如砾石、砂卵石、基岩裂隙等含水层，可满足大降深、大面积降水要求。

2）管井降水工程的布置。抽降管井一般沿基坑周围距基坑外缘1～2m布置，如场地宽敞或采用垂直边坡或有锚杆和土钉护坡等条件下，应尽量距离基坑边缘远些，可用3～5m；当基坑边部设置维护结构及止水帷幕的条件下，可在基坑内布置管井，采用坑内降水的方法。

管井的间距和深度应根据场地水文地质条件、降水范围和降水深度确定。井间距一般为10～20m。当降水层为弱透水层或降水深度超过含水层底板时，井间距应缩小，可用6～8m；当降水层为中等透水层或降水深度接近含水层底板时，井间距可为8～12m；当含水层为中等到强透水层，含水层厚度大于降水深度时，可用12～20m；当降水深度较浅、含水层为中等以上透水层，具有一定厚度时，井间距可大于20m。井点深度要大于设计井中的降水深度或进入非含水层中，井中的降水深度由基坑降水深度、降水范围等计算确定。

（3）辐射井点降水。

1）辐射井点降水的原理及适用条件。辐射井降水时在降水场地设置集水竖井，与竖井中的不同深度和方向上打水平井点，使地下水通过水平井点流入集水竖井中，再用水泵降水抽出，以达到降低地下水位的目的。该降水方法一般适用于渗透性能较好的含水层（如粉土、砂土、卵石土等）中的降水，可以满足不同深度，特别是大面积的降水要求。

2）辐射井点降水工程的布置。辐射井降水的竖井和水平井点设置，应根据场地水文地质条件、降水深度和降水面积等综合考虑确定。集水竖井一般设置在基坑的脚点外2～3m，竖井直径3～5m，深度超过基坑底3～5m。对于长方形基坑，可在对角设置两个集水竖井；当基坑长度较大时，可在一长边的两个角和另一个边中部各设一个集水井；基坑长度大于100m时，可按50～80m间距设置一个竖井。对于正方形基坑，其边长大于40m时，可在基坑的四个角设置竖井。当降水面积特别大时，除在周边按50～80m间距布设竖井外，还可以在基坑中部设置临时降水井点。竖井的布设，还应根据水平井点的施工设备能力、地层岩性、井点直径、水量大小及土层渗透能力确定。水平井点在集水竖井内施工，其平面位置一般沿基坑四周布设，形成封闭状。当面积较大或降水时间要求紧时，可在基坑中部打入水平井点，形成扇形状。在纵向上，必须根据降水深度、含水层厚度和层数、含水层的渗透能力和底板埋深等确定。对于单一含水层，其渗透性为弱到中等，基坑底板位于含水层之中，降水深度为5m左右时，可采用单层水平井点；当降水深度大于5m时，可采用多层水平井点，每层间距可按3～5m考虑。若含水层的渗透性较强，水量较大时，每层水平井点间距以2～3m为宜；当基坑深度超过含水层底板时，应在含水层底板以上 0.1～0.3m 位置布设一层水平井点，并在基坑的四周设置排水沟，以排走残留滞水若含水层底部为粉、砂层时，应进行护坡处理。

对于多层含水层结构的场地，应在每一含水层中至少设置一层水平井点，当含水层底板起伏变化较大（>0.1m），且基坑深度位于含水层底板以下时，应设置两层，即分贝埋设在其高低底板以上 0.1～0.3m 的位置。对于含水层厚度较大，基坑底板位于含水层之中时，水平井点可设置一定的坡度，但最里端应低于基坑 1～2m。水平井点孔的直径一般为 70～150mm，孔内放入直径 38～100mm 的钢滤水管或波纹塑料水管或硬塑料滤水管。孔径、管径和管材料应根据地层土质、井点深度、涌水量等确定，目前一般使用的滤水管是上海生产的直径为的波纹塑料滤水管，但在砂卵石中应用钢滤水管。

（4）综合井点降水。

对于一些特定的水文地质条件和工程有特殊要求采用某一种井点降水难以取得满意的降水效果时，可以同时采用两种或多种降水方法，如管井与轻型井点降水想结合，喷射井点和电渗井点降水想结合，管井与引渗沙砾井相结合，轻型井点与喷射井点降水相结合等。

5.4.6 长河坝水电工程基坑降水实例

5.4.6.1 工程概述

长河坝水电站位于四川省甘孜藏族自治州康定县境内，为大渡河干流水电规划的第十级电站，地处大渡河上游金汤河口以下约 4～7km 河段。坝址位于金汤河口下游大奔牛沟至蒙子坝长约 2km 河段上，上距丹巴县城约 85km，下距泸定县城约 50km。

自然状态下大渡河枯水期水位 1481.00m，洪水期水位 1485.00m，水库正常蓄水位为 1690.00m，比洪水期河水位高 205m。电站采用砾石土心墙坝、左岸首部式地下引水发电系统开发，最大坝高 240m，总装机容量 2600MW。

拦河大坝壅水高 215m，最大坝高 240m。坝顶高程 1697.00m，心墙建基高程 1457.00m，坝顶宽度 16m，坝体顺河长度约 1km，上下游坝坡均为 1∶2.0，心墙顶、底宽分别为 6m 和 125.7m；上下游均设反滤层和过渡层，分别为上游反滤层水平厚 8m，下游反滤层水平厚 12m，过渡层上、下游厚均为 20m。

坝基面（1457.00m）以下覆盖层深度约 50m、采取两道混凝土防渗墙（主墙厚 1.4m、副墙厚 1.2m）全封闭防渗。

5.4.6.2 涌水问题

长河坝水电站上下游围堰采用全封闭防渗墙防渗，防渗墙最大深度约 80m，于 2011 年 5 月完成。2011 年 9 月开始大坝基坑开挖，最低开挖高程为 1457.00m（坝基面）。2012 年 5 月下旬开始两道坝基防渗墙施工，于 11 月中旬完成。2012 年 6 月开始大坝下游坝壳料填筑，10 月开始大坝上游坝壳料填筑。下游堆石区填筑至高程 1510.00m，上游堆石区（含压重体）填筑高程至 1513.00m，迄今填方量约 400 万 m^3。截至 2013 年 6 月，大坝主副防渗墙已经完成，副墙次墙除右岸有约 10m 的缺口外，其余已经完成，心墙廊道也浇筑完成。副墙墙下帷幕及连接帷幕灌浆基本完成，主防渗墙帷幕灌浆未实施。

大坝基坑自 2011 年开挖以来，基坑渗水量一直比较大，基坑开挖至高程 1460.00m

左右时基坑渗水量比较大，渗水较分散，局部集中成股状流水，基坑总涌水量一般6000～8000m^3/h，2012年汛期最高超过10000m^3/h。在大坝两道防渗墙已经完成，且副墙帷幕已经完成的情况下，基坑渗水量仍然较大，大坝防渗墙上游基坑总渗水量约2500～3000m^3/h，下游总渗水量3500～4000m^3/h，总体下游渗水量比上游要多1000m^3/h左右。

5.4.6.3　产生背景

坝区河床覆盖层厚度60～70m，局部达79.3m。根据河床覆盖层成层结构特征和工程地质特性，自下而上（由老至新）可分为3层：第①层为漂（块）卵（碎）砾石层（$fglQ_3$）；第②层为含泥漂（块）卵（碎）砂砾石层（alQ_4^1）；第③层为漂（块）卵砾石层（alQ_4^2），第②层中有砂层分布（图5.33）。

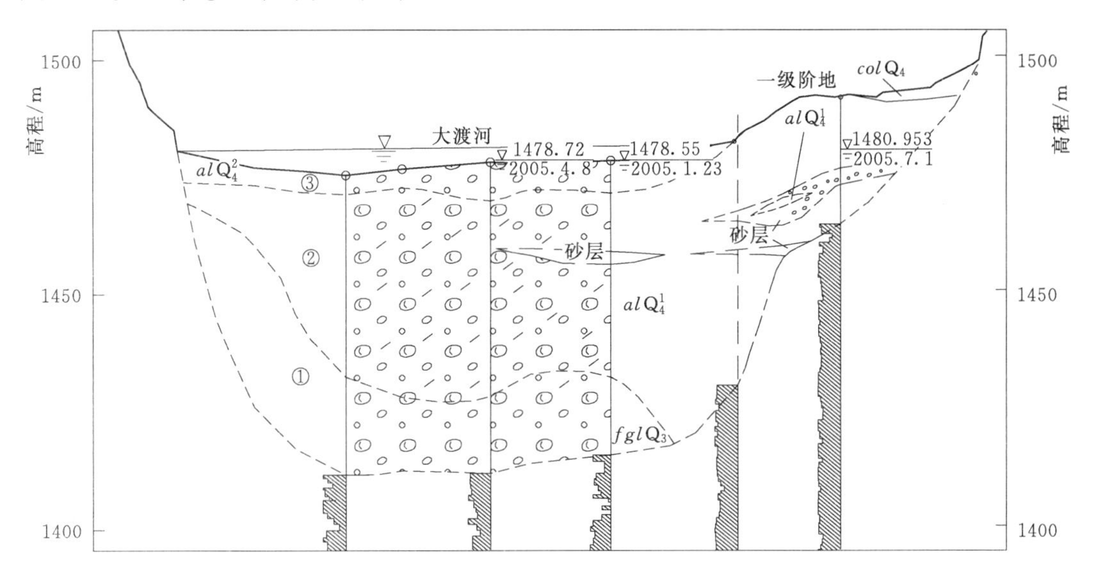

图5.33　坝轴线河床覆盖层剖面图

第①层漂（块）卵（碎）砾石层，厚度3.32～28.50m，粗颗粒基本构成骨架，充填灰—灰黄色中细砂或中粗砂，局部具架空结构，埋藏较深，结构较密实。4段钻孔抽水试验渗透系数K=75.25～105.40m/d，表明具强透水性。

第②层含泥漂（块）卵（碎）砂砾石层，粗颗粒构成骨架，结构中密，具有较高的承载力。现场管涌试验表明，渗透系数K=47.26～54.95m/d，临界坡降0.33～0.36，破坏坡降1.95～2.96，破坏型式为管涌。室内力学试验表明，渗透系数K=44.75～455.33m/d，临界坡降0.06～0.20，破坏坡降0.16～0.48，破坏型式也为管涌。钻孔抽水试验渗透系数K=1.17～2376.00m/d，现场渗透试验和钻孔抽水试验均表明其具有强透水性。

钻孔及开挖揭示，在该层有②-c、②-a、②-b砂层分布，目前该砂层已被挖除。

第③层漂（块）卵砾石层，厚度4.0～25.8m。粗颗粒构成骨架，结构稍密—中密，具有较高的承载力。据现场管涌试验表明，渗透系数K=5.18～45.62m/d，临界坡降0.12～0.88，破坏坡降0.48～2.68，破坏型式为管涌。室内力学试验表明，渗透系数K=7.81～151.20m/d，临界坡降0.13～0.44，破坏坡降0.33～1.06，破坏型式也为管涌。钻孔抽水试验渗透系数 K=56.76～196.99m/d，现场渗透试验和钻孔抽水试验均表明透水性较强。

5.4.6.4 涌水现状

收集整理施工单位提供的2011年至今的大坝上下游基坑的排水量以及上游河水位数据，具体情况见表5.18。

表5.18 大坝基坑排水量及河水位收集数据时间序列统计

名称	日期/(年-月-日)	数量/个	备 注
上游基坑排水量	2012-10-1至2013-7-31	303	部分时间排水量没有记录
下游基坑排水量	2011-8-29至2013-7-31	702	部分时间排水量没有记录
上游河水位	2011-9-2至2013-7-2	1775	自记水位计只记丰水季节水位，因此记录2012年1491m以上的水位，2013年1491.5m以上的水位，每隔3h记录一次，其余为渗压计资料

此外，施工单位统计的大坝基坑中两防渗墙之间的排水量在2013年7月11—13日为11.3m^3/h，7月14—18日为8.4m^3/h。

由于大坝基坑涌水量数据是由施工单位提供，部分时段水泵虽然有排水量，但是流量计未统计，因此存在误差。2012年10月以前的排水量均为下游基坑排水量，未统计上游水量；2013年2月18日至3月11日，流量计损坏，没有统计资料。因此只能宏观定性分析基坑排水量与河水位涨落的关系。根据收集的大坝上游基坑排水量、下游基坑排水量以及围堰上游河水位观测水位，绘制如图5.34所示。其中，2013年数据5—7月数据相对较全，因此绘制图5.35，进一步分析基坑排水量与河水位之间的关系。

首先分析上游基坑排水量与上游河水位之间的关系。虽然枯水期河水位没有记录，但是从图5.34可以看出，丰水季节基坑排水量高，约在4000～7000m^3/h，而枯水季节，基坑排水量小于4000m^3/h。

下游河水位虽然没有记录，但是也可根据上游河水位变化宏观判断其水位动态。一般丰水季节，河水位上涨，枯水季节，河水位比较低。从图5.34显示的2011年以来的数据，丰水季节下游基坑排水量高于枯水季节。

图5.35中的2013年5—7月监测数据进一步表明，总体上当河水位上涨，上游基坑、下游基坑排水量也随着上涨，说明基坑排水量的涨落与河水位的涨落有密切的关系，也间接说明基坑排水量主要来源于河水。

5.4.6.5 水文地质条件演化分析

坝址区未进行水电工程施工之前，两岸花岗岩裂隙水主要接受其分布区的大气降水入渗补给和汇水区域的径流入渗补给，地下水由山区向坝区径流，至大渡河排泄。坝址区两岸基岩地势陡峻，岩性渗透性较弱，降雨入渗补给条件差。

左岸交通洞、左岸地下厂房、右岸导流岛，基坑开挖至高程1457.00m，主副两道防渗墙、上下游围堰防渗墙、左右两岸灌浆廊道，以及基坑部分填筑的已经施工情况下水文地质条件发生了变化。除此以外，左岸1号公路交通洞靠山体内还有上游金康水电站的引水隧洞穿过。

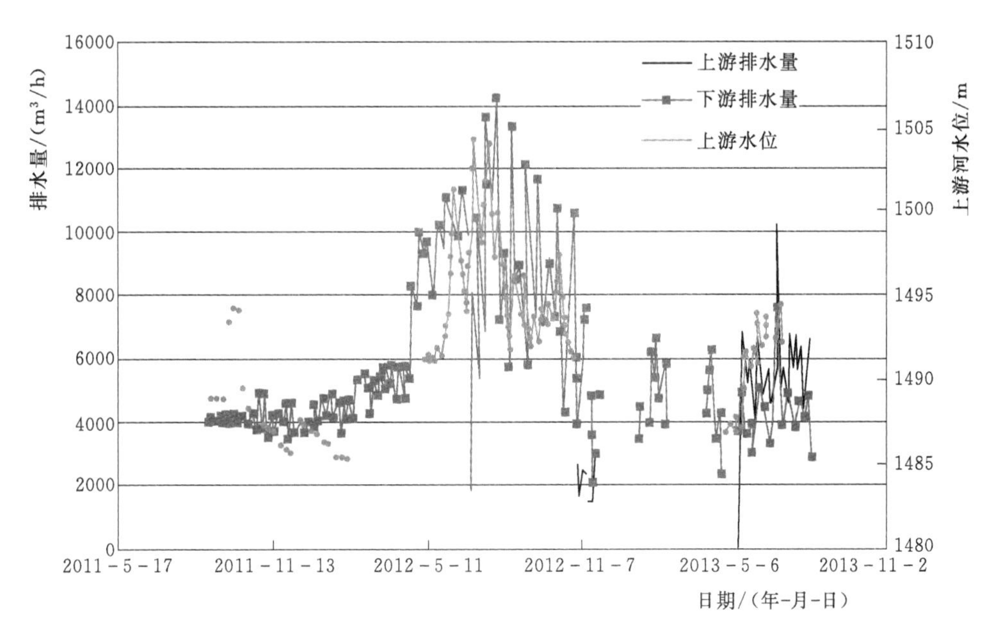

图 5.34 基坑排水量与上游河水位随时间变化图

(注：自记水位计只记丰水季节水位，因此记录2012年高程1491.00m以上的水位和2013年高程1491.50m以上的水位)

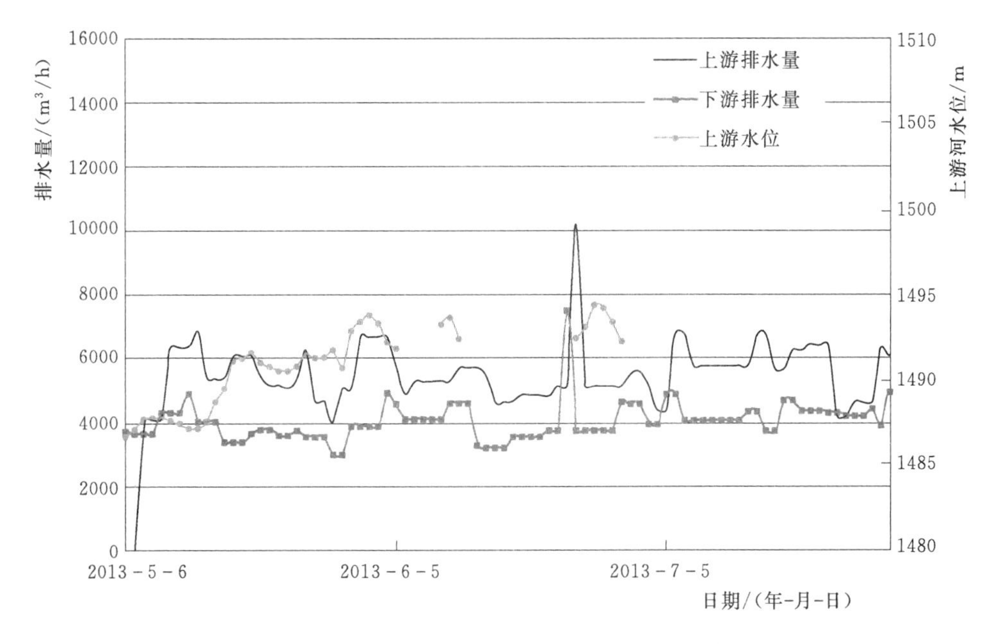

图 5.35 基坑涌水量与上游河水位随时间变化放大图

(注：自记水位计只记录丰水季节水位，2013年高程1491.50m以下的水位缺少记录)

坝基开挖至高程1457.00m时，远低于上下游围堰河水，是坝址区地下水的最低排泄点。左岸金康水电站蓄水发电后，在高压水头作用下，引水隧洞沿线（裸露基岩段）发生渗漏，尤其在原来引水隧洞施工过程中的涌水点，其岩石较破碎，是引水洞主要的渗漏部位。2008年前期专题研究分析，金康引水渗漏量约为17500～22500m^3/d。而2013年对两岸灌浆廊道出水调查显示，左岸灌浆廊道普遍出水量大，而右岸灌浆廊道大多为干燥洞室。

左岸公路交通洞、灌浆廊道及厂房施工以后，会使得天然地下水以及金康引水渗漏的地下水一部分被山体洞室截流以后，部分地下水会继续往河谷排泄，部分流入坝址基坑这一最低排泄点。

因此，当前上下游基坑涌水的来源主要有上下游河水、两岸山体地下水（左岸山体地下水含金康引水隧洞渗漏）。

上游基坑排水量，丰水季节基坑排水量大，约在4000～7000m^3/h，而枯水季节（2012年11月），基坑排水量小于4000m^3/h。下游基坑排水量，从2011—2013年以来的数据分析，丰水季节（5—10月）基坑排水量高于枯水季节（11至次年4月）。因此，基坑排水量的涨落与河水位的涨落有密切的关系。

综合分析，基坑涌水的地下水温度、矿化度、水化学特征更为接近河水的特征，因此可以判断基坑涌水主要来源为河水，河水经过上下游围堰或两岸山体渗漏至基坑，其次为两岸山体排泄的少许地下水。

5.5 基坑开挖底板涌突水问题

5.5.1 概述

水利水电工程基坑底板突水是一种十分复杂的工程地质现象。其复杂件表现为：第一，地层结构条件在不同水电工程区差别很大，甚至同一水电工程的不同基坑底板也各不相同；第二，突水的相关团素是多方面的，包括水源、水压、隔水层、结构、构造和基坑底板卸荷等；第三，底板突水点在卸荷空间内的地点、突水通道也各不相同；第四，突水量的差别也很大，对于各式各样的底板突水，进行科学分类是十分必要的：首先进行底板突水案例的统计，根据突水案例进行突水类型划分和突水机理分析，最后预测其他可能突水的突水类型并提出防治措施（高延发，1999）。

5.5.2 基于既有实例的基坑开挖底板涌突水问题分析

底板突水案例统计是进行突水机理研究的基础，是进行水害治理的依据。由于实际突水案例的复杂性，如果抓住突水共有的关键因素（或条件），同时具体分析找出各个突水案例的特点，这就为我们从个别到一般，由现象到本质提供了材料。底板突水的案例统计主要包招如下内容：

（1）突水情况。突水点位置，最大突水量，突水过程和突水点特征。

（2）水源情况。水源类型，含水层及其岩溶裂隙发育状况。

（3）构造情况。构造性质，构造与突水点的义系，与基坑关系以及与其他构造的关系。

（4）突水类型。

底板突水案例共收集了16个水利水电项目资料，见表5.19。

表 5.19　　水利水电工程底板突水典型案例

序号	工程	突水事件时间	突水情况			水源		构造		突水类型与特征	突涌水防治措施
			突水点位置	突涌水量/(L/s)	突水成因、过程及突水点特征	水类型	含水层	构造性质	与突水点的关系		
1	高坝洲水电站(刘定华,2002)	1997 年	纵向围堰导 4、5 段左侧深孔消力池 W1	70～80	W1 初见流量达 25 L/s，7 月 16 日洪水期间，当导流明渠水位抬高至高程 54.00m 左右时渗漏流量达 70～ 80 L/s，几乎占一期基坑总涌水量的 1/4。经水文地质连通试验证实，W1 为右侧导流明渠江水经堰基下层间错动溶蚀带（沿 245 剪切带发育）渗入补给形成，纵堰基础开挖中发现多处层间剪切带也证实了这一点。其中 W1 为岩溶泉引起的基坑涌水	渠江水	寒武系中统上峰尖组第三段（∈2－32）白云质灰岩透水微弱，岩层单层厚度较薄	层间剪切带缓倾角裂隙或劈理密集	开挖揭穿层间剪切带	剪切带揭露	根据 W1 和 W1－1 两涌水点涌水量大小及空间形状，采用埋设钢管进行渗流排水。对 W1－1 出漏口采用 168mm 金刚石钻头钻孔，孔深 1m，然后埋设 150mm 钢管，W1 出水口用钢钎钻凿扩孔后埋入 273mm 钢管，管壁与基岩之间的间隙用棉纱和水玻璃砂浆嵌缝处理。根据渗流通道成因和特点，决定在纵堰导 4、5 段基础进行帷幕灌浆，切断渗流通道
			纵向围堰导 4、5 段左侧深孔消力池 W1－1	10～15	W1－1 出现的时间比 W1 晚一个多月，渗漏量 10～15L/s。经水文地质连通试验证实，W1－1 为右侧导流明渠江水经堰基下层间错动溶蚀带（沿 244 剪切带发育）渗入补给形成，W1－1 出现较晚，为水头长期作用下岩溶洞穴充填物被渗流击穿而产生的基坑涌水						
2	大潭水电站（汤德刚，2006）	1998 年	上下游坝址中部偏右某基坑	2500～3000	经分析涌水源头处于河床上游，途经围堰底基岩穿越至基坑。基坑开挖后涌水口出露，但具体途经不明，初步推测位于围堰中部基岩可能性较大。基坑开挖后在坝体 5 号，6 号块（河床中部）上游出露 3 个溶洞涌水口，洞径为 30～50 cm，堵涌前围堰上游（围堰离基坑约 45m）水位高程 83.00m。当基坑水位降至高程 77.00m 时，经测算涌水量达 2500～3000m³/s。由于涌水量过大，以致坝体混凝土无法浇筑施工，造成坝面全面停工，进而是无法施工的停产状态	溶洞水、断层水	石灰岩	溶洞附近有 F_{17} 断层	开挖揭穿溶洞、断层	溶洞、断层揭露	施工地点选择在上游围堰上，钻孔布置于该围堰轴线上，成弧形一排布置，轴线约长 65m，孔距 1.00m。经资料分析，该处高程 67.00m 以下基岩相对较完整，溶洞位于高程 67.00m 以下的可能性较小，故孔深确定的高程为 67.00m（围堰高程为 85.80～86.00m），孔深为 21.5～22.0m

续表

序号	工程	突水事件时间	突水情况			水源		构造		突水类型与特征	突涌水防治措施
			突水点位置	突涌水量/(L/s)	突水成因、过程及突水点特征	水类型	含水层	构造性质	与突水点的关系		
3	洪家渡水电站（谢仕求，2005）	2000年11月至2004年12月	坝基	2.6	右坝肩在趾板基础开挖过程中揭露出沿趾板方向长约45m深溶槽，槽底高程1060.00～1073.00m，在高程1066.00m以上充填有大块石、孤石、碎石夹黏土，胶结情况较好；在1066m高程以下充填有黄色砂质黏土及黑色淤泥质黏土，底部为砂卵石层及少量黏土。该溶槽穿过E11～E13段趾板基础，形成右岸溶槽缺口	岩溶水	三叠系下统夜郎组玉龙山段、和九级滩段	溶槽	开挖揭穿溶槽	溶槽揭露	先将溶槽内的充填物挖出，然后用C20三级配混凝土回填至趾板基础高程
4	莲花台水电站（陈金，2011）	2011年	坝基	167	莲花台水电站坝基开挖后，揭露顺河断层F_{31}，沿断层周边岩溶裂隙发育，断层底部及两侧多处涌水，且断层涌水具有零、散、远等特点	断层水	灰黑色糜棱岩、碎裂岩	F_{31}断层	开挖揭露顺河断层F_{31}	断层揭露	将断层分段浇筑，涌水处理也分段进行，同时由于涌水压力较大，必须采用围堵与引排结合的方式进行，大涌水孔引排：用80mm铁管插入涌水孔内，采用棉布片或棉絮包裹住插入孔内部分铁管；铁管插入深度及铁管外长度不宜太长，铁管外露端接软管将孔内涌水引排至就近集水桶、围井内
5	万家寨水利枢纽工程（王峰山，1997）	1997年	基坑	—	万家寨水利枢纽工程基坑渗水主要来源于层间裂隙和剪切带，其次为陡倾角裂隙，河床左岸基坑属一期开挖部位。因左岸一期上游围堰基础未作防渗处理，基坑揭露后，5～11号坝段上游侧壁的层间裂隙和剪切带渗水较为突出，底部的陡倾角裂隙局部也有涌水现象	承压水、裂隙水	—	裂隙	开挖揭露	裂隙揭露	承压水处理：厂房基坑开挖后，薄层灰岩大面积卸荷，最后用锚杆加固。在打锚杆孔时，发现部分钻孔已深入到承压含水层，如4号机组基坑个别孔内涌水水头达50cm，再采用砂浆锚杆已无法施工，后改为倒楔式浆锚杆，强行向孔内充填速凝砂浆，再用止水填缝材料封孔，最后利用基础固结灌浆的水泥浆充填孔内孔隙
6	乌江沙沱水电站（姜命强，2008）	2008年	基坑	2000	2008年5月，10号坝段混凝土顺利浇筑至度汛高程。随着汛期河床水位的不断升高，通过10号坝段排水钢管和基础面的涌水越来越大，并在11号，12号段基岩面形成多处流量很大的渗漏通道，总涌水流量超过2000 L/s，涌水压力达到0.2MPa	承压水、裂隙水	—	裂隙	开挖揭露	裂隙揭露	采用双层土工布和一层机织帆布制作，根据探明的涌水点形状，制作2种模袋，直径分别采用直径1500mm，300mm，下人前在袋内插入1根直径25mm沪焊管作为灌浆管，并用铁丝将袋口扎死

续表

序号	工程	突水事件时间	突水情况			水源		构造		突水类型与特征	突涌水防治措施
			突水点位置	突涌水量/(L/s)	突水成因、过程及突水点特征	水类型	含水层	构造性质	与突水点的关系		
7	浯溪水电站（熊太岘，2010）	2005年11月	闸坝基坑	2160	浯溪水电站一期基坑开始下河做围堰，闭气之后抽水，发现与三个涌水溶洞，流量达756L/s，后来基坑中间部位开挖后，又发现了数处大小不一的溶洞，枯水期河床水位76.00m左右的情况下，岩面高程73.00m左右的基坑涌水量达2160L/s。经现场简易测试，很多溶洞通过地下通道相互连通，并穿过围堰基础与河床相通，基坑内主要的水源为围堰基础下的溶洞溶槽渗涌水及基坑内的溶洞与外河床连通后进水	溶洞水	灰岩	溶洞	开挖揭露	溶洞揭露	（1）抬高涌水点的水位，使其保持静水状态，然后寻找通道进行灌浆。 （2）逆向灌浆，用地质钻机在渗涌水区域钻孔，然后将溶洞口堵住，再外接注浆管。 （3）导引后灌浆，导引针对小流量的渗水或经处理后仍存在的少量涌水。通过在建基面上凿流水通道（小流量）或接引水管的方式，让涌水沿着固定的通道流出主体浇筑区，进入集水坑，然后再用预制拱形盖板将水流通道罩住，再在拱形盖板之上浇注混凝土
8	小岩头水电站（虞东亮，2010）	2009年4月	厂房基坑	540	厂区断裂结构面不很发育，仅推测F_{21}断层，产状N35°～60°E，NW或SE∠85°～90°，延伸长大于150.00m。高倾角节理裂隙较为发育，2009年4月26日在厂区基坑下卧至1192.00m时，基坑内出现大量的涌水，最高达540L/s	断层水、岩溶裂隙水、堆积物孔隙水	二叠系下统阳新群生物碎屑灰岩夹白云质灰岩	断层	开挖揭露	断层揭露	为保证厂房基坑的干地施工，对基坑涌水处理提出了2种方案：强排和堵截。方案1：强排。在基坑设临时集水井，利用高功率的水泵等设备进行抽排至牛栏江，保证基坑干地施工。方案2：堵截。通过设置防渗体系，把渗水、涌水等堵在基坑以外，保证基坑干地施工。该方案优点是一劳永逸，施工干扰小，保证性高，但需查明涌水的来源。如果水的来源不明确，则基坑需周边四面围护防渗
9	引子渡水电站（杨志雄，2005）	2001年	厂房深基坑	460～730	2001年汛期厂房深基坑开挖到高程963.00m时，由于F_{11}断层穿过厂房基坑，沿断层发育的围堰基岩溶洞涌水，涌水量达到460～730L/s。而且涌水量有随基坑排水量的增加而加大的趋势	断层水、岩溶水	寒武系、石炭系、二叠系及三叠系	F_{11}断层	开挖揭露	断层揭露	（1）运用孔间高精度溶洞探测技术找出主要岩溶涌水通道。 （2）采用模袋灌浆技术对较大的岩溶组进行封堵。在堰顶探测的同时，由潜水员把连有灌浆管的模袋从已发现的出水口送入溶洞进行灌浆。经测试，涌水量减少了近60%。接下来根据精确探测确定的溶洞位置，从上向下打孔，通过钻孔将模袋送入溶洞

续表

序号	工程	突水事件时间	突水情况			水源		构造		突水类型与特征	突涌水防治措施
			突水点位置	突涌水量/(L/s)	突水成因、过程及突水点特征	水类型	含水层	构造性质	与突水点的关系		
9	引子渡水电站（杨志雄，2005）	2001年	厂房深基坑	460～730	2001年汛期厂房深基坑开挖到高程963.00m时，由于F_{11}断层穿过厂房基坑，沿断层发育的围堰基岩溶洞涌水，涌水量达到460～730L/s。而且涌水量有随基坑排水量的增加而加大的趋势	断层水、岩溶水	寒武系、石炭系、二叠系及三叠系	F_{11}断层	开挖揭露	断层揭露	进行灌浆。处理后基坑涌水明显减少，流量降至94L/s以内。 （3）采用双液控制灌浆技术对充填溶洞、断层破碎带和裂隙发育的强渗漏带进行灌浆处理
10	株溪口水电站（王小玲，李择卫，2012）	2005年11月	厂房基坑	1350	一期基坑部位主要的断层构造有F_{28}、F_{28}、F_{29}、F_{36}等。顺断层带岩溶发育，断层溶蚀带最宽达9.0m，影响带宽达（20～30）m，断层影响带岩层严重扭曲。纵向围堰上游及上游围堰地基下部沿NEE向延伸的岩溶通道发育，尤其是沿断层溶蚀带形成贯通性好的管道状溶洞，在坝基部位的砂卵砾石盖层及浅部基岩被挖除后，岩溶通道被揭露出地表，外河水沿岩溶通道进入一期基坑，并在坝基部位形成多点集中涌水现象。岩体中层理面及横河向的节理面均较发育	断层水、岩溶水	寒武系中统深灰—灰黑色炭质板状页岩、含炭泥质灰岩、纹层状灰岩、泥质条带灰岩	F_{28}、F_{29}、F_{36}断层，岩溶管道	开挖揭露岩溶管道、断层	岩溶管道、断层揭露	根据不同高程区域设置3个梯级集水井，将其他部位的渗漏水通过引管排至附近的集水井，集中抽排至围堰外。同时为了减小渗水压力，建筑物基础混凝土浇筑采用从上往下方式，利用不同高程的集水井抽排涌水使混凝土浇筑基本在无水状态下进行，保证了混凝土浇筑质量；集水井封堵时，采用自下往上的方式，分级关闭闸阀，封堵集水井，使充填渗漏通道和基础的回填、固结和帷幕灌浆等施工措施交叉进行
11	乌江渡水电站	1975年4月	基坑KW53暗河 基坑KW42暗河	2000 5000	乌江渡坝区的KW53；和KW42暗河系统在1975年4月一次暴雨后流量分别达2000L/s和5000L/s，超过了导引建筑物过水能力，辔洞水涌入基坑，造成基坑提前淹没	岩溶泉水	灰岩	岩溶泉	开挖揭露岩溶泉	岩溶泉揭露	—
12	黄河青铜峡枢纽	—	基坑	1000	黄河青铜峡枢纽施工基坑涌水量达1000L/s，90%的水是从断层溶蚀带中涌出来。部分岩溶坝基由于涌泉流星和压力较大，此堵彼漏。导引处置困难，严重影响大坝填筑质量	岩溶泉水	灰岩	岩溶泉	开挖揭露岩溶泉	岩溶泉揭露	—

续表

序号	工程	突水事件时间	突水情况			水源		构造		突水类型与特征	突涌水防治措施
			突水点位置	突涌水量/(L/s)	突水成因、过程及突水点特征	水类型	含水层	构造性质	与突水点的关系		
13	广西西江佳平航运枢纽	—	基坑	600～700	广西西江佳平航运枢纽一期基坑开挖时揭露的岩溶洞穴，高0.3～1.9m，宽2～7m，延伸长160～200m，在水头长期作用下洞穴充填物被击穿发生涌水，涌水且达600～700L/s，基坑被淹没	溶洞水	灰岩	溶洞	开挖揭露溶洞	溶洞揭露	为治理该涌水，进行了两次注浆，钻孔53个，总深度1156m，耗费水泥253t、两次灌浆处理后当即抽水尚可油于，但经过30～40天后通道再次击穿，基坑涌水依旧，最后不得不采取强诽施工，延误工期一个估水季以上
14	三江口	—	三江口左侧河床基坑、12号坝的W11，W12	180	三江口左侧河床基坑内有18个涌水点，其中17个为上升泉。总涌水量650m³/h以上，其中涌水量6m³/h以上的上都是溶洞充填物被击穿后形成的。如12号坝的W_{11}，W_{12}涌水量分别54L/s和43L/s以上，初期开挖时，沿流塑—可塑状粘泥与溶洞壁之间或洞壁裂隙，可见有涓细水流渗出、但在数十小时后突然大量涌水，一天后涌水量增大1倍，并渐趋稳定	溶洞水	灰岩	溶洞	开挖揭露溶洞	溶洞揭露	—
15	沙湾水电站（成体海，李长银，2008）	2008	基坑	—	沙湾电站坝址区地质构造上沫江向斜（承压水顶板最小埋深仅3.3～8.8m）扬起端南西翼，坝轴线距向斜核部约510m，在北东和南西方向，分别发育两条NW向的断裂构造—灌凹顶断层和罗一溪断层，电站枢纽区即处于两条NW向断裂构造所构成狭长型地块内，据沙下ZK101、沙下ZK121等钻孔电视显示，岩溶承压水多NW—SE向的裂隙涌出	承压水	三叠系中统雷口坡组泥质白云岩、岩溶角砾岩、泥质白云岩和灰岩	沫江向斜	施工中承压水抬动基坑底板	承压水顶板突破	—
16	乌江洪家渡水电站	2001年6月	厂坝基坑	3000～4000	江洪家渡水电站厂坝基坑2001年6月一次强降雨后K_{80}与K_{40}岩溶管道水系统产生岩溶涌水，涌水量达3～4m³/s，由于基坑抽排能力不足，涌水淹没了厂房基坑，影响了厂房施工	岩溶水		岩溶管道	降雨入渗	岩溶管道揭露	为治理基坑涌水，通过施工勘测，对左、右岸K_{80}与K_{40}岩溶管道水排泄区进行了堵洞、帷幕灌浆，并设排水洞与排水管将岩溶水引排至基坑下游

5.5.3 底板涌突水类型划分及机理分析

根据前面的底板突水案例统计分析，可得现状水电工程基坑底板突水类型主要有以下几种：岩溶泉揭露突水、溶槽揭露突水、溶洞揭露突水、岩溶管道揭露突水、剪切带揭露突水、基岩裂隙揭露突水、导水断层揭露突水和承压水顶板破坏型突水 8 种底板突涌水类型，见表 5.20。

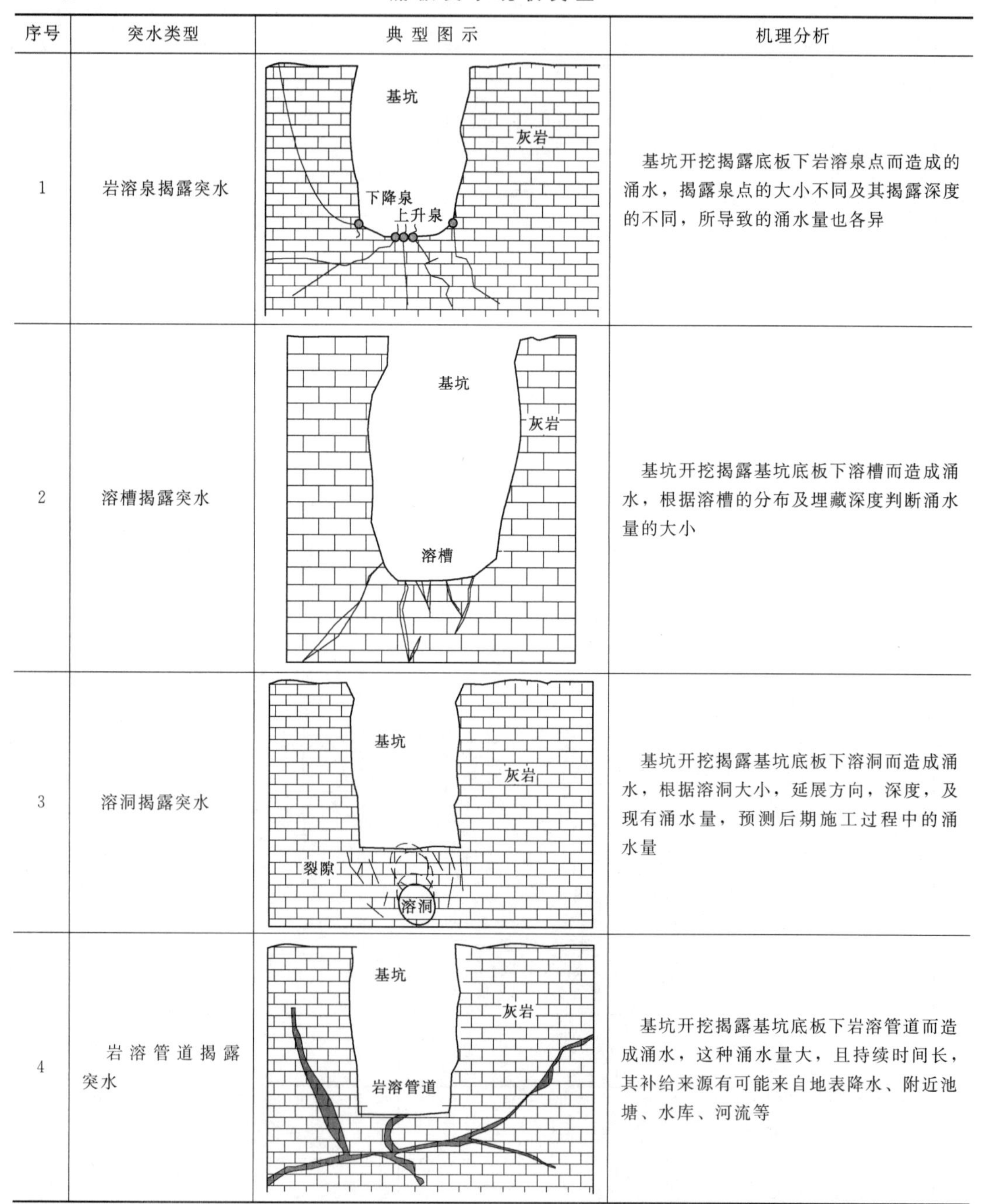

表 5.20　　底板突水现状类型

序号	突水类型	典型图示	机理分析
1	岩溶泉揭露突水		基坑开挖揭露底板下岩溶泉点而造成的涌水，揭露泉点的大小不同及其揭露深度的不同，所导致的涌水量也各异
2	溶槽揭露突水		基坑开挖揭露基坑底板下溶槽而造成涌水，根据溶槽的分布及埋藏深度判断涌水量的大小
3	溶洞揭露突水		基坑开挖揭露基坑底板下溶洞而造成涌水，根据溶洞大小，延展方向，深度，及现有涌水量，预测后期施工过程中的涌水量
4	岩溶管道揭露突水		基坑开挖揭露基坑底板下岩溶管道而造成涌水，这种涌水量大，且持续时间长，其补给来源有可能来自地表降水、附近池塘、水库、河流等

续表

序号	突水类型	典型图示	机理分析
5	剪切带揭露突水	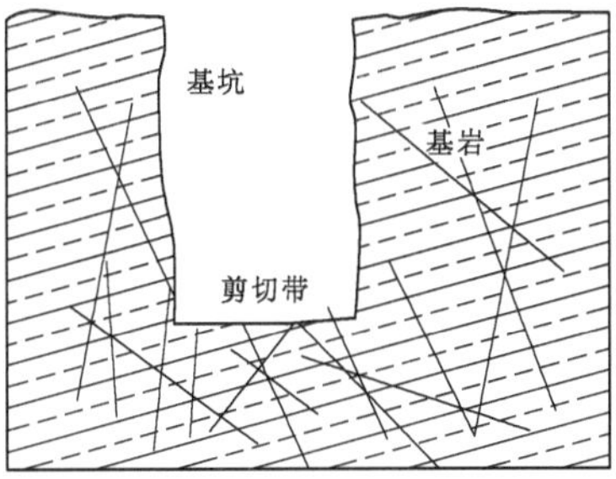 基坑 基岩 剪切带	发育在岩石中具剪切应变的强烈变形带，这一变形带可以是应变不连续的面状构造，剪切裂隙中可充满地下水，或者与附近河流、地表水接通，当地基开挖时，将基坑—剪切裂隙—河流连通，造成基坑底板涌水
6	基岩裂隙揭露突水	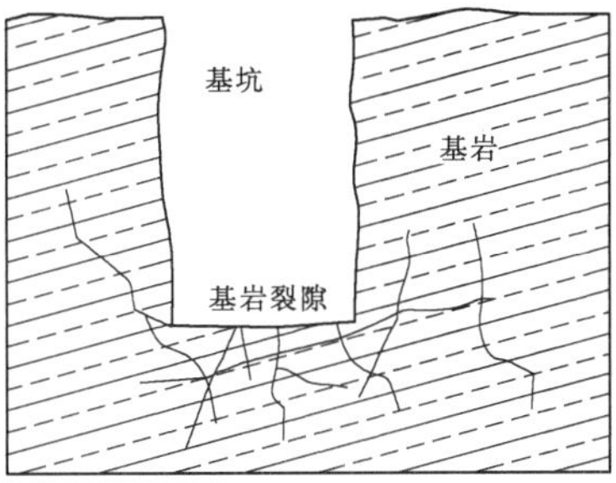 基坑 基岩 基岩裂隙	基坑开挖揭露基坑底板基岩裂隙而造成涌水，根据裂隙的宽度、深度及产状的不同，造成的涌水量大小也各不相同
7	导水断层揭露突水	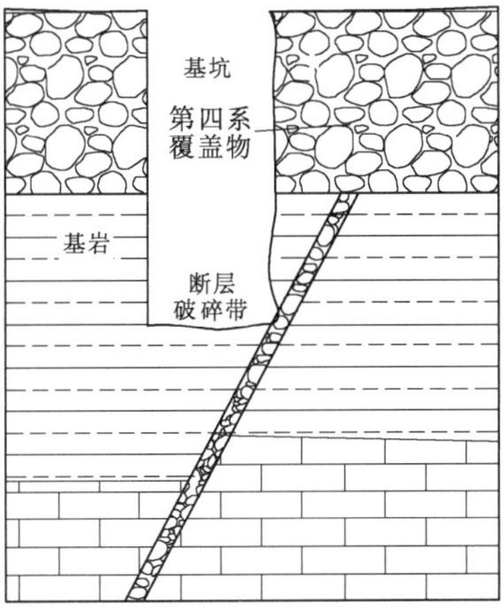 基坑 第四系覆盖物 基岩 断层破碎带	张开型断层的突水机理是断层两盘在承压水作用下产生了张开，承压水沿张开缝隙突出，同时，对断层带进行渗透冲刷，闭合型断层的突水机理是断层两盘的关键层的接触部产生了强度破坏，当基坑开挖揭露基坑底板连通下伏岩溶水的断层带而造成的涌水量大，根据断层带的宽度、充填物、产状现有涌水量大小判断后期施工涌水量，然后采取相应的防治措施
8	承压水顶板破坏型突水	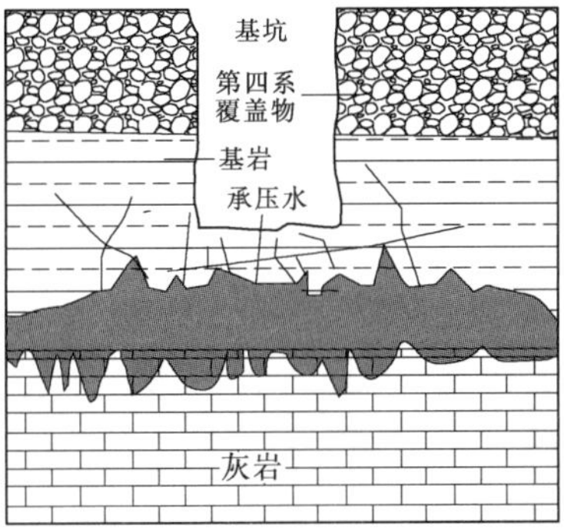 基坑 第四系覆盖物 基岩 承压水 灰岩	基坑开挖未揭露基坑底板承压水以前，由于施工的进行，底板不断被挖掉，隔水底板变薄，抵抗地下水压力的抵抗力逐渐减小，外加施工扰动影响，承压水顶板极易被突破而造成严重突水

5.5.4 底板涌突水预测分析及处理对策

5.5.4.1 预测分析

经过现状底板突水资料的分析并结合实际工程，再根据有可能发生底板突水的成因机制，预测出以下相关突水类型：陷落柱揭露突水、暗河揭露突水、断层扰动突水、层间错动带揭露突水、可溶岩与非可溶岩接触带揭露涌水见表5.21。

表5.21 突涌水预测类型

序号	突水类型	典型图示	机理分析
1	陷落柱揭露突水	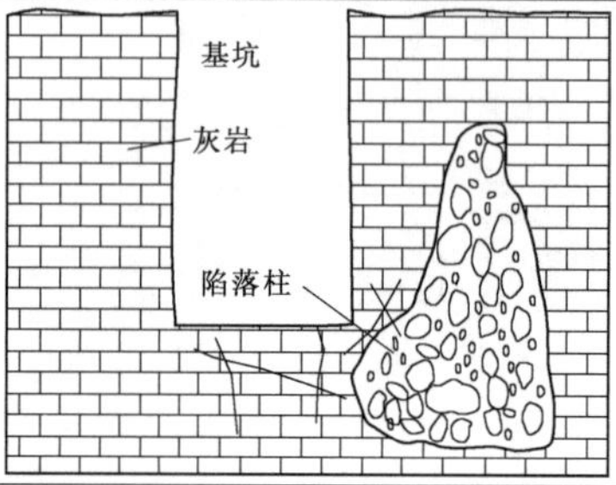	在基坑开挖过程中，人为揭露导水陷落柱而导致突水
2	暗河揭露突水	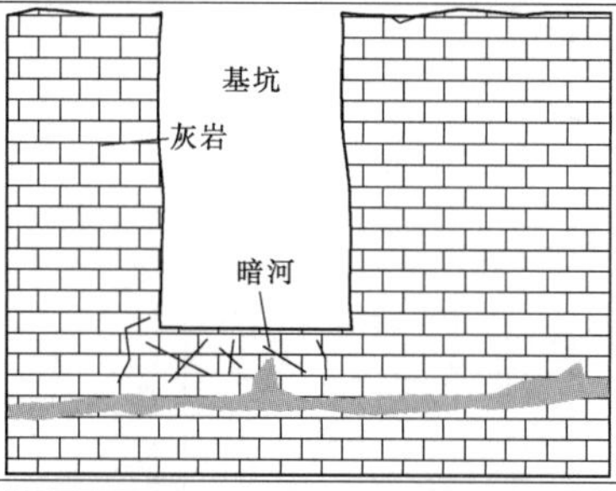	基坑开挖揭露底板下暗河而造成涌水，开挖初期有少量的基岩渗水，随着开挖深度的加大，突涌水量逐渐加大
3	断层扰动突水	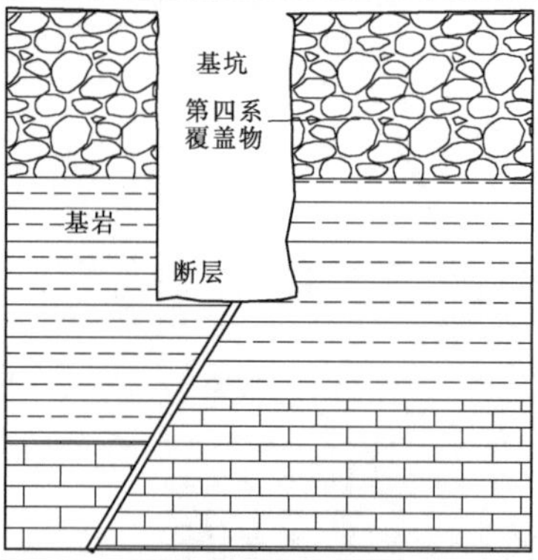	基坑开挖揭露该断层时并不导水，但是在基坑进一步被开挖过程中，引起底板和四周岩体的移动变形，造成断层面的相对移动，底板承压水沿断层上升，发生滞后突水
4	层间错动带揭露突水	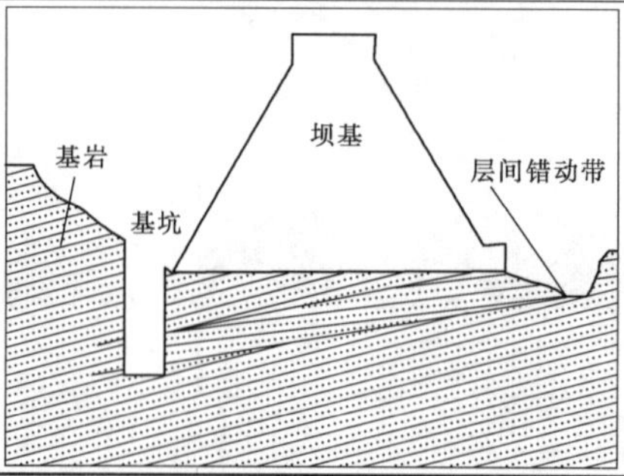	基坑开挖揭露与河流、水渠等连同的层间错动带造成突水，根据层间错动带的宽度、延展方向确定、及补给来源来综合判断涌水量的大小及突涌水时间长短

续表

序号	突水类型	典型图示	机理分析
5	可溶岩与非可溶岩接触带揭露突水	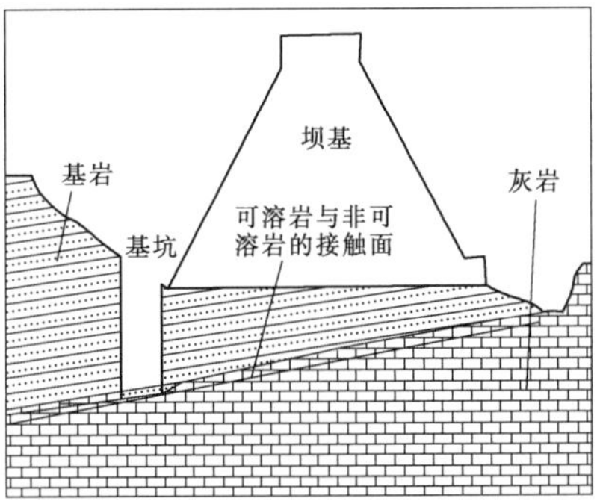 坝基 基岩 灰岩 基坑 可溶岩与非可溶岩的接触面	可溶岩与非可溶岩接触面往往充满沿接触面的岩溶水，自然条件下，岩溶水会沿着接触面流向地表露头，当基坑开挖到此会出现一定的承压涌水现象，根据可溶岩的埋藏深度的不同，涌水量大小也各不相同

5.5.4.2　综合防治措施

（1）施工前尽可能准确地查明、掌握涌突水的位置及规模，以便对症下药。对于涌突水位置不明时，宜从涌突水形成的内因和外因对施工区域内的地质情况及岩石的矿物成分进行分析，确定钻探优先顺序。例如，断层构造带裂隙发育，往往是渗流侵蚀岩石的外因，而岩石本身的矿物成分是形成涌突水的内因。

（2）对于未查明涌突水位置的回填灌浆施工，系勘查与处理混为一体的施工，施工时宜分序加密的方法进行。同时应及时整理分析资料，对于异常孔应重点处理，将该孔两旁的钻孔列为同序孔一起施工（很可能问题就在周围）。涌突水点揭露后，应视溶洞性质及灌浆情况补孔加强灌注。

（3）灌浆时应尽可能地减小突水洞内的水力坡降，例如减小灌浆位置上下游的水位差，在出水口抛填砂包填压减缓流速等。

（4）灌浆时应下灌浆管至孔底灌注，并设排气管适时排气（特别是突水点内有流水的钻孔，显得更为重要），使浆液从突水洞底堆起拦截通道，同时减少灌浆材料的浪费。

（5）对于有水流通过的突水洞应加入相应的速凝剂和稳定剂，如水玻璃、膨润土等，更好地助凝。采用“双液”灌浆时，应特别注意浆液在孔内造成灌不进而实际未灌满的假象（水玻璃应加水稀释后加入，否则堵管现象更为频繁），也就是通常所说的“架桥”现象。对于此类孔应进行扫孔、复灌（有时应重复多次），扫孔后不吸浆则可终灌。

（6）突水洞回填为大体积回填时，在保证质量的前提下，尽可能降低材料成本，如就地取材、掺加粉煤灰和水玻璃等，从而降低施工费用，合理施工。

5.6　下游雾化边坡稳定问题

5.6.1　概述

中华人民共和国成立以来，我国的坝工建设取得了巨大的成就，根据水利部、国家统计局 2013 年 3 月 26 日发布《第一次全国水利普查公报》，全国已建成各类水库 98002 座，成为世界上建坝最多的国家。特别是近年来，一大批接近 300m 或者超过 300m 的超高坝都相继开始建设，如澜沧江上的小湾，坝高为 292m，泄洪总功率约为 42000MW；金沙江上的溪洛渡，坝高为295m，泄洪总功率约为100000MW；普斯罗沟上的锦屏，坝高为305m，泄洪总功率约为43000MW；黄河上的拉西瓦，坝高为252m，泄洪总功率约为12540MW；澜沧江上的糯扎渡，坝高为260m，泄洪总功率约为95000MW等。这些工程的泄洪消能具有“高水头、大流量及河谷狭窄”等特点，其泄洪最大单宽流量均超过200m^3/(s·m)、单宽消能功率达300MW/m，使得泄洪消能问题十分突出。目前国内外所采用的消能方式，主要有挑流、底流、面流及戽流。据不完全统计，绝大多数水利工程采用挑流或底流消能方式，见表5.22。

表5.22　　高坝（70m以上）枢纽采用的消能方式

工　程		坝　型			消　能　工			
		重力坝	拱坝	土石坝	挑流	底流	面流	戽流
国内	42	24	15	3	41	1	0	10
国外	116	45	55	16	85	21	0	10
合计	158	69	70	19	126	22	0	10

5.6.2　泄洪雾化的机理与现状

挑流消能就是借助于泄水道末端设置的挑坎，利用下泄水流的巨大动能，将水流挑入空中，挑流水舌在紊动和空气阻力的作用下，发生分散和掺气，失去一部分动能；进而挑流水舌与下游尾水发生碰撞，跌入水垫形成淹没射流，水舌继续扩散，流速逐渐减小，在入水点前后形成两个巨大的旋涡，主流与旋涡之间强烈的动量交换和剪切作用来消散下泄水流的巨大动能。所谓底流消能就是通过水跃产生表面旋滚和强烈的紊动来达到消能的目的。

在挑流和底流消能过程中，常常在一定范围内形成降雨或浓雾。这种现象对枢纽建筑物正常运行、交通安全、周围环境以及两岸边坡稳定性等产生一定的危害。例如，新安江水电站1983年汛期泄洪时，在坝下游150m，高程70.00m，220kV变压器站7跨中有2跨跳闸，致使1号、2号、5号及6号机组被迫停机，发电损失约为600万元。又如黄龙滩水电站，1980年泄洪时，泄洪水舌经差动式鼻坎射向空中，形成大量的雨雾，水舌入水点正好在厂房附近，整个厂区上空被强大的水雾所笼罩，形成倾盆大雨，导致水淹厂房、高压短路停电、交通中断、房屋倒塌，仅发电损失一项就达1000万元。还有李家峡水电站，从1997年1月20日到2月13日持续泄水23天，由于泄水时为李家峡地区气温最低时期，在雾雨覆盖范围内，尤其在2220m以下坡面上形成了厚度不等的冰层，一般为0.8～1.5m，最厚处达4m。冰层的覆盖和昼夜大温差引起交替冻融作用，导致排水不畅，并增加了地面水的下渗量。Ⅲ区岩体于1997年3月1日凌晨下滑，呈典型的推移式滑坡，总方量达38万m^3。总之，我国已建的水电站不少都有这方面的经验和教训。

雨水入渗诱发岩体滑坡问题已引起了工程界的极大关注。最初，边坡渗流场研究通常采用稳定渗流模型，对于降雨入渗的补给作用，仅考虑多年平均年降雨量对应的入渗条件，且入渗边界假定在地下水面上，而忽略降雨在非饱和区的运动过程。后来，随着岩土力学、土壤水动力学和岩体水动力学的发展，国内外学者已越来越清楚地认识到上述边坡滑坡与降雨入渗引起的裂隙岩体非饱和渗流场的变化有极大关系，即雨水的渗入导致裂隙岩体中地下水位以上非饱和区孔隙水压力的暂时升高，产生暂态的附加水荷载，是导致岩体边坡失稳的主要因素之一。另外，降雨入渗也降低了岩体力学强度指标（在饱和状态下岩体抗剪强度有时比天然状态下降 22.1%～42.2%。现在，虽然国内外有关非饱和渗流的研究有了一定深入，但研究多集中在等强度降雨入渗方面，而有关像雾化雨这样的变强度雨水渗流对岩体边坡稳定方面的研究却相对较少。

随着高坝修建数量的增多和泄洪时滑坡事件的不断发生，岩体边坡稳定问题变得也越来越突出。鉴于此，本节从泄洪雾化雨形成机理着手，对雾化雨在岩体边坡中的渗流规律、泄洪时坡体和防护结构的稳定及边坡失稳的预测等一系列问题进行了较深入的研究。

5.6.2.1　泄洪雾化现象

液体雾化的概念最早是从喷嘴射流的研究中产生的。这种“雾化”指的是一种液体在气体或其他液体中分散形成液滴的现象。液体雾化的基本机理是液体自由表面失去稳定性，影响其稳定性的因素有：流场的形式、扰动的幅度和作用在液体上各种力相对大小。以液体喷入大气的情形为例，当流量很小，液滴在管口处形成，液滴的尺寸取决于液滴的表面张力和重力的平衡。当流量达到临界值，就会有一股从管口喷出的液体射流，这股射流的长度取决于流量。起初，射流长度随着流量的增大而增大，直到达到最大长度；此后，这个长度将随着流量的增大而减少，在超过喷流长度的距离处，液柱（射流）分散成液滴。

水利工程中的雾化与液体雾化的概念不同，它指的是过坝水流通过特定的消能方式，以水雾或水滴方式在空中形成雾流。这种雾流在气流和地形的作用下，在局部地区产生一种密集雨雾现象，我们称它为泄洪雾化。武汉水利电力大学梁在潮教授将其称为雾化水流，译成英文为“Atomization Water Flow”。源源不断的充沛水雾、水滴和持续强烈的上升运动是泄洪雾化的内在条件，而坝区的气象条件和地形条件是泄洪雾化的外在条件。

不同消能方式所产生水雾的机理、形态及雾量多寡，存在较大的差异。对于挑流消能，其雾化源来自三个方面，即水舌空中扩散掺气、水舌空中相碰和水舌入水喷溅；它的形态主要是水滴；它的雾雨影响范围大，且强度大。而对于底流消能，其雾化源是通过水跃产生的；它的形态主要是水雾；它的雾雨影响范围小，且强度小。泄洪雾化雨强分级见表5.23。

表5.23　泄洪雾化雨强分级

雨强分级		12小时雨量/mm	雨强/(mm/h)	降雨特征及其对环境的影响	分级根据
Ⅰ		<70	<5.8	天然暴雨以下的降雨，对待Ⅰ级雾化降雨可同自然降雨	参照气象研究
Ⅱ		70～140	5.8～11.7	相当于天然降雨的大暴雨、特大暴雨，对待Ⅱ级雾化降雨类同天然大暴雨和特大暴雨	参照气象研究
Ⅱ	Ⅲ-1	140～7200	11.7～50	雨强大于特大暴雨，上限已达人畜存活极限，区域内人会感觉胸闷、呼吸不畅，可见度低于90m，在该区内需限制人员活动和交通	600mm/h的界限由原观测量和现场观察取得
	Ⅲ-2		50～100		
	Ⅲ-3		100～300		
	Ⅲ-4		300～600		
Ⅳ		>7200	>600	雨区内空气稀薄能见度低，人畜在该区内会窒息而死，当雨强大于1600mm/h，可见度小于4m	雨区可见度与雨强关系由原观取得

5.6.2.2 挑流泄洪雾化的机理

由泄水建筑物的鼻坎射出的高速水舌在空气中运动时，由于水和空气的相互作用，分别在水舌和空气中形成了两个边界层，并且在交界面上产生漩涡。当水舌周边的边界层交汇后，这些漩涡体势必发生混掺和交换，加剧了紊动运动，使得水舌在横向和纵向不断扩散，从而形成掺气水舌。还有少量水滴，由于其紊动强度较大，从水舌边缘脱离水舌的束缚落入地面或岸坡。

当两股水舌在空中相撞时，引起高度的紊动和水流的变形，动能损失明显增加，使边缘含气浓度较高的水团带到水舌核心中去，经过相撞后的水舌的掺气程度进一步增加。在水舌相撞点附近有大量水滴从水舌中喷出，形成降雨。

当水舌与下游水垫刚接触时，还来不及排开水垫中的水，在水垫中产生一个短暂的高速激波。当水舌和下游水面撞击后，水舌的大部分会进入下游水垫，而其小部分在下游水垫压弹效应和水体表面张力作用下反弹起来，以水滴的形式向下游及两岸抛射出去，便形成降雨，落入河床及两岸。

理论分析和原型观测资料都表明，空中水舌掺气扩散形成的雾化源是不大的，雾化源主要是由水舌落水附近的水滴喷溅引起的。这些水滴在重力、浮力和空气阻力作用下，以不同的初始抛射角度和初速度作抛射运动，这些溅起的水滴在一定范围内产生强烈水舌风，水舌风又促进水滴向更远处扩散，即向下游和两岸山坡扩散。随着向下游的延伸，降雨强度逐渐减小。根据雾化水流各区域的形态特征和形成的降雨强弱，将雾化水流分为两个区域，即强暴雨区和雾流扩散区。强暴雨区的范围为水舌入水点前后的暴雨区和溅水区；雾流扩散区包括雾流降雨区和雾化区。如图 5.36 所示。

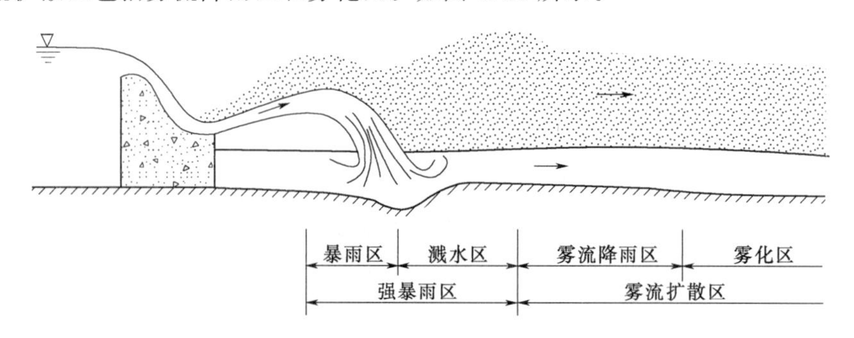

图 5.36 挑泄流水雾化降雨分区示意图

5.6.2.3 水气两相流掺气机理的研究现状

根据掺气过程和机理的不同，水气两相流又可分为自掺气水流和强迫掺气水流两种。当水流通过泄水建筑物，如溢流坝、明流隧洞等时，当流速达到一定程度，大量空气自水面掺入水流中，以气泡形式随水流流动，便形成了自掺气水流。当高速水流受到某种干扰，如固体边界发生突变或射流冲击水体等，由于射流扩散掺气或射流冲击水体形成旋涡卷入空气，从而形成强迫掺气水流。

1926 年奥地利的依伦伯格（R. Ehrenbrger）进行了明渠水气两相流室内试验，1942 年美国的霍尔（L. S. Hall）做了野外观测，以后意大利、法国、苏联、印度等国学者通过室内试验和野外观测，对明渠水气两相流的自掺气水流进行了大量研究。我国从 20 世纪50年代后期开始这方面的研究。80年代吴持恭对水气两相流的掺气机理、掺气条件、掺气水深、掺气浓度分布等方面进行了系统的研究。

水气两相流的掺气机理有三种不同理论：

表面波破碎理论——1946年苏联Д. Вопнович提出的，他认为两种不同介质，流速不同，其交界面将产生波浪，当表面波破碎时卷进了空气，形成掺气水流。紊流边界层发展理论——1939年美国E. W. Lane提出的，他认为紊流。边界层发展到水面就开始掺气。紊动强度理论——1953年法国G. Halbronn提出的，他认为水流紊动强度达到一定程度，水滴跃出水面，回落时带进了空气，形成掺气水流。

吴持恭将表面波破碎理论、边界层发展理论和紊动强度理论三者统一起来，其主要观点为：紊流边界层发展到水面，使紊流暴露在空气中只是水流掺气的必要条件，其充分条件应是水流紊动达到足够强度，能使涡体跃出水面。涡体是随机性的，许多单个涡体跃出水面就形成水滴，一串串涡体连续跃出就形成水柱，一群群涡体跃起就形成水面波。水滴回落带进了空气，水柱、水面波向后倒落卷进了空气，形成掺气水流。

5.6.2.4　喷溅雾化范围

1986年梁在潮对雾化运动模式进行了描述。他认为雾化按其形态可以大致分为水舌溅水区、强暴雨区、雾流降雨区和薄雾大风区。水舌的溅水范围是梁氏研究的重点，他讨论了三种不同情况下的溅水影响范围：①水块自身抛射；②考虑水舌风的影响；③考虑多种因素。在对所得的公式进行了实验验证后，求得最佳表达式为

纵向范围：
$$L=\frac{u_0\cos\gamma}{g}\left[(u-u_0\cos\gamma)\sin\gamma+\sqrt{7.143gu_0\sin\gamma}\right]$$

横向范围：
$$D=\frac{0.77u_0^2\cos\gamma}{g}$$

水块反弹斜抛初速度：
$$u_0=0.775\frac{\cos\beta}{\cos\gamma}u_e$$

水舌风速：
$$u=\frac{1}{3}u_e$$

式中：u_e、β、γ分别为水舌入水速度、水舌入水角、溅水反射角。

1989年刘宣烈将雾化区分成浓雾区、薄雾区和淡雾区，并在收集原型观测雾化资料的基础上，经统计分析后，对拟建工程的雾化范围提出了如下估算公式：

对于浓雾区：

纵向范围：$L_1=(2.2\sim3.4)H$(m)；

横向范围：$B_1=(1.5\sim2.0)H$(m)；

高度：$T_1=(0.8\sim1.4)H$(m)。

对于薄雾区和淡雾区：

纵向范围：$L_2=(5.0\sim7.5)H$(m)；

横向范围：$B_2=(2.5\sim4.0)H$(m)；

高度：$T_2=(1.5\sim2.5)H$(m)。

式中H为最大坝高；L_1和L_2皆为距坝脚或厂房后的纵向距离。

5.6.2.5 底流泄洪雾化的研究现状

根据雾化产生机理的不同，底流泄洪雾化可分为两个：第一是溢流坝面自掺气而产生的雾化；第二是水跃区强逼掺气而产生的雾化。

1994 年梁在潮系统地研究了底流消能水流雾化的物理过程和计算方法。在以下三方面提出了自己的见解：

(1) 梁在潮提出了底流消能水流雾化的物理模式，明确了底流消能的雾源有两个：一是坝面溢流自由掺气；二是水跃区的掺气。坝面自由掺气是由于水气交界面的稳定性受到破坏和紊流边界层发展到水面这两个条件来决定的。而水跃区的掺气是这样描述的：在溢流的主流和水跃表面旋滚交界面开始处，空气受水的围裹进入水流，并由于剪切面的不稳定，使一部分空气掺混到主流中，而另一大部分挟入的空气，通过旋滚的表面逸出，气泡从旋转表面逸出过程中，将水滴也带入空气，因而此部分逸出的空气，是水跃区形成雾化流的主要因素。

(2) 梁在潮分别给出了坝面溢流自由掺气含水量和水跃区含水量的计算关系式：

$$q=\int_{H}^{h_a}(1-a)\mathrm{d}z=\int_{H}^{h_a}\left[1-\frac{1}{2}\left(1+\operatorname{erf}\left(\frac{z/H-1}{h_a/H-1}\right)\right)\right]\mathrm{d}z$$

式中：q 为坝面任一断面单宽含水量；a 为空气含量；H 为相当清水水深；z 为垂向坐标；h_a 为空气含量等于 0.95 点的坐标。

$$\beta_z=\frac{a}{2}\left[1+\operatorname{erf}\left(\frac{z/H-1}{h_a/H-1}\right)\right]$$

$$q_z=\int_{H}^{h_a}(1-\beta_z)\mathrm{d}z$$

式中：β_z 为水跃区水面以上的掺气率；q_z 为水跃区任一断面的单宽含水量。

(3) 对于雾流的扩散，梁在潮引入了线源扩散计算表达式：

$$c_m(x,y,z)=\frac{Q_0}{2\sqrt{2\pi}u\sigma_2}\left\{\exp\left[-\frac{(z+H)^2}{2\sigma_2^2}\right]+\exp\left[-\frac{(z-H)^2}{2\sigma_2^2}\right]\right\}$$
$$\times\left[\operatorname{erf}\left(\frac{y+y_0}{\sqrt{2}\sigma_y}\right)-\operatorname{erf}\left(\frac{y-y_0}{\sqrt{2}\sigma_y}\right)\right]$$

式中：$c_m(x, y, z)$ 为下游空间的任意一点的水雾浓度；Q_0 为源强；u 为风速；σ_y 和 σ_z 分别为垂向和横向的扩散系数；H 为雾化流的有效高度；取 x 轴与气流方向平行，线源总长为 $2y_0$。

梁在潮对底流泄洪雾化做了开创性的工作，但对坝面溢流自由掺气和水跃区掺气仅仅给出了其含水量，未能给出对应的雾源强度；还有对雾流的扩散也是仅列出式，而其中的参数如何来取，未做任何的说明。因而建立一个完整的底流泄洪雾化数学模型，包括确定雾源的位置和强度、雾流的扩散、地形的影响和雾流对下游环境的影响，将成为底流泄洪雾化的研究方向。

5.6.3 泄洪雾化的研究方法

泄洪雾化的影响因素众多，研究表明，泄洪雾化与泄流方式、上下游水位差、泄流量、下游地形和气象条件关系最为密切。泄洪雾化的研究方法有三种：原型观测、物理模型试验和数值计算。

原型观测是认识泄洪雾化的重要手段，也是进行物理模型试验和数值计算的工作基础。泄洪雾化的原型观测是一项繁重的工作，要耗费大量的人力、物力、财力和时间，同时由于现场的复杂性和原型观测受随机因素的影响，要取得精确数据十分不易，许多观测数据往往是一个大概数。尽管如此，原型观测数据仍然是衡量预测方法可靠性的重要依据。我国已进行过凤滩、乌江渡、东江、漫湾、李家峡、二滩和湾塘等水电站泄洪雾化的原型观测，取得了十分宝贵的资料，为研究泄洪雾化理论提供了重要条件。

物理模型试验是原型观测的延伸和补充，避免了原型观测的受时间和其他条件的限制，可以进行重复试验。目前主要做水工模型试验或风洞试验。例如天津大学进行了水舌入水喷溅的模拟试验；南京水利科学研究院曾进行过大比尺的二滩水电站和小湾水电站溅水范围的水工模型试验；原武汉水利电力大学曾进行过三峡工程、隔河岩水电站和漫湾水电站等工程的溅水试验与雾流扩散模型试验，均取得了较好的成果。但在物理模型试验中存在相似准则的问题，其难点在于既要满足重力相似准则，又要满足雾化相似准则，而后者包括水舌表面破碎相似准则、水滴喷溅相似准则和雾流扩散相似准则。

数值计算是建立在原型观测和物理模型试验上的一种理论分析方法，其主要步骤为：①对泄洪雾化的机理和物理过程进行深入的研究，对于泄洪雾化各个阶段的影响因素进行分析、对比；②去掉次要的影响因素，保留主要的影响因素，建立各种假定；③按照物理过程建立一组数学方程；④运用数学方法求解泄洪雾化的物理参数；⑤应用原型观测数据或者物理模型试验数据反馈确定数学模型中的待定系数；⑥应用原型观测数据来验证数学模型的正确性；⑦应用数学模型预测待建或者在建工程泄洪雾化的物理参数（图5.37）。

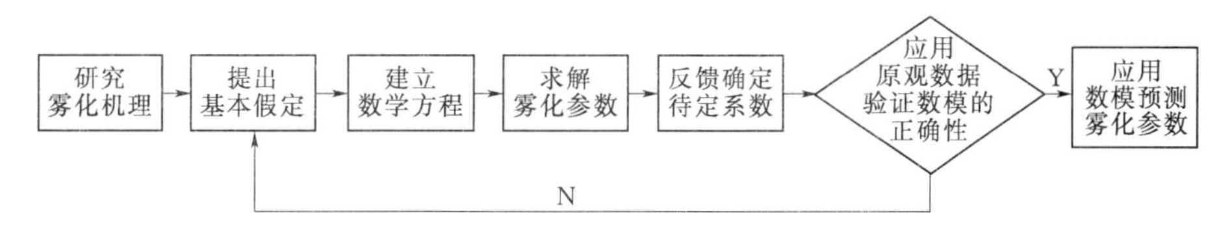

图5.37　数值计算的主要步骤

随着我国水电事业的发展，尤其是西部开发战略的实施，越来越多高水头、大泄量、高功率的水库建于狭窄河谷之中。为解决消能防冲问题，大差动挑坎、宽尾墩、窄缝式挑坎、挑流水股碰撞等一批新型消能型式得到广泛重视和应用。事实表明，这些消能型式均能获得较好的消能效果，但其缺点之一就是可能造成更严重的雾化问题。因此，需加强对泄洪雾化特征及相关防护技术的研究。

本章试图从泄洪雾化危害的认识、雾化形成过程的研究、雾化影响范围和强度的预测、防护措施设计研究等方面，全面总结我国现有的泄洪雾化相关研究成果，厘清我国泄洪雾化研究发展历程，总结提炼现有研究成果，以增进对已有泄洪雾化工作内容、认识程度的了解，为下一步泄洪雾化相关研究工作的开展提供思路，指明方向，以推进相关研究的进一步开展。

5.6.4 工程实例分析

5.6.4.1 锦屏一级水电站泄洪雾化

1. 锦屏一级水电站的泄洪消能分析

锦屏一级水电站坝址区域河谷狭窄，岸坡陡峻，为典型的深切V形河谷。其设计泄洪流量为12297m^3/s，校核泄洪流量为13897m^3/s，最大泄洪水头为221.70m，泄洪功率最高可达3345.6万kW，是典型的“窄河谷、高水头、大流量”水利枢纽。

根据枢纽泄洪消能的基本任务、工程特点、地形地质条件，锦屏一级水电站泄洪消能建筑物的布置为：枢纽泄洪消能建筑物主要由4个表孔、5个深孔、2个放空底孔以及坝后水垫塘、右岸1条有压接无压泄洪洞组成。

表孔孔口尺寸为11.0m×10.0m，采用弧门挡水，堰顶高程为1870.00m，出口采用窄缝消能，孔口宽度由11.0m收缩至3.6m，出口高程为1847.50m。深孔孔口尺寸为5.0m×6.0m，出口高程为1789.00～1790.00m，深孔出口为俯角的，孔身采用下弯的型式，孔口俯角分别为12°或5°，出口为挑角的，孔身采用上翘的型式，出口挑角为5°。坝后水垫塘为复式梯形断面型式，底板高程为1595.00m，底板厚为4.0m，底板水平宽度45.0m，水垫塘边墙顶高程为1659.00m，防浪墙顶高程为1660.00m。二道坝坝顶高程为1642.00m，中心线至拱坝轴线的距离为386.5m。

右岸设1条泄洪洞，采用有压接无压、洞内“龙落尾”的型式。泄洪洞进口布置在普斯罗沟沟口，紧靠厂房进水口右侧，进水口为深水岸塔式进口，塔顶高程为1886.00m，圆形有压洞接明流隧洞，利用“龙落尾”的形式与出口挑流鼻坎连接。泄洪洞出口置于右岸道板沟上游，出口采用挑流消能，总长约1407m。

2. 左岸Ⅳ～Ⅵ号山梁泄洪雾化降雨范围的预测

根据以上所述，可以看出泄洪雾化问题是一个复杂物理过程，目前还未能有非常行之有效的方法对泄洪雾化的降雨强度及范围进行准确的预测，但由于工程需要，目前普遍采用较多的方法是模型试验以及原型观测的方法。

锦屏一级水电站在水力条件、泄洪消能方式、地形条件等方面与二滩水电站均较为相似，其原型观测成果最具参考价值。

以下是雾化降雨范围估算公式：

纵向距离：$L=(2.3\sim3.4)H$；

横向距离：$B=(1.5\sim2.0)H$；

高度范围：$T=(0.8\sim1.4)H$。

其中H为上下游水头差。以上公式主要是计算浓雾降雨区的范围，未考虑物流飘散区的范围。

按照以上估算公式，分别得到锦屏一级水电站泄洪雾化降雨的纵向距离约为500～750m，横向距离约为330～440m，高度范围约为180～300m。由于前面分析了锦屏一级水电站具有“高水头、大流量、窄河谷”的显著特点，因而为了安全起见，长度范围取大值，为750m，包含了整个左岸Ⅳ～Ⅵ号山梁的长度范围；结合计算得出的横向以及高度范围，参考左岸Ⅳ～Ⅵ号山梁的地形条件，最终计算采用的降雨范围可延伸至高程1900.00m，预测范围见表5.24。

表5.24 坝址泄洪雾化区预测范围

工况	“雾化”分区	纵向范围（桩号）	岸边最高高程/m	横向宽度/m	备注
表、中孔联合泄流	水舌主流区	0+105.00～0+240.00	1625	80	
	水舌裂散区（Ⅳ）	～0+400.00	1740	112m+40×2	水垫塘顶宽112m，两岸边坡各40m
	激溅暴雨区（Ⅲ）	～0+900.00	1830		
	浓雾暴雨区（Ⅱ）	～1+000.00	1850		
	薄雾降雨区（Ⅰ）	～1+400.00	1900		

3. *右岸雾化区猴子坡稳定性研究*

根据表5.23表明，猴子坡距大坝约有600m，属于雾化分区中的激溅暴雨区。根据泄洪雾化范围、泄洪雨强分布图以及猴子坡的地质情况，选取猴子坡剖面1-1为参考地质剖面（图5.38）。根据剖面1-1图和地形平面图，计算域左侧边界延伸至高程2164.00m处，计算域底部取至高程1480.00m处。根据风化卸荷情况以及剖面所在位置，将计算域划分为多个渗透性分区。分区情况和分区的渗透参数如图5.39所示。

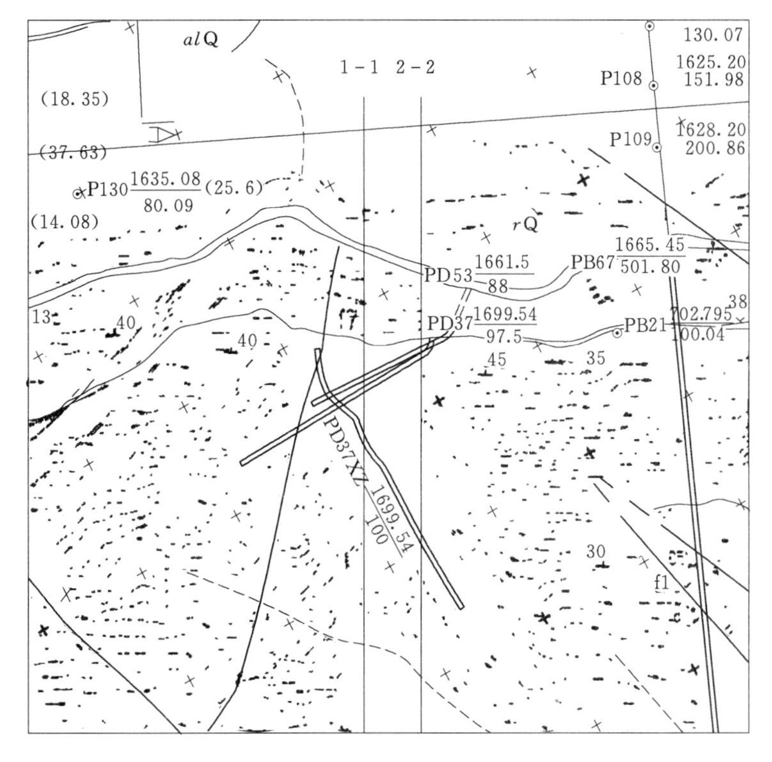

图5.38 剖面位置

渗流场规律：雾化雨作用下3天坡体含水量逐渐升高，压力水头也同时升高，第1天时在坡面高程1737.00～1785.00m处出现暂态饱和区，向坡内延伸垂直深度约36m，压力水头最大值为20m。第3天时坡脚高程1685.00m处已经出现暂态饱和，坡面压力水头

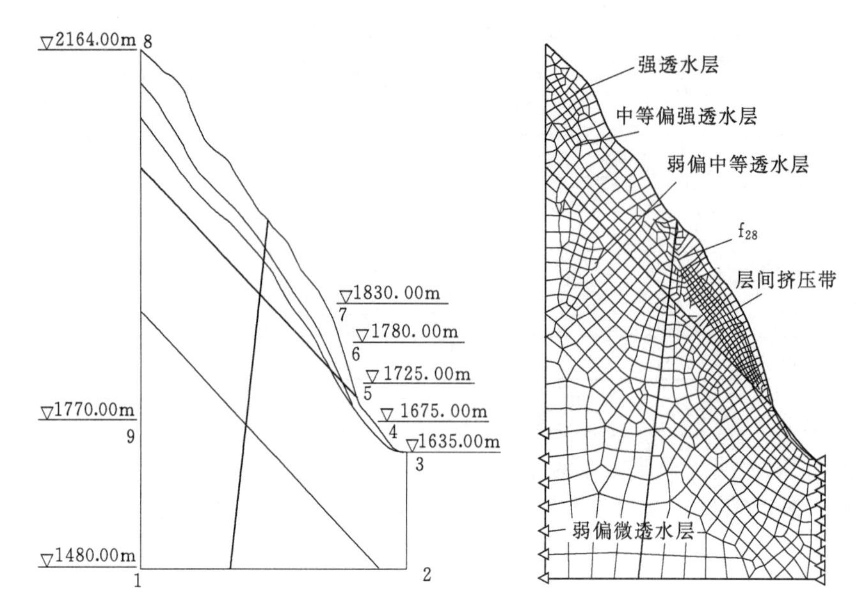

图 5.39 计算典型剖面与参数分区

最大值约为 40m。第 4～10 天，坡体水分分布进一步调整，边坡局部地方压力水头继续升高。第 4 天，坡脚处的压力水头最大值为 30.8m，随着高程的增加，压力水头逐渐降低，到高程 1756.00m 压力水头降低至 0。第 7 天时，边坡上部非雾化区局部区域压力水头仍在调整，雾化区局部饱和区及压力水头缓慢下降。第 10 天时，边坡上部非雾化区局部区域压力水头和含水量基本调整完毕，此时，暂态饱和区的自由面已下降至高程 1736.00m（表 5.25）。

表 5.25　　　　锦屏一级水电站右岸雾化雨强度分布规律

1-1 剖面雾化区	高程范围/m	雾化区强度/(mm/h)
①	1635～1675	600
②	1675～1725	300
③	1725～1780	100
④	1780～1830	50
⑤	1830 以上	0

5.6.4.2 瀑布沟水电站泄洪雾化

瀑布沟水电站水库正常蓄水位 850.00m，汛期运行限制水位 841.00m，死水位 790.00m，消落深度 60m，设计水头 186.00m，总库容 53.37 亿 m^3，调节库容 38.94 亿 m^3，为不完全年调节水库。

枢纽总布置为河床中建砾石土心墙堆石坝，引水发电建筑物，一条岸边开敞式溢洪道、一条深孔无压泄洪洞均布置于左岸，右岸设置一条放空洞。

堆石坝采用设计洪水频率 $P=0.2\%$，重现期 500 年一遇，相应洪峰流量 9460m^3/s，设计洪水位 850.24m；校核洪水采用可能最大洪水（PMF），相应洪峰流量 15250m^3/s，校核洪水位853.84m。泄洪建筑物按重现期500年洪水设计、最大可能洪水校核。

下游河道及雾化边坡防护按100年一遇洪水设计。相应入库洪水流量为8230m^3/s，控泄出库流量为7900（叠加尼日河来流量10750）m^3/s。100年洪水运行工况泄量分配：溢洪道泄量4500m^3/s，泄洪洞泄量2000m^3/s，机组过流1400m^3/s。

（1）泄洪洞布置。泄洪洞布置于左岸，总长2024.82m，为无压洞，出口采用挑流消能。泄洪洞进口底板高程795.00m，洞身段采用同一底坡$i=0.058$，出口挑坎起挑高程为677.89m，最大泄量3418m^3/s，挑坎上的最大单宽流量164.5m^3/(s·m)，最大泄洪水头183.00m，洞身最大流速约40m/s，鼻坎顶的最大流速为33.86m/s。

泄洪洞出口位于瀑布沟沟口上游，出口挑坎形式为扭曲斜切鼻坎，过水面底板宽度由12.0m变为到挑坎末端24.05m。反弧半径96.12m，挑角30°，出口挑坎起挑高程为677.89m。挑流水舌冲坑靠近河床左岸。

（2）冲刷区基本地质条件。泄洪洞出口冲刷区河段，水面宽120～140m，水深6～12m，河床覆盖层厚45～63m；左右岸谷坡均为流纹斑岩，具有良好的抗冲蚀能力，自然边坡稳定性好，但河床漂卵石层及漂块卵石层抗冲能力较弱。

泄洪洞挑流鼻坎地基岩性为流纹斑岩，地基承载力和抗变形能力满足设计要求；护坦地基为冲积漂卵石层，结构松散，抗冲能力低，须采取防冲措施，防止溯源冲刷危及护坦。泄洪洞出口下游的大渡河两岸低线公路以下河岸，覆盖层由表及里主要为人工堆积、崩坡积及河床冲积层。左岸覆盖层分布于古崩塌体至尾水出口、泄洪洞出口一带，其余区段主要为基岩。

（3）雾化影响下边坡变形特征分析。瀑布沟水电站溢洪道出口边坡当前支护开挖后稳定性较好。然而，水库一旦泄洪，该边坡将处于受泄洪雾化影响最为严重的区域。雾化雨渗入坡内，将引起裂隙中的孔隙水压力增高，而且使结构面软化、泥化，其力学性能降低。边坡开挖未支护时变形特征显示，该边坡稳定性受倾坡外组结构面影响较大，雾化作用使结构面强度降低后边坡稳定性如何？考虑到该边坡对工程安全的重要性，以下采用三维数值模拟进行分析，雾化作用在模拟中主要考虑其引起的结构面强度降低。雾化作用下边坡变形特征，主要表现在以下几个方面：

1）从边坡总位移分布特征可见，由于边坡开挖面上采取了锚固措施，在雾化作用下变形主要位于下游侧溢0＋555.00m以后区域的强—弱风化岩体内，变形最大值为5.13cm。边坡变形呈现出由地表向坡内递减、由前缘向后缘递减的分布特征，变形底界为倾坡外、产状为N45°～60°W/SW∠35°～60°组结构面。

2）从边坡x向位移分布特征可见，变形主要发生在溢0＋555.00下游侧边坡，其余部位x向变形一般小于1.50cm，变形方向指向河流上游，量值最大为2.30cm。

3）从边坡y向位移分布特征可见，变形主要发生在溢0＋555.00下游侧边坡顶部，其余部位y向变形一般小于2.00cm。变形方向指向坡外，变形量值最大为3.69cm，呈现出由地表向坡内递减、由前缘向后缘递减的分布特征。

4）从边坡z向位移分布特征可见，变形主要发生在溢0＋555.00下游侧边坡顶部、后缘，z向变形范围较x、y方向大。变形方向向下，量值最大为3.24cm，呈现出由地表向坡内递减、由前缘向后缘递减的分布特征。

5）雾化作用下在边坡总位移最大部位不同水平深度上 x、y、z 向位移追踪结果，有如下几点规律：①从同一部位各方向位移大小差异可见，变形以 y、z 方向为主，水平合位移方向与倾坡外组控制性结构面倾向一致；②各方向位移均呈现出随水平深度增大位移减小的分布特征，说明边坡具有向倾坡外组控制性结构面倾向方向、向下蠕动变形的变形趋势；③追踪结果显示，边坡水平深度 60m 处基本未产生变形，与边坡弱卸荷下限深度一致，进一步说明边坡变形主要发生在强—弱卸荷岩体内。

6）边坡上剪应变增量分布特征显示，靠近边坡开挖临空面的弱卸荷下限处剪应变增量较大，在强—弱卸荷岩体内几近形成贯通的剪应变增量带。

可见，雾化引起的边坡变形主要发生在溢 0+555.00 下游侧强—弱卸荷岩体内，总位移最大为 5.13cm，而边坡 0+555.00 上游侧变形较小，这与边坡开挖坡面采取有效支护有关。从边坡变形特征上看，边坡变形仍以产状为 N45°～60°W/SW∠35°～60°倾坡外组结构面、卸荷裂隙为底厦，向倾坡外组结构面的倾向方向产生剪切蠕动变形。边坡剪应变增量分布特征显示，靠近边坡下游侧开挖临空面的弱卸荷下限处剪应变增量较大，在强—弱卸荷岩体内几近形成贯通的剪应变增量带。综合边坡变形范围、大小和剪应变增量分布特征可得出，雾化条件下，溢 0+555.00 下游侧边坡岩体稳定性较差。

5.7 水工隧洞突涌水问题

5.7.1 概述

随着人类对生存环境要求的日益提高，环境污染问题及其治理已成为大众所关注的问题。在中国经济快速发展的当前，水电是缓解能源危机和环境污染的关键技术。截止到 2017 年上半年，中国水电总装机容量达到了 3.38 亿 kW，预期 2020 年达到 3.8 亿 kW。在西部大开发的背景下，中国水电未来规划主要集中在西南地区（云南、四川和西藏）的金沙江、澜沧江、大渡河、雅砻江。水工隧洞是水电站的关键建筑物，用于引水、导流、泄洪和排沙等（王才欢等，2014；张泽辉，2010）。然而，水工隧洞穿越不良地层时可能发生突涌水，威胁人民生命财产安全。因此，对西南地区水电站施工期水工隧洞突涌水问题进行分析研究具有重要的理论和实践意义。

5.7.1.1 水工隧洞的类型

（1）水工隧洞按用途分类有：

1）泄洪洞。配合溢洪道宣泄洪水，保证安全。

2）引水洞。引水发电、灌溉或供水。

3）排沙洞。排放水库泥沙，延长水库的使用年限，有利于水电站的正常运行。

4）放空洞。在必要的情况下放空水库。

5）导流洞。在水利枢纽的施工期用来施工导流。

在设计水工隧洞时，应根据枢纽的规划任务，尽量考虑一洞多用，以降低工程造价。如施工导流洞与永久隧洞相结合，枢纽中的泄洪、排沙、放空隧洞的结合等。

（2）水工隧洞按洞内水流状态分类有：

1）有压洞。工作闸门布置在隧洞出口，洞身全断面被水流充满，隧洞内壁承受较大的内水压力。

2）无压洞。工作闸门布置在隧洞的进口，水流没有充满全断面，有自由水面。

一般说来，隧洞可以设计成有压的，也可设计成无压的，也可设计成前段是有压的而后段是无压的。但应注意的是，在同一洞段内，应避免出现时而有压时而无压的明满流交替现象，以防止引起振动、空蚀等不利流态（李韦城，2010；王要军，2012）。

5.7.1.2 水工隧洞的设计

1. 水工隧洞断面设计

水工隧洞建设中常见三种断面设计圆形、马蹄形和城门洞形。各种断面还常采用钢板内衬或锚杆加固洞壁以加强隧洞抗应力能力。一般情况下，有压隧洞采用圆形断面；无压隧洞则选用城门洞形和马蹄形（Park，et al.，2008；Andjelkovic et al. 2013；Yu，et al. 2014；Zhao et al. 2016），具体需根据其围岩结构、构造特征和布线确定非圆形断面形状（张泽辉，2009；陈亚琴，李进，2009；赵伟，2009）；也有水电站有压隧洞采用非圆形断面，比如，大渡河深溪沟水电站施工导流洞（后期作为泄洪洞）为有压隧洞，采用的是城门洞形；白水江青龙水电站引水隧洞采用的是马蹄形和圆形组合的方式（程可，2008；李剑锋，江国勇，2012；牛斌，刘宇，2012）。近年，有学者采用数值方法研究有压隧洞采用非圆形断面所承受的应力情况，更进一步为有压隧洞采用非圆形断面提供了技术支撑（Kargar，et al.，2015）。

西南水电站水工隧洞断面常见的有马蹄形和城门洞形。比如：仁宗海水电站引水隧洞（张宝安，2009）和青龙水电站引水隧洞（李剑锋，2012；牛斌，2012）采用的是马蹄形；长河坝水电站导流洞和公路隧道（陈亚琴，2009；赵伟，2009）、官地水电站（白留星，等，2010）、深溪沟水电站导流泄洪洞（程可，2008）采用的是城门洞形。

2. 水工隧洞布线设计

水工隧洞线位需根据水流条件、地质条件、施工技术、用途、经济条件和枢纽区总布局等因素设计。水工隧洞施工穿越地层、构造等决定是否发生突涌水、突涌水规模如何、会不会致灾。根据西南水电工程水工隧洞布设形态，主要有两种类型：①枢纽区隧洞群型［图5.40（a）］；②傍河长距离型［图5.40（b）］。

（1）枢纽区隧洞群型。水工隧洞在枢纽区集中布设是西南水电站水工隧洞常见的一种布设方式。属于该类型的水电工程代表有：大渡河长河坝水电站；雅砻江官地水电站；金沙江向家坝水电站；岷江紫坪铺水电站；澜沧江糯扎渡电站；雅砻江楞古水电站；大渡河大岗山水电站；金沙江溪洛渡水电站；直孔水电站；狮泉河水电站；金沙江乌东德水电站；大渡河深溪沟水电站；大渡河龚嘴水电站；雅砻江二滩水电站；大渡河铜街子水电站；岷江犍为水电站；大渡河双江口水电站。

（2）傍河长距离型。水电工程厂房不在大坝枢纽区，采用引水发电时，常需要建设较长距离的引水隧洞、交通洞等水工隧洞。其中，长距离水工隧洞遭遇特殊地形时，会采用倒虹吸穿越沟谷或者翻越分水岭。西南水工隧洞属于该类型的主要代表有：白水江青龙水电站；金汤河金康水电站；渔子溪一级水电站；渔子溪二级水电站；沙湾水电站；立洲水电站；宝兴水电站；仁宗海水电站（倒虹吸）；锦屏二级电站（越岭）；福堂水电站；岷江太平驿水电站；白水江黑河塘水电站；南桠河三级水电站；美姑河坪头水电站；火溪河自

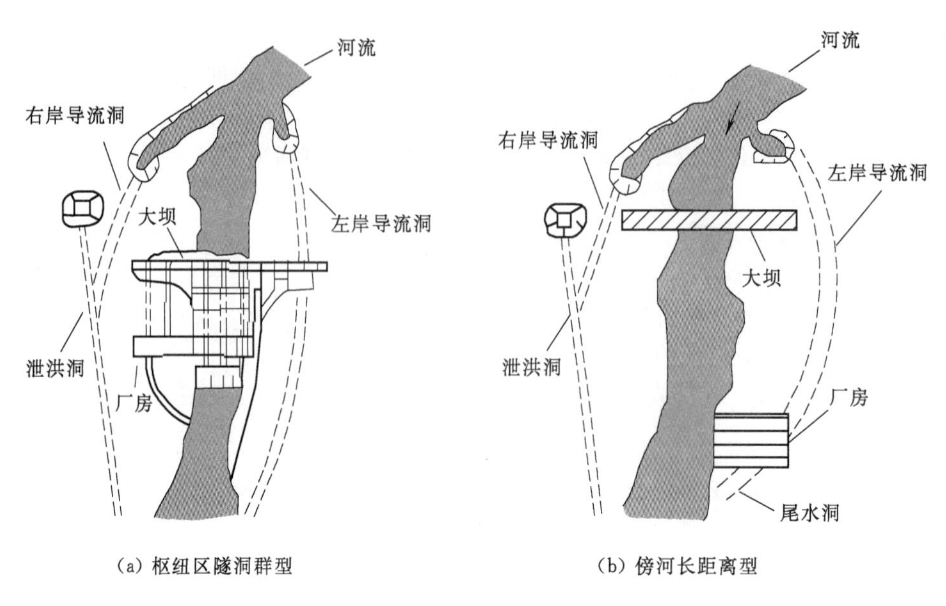

图 5.40　水工隧洞布设示意图

一里水电站；草坡河沙牌水电站；舟坝水电站；冶勒水电站；姚河坝水电站；色尔古水电站；冷竹关水电站；波罗水电站；小天都水电站；水牛家水电站；栗子坪水电站；卡基娃水电站；羊卓雍湖抽水蓄能电站。

5.7.2　基于既有实例的水工隧洞突涌水问题分析

总结分析西南水电工程发生突涌水的水工隧洞围岩性质、突涌水规模、位置等见表5.26。综上所述并结合表5.26分析可知，枢纽区隧洞群型发生突涌水的工程占比约18%，其中报道致灾的有1个，为长河坝水电站水工隧洞；而傍河长距离型发生突涌水的工程占比约41%，未见报道致灾工程。

据表5.25分析，发生突涌水的水工隧洞不论是什么类型均是围岩特征较复杂的部位。其中，枢纽区隧洞群型发生突涌水的围岩特征表现为裂隙和结构面发育。这种情形，短而密集的裂隙常形成良好的储水空间，大而长的裂隙则形成导水通道，最后发展为富水的基岩裂隙水系统。当隧洞开挖揭露该类地下水系统时引发突涌水，突涌水常随着隧洞开挖的推进而推进，呈现移动性特征。比如，大岗山水电站3号胶带机洞突涌水即表现该特征。该水工隧洞围岩特征表现为：岩性属灰白色中粒黑云二长花岗岩，岩体见辉绿岩脉，受断层构造影响，围岩以碎裂结构为主，裂隙发育，结构松散。

据表5.25分析长距离型水工隧洞突涌水特征可知：这类型水工隧洞由于其长度大，布设线路时难以完全避开不良地质条件，因此比枢纽区隧洞群型更易发生突涌水。发生突涌水的隧洞段围岩常表现以下特征：构造复杂、岩体破碎、裂隙发育、局部发育断层破碎带、挤压破碎带、透水性较强、地下水丰富、活跃，具有良好的水力联系。这类水工隧洞发生突涌水概率大，突涌水类型复杂，对围岩勘察和防护措施要求高。这种情形除了基岩裂隙水系统引发突涌水外，由于构造发育进而发展的构造裂隙水系统水量丰富、水力联系好，若施工揭露裂隙地下水系统，突涌水常表现为规模大、持续时间长。而对于地下岩溶

表 5.26 中国西南地区水电站水工隧洞突涌水问题概述

类型	水电工程	穿越地层及构造	突涌水					
			地质位置	围岩特征	持续时间	级别	致灾	预见
枢纽区隧洞群型	长河坝	澄江晋宁中期花岗闪长岩，断层破碎带，岩体卸荷强烈	基岩裂隙发育带，隧洞开挖轴线与断层交汇处	基岩裂隙发育、风化严重，构造裂隙发育、岩体破碎	多天	(Ⅳ)	延期三月	否
	大岗山	澄江期酸性花岗岩夹辉绿岩，磨西断裂、大渡河断裂、二郎山断裂	岩脉破碎带、断层破碎带	构造裂隙发育、结构松散	8个月	(Ⅲ)	否	否
	官地	中上石炭纪—下二叠纪碳酸盐岩和二叠纪晚期峨眉山玄武岩组，矿山梁子断裂与小高山断裂所夹持的打倮地质块体上，内部为向西陡倾的单斜构造，发育有断层及大量的错动带	断层影响带	强风化、强卸荷状态、结构面发育、局部裂隙发育	几个月	(Ⅱ)	否	否
傍河长距离型	宝兴	泥盆系灰黑色灰岩，与第三期侵入闪长岩，以五龙盐井断裂为界多条断层	隧洞开挖轴线与断层交汇处	分布可溶岩、构造裂隙发育、岩体破碎、透水性强、富基岩裂隙水	多天	(Ⅳ)	否	是
	福堂	晋宁—澄江期中细粒花岗岩和闪长岩，NEE向断层和辉绿岩脉挤压破碎带	断层破碎带	压扭性断层上盘影响带、基岩裂隙密集发育	3年半	不详	否	是
	太平驿	龙门山断裂带的中央断裂与后山断裂为界的断块内，断块岩体由晋宁—澄江期岩浆岩组成	隧洞开挖轴线与断层交汇处	风化裂隙发育、自稳性差、构造裂隙发育	半年	(Ⅱ)	否	是
	青龙	二叠系下统黑河组浅变质岩系，滨、浅海交互相沉积碳酸岩和部分碎屑岩	玉瓦—南坪地块内的陵江—青龙背斜西南翼近背斜轴部	基岩裂隙和结构面弱发育	几天	(Ⅲ)	否	否
	黑河塘	穿越大冲沟磨房沟段；围岩为强风化、强卸荷砂板岩	古冰川冻融泥石流堆积的缓坡	风化裂隙、卸荷裂隙发育、结构松散	不详	(Ⅳ)	否	否
	自一里	印之期二云母花岗岩、变质砂岩	捕虏体发育面	变质岩捕虏体发育面节理	不详	不详	否	否
	羊卓雍湖	砂板岩护层、辉绿辉长岩，穿过岗巴拉向斜、白朗复向斜和羊圈倒转背斜，多条断层	断层破碎带	构造裂隙发育、向斜与背斜构造破碎带	几天	(Ⅲ)	否	否
	锦屏二级	三叠系大理岩、砂岩、板岩、灰岩及少量绿片岩、绿泥石岩等，近南北向展布的紧密复式褶皱和走向断层	构造破碎带、基岩裂隙发育带、可溶岩分布区	岩溶发育、构造裂隙和结构面发育、多条断层破碎带、向斜与背斜构造破碎带岩溶发育微弱	2年	(Ⅲ)-(Ⅴ)	否	否
	仁宗海	燕山期灰白色二长花岗岩，穿越浅沟、褶皱构造	背斜褶曲	燕山期灰白色二长花岗岩裂隙和结构面发育，呈囊状风化	几天	(Ⅳ)	否	否
	色尔古	三叠系中统杂谷脑组和三叠系上统侏倭组浅变质千枚岩夹砂岩，瓦布梁子倒转复背斜北东冀	隧洞开挖轴线与断层交汇处	炭质千枚岩夹砂质千枚岩岩性较软弱，岩石破碎	不详	不详	否	否
	南桠河三级	位于“川滇南北向构造带”上，介于区域大断裂——南北向楂罗断裂和北西向石棉断裂之间，岩脉穿插繁杂	接近断层 F_{238} 带	构造发育、断裂纵横交错，花岗岩岩体破碎、体完整性较差	瞬时	不详	否	否

发育的区域，岩溶地下水系统“多源多汇”、径流途径和特征复杂；突涌水常表现预防困难、除了掌子面，施工过程中随时随处可能发生，突涌水量大小差异，难以判断；因此，原则上避免水工隧洞穿越这类区域。

据表5.26可知，水工隧洞突涌水问题预见性较低，虽然目前报道的致灾工程仅少数，但发生突涌水问题通常都会造成隧洞施工环境恶化、致使工期延长。而且，突涌水问题若不提前预见、采取合适的措施防治，就可能发展成为危及施工人员生命安全，损害人民财产的灾害。

结合既有资料和文献报道及表5.26可知，西南水电工程水工隧洞突涌水部位通常在轴线与不良地层相交位置；施工中发生突涌水的断面位置各处可见，而因施工时掌子面时间上空间上均离突涌水致灾构造更近，所以，突涌水也最常在掌子面发生。

5.7.3 基于主控要素的类型划分

5.7.3.1 概述

水工隧洞突涌水的根本机制是：地下水对地质界面物理化学作用的持续叠加。这些作用主要包括：地下水对地质界面的软化和溶蚀、空腔膨胀、地下水楔效应和导水通道侵蚀膨胀等。水工隧洞是否发生突涌水、突涌水情况如何取决于地下水补给、地下水压、隔水层特征、地质结构和构造、气候条件及开挖工程。其中，地下水补给是主导因素，决定是否有水；水压是主要影响因素，决定突涌水是否发生，水量多少；隔水层特征决定地下水是否能被封存，隧洞开挖工程是否安全；地质结构和构造控制导水通道和含水空间，决定突涌水特征；隧洞开挖是突涌水的诱因；温度、降水等气候条件等则会间接促成突涌水的发生。根据突涌水位置、发生过程、水量和地质因素，水工隧洞涌突水可分为不同的类型。比如，据突涌水发生位置，通常划分为：掌子面突涌水、拱顶突涌水、底板突涌水和边墙突涌水。

5.7.3.2 基于水文地质结构的类型划分

根据西南地质、构造特征，作者基于水文地质结构，将水工隧洞突涌水划分为6种类型，如图5.41所示。

5.7.3.3 基于突涌水量的类型划分

为定量评估水工隧洞突涌水的危害，据突涌水量划分为5种级别：特大型、大型、中型、小型和微型，量级标准参考杨艳娜（2009）博士学位论文（表5.27）。

表5.27 水工隧洞突涌水量级别划分

级　别	特征描述	单点涌水量/(m^3/h)	危险程度
Ⅰ	微型突涌水	<10	低
Ⅱ	小型突涌水	10～100	较低
Ⅲ	中型突涌水	100～1000	中等
Ⅳ	大型突涌水	1000～10000	高
Ⅴ	特大型突涌水	>10000	极高

5.7.4 基于水文地质结构各类型特征及识别

据图5.41为基于水文地质结构的水工隧洞突涌水类型划分。分析图中各类型水工隧

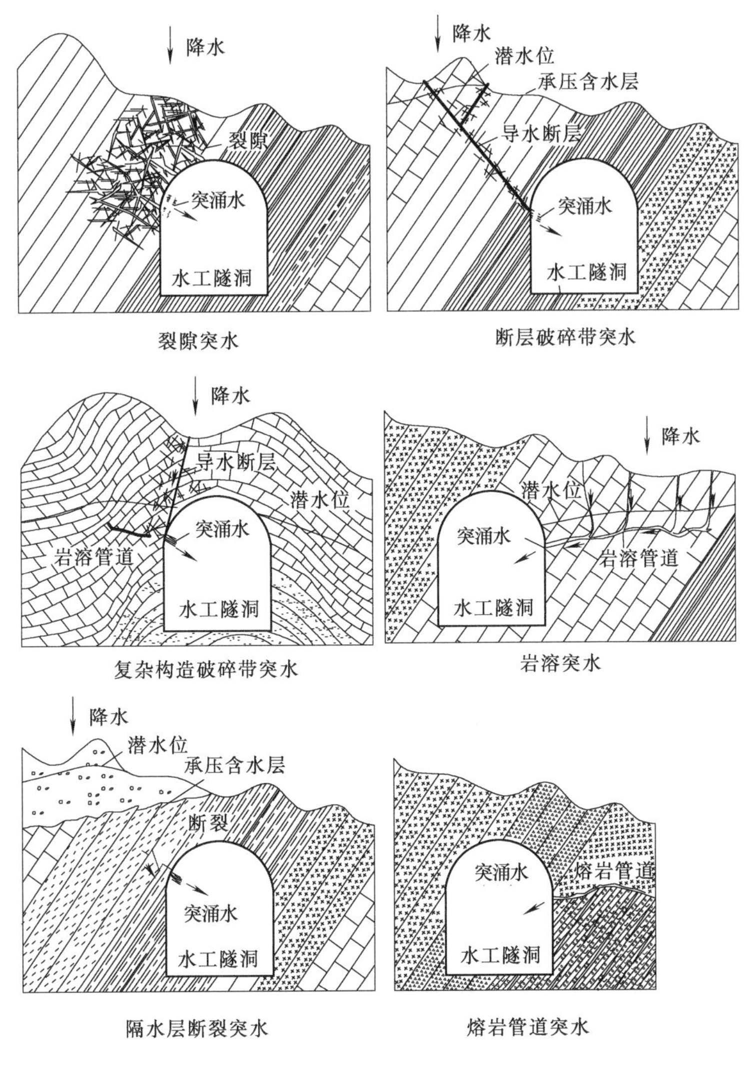

图5.41　水工隧洞突涌水模式示意图

洞突涌水特征及识别：

（1）裂隙突涌水。在水工隧洞穿越具有密切水力联系的富水裂隙时发生，围岩的裂隙大小、发育程度、连通性，开合情况，以及含水层的特征决定突涌水持续时间和变化情况。

（2）断层破碎带突涌水。水工隧洞遇到与含水层连通的导水断层时发生，断层导水能力、含水层富水性、水压及补给源决定突涌水规模和发展特征。

（3）复杂构造破碎带突涌水。隧洞穿越复杂构造区域，遭遇富水破碎带发生，构造破碎带导水性、连通性、赋水能力及开合情况决定突涌水规模、持续时间、是否致灾。

（4）岩溶突涌水。隧洞穿越可溶岩地区遭遇岩溶地下水发生，岩溶地区水文地质条件极其复杂，岩溶发育形态多样，水工隧洞穿越岩溶区域时，最常也最容易发生突涌水，且规模、时间、是否致灾较难预见。

（5）隔水层断裂突涌水。水工隧洞的开挖使得隔水层厚度减小，当隔水层小于安全厚度时发生断裂，断裂成为导水通道引起突涌水，突涌水特征受连通的含水层性质限制。

（6）熔岩管道突涌水。隧洞穿越充满地下水的熔岩管道时发生突涌水，这种突涌水发生概率较小，水源也很难得到补给，但是这种突涌水较难预测和提前防护，若管道较大，水量丰富，一旦发生将会造成较大的生命财产损失。

5.7.5 类型综合评价与对策措施

5.7.5.1 西南水电工程水工隧洞突涌水类型及特征分析

综上所述，枢纽区隧洞群型水工隧洞突涌水类型主要为基岩裂隙突涌水，这是由水电工程选址决定的。岩体裂隙的发育展布受气候特征、构造运动、水动力条件等多因素控制，地下裂隙发育情况较难把握。因此，枢纽区水工隧洞虽属小断面短距离地下工程，对其突涌水的防范也不可掉以轻心。

对于长距离型水工隧洞，其穿越地层距离更长，可能遭遇的不良地质条件更多，因此，该类型突涌水类型多样化。据统计，傍河长距离型水工隧洞突涌水类型主要有裂隙突涌水、复杂构造破碎带突涌水和岩溶突涌水。

5.7.5.2 水工隧洞突涌水的涌水量预测与防治措施

1. 隧道突涌水量预测

目前国内铁道部门对隧道突涌水量计算进行了较深入的研究，总结了多种计算方法，但各种方法都有其适用范围，均存在一定局限性。由于补给条件的差异，边界条件的不一致，同时在隧道突涌水量预测的计算过程中，是在对隧道围岩的结构及地质情况作了较大简化的基础上进行的，与隧道开挖后的实际情况会产生一定出入，不仅利用不同的计算方法进行计算结果会产生差异，而且计算结果会与实际产生较大的偏差，因此定量评价隧道突涌水灾害仍需进一步的研究。

（1）水均衡法。包括降水入渗法、地下径流深度法和地下径流模数法。这三种水均衡法均适用于岩溶地区。两者相比较，对于埋深深度较浅的越岭隧道，降雨入渗法计算结果较理想。而对于地表存在一个或者多个地表体地区的越岭隧道，地下径流模数法和地下径流深度法较降雨入渗法更适宜。

（2）地下水动力法。以地下水动力学理论为基础，再根据工程经验推导出适用于隧道突涌水量预测的经验公式。其中适用于正常突涌水量计算的包括裘布依理论式、佐藤帮明经验式、落合敏郎公式和科斯嘉科夫法；适用于最大突涌水量计算的为古德曼经验式、佐藤帮明非稳定流式和大岛洋志公式。我国通过对铁路隧道的工作经验总结，推导出适用于正常突涌水量计算和最大突涌水量的铁路勘测规范经验公式，计算同时在《铁路工程水文地质勘察规范》（TB 10049—2004）中对计算突涌水量方法进行总结。

（3）水文地质比拟法。当开展隧道工程初期勘察时，在水文地质条件相似的地区，可采用水文地质比拟法对隧道突涌水量进行预测。该种方法的精度主要取决于两条隧道之间或隧道已开挖段与未开挖段水文地质条件的相似程度或一致性。但对于地质条件和水文地质条件复杂的区域，要找到可以用于比拟的相似隧道相对比较困难。

（4）水文地质数值法。常见的水文地质数值法有：有限差分法和有限单元法等。有限差分法一般采用方格形剖分单元并采用差分代替微分方程，通过求解节点上的差分方程，获得近似解，而有限单元法对求解区域通常是采用三角形单元剖分，用卡辽金法或变分原理或最小位能原理求解，并描述疏干流场单元节点上的近似值。有限差分法通常利用ModFlow系列软件进行模拟计算。

（5）其他方法。目前不少学者从隧道突涌水的随机性、非线性等特征出发，将随机数学方法和非线性理论方法应用其中。随机数学方法主要是在随机数学理论基础上，选取影响隧道涌突水灾害的主要因素，或先进行关联度分析，再根据各因素对突涌水灾害的影响程度进行加权分析，最后进行突涌水量预测。非线性理论方法，目前该种方法的应用并不多，常见的非线性理论法有神经元网络专家系统和系统辨识法。

同时，同位素理论也应用于突涌水量预测之中，当隧道通过潜水含水体且有给水度或裂隙率时，利用放射性元素氘，根据地下水的流向，向地下水投放氘，通过采取对较短距离内的水样并对其进行氘含量的测定，利用测定结果计算出两个水样之间氘运动的时间差，从而根据公式计算出地下水的运动速度，从而推算出研究区涌水量，适用于越岭隧道和傍山隧道。

但到目前为止，隧道涌水量预测大多仍使用地下水动力学法，地下水动力学法适用隧道无限边界、渗透性能具有均质各向同性的含水介质，且地下水为稳定流状态，然而在隧道穿越地区的地质条件复杂的时候，如穿越具有各向异性特性的岩溶含水介质，或具有复杂的地质构造，如断层、节理、裂隙等等，地下水动力学法需要对其适用条件进行延伸。

2. 水工隧洞突涌水的防治措施

隧洞突涌水防治措施较多，其中预防措施主要有超前地质预报（地质、物探、超前钻探、超前导坑和工程类比等）、确定性和随机性数学模型、数值模拟等。

治理措施主要有引水隧洞穿暗河段处理、排水、堵水。

堵水技术主要有超前高压灌浆、深孔预注浆方式、超前围岩预注浆堵水、超前迂回导洞预注浆、掌子面预注浆方式、洼地构造破碎带地表垂直注浆、冻结法、压气法等。排水措施分为自然排水和强制排水两种，其中自然排水包括导坑排水及钻孔排水等，强制排水包括井点排水及深井降水等。

将水工隧洞突涌水防治措施适用条件、优点和局限性等列于表5.28。据表5.28可知，各种防治措施和方法优缺点各异，适用条件差异明显。发生突涌水的水工隧洞地质条件越复杂、突涌水量越大、突涌水范围越大、机具设备能力越高，其经济成本就越高。综合分析隧洞工程的防治措施，建议水工隧洞突涌水的防治遵循以下技术流程：

（1）从水文地质学角度出发，分析地下水补给、径流、存储和水压力等信息，进而掌握隧洞所在区域的地下水系统特征；从含水系统和流动系统两方面整体分析，解析突涌水发生的可能性及因素。

（2）基于地下水系统理论采用发展优化的具有针对性的数学和数值模型，定量化分析突涌水。

（3）根据以上分析计算结果，采用先进的超前地质预报技术对点核实。

（4）确定水工隧洞周围的地质条件，并对水工隧洞突涌水进行评价，应根据当前各种条件下综合选择合适的防治措施处理突涌水。

综上，水工隧洞突涌水防治的最终目标是：在遵循地下水自然发展规律的基础上使得隧洞突涌水量计算精准，选用和优化的防治措施精准，实施的工程经济生态。

表 5.28　水工隧洞突涌水防治措施总结

措施	适用条件	优点	局限性	使用实例
超前高压灌浆	注浆深度不小于15m，局部地带的二次高压灌浆深度为10m左右		经济成本较高	锦屏二级水电站
深孔预注浆	当隧洞埋深不大时优生采用	相对于其他注浆方式，经济成本更低		花果山铁路隧道、北京地铁
超前围岩预注浆		截断围岩渗水通路	经济成本较高	锦屏水电站
掌子面预注浆	常规水泥浆灌注行不通时		经济成本较高	南水北调（东线）穿黄探洞
地表垂直注浆	洼地构造地区	工程难度系数相对较低	经济成本较高	
冻结法	适用于各种复杂的含水地层（尤其适用于深厚的冲积层中）	在寒冷地区是比较经济使用的方法，安全	经济成本较高，施工期较长	瑞典翁格林—莱腾抽水蓄能电站的东部引水系统
压气法	多用在软弱层，常与盾构法一起使用		水压不大于0.3MPa，一次作业时间有限	
导坑（钻孔）排水	地下水位高于隧洞	费用很低、工期短	地下水位高于隧洞	岩岭隧道加久藤隧道
井点（深井）降水	适用于覆盖厚度不大和地层渗透性高的隧洞	可以在大范围内大幅度地降低水位		六甲隧道鹤甲工区
穿暗河段处理	穿暗河、地下溶洞地段	可以通过涌水量较小的上半洞贯通，灵活性大		干河泵站引水隧洞

5.7.6　水工隧洞突涌水实例

5.7.6.1　锦屏一级水电站坝基排水洞突涌水实例

（1）工程概述。锦屏一级水电站位于四川省凉山彝族自治州盐源县和木里县境内，是雅砻江干流中下游水电开发规划的“控制性”水库梯级，水电站最大坝高305m，是已建成的世界最高拱坝。电站装机容量3600MW，水库正常蓄水位1880.00m，库容77.6亿m^3。工程于2005年9月正式开工建设，2009年9月完成坝基开挖，2009年11月开始大坝混凝土浇筑，2012年11月下闸蓄水，2013年8月首台机组发电，2014年8月蓄水至正常蓄水位1885.00m，电站全面投产。

（2）左岸高程1595.00m坝基排水洞突涌水。锦屏一级水电站水库蓄水至高程1800.00m后，经调查，左岸高程1595.00m坝基排水洞46个排水孔出现不同程度突涌水，整个排水洞均分布有突涌水的排水孔，其中0+000～0+034段、0+249～0+282段、0+402～0+447段（洞底）较为集中，基本为连续排水孔出现突涌水，其他洞段出现突涌水的排水孔为断续分布。根据现场调查，突涌水量较大的排水孔主要出现在0+249～0+345段，其中0+249～0+282段的单个排水孔突涌水量最大，0+391～洞底段突涌水量较小。根据对部分排水孔不同孔段的屏闭试验结果，突涌水孔段主要出现在排水孔下部或底部。除排水孔突涌水外，排水洞边顶拱也有渗水、线状流水、突涌水等现象。

（3）突涌水原因初步分析。天然条件下，大坝左岸地下水位低平，但仍是地下水补给河水。左岸坝基1595.00m排水洞位于三滩向斜SE向正常翼大理岩内，地下水来源主要有左岸大理岩倒转翼内的地下水绕过向斜核部渗入排水洞和左岸浅表地下水流入渗，上游水库蓄水，地下水位抬升后，地下水也可通过向斜正常翼顺层裂隙和切层裂隙渗入排水洞。左岸大理岩倒转翼内的地下水和左岸浅表地下水补给主要为大气降水、远源高山区地下水的侧向径流补给。

根据帷幕洞开挖揭示，左岸高程1829.00m、1885.00m帷幕洞均进入倒转翼大理岩，大理岩岩体新鲜、完整，且有地下水出露，帷幕接头满足小于1Lu防渗标准，且能与地下水相接；高程1829.00m以下均已进入分析的小于1Lu岩体。帷幕的上下游水力联系已基本阻断。

通过高程1595.00m排水洞突涌水量与库水位、降雨、渗压等的对比分析，排水洞突涌水与水库蓄水和大气降雨均有一定的关联性；从渗透水压力监测成果分析，在1595.00m排水洞出水较大的区域深部可能发育张裂隙带，地下水绕过帷幕渗透的可能性较大，因此该区域局部水力联系较好，且靠下游排水洞内安装的渗透计监测到的渗透水压大于上游帷幕洞内监测到的渗透水压。另外水质分析结果也表明排水洞内地下水，至少有一部分不是库水，而只能是山体内地下水。

总之，坝基左岸高程1595.00m排水洞突涌水形成原因复杂，初步分析排水洞内渗流变化与水库蓄水、降雨和坝基岩体渗透性等因素都有关系，应是多因素综合作用的结果。排水洞内地下水出露与岩体内裂隙发育程度密切相关，在裂隙发育段，特别是张裂隙发育部位地下水往往活跃，连通性好，排水孔揭穿这些裂隙带就会出现突涌水现象，同时在地下水位以下的洞室边顶拱张裂隙部位也会出现较多的出水。目前1595.00m排水洞内排水孔和洞身出水较大部位可能与该部位发育有张性裂隙有关。

（4）突涌水现状。继续开展坝基排水洞的突涌水监测工作，包括排水孔突涌水量监测、不同断面的突涌水流量监测、渗透水压力监测，并及时做好突涌水流量、渗透水压力与降雨及库水位的相关性分析。

5.7.6.2　岷江福堂水电站引水隧洞突涌水实例

（1）工程概述。福堂水电站位于四川省阿坝州藏族羌族自治州汶川县境内的岷江干流上，总装机容量360MW，福堂水电站由首部枢纽、左岸引水系统及地面厂房组成。该电站引水隧洞洞长19343m，断面9.23m×12m，衬砌厚0.8m。调压井高108m，直径33m，当时为亚洲最大。

（2）引水隧洞8号洞段突涌水情况。2001年9月12日21：45，8号洞上游桩号15+855～15+865洞段（长约10m，距支洞口约221m）爆破出渣后出现塌方及大量的突涌水。最初的突涌水点位于桩号15+854右侧壁（断层带上盘靠断层主带位置），距垮塌时洞底约18m（高程为1228.00m），出水点范围为1.8m×1.5m，碎裂结构，节理发育。初始流量为1500m³/h。9月13日流量降至750m³/h，9月17日流量降至600m³/h左右，9月21日流量降至350m³/h左右，10月19日降低到150m³/h，流量逐渐变小。洞壁清理后，出水范围沿断层走向分布，最后变为沿断层带上盘线状流水。水质清澈，右侧较左侧水量大。塌方为一拳头形，顺洞轴线方向最大长度为12m，最大塌高12m，最大塌宽24m（左侧塌深10m、右侧塌深4m），塌方堆渣块度以5～20cm为主，部分具褐黄色锈染及风化晕，含有少量棕红色泥，方量约为2000m³。支洞为倾向主洞的反坡，造成主洞积水，洞内材料、设备均未撤出，幸无人员伤亡。为排出洞内积水，调用了大量人力、物力，抽干洞内积水耗用了10d；然后进行塌方洞段的清理支护，恢复正常生产。影响8号洞段总工期约3个月，对工期和投资均造成了较大的损失。

（3）突涌水原因分析。从地下水补给来源看，桩号16+870以下岩体以Ⅱ、Ⅲ类围岩为主，隔水性较好，且塌方突涌水段距桃关沟垂直距离为520m，沟水侧向补给可能性不大。桃关沟下游方向F_8尖灭处距塌方突涌水段750m，根据其产状（N50°～60°E，NW60°～75°）分析，不会通过塌方洞，且其侧向桃关沟段沟底高程低于涌水点高程，通过F_8补给的可能性不存在。塌方段揭示的断层走向为N30°E，桃关沟上游段走向为S10°W，下游段走向为S50°W。根据断层走向，可通向桃关沟上游段，但距离约5～6km，桃关沟上游段沟水直接补给的可能性很小。8号洞桩号15+757～16+563洞段长约900m的主洞段位于桃关沟北侧一凹陷地形坡内，主洞上覆坡体由于3条冲沟的切割，浅部岩体破碎；1号冲沟内有长年流水，因突涌水垮塌处断层（倾向坡内）阻隔形成储水体，成为突涌水补给来源。水质分析结果（8号洞突涌水为HCO_3-Na型水、桃关沟北侧泉水为SO_4-Ca型水、桃关沟水为HCO_3-Ca型水）也说明了这一点。突涌水垮塌段垂直埋深大，其上覆含水体体积大，断层上盘影响带形成导水通道，当施工开挖至断层主带附近，在渗透压力及爆破作用下，断层带破碎岩体出现塌方，地下水沿断层上盘涌出。由于上覆坡体含地下水丰富，渗透压力大，导致初始突涌水量大，突涌水持续时间长，但经过一段时间排泄后出水量较小，沿断层带上盘呈滴流水。

（4）处理方案建议。该洞段原设计永久支护方案为不透水支护。Ⅴ类围岩采用厚80cm的钢筋混凝土衬砌，该永久支护方案可承受的外水压力水头约为160m。突涌水垮塌洞段埋深400m，如果采用0.65～1.0的外水荷载折减系数，外水压力水头为260～400m，大于160m；从初始突涌水情况看，外水压力水头亦较大，原支护方案已不能承受外水压力，尤其是在隧洞放空时，势必应采用更强的支护，增加投资。此外，该洞段垂直埋深大，外水压力大，地下水已涌出后外水压力不能准确测定，从而增加了确定不透水支护参数的难度。该洞段如采用透水支护，该处内水压力静水头约为59.00m，动水压力水头为87.70m，都低于外水压力（260～400m）因此，垂向上不会引起内水外渗。桩号15+835m以上上游段为Ⅱ类围岩；桩号15+870～15+972（长约95m）段为Ⅱ、Ⅲ类围岩；桩号15+972以下下游洞段亦以Ⅱ、Ⅲ类围岩为主，即突涌水垮塌段上、下游岩体隔水性强，亦不会引起内水外渗。另外，在涌水垮塌处的断层，按其走向往桃关沟下游可延至北侧边坡出露，但据调查，未发现该断层露头，亦未发现有地下水出露，故不存在沿断层向坡外渗漏的问题。

综上所述，建议采用透水支护，这样做既可提高支护的可靠性，又可节约投资。但需要注意保护断层带内的物质不外渗，防止产生机械潜蚀，以免影响岩体在运行期的稳定。

5.8　地下建筑物渗水及大坝析出物问题

5.8.1　概述

根据文献和报道，各地的许多水电站，具有不同的地质条件，无论是沉积岩、岩浆岩还是变质岩，均可见到地下建筑渗水或大坝析出物的存在（邢林生，1998；陈学军，2001）。地下建筑的渗水和大坝析出物的不断排出，是否会影响枢纽区建筑和坝基的安全稳定，成了人们非常关心的问题。

5.8.2　基于既有实例的地下建筑物渗水与大坝析出物问题分析

5.8.2.1　地下建筑物渗水问题

地下建筑物的渗水问题轻者影响建筑物的使用效果及美观，重者危害建筑物的安全。一般情况，水电工程地下建筑物外围常存在地下水，而地下水常会对地下建筑施加一定的水压力，如果地下建筑物材料选取不当或施工不慎，容易引发渗水问题。

根据已有研究和报道，地下建筑物发生渗水问题时，水常由地下室结构的混凝土薄弱部分漏渗出来。这说明两个问题：一是地下室结构的刚性自防水局部失效；二是由防水材料构成的整体柔性防水层也已破坏。从经验判断刚性结构自防水局部失效与柔性防水层局部破坏有的是在同一部位，但多数情况不会在同一部位，这是由于柔性防水层局部破坏后地下水会穿过柔性防水层，进入结构层的外壁，在地下水压力的作用下，水会在柔性防水层与结构混凝土外表面之间，劈开通道，当遇到结构混凝土的自防水失效部位而穿透混凝土进入地下室产生渗漏。因此当人们发现地下室漏水时，其地下室的结构自防水和柔性防水层均有局部的失效和破坏。

现从材料和施工两方面分析地下建筑物发生渗水问题的基础机理。

（1）材料原因。在选取建筑材料时，如果地下建筑物选择的水泥抗渗性能差、骨料模数不符合要求、含泥量过大或外加剂质量不合格等均会使得建筑抗渗能力减弱；再则，如果地下建筑物混凝土强度和抗渗等级要求高时，所需单位体积水泥使用量就越大，这会造成混凝土内部产生大量水化热，施工过程中，混凝土产生温差收缩，造成混凝土结构出现裂缝导致渗水。

（2）施工原因。在地下建筑物施工中，如果施工不慎容易使建筑物抗渗能力减弱或产生裂缝致使渗漏水。施工中常容易发生的问题主要包括：未按配合比进行混凝土的制作；止水带或者止水钢板处理不当；施工工艺安排不当；抗渗混凝土处理不当等。

5.8.2.2　大坝析出物问题

西南地区水电工程发生大坝析出物问题见于文献报道的有狮子滩水电站、龚嘴水电站和二滩水电站等，基本情况见表5.29。

结合表5.29从析出物特征、成分来源及形成机制探讨大坝析出物问题。

（1）析出物的特征。通过近几十年来对众多大坝坝基析出物的研究，虽然析出物在颜色和形态上有所差异，但可将其分为灰白—灰黄色胶状、棕黄—棕黑色胶状和白色胶状三

表 5.29 大坝析出物的基本情况

工程	坝型	坝高/m	坝基地质	大坝析出物情况
狮子滩	钢筋混凝土斜墙堆石坝	51	白垩纪陆相湖盆地沉积的红色岩系，由砂岩与黏土岩互层组成，其中夹有砂质黏土岩或泥质砂岩，岩相变化甚大。有黏土夹层及风化破碎带	棕黄色，主要成分：Fe_2O_3、CaO、SiO_2
龚嘴	混凝土重力坝	85	坝基以中粒似斑状黑云母花岗岩为主，次为细粒二云母花岗岩，花岗岩中穿插有 8 条同期辉绿岩脉，沿围岩接触带常有破碎带分布	白色、黄色、黑褐色，主要成分：Fe_2O_3、MnO、CaO、SiO_2
二滩	混凝土双曲拱坝	240	坝基为基岩，基岩由二叠系玄武岩和后期侵入的正长岩以及因侵入活动而形成的蚀变玄武岩等组成，岩体坚硬完整	白色，主要成分：CaO、$CaCO_3$

种基本类型（刘建刚，1995）。多数排水孔的析出物，颜色比较单一，但有的孔析出物具有两种不同的颜色。灰白—灰黄色胶状物的化学成分主要为 SiO_2，Al_2O_3；棕黄—棕黑色胶状物的化学成分主要为 Fe_2O_3，MnO，白色胶状物的化学成分主要为 CaO。

（2）成分来源。析出物来自于排水孔和基岩裂隙溢出的渗漏水，其成分主要是铁、锰、钙的化合物，棕红色和黑色析出物是铁锰的氢氧化物和含水氧化物的凝聚沉淀物。析出物的物质来源主要是坝址区覆盖层和浅部风化岩层通过人气降水的淋滤入渗和地下水的运动溶滤了岩体裂隙中的铁、锰、钙质矿物，这些成分是形成析出物的主要物质基础。此外库底水中的铁、锰成分，排水孔中的钢管、坝体混凝土及防渗帷幕等均可能是析出物的物质来源。大量试验结果表明，析出物的矿物组成、化学成分、物理化学性质及微观形态与坝址区的岩石、库区沉积物和软弱夹层截然不同，它不是岩土体在地下水作用下简单机械搬运的结果，而是一系列物理化学反应和微生物参与作用的产物。

（3）形成机制。坝基析出物的成因可以归纳为坝址区水化学与地下水动力的联合作用。水电站大坝建成蓄水后，水库水环境发生了显著的变化，随着库水流态的变化及库水水深的增加，导致库水的水温出现明显的分层现象，上层库水与河水水质相近，为中性或弱碱性水，随着水深的增加，水的 pH 值逐渐减小，水库底层水 pH 值多小于 6.5 为弱酸性水（Pen Hanxing，1994；彭汉兴，等，1995；林和振，2006；李学礼，1998）。坝基的水文地球化学环境也发生了相应的变化，处于缺氧的还原环境，坝基地下水总体上呈饱水缓径流，坝基岩体和坝体混凝土在渗透水流的长期作用下，造成坝基地下水某些化学成分的富集和迁移（刘英俊，1984）。

水库建成蓄水后，库底成为还原环境或弱还原环境，地下水的运动使得坝基形成与库底相同的地球化学环境。在还原环境下，呈酸性的地下水对基岩中的 Fe，Mn 这些变价元素的化合物的溶解度增大，即高价的铁、锰以低价的含水氧化物、氢氧化物和重碳酸盐等形式溶于水中，铁、锰元素既可呈离子形式也可呈胶体形式随地下水的渗流而运移。其反应式为

$$4Fe(OH)_3+8CO_2 = 4Fe(HCO_3)_2+2H_2O+O_2$$

$$Fe(OH)_3+3H^++e = Fe^{2+}+3H_2O$$

$$MnO_2+4H^++2e = Mn^{2+}+2H_2O$$

地下水沿排水孔或岩体的断层裂隙排出地表后，与空气相接触，在氧化环境下，低价铁锰不断地氧化而沉淀，在排水孔口或基岩裂隙附近析出。其反应式为

$$Fe(HCO_3)_2 = Fe(OH)_2 + 2CO_2 \uparrow$$

$$4Fe(OH)_2(\text{无色}) + O_2 + 2H_2O = 4Fe(OH)_3 \downarrow (\text{棕红色})$$

$$4Fe(HCO_3)_2(\text{无色}) + 2H_2O + O_2 = 4Fe(OH)_3 \downarrow + 8CO_2 \uparrow$$

$$2Mn(OH)_2(\text{白色}) + O_2 = 2MnO(OH)_2 \downarrow (\text{棕色})$$

$$MnO(OH)_2 = Mno_2 \downarrow (\text{黑色}) + H_2O$$

白色析出物的化学成分主要是 CaO，含有侵蚀性 CO_2 的地下水对坝体混凝土、帷幕灌浆、固结灌浆及基岩中的方解石等的溶蚀，以重碳酸钙的形式溶于地下水中。其反应式为

$$CaCO_3(\text{固体}) + CO_2 + H_2O = Ca(HCO_3)_2$$

当地下水涌出地表后，由于温度升高，压力降低，CO_2 逸出而产生碳酸钙沉淀。其反应式为

$$Ca(HCO_3)_2 = CaCO_3 \downarrow + CO_2 \uparrow + H_2O$$

5.8.3　基于主控要素的类型划分

5.8.3.1　地下建筑物渗水分类

在水电工程地下建筑物施工时，材料选取造成的问题是容易也是可以回避的。施工中人为主观因素造成的不当也是可以避免的。据已有研究和报道，常见的较难避免的引发渗水问题的主要因素是施工中的一些特殊处理，比如施工缝、对拉螺栓和沉降缝等，所以，基于此把西南水电工程地下建筑物渗水问题分为：施工缝渗水、对拉螺栓渗水和沉降缝渗水如图 5.42 所示。

施工缝渗水

对拉螺栓渗水

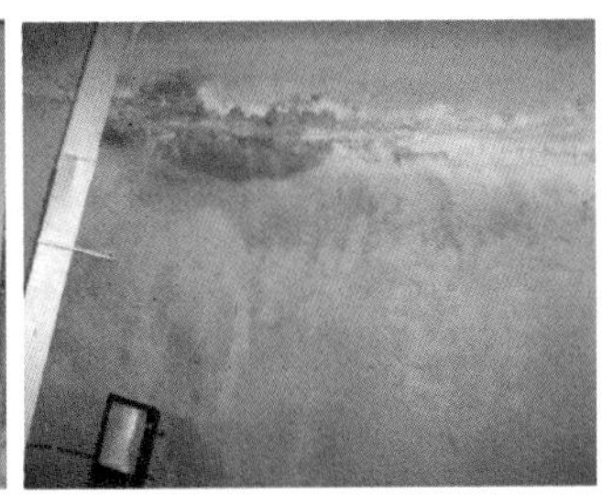

沉降缝渗水

图 5.42　常见的地下建物渗水问题

5.8.3.2　大坝析出物分类

据表 5.28 分析，不同坝基、大坝材料和水文地球环境，大坝析出物呈现不同的特征，析出物化学成分差异明显，常见有 SiO_2、Al_2O_3、Fe_2O_3、MnO 和 CaO。故基于坝基析出物化学成分把大坝析出物划分为 4 类：SiO_2、Al_2O_3 为主型；Fe_2O_3、MnO 为主型；CaO 为主型；烧失量为主型。

5.8.4　各类型特征及识别

5.8.4.1　地下建筑物渗水类型及识别

据 5.8.3.1 中对水电工程地下建筑物渗水问题的分类，各类地下建筑物渗水主控因素

容易辨识，特征显著。一般情况下，施工缝渗水和沉降缝渗水沿缝隙呈现条状分布特征；同时，对拉螺栓成点状分布。

5.8.4.2 大坝析出物类型及识别

据5.8.3.2中对大坝析出物的分类，现分别讨论各类型的特征及识别。

（1）SiO_2、Al_2O_3 为主型。统计资料表明，大坝析出物中 $SiO_2+Al_2O_3$ 含量达30%以上，成为主要成分。比如：古田大坝17－F10孔析出物含量最大，达75.3%，已与坝基软弱夹层的化学成分接近，有砂感且排水量较大；安砂大坝A41样是从基岩裂隙渗出，$SiO_2+Al_2O_3$ 含量达50%以上。

（2）Fe_2O_3、MnO为主型。坝基常见，多数以 Fe_2O_3 为主，也存在各自构成单一型主成分。如龚嘴水电站左岸坝基基岩洞1样、2样，Fe_2O_3 和MnO含量分别达53.20%和51.92%。

（3）CaO为主型。主要是 $CaCO_3$ 胶体，CaO含量在50%左右，由于析出物灼烧过程中 CO_2 气体的逸出，故相应的烧失量含量亦高，约40%左右，水pH值9.74～12.28。

（4）烧失量为主型。坝基析出物中含有机物质（如腐殖质、微生物、有机悬浮物等）。如大黑汀坝基样中含量较高达5.37%～11.3%。在灼烧过程中，因挥发物质的逸出，致使烧失量成为主要成分，此可说明析出物中存在腐殖质胶体（有机胶体）；丹江口大坝22坝段样中，烧失量达40.52%，此与析出物中含有丙凝有机胶体有关。

5.8.5 问题综合评价与对策措施

5.8.5.1 地下建筑物渗水问题

据5.8.3.1中对水电工程地下建筑物渗水问题的分类，先分别讨论各类渗水的处理措施。

（1）施工缝渗水。对地下建筑，施工缝如果处理不好，极易产生渗漏，在施工时可采用加设止水板的方法来防止渗漏，止水板可用5mm厚、300mm宽的钢板制作，沿施工缝通长设置，使之在混凝土中形成一个封闭圈，钢板止水板的连接采用搭接焊，搭接长度50mm，焊接后用煤油在焊缝处涂刷，再在背面观察煤油是否渗过钢板，若没有渗过止水板为合格，否则需重焊。在浇混凝土前对施工缝要进行凿毛处理，去掉表面的松动石子及浮浆，用清水冲刷表面，再用素混凝土（和浇筑混凝土同标号）进行接缝，最后再浇混凝土。

（2）对拉螺栓渗水。穿墙对拉螺栓渗水的主要原因是螺栓上没有加止水板或是拆模时间太早，有防渗要求的墙体其穿墙对拉螺栓必须加设止水板（25mm×25mm×25mm），在止水板中间预先钻孔，然后套在对拉螺栓中间，再用电焊将螺栓周围缝焊死，并用煤油检查是否渗漏。浇筑混凝土以后要严格控制拆模时间，使混凝土达到足够强度以后再拆模，以避免由于拆模太早，混凝土强度不够，使对拉螺栓松动而产生缝隙，形成渗漏现象。模板拆除以后，对拉螺栓周围的混凝土要凿出一个直径50mm、深20mm的小坑，然后沿着坑底部割去露出墙面的螺栓，墙内外同样方法处理，然后用1∶2水泥砂浆将小坑修补平整。与土壤接触一侧的墙面已处理完毕后的螺栓位置再用热沥青涂刷，这样就可有效防止渗水现象发生。

（3）沉降缝渗水。对沉降缝一般设计都采用橡胶止水，因此，橡胶止水带安装的好坏决定着止水效果的好坏。施工时易出现以下情况：①止水带位移，它的产生原因是固定不牢，位移后，当混凝土发生收缩时，止水带很容易在沉降缝处被拉裂或拉断，从而使沉降缝处产生渗漏。②止水带变形产生的原因也是固定不牢，或采取的固定措施不当，当浇筑混凝土时止水带被其下部的混凝土挤压而产生向上的弯曲变形，或由于止水带上部混凝土的压力，使止水带产生向下的弯曲变形，在弯曲半径以内极容易出现空隙、蜂窝甚至没有混凝土的现象这样就不能起到止水的作用，使沉降缝处产生渗漏。③止水带黏结不牢，在止水带的搭接处由于黏结不牢而脱落，使之不能形成一个封闭的防水带，地下水便顺着搭接处的缝隙渗入地下建筑物内。止水带搭接前，应在搭接范围200mm内的两端各用小刀削去一半，用粗砂纸将削口摩擦几遍，涂上黏结剂，晾晒几分钟后开始黏结，然后用夹具夹紧，24h以后便可拆除夹具，这样就可以防止止水带的脱落，起到防渗作用。

地下建筑渗水因素较多，混凝土自身的质量如何也是一个不可忽视的因素，在设计混凝土的配合比时，一定要按设计所要求的抗渗标号进行。严格控制混凝土的水灰比和坍落度，降低混凝土的初凝时间。另外，在浇灌混凝土时，要振捣密实，尤其是对施工缝、沉降缝、钢筋密集部位，预留孔洞部位要加强振捣，以提高混凝土自身的抗渗能力。

5.8.5.2 大坝析出物问题

1. 大坝析出物问题综合评述

不同水电站析出物的类型各不相同，同一水电站的析出物在颜色、分布、数量上都有所差异，具有不均一性。究其原因，是由于坝基析出物的形成与坝基地下水的补给、径流条件和坝基的水文地球化学环境有关。不同水电站的地质条件各不相同，同一坝址也存在断裂构造，节理裂隙发育的不均一性，因此地下水的补给、赋存和径流条件不同。构造越发育，充填于断层裂隙中的铁锰质物质愈多，地下水也有更好的径流条件，水交替循环活跃，就会促进水—岩相互作用。

水环境的特征指标主要是水的酸碱度pH值、氧化还原电位Eh值。研究表明，析出物的成分是以铁为主还是以锰为主，取决于地下水的酸碱度。低价铁Fe^{2+}在酸性条件（$pH<5$）下易溶于地下水中而被迁移，$pH=6.5\sim7.5$的范围内就易被氧化沉淀。低价锰一般要在$pH=7.9\sim8.7$的范围内发生沉淀，而钙要在$pH>7.8$才会沉淀。由于铁的氧化还原电位高于锰，其亲氧能力较锰强，因此地下水排出地表后，水中呈离子状态或呈胶体状态的Fe^{2+}会迅速氧化而沉淀，而来不及氧化的低价锰，其中一部分呈胶体状态的$Mn(OH)_2$（自色）、$MnCO_3$（淡红色）与高价铁的化合物同时沉淀于排水孔孔口附近，而另一部分呈离子状态仍随水运移，氧化沉淀在离孔口较远的地方。因此有些排水孔的析出物会呈现出不同的颜色。

一些研究还发现在铁、锰物质的溶解、运移和沉淀过程中，微生物也起着不可忽视的作用。在缺氧的还原环境下，铁细菌、锰细菌消耗铁、锰等变价元素或化合物中的氧，高价铁、锰被还原成低价铁、锰的碳酸盐化合物随地下水迁移，加速了铁、锰物质的运移和富集。

2. 析出物的危害

（1）对坝基的危害。析出物对坝基安全的影响主要集中在两个方面：一方面是析出物析出过程中水对岩体以及混凝土的化学溶蚀作用，可降低渗流途径中充填物颗粒间的物理化学联结力（沈照理，1991），对坝基水泥防渗帷幕的溶蚀使防渗效果降低，同时对坝体结构的耐久性产生影响（宋汉周等，2011）；另一方面是对岩体断裂破碎带（断层带物质）产生机械潜蚀，从而影响坝基的稳定性。

（2）库水损失。水坝、帷幕灌浆的作用是挡水，故通过渗透作用流走的水量可以视为库水的损失。由于在水库的运行过程中，坝体、齿槽、灌浆帷幕中的CaO不断地被溶蚀冲走，因而混凝土中的渗水孔隙会不断地由于物质的流失而扩大它的直径，水库通过坝体和帷幕灌浆的年渗漏量会逐年增大。但由于当天然河流水流入水库后，因水的流速骤然减小，搬运能力下降，就会在库区内产生泥沙沉积。特别在坝前由于水流速极低，沉降的主要为粒径细小的类似于黏土颗粒的物质，就逐渐在坝前形成一个防渗性能好的铺盖层，因而使渗入大坝中的水量会逐年减少。综合以上这两种因素联合作用，往往会使大坝渗漏量趋向一定值。

（3）混凝土强度的下降分析。混凝土中的CaO被带出后，混凝土会变得较为松散，出现空洞，这样会引起其强度的下降。另外由于混凝土本身的性质，其强度在湿润条件下会随时间的增长而缓慢增长，这样在一定程度上由于混凝土自身增长的强度，会抵消全部或部分由CaO流失所造成的混凝土强度下降。

（4）坝底扬压力的变化分析。坝基帷幕灌浆的主要目的之一，是减小坝基地下水对大坝稳定产生不利的扬压力。一方面是通过灌浆阻断库水通往坝基或绕坝以减少坝基地下水；另一方面利用排水设施将坝基地下水排出，在两种工程措施联合作用下，可以达到减小扬压力的目的。当帷幕中的钙质析出，一方面增大了渗漏量，使坝基水增多及增大坝基扬压力；另一方面这些钙质在排水孔中析出阻塞了孔道，使排水孔失去作用，便加大了扬压力，这样将产生双重负面作用。

（5）对坝基岩石的危害分析。大坝的坝基一般都存在着不利构造面及裂隙，有些坝基岩石还存在着可以溶解、水解的矿物成分，容易受水的侵蚀溶出。对这些不利的地质情况，一般多通过锚固、固结灌浆、混凝土塞等措施加以治理。如果这些措施中的混凝土析出钙达到一定程度时，就会降低或破坏其防治的功能，导致库水的绕坝渗漏和溶蚀基岩，影响大坝的稳定。

（6）对坝内钢筋的危害分析。钙的流失，会使坝体内部钢筋表面的混凝土保护层崩落或孔隙增大，使空气及水中的氧进入，钢筋暴露于氧化环境中会逐渐锈蚀，使钢筋的有效直径变小，降低钢筋承受拉应力的能力，使大坝的整体刚度会降低。由于坝体混凝土局部拉应力产生或增大，坝体的混凝土会产生新的裂隙，并使已有的裂缝变宽、加深，其结果一方面加速了水的渗透，另一方面破坏了大坝的整体性。

5.8.6 桐子林水电站排水廊道析出物实例

1. 工程概况

桐子林水电站位于四川省攀枝花市盐边县境内，距上游二滩水电站18km，距雅砻江与金沙江汇合口15km，是雅砻江水电基地最末一个梯级电站，是国家西部大开发战略的标志性工程。桐子林水电站为河床式电站，枢纽建筑物由左右岸挡水坝、河床式厂房坝段、7孔泄洪闸坝段、与导流明渠结合的导墙坝段等建筑物组成，坝轴线总长440.43m，坝顶高程为1020.00m，最大坝高71.3m，总装机容量60万kW，与上游锦屏一级、二滩水库联合运行，设计枯水年枯水期平均出力 22.7 万 kW，多年平均发电量 29.75 亿 kW·h。桐子林水电站以发电为主，兼有下游综合用水要求。

2. 大坝排水廊道出现析出物

在我国已建成并运行多年的一些大坝中，其坝内廊道或基础廊道中的排水孔和排水沟均不同程度地发现析出物，有的排水廊道析出量较多，颜色各异，已引起有关电厂及专家们的重视。

桐子林水电站大坝运行两年来，相继发现大坝排水廊道内出现絮状白色、黄褐色和黑色的固体析出物，为了确定析出物的组分、来源及对大坝安全运行是否有影响，环境水质是否对混凝土存在有害性侵蚀，对水库水和排水廊道中水样进行了化学成分分析，对不同取样点的析出物运用扫描电镜、电子能谱分析、红外光谱（IR）分析及 X 射线衍射分析等方法，分析了其化学组成，观察了其形貌，并对其成因机制和来源进行了初步分析，为评价析出物对大坝安全性的影响提供依据。

3. 析出物成因分析

（1）地下水。通过对桐子林大坝廊道排水及水库水的水质分析可知，所取 11 个水样的离子含量均不高，对坝体均未有侵蚀性，对钢筋混凝土结构中钢筋无腐蚀性。

坝基水中 SiO_2 含量增加主要是坝基水与岩石间相互作用的产物，一般它的溶解性与水的酸、碱度密切相关，在酸性、中性介质中其溶解度较低，而在碱性至强碱性介质中才趋于增大。

（2）析出物。

1）采用扫描电镜能谱分析仪对析出物的形貌与组成进行分析表明，所有样品的固体表面形貌大致相同，都是棱角分明的晶体结构，只是结晶体的大小有差异，晶体与碳酸钙表面形貌大致相同。

2）对每个析出物进行了电子能谱分析，考虑到析出物中有机物的影响，分别测试了原始析出物与在 900℃下煅烧 1h 后的析出物中的元素含量，结果表明，各样品中均含有 CaO 和 SiO_2 组成，其他的还含有 Fe_2O_3、Al_2O_3 和 MnO_2。按标准对 900℃灼烧后的物质进行氧化物含量分析，按主要化学成分可将上述析出物划分为 3 类：

CaO 为主型：主要是 $CaCO_3$ 胶体，CaO 含量在 50%以上。以钙为主要成分的析出物，主要是水与帷幕水泥石、混凝土相互作用的产物，其次还可从基岩裂隙方解石淋溶出来。主要来源于坝体混凝土及帷幕中的水泥结石和岩体断层中充填的方解石脉。

硅为主型：该析出物的成分是坝基岩石遭受溶蚀的标志，这种作用是一种长期、缓慢的化学反应过程，预计在工程寿命期不至于对坝基岩石强度带来危害性影响。

铁为主型：析出物中的铁、硅主要来源是基岩裂隙中铁受地下水溶蚀后带出，铁还可能是施工中遗留的铁制物及排水管的腐蚀。

3）对所取的析出物样品与岩芯样品和坝体廊道灌浆样品进行红外光谱分析，结果显示，析出物均以无机物为主，样品中主要含 $CaCO_3$ 或 SiO_2；由红外光谱图可知析出物红外光谱图中均未出现岩芯红外光谱图中在 $460cm^{-1}$左右的特征峰，说明析出物均不是岩芯溶出的物质；有一个样品含有 Fe_2O_3，该样品取自双金属标处，可能是排水管腐蚀的产物，也可能存在硫酸盐还原菌，将金属铁还原生成了氧化铁。

4. 析出物对大坝影响

（1）CaO。

钙及其氧化物是可溶性物质，其来源主要有以下三方面：

1）碳酸盐岩层，其含钙量较大，其他岩体部分结构面中可能以次生的方解石脉或薄膜形式出现，水库水对其的接触溶解。

2）大坝基础混凝土以及坝基帷幕体中，水泥是其主要的成分，水泥中 CaO 含量可达65%左右，水化后可形成 $Ca(OH)_2$ 一类产物。在环境水（$Ca^{2+}+Mg^{2+}<1.$ mmol/L）溶出型侵蚀作用下，导致上述岩层中以及工程材料中的钙质析出。

3）进行烧失量试验，将烘干试样在 900℃高温下烧灼至质量不变时所失去物质的质量与其烘干时质量的差异，两者之间的比值即为烧失量的大小。显然，在其所失去的物质中，可能包含有机质等挥发性物质以及碳酸盐类物质。

显然，大坝析出物中氧化钙的含量高，表明大坝的碳酸盐岩层和大坝基础混凝土结构中有钙析出，钙的溶失可使其防渗效果衰减。

（2）$Fe_2O_3+SiO_2$。

析出物中含有高的铁氧化物，析出物中的铁、硅主要来源是基岩裂隙中铁受地下水溶蚀后带出，铁还可能是施工中遗留的铁制物及取样管的腐蚀。因析出物的成分是坝基岩石遭受溶蚀的标志，这种作用是一种长期、缓慢的化学反应过程，预计在工程寿命期不至于对坝基岩石强度带来危害性影响。

（3）$SiO_2+Al_2O_3+Fe_2O_3$。

硅、铝是组成岩石的主要成分，以此为主要成分析出物的形成与岩石的溶蚀密切相关，坝基水中 SiO_2 含量增加主要是坝基水与岩石间相互作用的产物。Si 和 Al 为主要成分的析出物是坝基岩石产生溶蚀的标志。

（4）$CaO+SiO_2+Fe_2O_3+Al_2O_3+MnO_2$。

铁、锰是坝址环境下常见的变价元素，迁移与富集主要受地球化学环境因素的影响（如 pH 值）。还原环境中有利于铁、锰化合物活化，以低价态迁移，氧化环境则以高价态形成沉淀，铁在水 pH 值大于 7 的环境中多以胶体迁移。以铁、锰为主的析出物，目前一般多为基岩裂隙中铁、锰、钙质受地下水溶蚀后带出的。但岩石中铁镁矿物质的风化、水解也可使铁的氧化物成为析出物中的主要成分。

第6章 结　　论

（1）本书以水文地质学与工程地质学交叉形成的新的学科方向——工程水文地质学理论为指导，依托官地、锦屏、卡基娃、开茂、溪洛渡、长河坝、紫坪铺、自一里、瀑布沟等已建和在建水电工程，通过资料收集分析和补充调查试验，系统分析、总结西南地区水电工程中典型水文地质问题以及调查、分析、评价这些问题的技术方法和有效手段，形成从问题产生背景、工程-地下水-地质环境相互作用机理、问题表现及评价、问题处理原则与方案、问题处理效果监控等系统技术主线，建立包括问题调查、分析、评价、处理、监控的完整方法体系。

（2）本书取得了丰硕成果，取得了一系列创新成果。首次提出了水文地质结构控制的水文地质问题形成机理与分类，深化了水文地质结构理论在水电工程中的应用。首次将环境同位素手段应用到水文地质调查中，为水电工程地下水径流调查分析提供了低成本、高效率的新手段。提出了岩土体水文地质参数测试新方法，提升了钻孔水文地质实验的效率和精度。提出了基于水文地质结构控制机理的水电工程渗控措施，提高了渗透控制的可靠性。提出了“岩溶型内涝”水文地质问题新类型，丰富了水电工程水文地质研究理论，对后续的工程实践具有极强的指导性。

（3）系统梳理了水文地质基础理论，人类工程活动是在一定的地质环境中进行的，一方面人类工程活动受制于地质环境，同时又影响和改造着地质环境。两者之间的这种相互关联，相互制约机理，正是工程地质学研究的基本任务。人类工程活动对地质环境的作用，一般说来，地质环境主要是由岩土体环境、地应力环境和水环境所构成，在自然条件下，它们之间有着密切的依存关系和相互作用，始终处于不断变化的动平衡之中。水电工程中地下水-岩土体相互作用类型及特征，水电工程中水-工程建筑作用类型及特征在一定的地质环境条件下，于不同的工程部位，工程建筑物与地下水及岩土体之间相互作用。相互作用的不协调将产生一系列的地质问题，如坝基深层承压水问题、水库岩溶渗漏问题、坝基渗漏及渗漏稳定性问题、水库诱发地震问题、水库区库岸浸没问题等。水对大坝混凝土的侵蚀作用主要发生于富含石膏的陆相沉积地层分布区，如黄河八盘峡、盐锅峡、青海朝阳水电站等都不同程度遇到过此类问题。

（4）建立了水文地质模型和水文地质结构。水电工程中各类工程水文地质问题都涉及特定的地质环境中地质体在自然条件下的发展演化过程和在人类工程活动作用下的发展演化过程。水文地质原型的认识可概化为水文地质结构和地下水流动系统两个主要方面。前者表征的是以地质体的空隙为主体的地下水储存、运移空间及组合，也即为含水介质系统；后者则是以地下水补给、径流和排泄为主线的地下水流动体系，包括水量、水动力条件、动态变化等。地下水系统是近年来水文地质学科中的新术语，它的出现一方面是系统思想与方法渗入水文地质领域的结果，但更重要的，则是水文地质学发展的必然产物。从分类角度考虑，地下水系统包含地下水含水系统和地下水流动系统。水文地质结构是由含水介质类型、岩性结构与地质构造等要素在空间上的组合。含水介质空间系指在地质剖面上，各类含水岩体与隔水岩体的空间组合（或称含水系统）。各类含水介质空间及其岩性特征与地质构造条件在空间上的组合，构成具三维空间关系的水文地质结构。常见的喀斯特水文地质结构类型有 15 种。

水文地质条件是概念模型的基础，通过工程区水文地质原型的研究，获取了研究区以往各类地质、水文地质、地形地貌、气象、水文、钻孔、水资源开发利用等资料，进而进行系统的分析与研究，明确研究区的水文地质条件。在此基础上对研究区水文地质条件进行合理的概化，使概化模型达到即反映水文地质条件的实际情况，又能用先进的工具进行计算的目的，并最终提交概化的框图、平面图、剖面图及其文字说明。水文地质模型概化遵循实用性、完整性、处理好简单与精度的矛盾等原则。

（5）对水电工程水文地质问题控制要素进行了研究，阐明了水电工程中工程-水-地质体相互作用机理，水的作用（或功能）主要表现为：①水的力学作用：包括空隙水压力和动水压力，是工程、岩体失稳的重要触发因素之一；②水的物理化学作用：作为地质环境中的活跃因子，水-岩反应在几乎所有的地质过程中都扮演着重要角色，尤其是水岩反应过程所导致的岩土体及其软弱结构面的化学成分和物理力学性质的变化以及这种变化对工程可能造成的影响、水岩作用导致的地下水化学成分变化及其对工程建筑物的潜在危害；③水的价值功能：通过蓄水发电、灌溉、养殖和改善航运条件等来体现。为更好研究水文地质问题打下了理论基础。

（6）论述了水文地质勘察勘察主要内容，研究了获取水文地质参数的常规勘探方法、非接触勘探技术、地球物理勘探技术、水环境同位素技术、数值模拟技术等工程水文地质勘探技术和试验方法；提出了钻孔中进行标准注水和简易注水、振荡式渗透试验新方法和测试装置，将环境同位素手段应用到水文地质调查中，为水电工程地下水径流调查分析提供了低成本、高效率的新手段。

（7）水文地质参数是反映含水层或透水层水文地质性能的指标，如渗透系数、导水系数、水位传导系数、压力传导系数、给水度、释水系数、越流系数等。水文地质参数是进行各种水文地质计算时不可缺少的数据。水文地质参数常通过野外试验、实验室测试及根据地下水动态观测资料采用有关理论公式计算求取，数值法反演求参等。水文地质参数的获取主要有现场试验、实验室测定、观测资料分析、数值法反演、取经验值等。

（8）工程水文地质勘探常用方法主要包括工程水文地质钻探与工程水文地质坑探。工程水文地质钻探是使用专门机具在岩层钻探孔眼，直接获取目标点位、目的深度地质与水文地质资料的主要技术方法。工程地质坑探是指在地质勘探工作中，为了揭露地质现象和矿体产状，从地表或地下掘进的各种不同类型的槽、坑及小断面坑道的勘探工程。水文地质勘探方法与工程地质勘探方法在技术标准与具体任务方面虽然存在差异，但是工程地质勘探所获取的信息在一定程度上可以转化为水文地质勘探所需的信息，二者可同步解决复杂多样的水文地质问题，如地质灾害问题、隧洞涌突水问题等。通过工程地质常规勘探亦可获得大量水文地质结构信息、地下水信息、岩样与水样信息等。

(9) 非接触勘探技术主要包括遥感技术、近距摄影技术、三维激光扫描技术与无人机技术。其主要原理大体为通过可见光、热红外、微波、数码摄影、激光等介质，将目标物的实际状态转化为数据影像与图像，将目标物信息以不同的形式存储起来，再通过应用软件转化及图像解译输出目标数据，从而反映出地形地貌、地质构造、水系特征、地层岩性与水文地质结构等信息。

1) 遥感技术是20世纪60年代蓬勃发展起来的集物理、化学、电子、空间技术、信息技术、计算机技术于一体的探测技术。遥感技术的应用依赖于遥感系统，遥感系统由遥感平台、遥感器、信息传输接收装置以及数字或图像处理设备等组成。遥感技术主要采用空对地的模式，距离地面相对较远。其检测范围广，可覆盖整个地球。成像效果好，包含的信息丰富。主要可应用与大区域范围内的水文地质调查、区域地形地貌调查、岩溶地质调查等。通过对遥感图像的解译，能够宏观反映出区域地形地貌、地质构造、边界条件、含水岩组的展布及水系特征等。

2) 无人机遥感技术主要采取低空对地的模式，其探测范围较广，精度高，可以实现视频高清图像实时回传，具有很高的灵活性和准确性，能够高效的处理测绘数据和信息。主要可应用于小范围内高精度滑坡、崩塌、泥石流等地质灾害的调查，能够局部精细反映地层岩性、地质构造、地质灾害影响范围与程度等。

3) 三维激光扫描技术采用地对地的模式，实现远距离非接触测量，精度更高，能够反映工程场地表面的全部细节，精确的反馈与记录地质构造的变化过程，监测各项工程地质与水文地质要素如滑移面的移动、地裂缝的扩张以及含水结构的形态等。主要应用于：地形变化监测、工程地质测绘（编录）及地下洞室和开挖基坑的编录、水库坝体测量、对裂缝的安全监测、对隧洞断面测量、对建筑物的三维建模和对工程竣工的检查验收等。

4) 近距数码摄影技术亦采用地对地的模式，能够瞬间获取目标的大量几何信息和物理信息，适合对复杂工程目标的整体监测和分析，还能适应动态目标的测定，可以反映岩溶发育情况、工程塌方情况、水文地质钻孔垮塌等信息。其应用范围广，作业效率高且成本较低。主要应用于坐标与体积等基本信息的测量、地下洞室地质编录、岩质边坡地质测绘以及基坑开挖地质编录等。

(10) 地球物理勘探技术在水文地质工作中可以提供如下信息：地下含水体信息，包括含水体埋深、厚度以及地下水溶解性总固体、孔隙率等参数；地质体的要素特征，包括地层结构、地层岩性、地质构造等；地质体的地球物理场的变化特征，包括电场、电磁场、温度场、设气场、弹性波场等。通过地球物理的变化特征分析，结合地质、水文地质条件，判断地下水补、径、排关系。

目前比较成熟的水文物探方法，包括地面物探和孔内物探两大类共 26 种。需要根据预期的不同类型的水文地质问题，采用不同的物探方法。在钻孔中水文测井解决的主要问题包括：①划分含水层与隔水层，并确定其深度和厚度；②确定含水层的孔隙度和渗透率，并估计其涌水量；③研究地层水矿化度；④研究地下水的流动方向和速度等等。根据任务目的不同，可以单独或综合应用电阻率法测井、自然电位测井、放射性测井和声波测井等。

（11）水环境同位素技术主要有氢氧稳定同位素、碳硫稳定同位素、氚和^{14}C放射性同位素等。利用氚法和^{14}C法可测定地下水年龄，人工氚氧化后形成氚水，同样以大气降雨形式降落到地表或形成地表径流或渗入地下，人工氚的浓度在某个时期是很高的，有时可超过天然氚浓度的几个数量级，因此可利用它来研究和追踪地下水的运动状况。地下水中的含碳物质是溶解于水中的无机碳（DIC），通过测定水中溶解无机碳的年龄并认为溶解无机碳在水中的动力行为与地下水相同；在一般情况下，可以认为地下水中溶解无机碳与土壤 CO_2（或大气 CO_2）隔绝之后便停止了与外界的^{14}C交换；所以地下水^{14}C年龄是指地下水土壤 CO_2隔绝后“距今”的年代；^{14}C法测定地下水年龄的上限为 5 万～6 万年，超灵敏计数器有可能向上延至 10 万年。

（12）利用氢氧同位素组成研究地下水成因、利用氢氧同位素确定含水层补给带（区）或补给高度、应用氚测定地下水补给、利用氢氧稳定同位素计算地下水在含水层中的滞留时间等，这给水文地质问题的研究提供了定量研究依据。

利用区域不同年代地层水与油田水中氢和氧同位素组成的研究结果，可以解释区域地下水起源与形成机制，确定补给区和局部补给源的水文学模式，溯源地下水化学组分的变异历史等；在已经具备了比较丰富的地质与水文地质资料的基础上，地下水中稳定氧同位素可以提供确凿的证据，深入阐明上述问题的某些细节。而且还可以利用氢氧同位素作为示踪物质追索地下水的活动图像，验证地质数据判断的可信程度。大气降水的氢氧同位素组成具有高度效应，据此可以确定含水层补给区以及补给高程。如同天然氚一样，人工氚氧化后形成氚水，同样以大气降雨形式降落到地表或形成地表径流或渗入地下。人工氚的浓度在某个时期是很高的，有时可超过天然氚浓度的几个数量级，因此可利用它来研究和追踪地下水的运动状况。只要测出出入口处大气降水信号和在一个井内或一个泉上产生的信号（即出口信号）那么就可以估算出水在含水层中停留的时间。

（13）数值模拟技术的发展较快。连续介质的概念是许多自然科学分支所共有的，它把研究的对象（即介质）看作是无间隙的连续物体。连续介质渗流是指岩土体介质中空隙相互连续、水流充满整个岩土体介质的渗流。渗流场反分析方法，可分为直接解法和间接解法两种。所谓直接解法，即从联系水位和渗流参数的偏微分方程（或其离散形式）出发，利用已知水位直接解出未知参数。由于解的不适定性，直接解法对观测数据精度要求极高，要求每个离散节点都有水位观测值，这实际上还难以做到。若用插值方法处理，又将给结果带来较大误差，因而，目前多采用间接解法。所谓间接解法，就是先假定一组参数值，求解地下水渗流偏微分方程，得出与实际观测点同坐标的各点水位，与实际观测值比较，逐次修正参数，使水位计算值与观测值逐渐接近。这个过程，是通过不断地解正问题来实现反分析。

从连续含数到离散方程的概化，有多种数学方法，其中主要是有限差分和有限单元两类。

有限差分是一种常用的数值解法，它是在微分方程中用差商代替偏导数，得到相应的差分方程，这种方法的基本思想是：用渗流区内的有限个离散点的集合代替连续的渗流区，在离散点上用差商近似代替微商，将微分方程及其定解条件化为未知函数在离散点上的近似值为未知量的差分方程，然后求解差分方程组，进而得到所求解在离散点上的近似值。Visual MODFLOW是目前国际上最新流行且被认可的三位地下水流和溶质运移模拟评价的标准可视化专业软件系统，该系统是由加拿大Waterloo水文地质公司在原MODFLOW软件的基础上，综合已有的MODFLOW、MODPATH、MT3D、RT3D和WinPEST等地下水模型而开发的可视化地下水模拟软件，可进行三维水流模拟、溶质运移模拟和反应运移模拟。Visual MODFLOW适用于孔隙介质三维地下水模拟，是目前国内最流行的地下水流和溶质运移模拟软件之一。

有限单元法是采用"分片逼近"的手段来求解偏微分方程的一种数值方法，其基本求解思想是把计算域划分为有限个互不重叠的单元，在每个单元内，选择一些合适的节点作为求解函数的插值点，将微分方程中的变量改写成由各变量或其导数的节点值与所选用的插值函数组成的线性表达式，借助于变分原理或加权余量法，将微分方程离散求解。用有限单元法建立地下水数值模型是现阶段研究地下水运动规律，地下水资源评价、地下水管理、地下水溶质运移、包气带中地下水的运动，地面变形等方面的基础工作。

（14）3S建模及空间信息技术。水电建设活动以实际的地质载体为依托，用传统的方法要解决这些水文地质问题远远满足不了工程的需要，而这些年越来越多的工程中运用了三维地质建模软件来解决实际的水文地质问题。近年来，随着计算机软件图像学和可视化技术的持续发展，三维地质空间建模和可视化相关软件的研究成为地球科学的热点。运用三维地质空间建模的软件建立的三维地质空间模型不仅可以对三维地质空间模型进行任意旋转、逐个层位展示、三维空间地质信息查询等，还可以将模型中地下水所赋存的环境特征、运动规律以及地下水动态特征形象直观的展示出来。同时，还可以根据该软件强大的空间分析能力，再结合专业水文地质人员的实践经验，可以对模型区钻孔较少或者说是没有钻孔的区域进行空间分析，从而获得该区的水文地质信息，补充了这些区域的信息缺失的不足。

（15）水文地质试验新方法。以计算水文地质参数为主要目的的工程水文地质现场试验多是在钻孔中进行，主要有抽水试验、压水试验、注水试验和振荡式渗透试验几类。计算含水层参数的地下水井流模型主要有裘布依（Dupuit）模型、泰斯（Theis）模型、博尔顿（Boulton）模型、纽曼（Neuman）模型等。这些模型的建立给钻孔水文地质试验提供了可能。但由于现阶段钻孔受诸多因素影响，深部土层水文地质试验的准确性还不是太高，试验成果往往偏大，需要解决试验成果准确性问题。本次成功研制出了标准注水和简易注水以及振荡式注水试验新装置，而且在工程中应用较广，取得了较好的应用效果，该研究成果已收入新编制的能源行业标准《水电工程钻孔注水试验规程》和《水电工程钻孔振荡式试验规程》中进行应用。

（16）本书归纳总结出了水电建设面临的主要水文地质问题，包括水库区典型水文地质问题和枢纽区典型水文地质问题两大类，并对每个水文地质问题从基本地质条件、形成条件和机理、影响因素、评价方法和对策等方面进行了研究，并就典型工程案例进行剖析，使得对水文地质问题的研究更加深入。

（17）本书对水库区典型水文地质问题进行了系统的总结，主要包括水库渗漏问题、水库浸没问题、浸没型岩溶内涝问题、浸没性矿床充水问题、库岸斜坡地下水致灾作用、水库诱发地震问题、特殊水文地质景观问题等。

（18）本书对枢纽区典型水文地质问题进行了系统的总结，主要包括枢纽区异常承压水问题、坝基及绕坝渗漏问题、厚覆盖层区坝基基坑降水、基坑开挖底板涌突水问题、下游雾化边坡稳定问题、水工隧洞涌水问题、地下建筑物渗水及大坝析出物问题等。

（19）本书对水文地质问题评价体系和对策措施进行了总结。已有较多学者从不同的角度来分析评价水文地质问题，各种水文地质类型特征及识别不明确，各类问题的评价原则、方法不全面，从总体来看评价体系不系统和全面。本项目通过对近年来典型西南山区河流水文地质现场调查测绘、水文地质问题的控制要素、水文地质问题的分类、试验新方法、典型水文地质问题的剖析、完善和建立了科学合理的水文地质问题的评价体系。针对不同的水文地质问题的形成过程、产生背景、形成机理、对各类工程的影响，总结了针对不同水文地质问题类型的对策措施。

参 考 文 献

[1] Fang H, Liu G, Kearney M. Georelational analysis of soil type, soil salt content, landform, and land use in the YellowRiver Delta, China [J]. Environmental management, 2005, 35 (1): 72-83.
[2] HOEK E, BRAY J W. Rock slope engineering [M]. London: Revised Second Edition, 1977.
[3] Hoek K, Bray J W. 岩石边坡工程 [M]. 卢世宗，等，译. 北京：冶金工业出版社，1983.
[4] Hori M. Micromechanical analysis on deterioration due to freezing and thawing in porous brittle materials [J]. Int. J. Eng. Sci., 1998, 36 (4): 511-522.
[5] L. Obert, S. L. Windes, W. I. Duvall. Standardized tests for determining the physical properties of mine rock [J]. RI-3891, Bureau of Mines, U. S. Dept. of the Interior. 1946.
[6] MÜLLER L. 岩石力学 [M]. 李世平，译. 北京：煤炭工业出版社，1981.
[7] M. F. Kennard, J. L. Knill. Reservoirs in limestones with particular reference to the Cow. Green Scheme [J]. Journal of the Institute of Water Engineers. 1968, (23): 87-113.
[8] Suarez D L, Wood J D, Lesch S M. Effect of SAR on water infiltration under a sequential rain-irrigation managementsystem [J]. Agricultural Water Management, 2006, 86 (1/2): 150-164.
[9] V. S. 沃特科里，R. D. 拉马，S. S. 萨鲁加著. 岩石力学性质手册第一册 [M]. 水利水电岩石力学情报网译. 北京：水利出版社，1981.
[10] 陈刚林，周仁德. 水对受力岩石变形破坏宏观力学效应的研究 [J]. 地球物理学报，1991，34 (3)：335-342.
[11] 邓华锋，李建林. 库水位变化对库岸边坡变形稳定的影响机理研究 [J]. 水利学报，2014，45 (2)：45-51.
[12] 邓建华，於昌荣，黄醒春. 含水量对膏溶角砾岩力学性能影响的研究 [J]. 铁道建，2009，9：50-54.
[13] 杜茂群. 百龙滩库区地苏地下河区域岩溶内涝成因分析 [J]. 红水河，2001，(03)：75-79.
[14] 方向清，傅耀军，王红燕，常致凯，宫萍萍. 华北型煤田岩溶充水矿床充水模式及特征 [J]. 中国煤炭地质，2013，25 (9)：32-36.
[15] 光耀华. 岩溶浸没-内涝灾害研究 [J]. 地理研究，1996，(04)：24-31.
[16] 光耀华. 岩滩水电站水库岩溶浸没性内涝的研究 [J]. 水力发电，1997 (04)：12-16+63.
[17] 郭纯青，李文兴. 红水河流域岩溶浸没内涝灾害形成的地学因素分析 [J]. 中国岩溶，1999，(3)：33-38.
[18] 郭纯青. 岩溶浸没内涝灾害风险评价 [J]. 地球与环境，2005，(S1)：337-342.
[19] 郭全恩，王益权，马忠明，等. 植被类型对土壤剖面盐分离子迁移与累积的影响 [J]. 中国农业科学，2011，44 (13)：2711-2720.
[20] 郭全恩. 土壤盐分离子迁移及其分异规律对环境因素的响应机制 [D]. 陕西杨凌：西北农林科技大学，2010.
[21] 何满潮. 边坡岩体水力学作用的研究 [J]. 岩石力学与工程学报，1998，17 (6)：662-666.
[22] 冀建疆. 官厅水库的浸没评价和范围预测 [J]. 水利水电技术，2005，36 (2)：18-21.
[23] 贾韵洁. 库岸边坡地下水位动态与稳定性研究 [D]. 西安：长安大学，2005.
[24] 雷鸣，曾敏，廖柏寒，周航，许秋瑾，等. 某矿区土壤和地下水重金属污染调查与评价 [J]. 环境工程学报，2012，6 (12)：4687-4693.

[25] 李建国，濮励杰，朱明，张润森．土壤盐渍化研究现状及未来研究热点 [J]．土壤盐渍化研究现状及未来研究热点，2012，67（9）：1234-1235.
[26] 李鹏，焦振华．平原型水库浸没预测方法探讨 [J]．资源环境与工程，2015，29（5）：661-662.
[27] 李倩雯，刘祥高，齐进．丁庄水库防治坝外沼泽化研究 [J]．防渗技术，2002，8（2）：13-14.
[28] 李文兴．水电站库区地下河系浸没内涝程度研究 [J]．水电能源科学，2003（3）：17-20.
[29] 李兴．复杂富水矿山突水风险与注浆设计综合分析与评价——以白象山铁矿和高阳铁矿分析为例 [D]．青岛理工大学硕士学位论文，2009.
[30] 刘才华．岩质顺层边坡水力特性及双场耦合研究 [D]．武汉：中国科学院武汉岩土力学研究所，2006. 63-66.
[31] 刘广明，杨劲松．地下水作用条件下土壤积盐规律研究．土壤学报．2003，40（1）：65-69.
[32] 刘会明．矿井充水通道分析 [J]．科技情报开发与经济，2011，21（4）：197-199.
[33] 刘金荣，李传玲．岩溶地区的大化、岩滩水库与内涝灾害 [J]．广西地质，1994（4）：39-46+52.
[34] B. H. 洛姆塔泽．工程动力地质学 [M]．李生林，等．译．北京：地质出版社，1985.
[35] 马豪豪，刘保健，姚贝贝．水对岩石力学特性及边坡稳定的影响及其机理分析 [J]．南水北调与水利科技，2012，10（4）：86-89.
[36] 孟召平，潘结南，刘亮亮，等．含水量对沉积岩力学性质及其冲击倾向性的影响 [J]．岩石力学与工程学报，2009，28（增1）：2637-2643.
[37] 穆志宏．浅析炉峪口煤矿矿井充水通道 [J]．科技情报开发与经济，2012，22（20）：54-56.
[38] 骈炜，张敬凯，王金喜，程文净，牛红兰，等．矿区煤矸石淋溶对周边地下水环境污染分析 [J]．河北工程大学学报（自然科学版），2016，33（3）：80-84，108.
[39] 沈照理．应该继续重视与开展水-岩相互作用的研究 [J]．水文地质工程地质，1997，4：19-20.
[40] 舒继森，唐震，才庆祥．水力学作用下顺层岩质边坡稳定性研究 [J]．中国矿业大学学报，2012，41（4）：521-525.
[41] 孙贝贝．龙羊峡水电站库区移民房屋盐碱化防治 [J]．西北水电，2013，1（3）：21-22.
[42] 孙思森，戴长雷，吕雅洁．岸边型水库浸没影响因素及防治措施 [J]．水电能源科学，2012，30（04）：94-96.
[43] 唐朝生，施斌．干湿循环过程中膨胀土的胀缩变形特征 [J]．岩土工程学报，2011，33（9）：1376-1384.
[44] 王恩营．小浪底水库蓄水后对煤炭资源开发的影响 [J]．中国矿业，2002，11（3）：40-42.
[45] 王兰生．意大利瓦依昂水库滑坡考察 [J]．中国地质灾害与防治学报，2007，18（3）：145-150.
[46] 王平卫，彭振斌．水对土质边坡的稳定性影响分析 [J]．地质与勘探，2007，42（3）：121-122.
[47] 王顺喜．西曲煤矿矿井充水通道的探讨 [J]．矿业装备，2016：54-56.
[48] 王廷学，李英海，屈志勇，赵国斌．官厅水库浸没问题的研究与治理 [J]．水利水电工程设计，2007，（3）：47-49.
[49] 王铮．裂隙充水矿床水文地质勘察 [J]．黑龙江科学，2014，5（11）：203.
[50] 吴文金．岩溶陷落柱充填特征与堵导水分析 [J]．北京工业职业技术学院学报，2006，5（2）：106-109.
[51] 武鹤，刘春龙，葛琪．寒区土质边坡冻融滑塌影响因素的研究 [J]．水利与建筑工程学报，2015，13（1）：2-3.
[52] 武鹤，刘春龙，葛琪．寒区土质边坡冻融滑塌影响因素的研究 [J]．水利与建筑工程学报，2015，13（1）：2-3.
[53] 徐光苗，刘泉声．岩石冻融破坏机理分析及冻融力学试验研究 [J]．岩石力学与工程学报，2005，24（17）：3077-3082.

[54] 许珊珊，高伟．寒区公路路堑边坡冻融稳定性分析 [J]．低温建筑技术，2006，(2)：10-12.
[55] 薛娈鸾，陈胜宏．剪切过程中岩石裂隙的渗流与应力——应变耦合分析 [J]．岩石力学与工程学报，2007，26（增刊2）：3912-3919.
[56] 杨富军，蒋忠诚，罗为群，祁晓凡，骆伟．广西典型岩溶内涝成因与防治分析 [J]．广西科学院学报，2009，25 (02)：119-122+126.
[57] 杨随木，李松营．义马矿区主要水害与防治对策 [J]．煤矿安全，2015，46 (2)：165-167.
[58] 杨为民，周治安，李智毅．岩溶陷落柱充填特征及活化导水分析 [J]．中国岩溶，2001，20 (4)：279-283.
[59] 杨振锋，缪林昌．粉砂质泥岩的强度衰减与环境效应试验研究 [J]．岩石力学与工程学报，2007，26 (12)：2576-2582.
[60] 尹一男，蒋训雄，王海北．矿区地下水重金属污染防治初探 [C] //中国环境科学学会学术年会论文集．北京：中国环境科学出版社，2013：5086-5090.
[61] 余世鹏，杨劲松，刘广明．易盐渍区黏土夹层对土壤水盐运动的影响特征．水科学进展，2011，22 (4)：495-501.
[62] 余世鹏，杨劲松，刘广明．三峡工程对长江河口土壤盐渍化演变影响．辽宁工程技术大学学报：自然科学版，2009，28 (6)：1013-1017.
[63] 喻振林，郭晓，张雄．小南海水库浸没对建筑物的影响探讨 [J]．人民长江，2014，45 (3)：47-48.
[64] 张炳臣．黄河三门峡水库泥沙淤积、地下水浸没、库岸坍塌对生态的破坏及其治理措施 [J]．环境科学，1986，7 (5)：63-69.
[65] 张芳枝，陈晓平．反复干湿循环对非饱和土的力学特性影响研究 [J]．岩土工程学报，2010，32 (1)：41-46.
[66] 张金才，张玉卓，刘天泉．岩体渗流与煤层底板突水 [M]．北京：地质出版社，1997.
[67] 张美良．岩滩板文地下河及岩溶浸没内涝分析 [J]．广西地质，1996，(04)：54-61+67.
[68] 张妙仙，杨劲松，李冬顺．特大暴雨作用下土壤盐分运移特征研究 [J]．中国生态农业学报，2004，12 (2)：47-49.
[69] 张明，胡瑞林，崔芳鹏，等．考虑水岩物理化学作用的库岸堆积体边坡稳定性研究——以金沙江下咱日堆积体为例 [J]．岩石力学与工程学报，2008，27 (2)：3699-3704.
[70] 张万奎，王昆．高山峡谷水库移民点选址及勘察要点 [J]．云南水力发电，2015，31 (5)：13-14.
[71] 张扬．汾河水库库岸边坡特征及稳定性分析 [D]．太原：太原理工大学，2010. 1-2.
[72] 张有天．从岩石水力学观点看几个重大工程事故 [J]．水利学报，2003，(5)：1-10
[73] 赵炼恒，罗强，李亮，但汉成，罗苏平．水位升降和流水淘蚀对临河路基边坡稳定性的影响 [J]．公路交通科技，2010，27 (6)：1-8.
[74] 郑新，张丙先，邓争荣，曹道宁．丹江口水库浸没区判别方法及浸没程度评价 [J]．人民长江，2011，42 (7)：19-23.
[75] 周彦章，迟宝明，刘中培．山东夏甸金矿床充水机理构造控制模式 [J]．吉林大学学报（地球科学版），2008，38 (2)：255-260.
[76] 周彦章．山东夏甸金矿床矿井涌水机理构造控制模式研究 [D]．吉林大学硕士学位论文，2007.
[77] 彭仕雄，等．官地水电站关键工程地质技术问题研究与实践 [M]．北京：中国水利水电出版社，2013.
[78] 杨建，杨建宏，崔长武，等．金沙江溪洛渡水电站可行性研究报告 [R]．中国电建集团成都勘测设计研究院有限公司，2003.
[79] 杨建，彭仕雄，等．紫坪铺水利枢纽工程重大工程地质问题研究 [M]．北京：中国水利水电出

版社，2006.
[80] 陈卫东，等．大渡河瀑布沟水电站可行性研究报告［R］．中国电建集团成都勘测设计研究院有限公司，1988.
[81] 冯建明，张世殊，许德华，等．大渡河双江口水电站可行性研究报告［R］．中国电建集团成都勘测设计研究院有限公司，2007.
[82] 游显云，等．四川雅安大兴河道及湿地综合整治工程地质勘察报告［R］．中国电建集团成都勘测设计研究院有限公司，2016.
[83] 贾疏源 郑发模，等．大渡河大岗山水电站坝区水文地质条件研究［R］．中国电建集团成都勘测设计研究院有限公司，2016.
[84] 郑汉淮，肖扬，等．木里河卡基娃水电站可行性研究报告［R］．中国电建集团成都勘测设计研究院有限公司，2009.
[85] 陈卫东，黄润太．等．大渡河泸定大坝及防渗体系安全性评价专题报告［R］．中国电建集团成都勘测设计研究院有限公司，2016.
[86] 梁杏，等．大渡河长河坝水电站大坝基坑涌水水文地质条件及渗流场专题研究［R］．中国电建集团成都勘测设计研究院有限公司，2014.
[87] 郑汉淮，等．雅砻江锦屏一级水电站泄洪雾化区边坡及下游河道防护工程（B标）验收设计报告［R］．中国电建集团成都勘测设计研究院有限公司，2013.
[88] 陈卫东，等．大渡河瀑布沟水电站泄洪雾化区工程边坡稳定性及防治对策研究［R］．中国电建集团成都勘测设计研究院有限公司，2007.
[89] 金双全，等．雅砻江锦屏一级水电站水库初期蓄水厂坝区渗流控制研究报告［R］．锦屏建设管理局安全监测管理中心（锦屏一级），2013.
[90] 宋明富，刘通，等．桐子林水电站大坝析出物分析报告［R］．雅砻江水电攀枝花桐子林有限公司，2016.